化学领域
本科教育教学改革试点
工作计划（"101 计划"）
研究成果

高等学校化学类专业人才培养
战略研究报告暨核心课程体系

化学领域本科教育教学改革试点
工作计划工作组　组编

高　松　苏成勇　主编

中国教育出版传媒集团
高等教育出版社·北京

图书在版编目（CIP）数据

高等学校化学类专业人才培养战略研究报告暨核心课程体系 / 化学领域本科教育教学改革试点工作计划工作组组编；高松，苏成勇主编． -- 北京：高等教育出版社，2024.11（2025.6重印）
ISBN 978-7-04-061703-0

Ⅰ．①高… Ⅱ．①化… ②高… ③苏… Ⅲ．①高等学校－化学－人才培养－研究报告－中国 Ⅳ．①O6

中国国家版本馆CIP数据核字(2024)第038936号

GAODENG XUEXIAO HUAXUELEI ZHUANYE RENCAI PEIYANG ZHANLÜE
YANJIU BAOGAO JI HEXIN KECHENG TIXI

策划编辑	李　颖	责任编辑	李　颖	封面设计	王　洋	版式设计	徐艳妮
责任绘图	黄云燕	责任校对	张　然	责任印制	张益豪		

出版发行	高等教育出版社	网　　址	http://www.hep.edu.cn
社　　址	北京市西城区德外大街4号		http://www.hep.com.cn
邮政编码	100120	网上订购	http://www.hepmall.com.cn
印　　刷	北京中科印刷有限公司		http://www.hepmall.com
开　　本	787 mm×1092 mm　1/16		http://www.hepmall.cn
印　　张	32.5		
字　　数	820千字	版　　次	2024年11月第1版
购书热线	010-58581118	印　　次	2025年6月第2次印刷
咨询电话	400-810-0598	定　　价	98.00元

本书如有缺页、倒页、脱页等质量问题，请到所购图书销售部门联系调换
版权所有　侵权必究
物　料　号　61703-00

本书编委会

主　编：高　松　苏成勇

顾问委员会：

郑兰荪　田中群　高　松　张　希
周其林　谭蔚泓　彭笑刚
Jean-Marie Lehn　Brian P. Coppola
James G. Anderson

编　委：（按姓氏笔画排序）

王　初　韦卓勋　朱亚先　朱　芳
任　斌　庄　林　刘世勇　刘　磊
阳化冰　苏成勇　杨　娟　张树永
张剑荣　陈洪燕　高　松　郭玉鹏
黄林冲　彭笑刚　蒋健晖　裴　坚

为贯彻落实党中央、国务院关于加强基础学科人才培养的重要决策部署,教育部高等教育司在计算机领域本科教育教学改革试点工作前期探索的基础上,于 2023 年 4 月启动基础学科领域教育教学改革试点工作(系列"101 计划"),以高等教育强国建设为目标,全面提高人才自主培养质量,培养基础学科拔尖创新人才,力争在 21 世纪中叶建成世界重要的人才中心和战略高地。系列"101 计划"涵盖数学、物理学、化学、生物科学、基础医学、中药学、经济学和哲学等基础理科、文科及医科相关领域。2023 年 4 月 19 日,教育部在北京大学举办基础学科系列"101 计划"工作启动会。随后,化学"101 计划"工作启动会在北京大学举行,项目正式启动。

化学"101 计划"由中山大学高松院士牵头,30 所"化学拔尖学生培养计划 2.0 基地"获批高校共同参与建设。主要借鉴先前启动的计算机"101 计划"成功经验,用课程改革"小切口"带动解决基础研究人才培养"大问题",实现化学学科高等教育改革创新发展的"强突破"。以对化学有志向、有兴趣、有能力的化学类专业本科生为培养对象,以化学专业本科教学改革为抓手,以理论课程与实验课程为试验区,凝练课程核心要素和前沿要素,建设一批化学专业一流核心课程,推动一流核心教案与教材、核心实践项目、高水平师资团队的建设,全面探索和实践化学领域人才培养的新理念、新内容、新模式,引领带动高等化学人才培养质量的整体提升。

化学"101 计划"成立了由郑兰荪、田中群、高松、张希、周其林、谭蔚泓、彭笑刚、Jean-Marie Lehn、Brian P. Coppola 和 James G. Anderson 10 位化学领域海内外著名化学家组成的专家组,对项目进行顶层设计和全面指导。专家组经多次讨论,提出理论课程应注重"守正"、实验课程应突出"创新"的总体建设思路,首批开展 12 门核心课程建设。理论课程结合传统二级学科分类,建设无机化学、有机化学、分析化学、物理化学、结构化学、高分子化学与物理 6 门专业核心理论课;建设普通化学课程,作为大学化学专业入门课程,强化与中学化学的衔接并兼顾近化学专业学生的学习需求;考虑交叉学科发展和国家战略需求,建设化学生物学课程。实验课程突破传统分类,从基础到综合两个层次,立足合成化学与化学测量两大化学学科核心,建设基础化学实验、合成化学实验、化学测量学实验 3 门实验课程,既注重基本实验技能与基础实验知识的传授,又强化前沿研究的教学转化;同时考虑交叉学科的理论与实验融合培养需求,建设"化学生物学实验"课程。

为了统筹规划和推进化学"101 计划"的实施,中山大学化学"101 计划"秘书处组织编写本书。本书共分为三个部分。

第 1 部分"高等学校化学类专业人才培养战略研究报告",主要从化学类专业学科概况、化学类专业人才培养需求和国内外高校化学类专业教育教学比较三个方面,对国内外化学类专业本科教育教学的情况进行分析和总结,较为系统地整理了国内化学学科布局、创新人才培养举措、人才培养需求,对国内外高校化学类专业课程设置、教学内容、教材建设、教学方法、质量保证标准与机制等进行了对比分析。同时,介绍了化学"101 计划"的基本情况和建设进展,包括建设目标、组织架构、课程建设、教案与教材建设、核心师资团队建设等方面的工作计划和进展等。

第 2 部分"高等学校化学类专业核心课程体系",详细介绍了 12 门化学"101 计划"核心课程的建设内容,包括课程定位、课程目标、课程模块、课程设计思路、课程知识点体系等。其中详细介绍了每门课程的知识模块和重要知识点,包括每个知识点的内容、教学目标及知识点间的关联。

第 3 部分"高等学校化学类专业人才培养方案",汇编了 30 所"化学拔尖学生培养计划 2.0 基地"获批高校目前化学拔尖人才的培养方案和教学计划,以促进建设高校之间的相互交流和借鉴,为其他相关院校制(修)定培养方案和教学计划提供参考。

本书第 1 部分由教育部高等学校化学类专业教学指导委员会朱亚先秘书长、张树永委员,全国高等学校国家级实验教学示范中心联席会化学化工学科组召集人张剑荣,化学"101 计划"秘书处苏成勇、陈洪燕、朱芳、韦卓勋,以及高等教育出版社郭新华、李颖等收集、整理和编写,高松、苏成勇、陈洪燕负责统稿并修改。第 2 部分由 12 门课程建设组的负责人与参与建设的教师共同完成,秘书处进行整理,并由专家组审核、定稿。第 3 部分由秘书处韦卓勋负责收集和整理,并由陈洪燕和郭玉鹏审核、定稿。

本书一方面是化学"101 计划"建设总体目标和工作思路的介绍,另一方面是目前建设进展的展示,可作为国内化学专业开展专业建设和课程建设的参考。

致谢

感谢教育部高等教育司领导的关心和支持,他们为本书的构思和完成提供了及时的帮助与指导。感谢各化学"101 计划"参与建设高校的大力协助,他们在提供各自化学类专业人才培养方案的同时,还为参与建设工作的教师提供了人力、物力和财力的支持。感谢参与 12 门核心课程建设的教师们,大家的努力使得化学"101 计划"得以顺利推进。感谢中山大学教务部、网络与信息中心、化学学院等相关部门对化学"101 计划"从酝酿、启动到建设全过程给予的大力支持。

感谢中山大学化学学院"101 计划"工作组的胡水、王静思、杜彬彬在本书资料收集和编撰过程中的贡献。

最后,感谢高等教育出版社阳化冰副总编辑及各位编辑在本书构思、内容、编辑、出版等方面付出的艰辛努力。

由于内容多、时间紧,难免会有疏漏,敬请各位读者批评指正。

本书编写组
2023 年 11 月

目　录
CONTENTS

■ **第 1 部分　高等学校化学类专业人才培养战略研究报告** ———— 1

　1. 化学类专业学科概况 ———— 2

　2. 化学类专业人才培养需求 ———— 17

　3. 国内外高校化学类专业教育教学比较 ———— 19

　4. 化学"101 计划"简介及建设进展 ———— 27

　参考文献 ———— 32

■ **第 2 部分　高等学校化学类专业核心课程体系** ———— 35

　普通化学（General Chemistry）———— 37

　无机化学（Inorganic Chemistry）———— 48

　有机化学（Organic Chemistry）———— 60

　分析化学（Analytical Chemistry）———— 77

　物理化学（Physical Chemistry）———— 92

　结构化学（Structural Chemistry）———— 101

　高分子化学与物理（Polymer Chemistry and Physics）———— 111

　化学生物学（Chemical Biology）———— 122

　基础化学实验（Fundamental Chemistry Experiments）———— 139

　合成化学实验（Synthetic Chemistry Experiments）———— 150

　化学测量学实验（Chemical Measurement Experiments）———— 164

　化学生物学实验（Chemical Biology Experiments）———— 193

■ **第 3 部分　高等学校化学类专业人才培养方案** ———— 203

　北京大学　化学专业本科培养方案（2023 级）———— 204

　清华大学　化学专业本科培养方案（2023 级）———— 211

　北京航空航天大学　化学专业（拔尖计划）培养方案（2023 级）———— 223

　北京化工大学　化学专业（拔尖计划）培养方案（2022 级）———— 235

　北京师范大学　化学专业培养方案（2023 级）———— 252

　南开大学　化学专业（伯苓版）培养方案（2023 级）———— 262

天津大学　应用化学专业(拔尖班)培养方案(2022 级) ················· 270

大连理工大学　应用化学(理学、张大煜化学基础科学班)本科生培养方案
　　　(2023 级) ·················· 287

吉林大学　化学专业(唐敖庆班)本科培养方案(2023 级) ················· 301

复旦大学　化学(及能源化学)专业"2+X"教学培养方案(2022 级) ················· 311

同济大学　化学专业(基础学科拔尖学生培养基地)培养方案(2023 级) ················· 318

上海交通大学　化学专业(致远荣誉计划)培养方案(2023 级) ················· 325

华东理工大学　化学拔尖学生培养基地培养方案(2023 级) ················· 334

华东师范大学　化学专业(拔尖班)培养方案(2023 级) ················· 349

南京大学　化学专业(拔尖计划)培养方案(2024 级) ················· 363

浙江大学　化学专业(求是科学班)培养方案(2023 级) ················· 371

中国科学技术大学　卢嘉锡化学科技英才班培养方案(2023 级) ················· 378

厦门大学　化学专业本科培养方案(2023 级) ················· 382

福州大学　化学拔尖班培养方案(2022 级) ················· 396

山东大学　化学专业(强基计划)培养方案(2023 级) ················· 404

郑州大学　化学专业(拔尖班)培养方案(2023 级) ················· 412

武汉大学　化学专业(强基计划)培养方案(2023 级) ················· 420

华中科技大学　化学专业(拔尖基地班)本科培养方案(2023 级) ················· 427

湖南大学　化学拔尖学生培养基地培养方案(2023 级) ················· 434

中山大学　化学专业(强基计划)培养方案(2023 级) ················· 444

华南理工大学　化学类(拔尖基地班)培养方案(2023 级) ················· 452

四川大学　化学专业(拔尖计划)本科培养方案(2023 级) ················· 469

西北大学　化学专业(基地)本科人才培养方案和指导性教学计划(2023 级) ················· 475

兰州大学　化学专业(化学萃英班)本科培养方案(2023 级) ················· 488

中国科学院大学　化学专业(主修)本科培养方案(2023 级) ················· 493

附录 ················· 497

附录I　化学"101 计划"专家组成员名单 ················· 498

附录II　核心课程体系建设负责人名单及分工表 ················· 499

附录III　化学"101 计划"秘书处成员名单 ················· 500

附录IV　核心课程体系建设参与人员名单 ················· 501

附录V　30 所建设高校及联络负责人名单 ················· 508

第1部分

高等学校化学类专业人才培养战略研究报告

第1部分介绍了国内化学学科布局、创新人才培养举措、人才培养需求,对国内外高校化学类专业课程设置、教学内容、教材建设、教学方法、质量保证标准与机制等进行了对比分析,最后介绍了化学"101计划"的建设目标和工作进展。

1. 化学类专业学科概况

1.1 化学学科特征

化学是研究物质的组成、结构、性质和物质间转化的一门基础学科，其特征是从分子层次认识物质和创造物质。化学与物理学共同构成自然科学中物质科学的基础。化学是唯一一门拥有完整工业体系的科学。基于化学原理，运用化学知识和技术进行物质合成、加工和应用的化学工业，直接关系到国民经济和社会的可持续发展、人民生命健康、环境保护和国家安全，是社会发展进步的基础性和支柱性产业。

化学是中心科学。它以上游的数学和物理学为基础，支撑下游的化学工程、生命科学、材料科学、能源科学、环境科学、信息科学、医学药学、农林植保、地质矿产等学科。现代化学以原子论、分子论和化学键理论为基础，结合量子理论的发展，逐渐形成了自身的学科体系，包括无机化学、分析化学、有机化学、物理化学与理论化学、高分子化学与物理、化学生物学等多个二级学科，并与其他基础与应用学科交叉融合，拓展了化学的学科体系、研究领域和人才培养范畴，在社会和科学系统中具有多维度支撑关系和地位。

化学是关键支撑学科。化学在科学发展中发挥决定性作用，既具有揭示元素到生命奥秘的核心作用，也为创造新物质、新材料、突破变革性技术提供科学和技术基础。诸如微纳加工技术、芯片加工技术、光刻胶、特高纯化学试剂等"卡脖子"问题，其本质都是化学问题。除了解决高新技术、尖端技术问题外，化学也是一门渗透于经济社会发展各方面的实用科学，无论是能源、材料、信息、航空航天、环境保护、医药卫生、资源利用、生命科学等领域，还是国家安全和经济社会发展，亦或是人们的衣食住行，无不与化学科学的发展密切相关。

现阶段，我国的化学学科进入了快速发展时期，科研水平和世界影响力逐年提升。在全球化学专业文献中，我国科研产出占比不断提高，一些研究领域已达到或超越世界先进水平。

教育、科技和人才决定了世界大国的未来引领力。为了更好地服务于现代化强国建设，我国化学学科的发展需要面向国家重大需求，进一步强化化学作为中心科学的地位，突出物质创制的核心任务，加强化学基础学科拔尖创新人才培养，打造我国化学领域重要战略科技力量，推动我国从化学大国迈向化学强国，保持并引领我国化学学科不断取得新突破。

1.2 国内化学学科与教育的发展

化学学科是我国建立历史最悠久、学科方向最齐全的学科之一。1897 年，北洋大学开设化学学科；1910 年，京师大学堂设立格致科化学门；1919 年，南开大学建立理科化学门；1922 年，北京师范大学建立化学系。中华人民共和国成立初期，高等教育体系经历了一系列重组与整合，各学科重新布局，化学作为基础学科基本上重组到综合性大学的化学系，如北京大学、南京大学、复旦大学、中山大学、武汉大学和厦门大学等，化学基础学科建设和人才培养的基本框架在 1952 年后逐步形成。这一阶段我国的化学高等教育注重学科基础，强调理论与实践相结合。许多早期的教材,如《无机化学》《有机化学》《物质结构》等,都是在这一时期编写的。这些教材为后续的化学教育打下了坚实的基础。除此之外,我国还积极派遣学者前往苏联、东欧等国家进修学习,将先进的化学知识和技术引入国内。这些留学人员回国后,成为了各高校化学教育的骨干力量,为我国的化学研究和教育事业做出了巨大的贡献。

改革开放后,化学学科得到了前所未有的发展机会。在国家的支持下,大量的化学教育与研究项目得到了资助。同时,与国外的学术交流也逐渐恢复和增加,使得我国的化学研究工作与国际接轨。除了基础研究,应用化学研究也得到了很大的推动。20世纪80年代初,教育部高等教育司成立了高等学校化学教育研究中心,规划了一批教学改革研究课题,组织高校教师积极参加课题的研究及实践,如国内外大学化学教育对比研究、化学基础课程计算机辅助教学及试题库建设、化学基础实验教学改革研究、化学教学质量评估研究等,大大推动了国内高等化学教育的发展。

为了进一步提高我国的高等教育水平,国家先后启动了"211工程"和"985工程",支持部分高校建设成为世界一流或国内一流的研究型大学。部分获得资助的高校将化学列为重点建设学科,大量的投入使得实验室和设备都达到了国际先进水平,这为化学的科学研究和人才培养提供了强大的支撑。此外,20世纪90年代初开始成立的高等学校教学指导委员会对化学教育的改革起到了巨大的推动作用。其组织制定的《高等学校化学类专业指导性专业规范》《化学类专业本科教学国家质量标准》《化学类专业化学理论教学建议内容》《化学类专业化学实验教学建议内容》等,为高等学校化学本科教育教学工作提供了指导,引领和推动了各高校对专业课程体系、教学内容、教学手段和教学方法等的改革。

2010年7月,《国家中长期教育改革和发展规划纲要(2010—2020年)》发布,对我国未来十年教育发展进行了总体规划。其中明确指出,要加强基础学科建设,提高我国教育的整体水平。这对化学学科发展和高质量人才培养产生了深远的影响。首先,加强基础学科建设的策略为化学学科提供了更为充足的资源。对于化学人才培养来说,这意味着学生在校期间可以得到更好的教育资源,包括先进的实验设备、优秀的师资、丰富的学术活动等。其次,纲要强调了创新教育和实践教育的重要性。这对化学人才的培养来说,意味着更加注重学生的实际操作能力和解决实际问题的能力。

2017年启动的"双一流"计划是国家对高等教育的新一轮重点支持。在这一计划中,化学学科被多所高校纳入一流学科建设计划。这一计划的实施,意味着化学学科将获得更多的资源支持,包括资金、人才、设备等。同时,这一计划改变了学校的人才培养模式,从以往更注重数量的扩张转向内涵质量的提升。"双一流"计划的实施,为化学学科的未来发展创造了有利条件,预示着我国化学教育与研究将进入一个新的黄金时期。

自改革开放以来,我国的化学学科建设和人才培养经历了40余年的高速发展,从最初的"跟跑"到后来的"并跑",再到在某些领域和方向处于"领跑"地位,我国的化学学科在世界上的地位和影响大幅提升。近年来,我国化学学科基础研究更扎实,新兴学科发展迅速,面向国家、社会实际应用的成果数量与质量显著提高,原创性成果不断涌现。学术论文的数量和质量快速提升,学术交流更加广泛,国际学术地位得到大幅度提高。与此同时,我国的高等化学教育在世界上的影响也逐步扩大。化学在国家战略布局中的基础性地位和战略支撑作用愈发显著。我国的高等化学教育适应"两个大局""四个面向"要求,进入了高质量创新发展的关键期,正在昂扬奋进,为建设教育强国、科技强国、人才强国做出化学人的更大贡献。

1.3　国内化学学科布局

1.3.1　学科分类

我国高校按"学科门类""一级学科""二级学科"三个层次来设置专业,博士学位、硕士学位的授予和本科人才培养与学科分类有着紧密的关系。1990 年 10 月,国务院学位委员会和国家教育委员会(今教育部)联合发布《授予博士、硕士学位和培养研究生的学科、专业目录》,并于2022 年发布修订版,包括 14 个学科门类、117 个一级学科和 67 个专业学位类别。其中,化学是一级学科,下设无机化学、分析化学、有机化学、物理化学、高分子化学与物理 5 个二级学科(见表 1-1),博士、硕士学位按照二级学科授予。

表 1-1　化学一级学科、二级学科布局

一级学科	一级学科代码	二级学科	二级学科代码
化学	0703	无机化学	070301
		分析化学	070302
		有机化学	070303
		物理化学(含:化学物理)	070304
		高分子化学与物理	070305

我国普通高等学校本科专业目录包含基本专业和特设专业。基本专业一般是指学科基础比较成熟、社会需求相对稳定、布点数量相对较多、继承性较好的专业。特设专业是满足经济社会发展特殊需求所设置的专业,在专业代码后加"T"表示。截至 2022 年年底,化学类共设置了 7个专业,全国专业布点数超过 800 个。在传统的化学、应用化学专业基础上,根据学科发展规律和人才培养需求,先后增设了化学生物学、分子科学与工程、能源化学、化学测量学与技术、资源化学等新专业,开展跨学科和国家战略急需人才培养,如表 1-2 所示。

表 1-2　普通高等学校本科专业目录(2022 年)摘录

专业类	专业代码	专业名称
化学类	070301	化学
化学类	070302	应用化学
化学类	070303T	化学生物学
化学类	070304T	分子科学与工程
化学类	070305T	能源化学
化学类	070306T	化学测量学与技术
化学类	070307T	资源化学

国家自然科学基金主要用于资助自然科学基础研究和部分应用研究,发现和培养科技人才,促进科学技术进步和经济、社会发展。在 2023 年国家自然科学基金的申请指南中,科学部资助领域包括四大板块,每个板块包含若干学部,分别是基础科学板块(数学物理科学部、化学科学部、地球科学部),技术科学板块(工程与材料科学部、信息科学部),生命与医学板块(生命科学部、医学科学部),交叉融合板块(管理科学部、交叉科学部)。其中基础科学板块的化学科学部与化学相关的申请代码与申请方向如表 1-3 所示。

表 1-3　化学科学部与化学相关的申请代码与申请方向

学科代码	学科方向	申请代码	申请方向
B01	合成化学	B0101	元素化学
		B0102	配位化学
		B0103	团簇与纳米化学
		B0104	无机合成
		B0105	催化合成反应
		B0106	不对称合成
		B0107	天然产物全合成
		B0108	新反应与新试剂
		B0109	高分子合成
		B0110	超分子化学
		B0111	仿生与绿色合成
		B0112	功能分子/材料的合成
		B0113	结构与反应机制
B02	催化与表界面化学	B0201	基础理论与表征方法
		B0202	催化化学
		B0203	表面化学
		B0204	胶体与界面化学
		B0205	电化学
B03	化学理论与机制	B0301	化学理论与方法
		B0302	化学模拟与应用
		B0303	化学热力学
		B0304	化学动力学
		B0305	结构化学
		B0306	光化学与光谱学
		B0307	化学反应机制
		B0308	分子电子学与分子磁学
		B0309	高分子物理与高分子物理化学
		B0310	化学信息学与人工智能
		B0311	化学程序与软件

续表

学科代码	学科方向	申请代码	申请方向
B04	化学测量学	B0401	分离分析
		B0402	电分析化学
		B0403	谱学理论与方法
		B0404	化学与生物传感
		B0405	化学成像
		B0406	生命与公共安全分析
		B0407	仪器创制与大科学装置应用
B05	材料化学	B0501	先进表征与理论机制
		B0502	无机功能材料化学
		B0503	有机功能材料化学
		B0504	高分子功能材料化学
		B0505	复合与杂化材料化学
		B0506	智能与仿生材料化学
		B0507	医用材料化学
		B0508	信息材料化学
		B0509	生态环境材料化学
		B0510	含能材料化学
		B0511	特种功能材料化学
B06	环境化学	B0601	理论环境化学
		B0602	环境分析化学
		B0603	大气污染与控制化学
		B0604	水污染与控制化学
		B0605	土壤污染与修复化学
		B0606	固废污染与处置化学
		B0607	环境毒理与健康
		B0608	放射化学与辐射化学
		B0609	生物安全与防护化学
		B0610	污染物界面化学行为
B07	化学生物学	B0701	生物体系分子探针
		B0702	生物分子的化学生物学
		B0703	天然产物化学生物学
		B0704	化学遗传学
		B0705	生物合成化学
		B0706	药物化学生物学
		B0707	化学生物学理论、方法与技术

续表

学科代码	学科方向	申请代码	申请方向
B08	化学工程与工业化学	B0801	化工热力学
		B0802	传递过程
		B0803	反应工程
		B0804	分离工程
		B0805	过程强化与化工装备
		B0806	介科学与智能化工
		B0807	绿色化工与化工安全
		B0808	医药化工
		B0809	光化学与电化学工程
		B0810	农业与食品化工
		B0811	生物质转化与轻工制造
		B0812	生物化工与合成生物工程
		B0813	精细化工与专用化学品
		B0814	产品工程与材料化工
		B0815	能源化工
		B0816	资源、环境与生态化工
B09	能源化学	B0901	氢能源化学
		B0902	碳基能源化学
		B0903	热能源化学
		B0904	机械能源化学
		B0905	电能源化学
		B0906	光能源化学
		B0907	极端环境能源化学
		B0908	能源材料化学

此外,国家自然科学基金委在 2020 年新设立的交叉科学部也包含化学相关的跨学科研究,以促进基础与应用研究的不断革新。

此外,国家各部委分别批准成立了国家研究中心(见表 1-4)、国家重点实验室(见表 1-5)、国家工程研究中心、国家工程实验室、国防科技重点实验室、国际合作教学研究平台、2011 协同创新中心、基础科学中心(见表 1-6)、高等学校创新引智基地(简称"111 计划")、教育部重点实验室等支撑平台。这些平台既有面向学科前沿的研究中心、重点实验室,也有面向学科发展的国际合作、学生培养等平台,还有面向国家需求的工程研究中心。这些平台具有高水平的师资队伍和硬件条件,为化学学科建设与人才培养提供了强有力的支撑。

表 1-4 化学领域国家研究中心名单

中心名称	组建单位	主管部门	组建年度
北京分子科学国家研究中心	北京大学 中国科学院化学研究所	教育部 中国科学院	2017

表 1-5 化学领域国家重点实验室名单(截至 2023 年 11 月)

序号	实验室名称	依托单位
1	化学工程联合国家重点实验室	清华大学
		天津大学
		华东理工大学
		浙江大学
2	重质油国家重点实验室	中国石油大学(北京)
		中国石油大学(华东)
3	多相复杂系统国家重点实验室	中国科学院过程工程研究所
4	化工资源有效利用国家重点实验室	北京化工大学
5	元素有机化学国家重点实验室	南开大学
6	煤转化国家重点实验室	中国科学院山西煤炭化学研究所
7	催化基础国家重点实验室	中国科学院大连化学物理研究所
8	分子反应动力学国家重点实验室	中国科学院大连化学物理研究所
9	精细化工国家重点实验室	大连理工大学
10	高分子物理与化学国家重点实验室	中国科学院长春应用化学研究所
11	无机合成与制备化学国家重点实验室	吉林大学
12	电分析化学国家重点实验室	中国科学院长春应用化学研究所
13	超分子结构与材料国家重点实验室	吉林大学
14	稀土资源利用国家重点实验室	中国科学院长春应用化学研究所
15	生命有机化学国家重点实验室	中国科学院上海有机化学研究所
16	金属有机化学国家重点实验室	中国科学院上海有机化学研究所
17	聚合物分子工程国家重点实验室	复旦大学
18	现代配位化学国家重点实验室	南京大学
19	材料化学工程国家重点实验室	南京工业大学
20	生命分析化学国家重点实验室	南京大学
21	结构化学国家重点实验室	中国科学院福建物质结构研究所
22	固体表面物理化学国家重点实验室	厦门大学
23	化学生物传感与计量学国家重点实验室	湖南大学
24	功能有机分子化学国家重点实验室	兰州大学
25	羰基合成与选择氧化国家重点实验室	中国科学院兰州化学物理研究所

表 1-6　国家自然科学基金委员会化学科学部基础科学中心项目(2016—2023)

序号	单位名称	项目数	序号	单位名称	项目数
1	中国科学院大连化学物理研究所	4	6	四川大学	1
2	华南理工大学	1	7	中国科学院生态环境研究中心	1
3	北京大学	1	8	吉林大学	1
4	中国科学院理化技术研究所	1	9	北京化工大学	1
5	复旦大学	1	10	国家纳米科学中心	1

1.3.2 学科教育相关组织

1. 教育部高等学校教学指导委员会

教育部设立了高等学校化学类专业教学指导委员会(以下简称化学类专业教指委)和教育部高等学校大学化学课程教学指导委员会(以下简称大学化学课程教指委)两个化学教学指导委员会,指导高等学校化学本科教育教学工作。教指委接受教育部委托,开展化学教育教学研究、咨询、指导、评估、服务、制定标准、组织培训等工作,同时引领各高校进行专业建设、课程建设、教材建设、教学实验室建设和教育教学改革等。近期,化学类专业教指委对我国化学教育教学现状进行了调研与分析,开展了基于化学学科的"四新"建设研究,编制了"化学类专业课程思政教学指南",完成了"化学类专业核心课程教材国内外对比研究"教育部重点项目,开展了"新兴领域教材研究与实践",对能源化学专业的教材进行了全面规划,明确了我国化学类教材未来改革与建设的方向和重点。还通过召开系列会议、建设虚拟教研室、开展线上培训和举办专刊等方式,积极推进教育教学改革。大学化学课程教指委制定了大学化学课程教学质量标准,组织大学化学课程教学师资培训、学术研讨和信息交流等活动,促进了大学化学课程教学质量的提升。

2. 中国化学会

中国化学会是由化学及相关专业的科技、教育和产业工作者及相关企事业单位自愿结成的全国性、学术性、非营利性的社会组织。学会的工作职责包括组织开展国内和国际化学领域的学术交流活动,编辑出版化学学术刊物和图书,开展化学文献和标准的编审活动,普及化学知识,培养人才,承担化学科技项目的评估,奖励、表彰有突出贡献的化学工作者等。其举办的学术年会是国内化学及相关领域规模最大、层次最高的学术会议,为广大教师和学生提供了一个广泛的学术交流平台。学会下设物理化学等 7 个学科委员会、分子光子学与激发态等 33 个专业委员会、化学竞赛等 10 个工作委员会。其中,化学教育学科委员会主要负责组织基础化学教育、高等化学教育和职业化学教育相关的研讨交流、成果奖励等,包括举办中国化学会学术年会中的基础化学教育、高等化学教育和职业化学教育分会、全国化学教育高峰论坛、全国基础教育化学新课程实施成果交流大会、"化学教育研究知新奖"等。竞赛委员会主要负责中国化学奥林匹克竞赛的组织和管理工作,包括制定或修改中国化学奥林匹克条例和相关规则,监督中国化学奥林匹克(初赛)竞赛过程,负责中国化学奥林匹克各级赛事活动的组织工作,参与中国化学奥林匹克各级赛事活动的命题工作等,以保证中国化学奥林匹克的健康发展。

3. 科普机构

除了教学与科研外,科普也是我国基础学科教育关注的重点领域。中国科学院设立学部科学普及与教育工作委员会,制定并组织实施基础学科科普工作规划。学部面向各级政府、大中小学和科研院所师生及社会公众,组织开展多种形式的科普活动,并组织出版科学院历史和科学家传记等相关科学文化产品,提炼和宣传有关科学价值、科学思想和科学方法。全国大学生化学实验创新设计大赛也设置了科普赛道,征集面向社会公众及中小学生的化学科普实验作品,帮助公众了解和正确认识化学,激发青少年学习化学的兴趣和热情。参赛作品需反映化学之趣、化学之美、化学对社会发展的贡献等,并符合安全、绿色、有趣、价廉、便于展示和操作的要求,方便公众和中小学生亲手操作,并能留下深刻印象。此外,中国科学技术大学、中山大学、厦门大学等高校也依托国家级化学实验教学示范中心,积极开展线上/线下全方位、全媒体科普教育工作,取得了良好的效果。

1.4 化学专业人才培养举措

我国十分重视化学拔尖人才培养工作。从 20 世纪 90 年代起,陆续开展“国家理科基础科学研究和教学人才培养基地”和“国家工科基础课程教学基地”建设,开展人才基地创建名牌课程工作,实施“高等学校本科教学质量与教学改革工程”,开展精品课程、精品资源共享课程、精品视频公开课程、国家级实验教学示范中心等项目建设。近期,教育部又推出新一轮改革与建设计划,推动人才培养改革向纵深发展。具体如下。

1.4.1 双万计划

为深入落实全国教育大会和《加快推进教育现代化实施方案(2018—2022 年)》精神,贯彻落实新时代全国高等学校本科教育工作会议和《教育部关于加快建设高水平本科教育　全面提高人才培养能力的意见》,做强一流本科,全面振兴本科教育,提高高校人才培养能力,实现高等教育内涵式发展,2019 年教育部启动一流专业和一流课程建设“双万计划”。目前共有 200 余个化学类专业入选国家级一流本科专业建设点,在教育部公布的两批一流课程建设“双万计划”名单中,共有近 500 门化学类课程或虚拟仿真实验项目入选。

1.4.2 虚拟教研室

为了推进现代信息技术与教育教学的深度融合,打造“智能+”时代新型基层教学组织,建设教师教学发展共同体,提升教师教育教学能力,引导教师回归教学、热爱教学、研究教学,2021 年 7 月教育部启动教育部虚拟教研室建设试点,先后共有 13 个化学类虚拟教研室、12 个“101 计划”核心课程虚拟教研室入选。虚拟教研室通过建立跨校、跨地域的协同教研交流方式,共同打造精品资源库、教学案例库、开设异地同步课堂、开展研讨交流和师资培训,为化学教育教学改革与建设提供了有力支撑。

1.4.3 国家级实验教学示范中心

国家级实验教学示范中心是教育部在 2005 年启动建设的一项教育教学改革项目,是教育部依托相关高等学校建设的国家级实验教学示范平台。示范中心在“十一五”和“十二五”期间进行了持续建设,目前全国已建设了 65 个国家级化学实验教学示范中心。2023 年 6—8 月教育部按照《国家级实验教学示范中心管理办法》完成了对国家级示范中心的首次阶段性总结考察审核。国家级实验教学示范中心作为国家创新人才培养和研究高地,是学校组织高水平实验教学、培养学生实践能力和创新精神的重要教学基地。在教育部的要求下,各高校加大实验教学示范中心的经费投入,完善管理运行机制,深化实验教学改革,探索创新实验教学模式,凝练优质实验教学资源,开展培训、交流和合作,增强示范辐射能力,为全国高等学校实验教学提供了示范。

1.4.4 拔尖创新人才培养

"基础学科拔尖学生培养试验计划"(以下简称拔尖计划 1.0)是由教育部联合中央组织部和财政部于 2009 年启动实施的一项立足强国建设的人才计划,其目的是在数学、物理学、化学、生物科学和计算机科学等领域培养一大批拔尖创新人才,未来成为学科领军人才和世界一流科学家。该计划由教育部、中央组织部、科技部、中国科学院、财政部组成指导组,负责宏观指导和提供政策、经费支持,有 18 所学校开展了化学拔尖人才培养试点。试点高校按照"一制三化"(导师制、小班化、个性化、国际化)要求,建立动态、综合的评价和选拔机制,提供一流的学习条件,聘请国内外知名教授组成教学委员会和导师队伍引领人才成长,加强科研训练和创新能力培养、拓宽学生国际视野,创造一流的学术环境与氛围,同时创新管理机制、突出个性化培养,已经培养了一大批对基础研究具有坚定志趣、具有领军潜质的未来化学家,为拔尖人才培养提供了有益的经验。

2018 年 9 月,在拔尖计划 1.0 探索的基础上,教育部、科技部、财政部、中国科学院、中国社会科学院、中国科学技术协会联合发布《教育部等六部门关于实施基础学科拔尖学生培养计划 2.0 的意见》(以下简称拔尖计划 2.0),要求对标国际先进水平、建设基础学科拔尖学生培养的一流基地,着力培养杰出自然科学家、社会科学家和医学科学家,为把我国建设成为世界主要科学中心和创新高地奠定人才基础。拔尖计划 2.0 的实施范围在原有数学、物理学、化学、生物科学、计算机科学的基础上,增加了天文学、地理科学、大气科学、海洋科学、地球物理学、地质学、心理学、基础医学、哲学、经济学、中国语言文学、历史学。要求遵循基础学科拔尖创新人才成长规律,建立拔尖人才脱颖而出的新机制,在前期探索的基础上进一步拓展范围、增加数量、提高质量、创新模式,进一步探索实施现代书院制、学分制与导师制,形成拔尖人才培养的中国标准、中国模式和中国方案。共有 30 个化学专业入选拔尖计划 2.0 基地,名单见表 1-7。

表 1-7 基础学科拔尖学生培养计划 2.0 基地名单(化学)

序号	学校代码	所属学校	类别	基地名称
1	10001	北京大学	化学	未名学者化学拔尖学生培养基地
2	10003	清华大学	化学	学堂计划化学班——化学拔尖学生培养基地
3	10006	北京航空航天大学	化学	化学拔尖学生培养基地
4	10010	北京化工大学	化学	宏德化学拔尖学生培养基地
5	10027	北京师范大学	化学	"励耘计划"化学拔尖学生培养基地
6	10055	南开大学	化学	化学拔尖学生培养基地
7	10056	天津大学	化学	化学拔尖学生培养基地

续表

序号	学校代码	所属学校	类别	基地名称
8	10141	大连理工大学	化学	张大煜化学拔尖学生培养基地
9	10183	吉林大学	化学	化学拔尖学生培养基地
10	10246	复旦大学	化学	化学拔尖学生培养基地
11	10247	同济大学	化学	化学拔尖学生培养基地
12	10248	上海交通大学	化学	化学拔尖学生培养基地
13	10251	华东理工大学	化学	化学拔尖学生培养基地
14	10269	华东师范大学	化学	化学拔尖学生培养基地
15	10284	南京大学	化学	化学拔尖学生培养基地
16	10335	浙江大学	化学	化学拔尖学生培养基地
17	10358	中国科学技术大学	化学	卢嘉锡化学拔尖学生培养基地
18	10384	厦门大学	化学	化学拔尖学生培养基地
19	10386	福州大学	化学	化学拔尖学生培养基地
20	10422	山东大学	化学	化学拔尖学生培养基地
21	10459	郑州大学	化学	化学拔尖学生培养基地
22	10486	武汉大学	化学	化学拔尖学生培养基地
23	10487	华中科技大学	化学	化学拔尖学生培养基地
24	10532	湖南大学	化学	化学拔尖学生培养基地
25	10558	中山大学	化学	化学拔尖学生培养基地
26	10561	华南理工大学	化学	化学拔尖学生培养基地
27	10610	四川大学	化学	明远学园——化学拔尖学生培养基地
28	10697	西北大学	化学	化学拔尖学生培养基地
29	10730	兰州大学	化学	化学拔尖学生培养基地
30	14430	中国科学院大学	化学	化学拔尖学生培养基地

1.4.5　强基计划

2020 年教育部发布《关于在部分高校开展基础学科招生改革试点工作的意见》,启动相关试点(也称强基计划)。强基计划主要选拔培养有志于服务国家重大战略需求且综合素质优秀或基础学科拔尖的学生,聚焦高端芯片与软件、智能科技、新材料、先进制造和国家安全等关键领域以及国家人才紧缺的人文社会科学领域,开展拔尖人才培养。计划要求试点高校制定单独的人才培养方案和激励机制,对学业优秀的学生可在免试推荐研究生、直博、公派留学、奖学金等方面予以优先安排。探索建立本—硕—博贯通式培养模式,本科阶段夯实基础学科能力素养,硕博阶段既可在本学科深造,也可探索学科交叉培养。要求积极推进科教协同育人,鼓励国家实验室、国家重点实验室、前沿科学中心、集成攻关大平台和协同创新中心等吸纳计划学生参与项目研究,探索建立结合重大科研任务进行人才培养的机制。强基计划对我国科技战略发展意义重大。目前,共有27所高校的28个化学类专业实施了强基计划,名单见表1-8。

表1-8 强基计划招收化学相关专业学生的高校

序号	学校代码	学校	招生专业
1	10001	北京大学	化学类
2	10003	清华大学	化学、化学生物学
3	10006	北京航空航天大学	化学
4	10007	北京理工大学	化学
5	10027	北京师范大学	化学
6	10055	南开大学	化学
7	10056	天津大学	应用化学
8	10141	大连理工大学	应用化学
9	10183	吉林大学	化学
10	10246	复旦大学	化学类
11	10247	同济大学	应用化学
12	10248	上海交通大学	化学
13	10284	南京大学	化学
14	10286	东南大学	化学类
15	10335	浙江大学	化学
16	10358	中国科学技术大学	化学
17	10384	厦门大学	化学类
18	10422	山东大学	化学
19	10486	武汉大学	化学
20	10487	华中科技大学	化学
21	10532	湖南大学	化学
22	10533	中南大学	应用化学
23	10558	中山大学	化学
24	10561	华南理工大学	化学类
25	10610	四川大学	化学
26	10699	西北工业大学	化学类
27	10730	兰州大学	化学

1.4.6　大类培养

随着经济社会的发展,人们所面临的科学和工程问题越来越综合和复杂,往往需要综合多个学科的知识和方法才能加以解决。"宽口径、厚基础"教育有利于拔尖人才培养。大类培养是指高校不再局限于专业类别(如化学类 0703),而是基于学科门类(如理学 07)开展"宽口径"人才培养。大类培养的前提是大类招生,学生入校后既可以在大类完成整个培养过程,也可以先进行大类培养再分流到不同专业进行专业培养,即实行"大类招生—分流培养",目前主要采用后一种模式。在强化大类招生的同时,高校还会强化通识教育,进一步拓展学生的知识领域。

南京大学在 20 世纪 90 年代就开始探索"大理科班"人才培养模式,后来逐步演化为匡亚明学院。匡亚明学院实施"以重点学科为依托,按学科群打基础,以一级学科方向分流,贯通本科和研究生教育"的大理科(包括化学、数学、物理学、天文学等 10 个学科)培养模式。第一年设置文、理科大平台通修课程,第二年按模块设置核心课程,第三年逐渐分流到各个相关专业。鼓励学生选修多学科课程,为从事交叉学科和边缘学科研究奠定基础。复旦大学 2011 年开始实行大类培养实验,大一新生在一年学习之后按照"志愿优先、参考学生学业表现"的规则明确具体专业。中山大学 2021 年开始实施大类招生和集中培养,化学与材料、化工类专业组成理工实验班/化学与材料类,大一按大类培养学习相同的基础课、专业基础课和公共课程,大一学期末回到各专业学院进行专业类课程学习,并在大二第二学期末再分流到化学、高分子科学与工程等具体专业。厦门大学从 2013 年开始全面实施按学科大类招生、培养和管理的方案,学生入学一年半按大类培养,然后根据选择专业的标准及要求和学生的专业意愿,分流到化学、能源化学及化学生物学三个专业学习;2022 年进一步扩大到化学、化工、材料按照一个大类招生,学生学习共同的基础课程后进行分流。浙江大学则在 2006 年开始采用大类招生培养模式。其中化学专业与生命科学、环境科学与地球科学类专业组成理科试验班,学生入学后需在大一上学期确认主修专业。大类培养赋予学生更多自主选择权,在学生发展的不同阶段提供与其认识水平相适应的路径选择,可最大程度满足学生个性化发展需求。

1.4.7　交叉学科培养

交叉学科是指不同学科之间相互交叉、融合、渗透而产生的新兴学科。当代科学的发展和重大科学技术成就的取得,越来越依赖于学科间的交叉与融合。发展交叉学科不仅是科学发展的必然趋势,对于推动科技创新、培养创新型人才也至关重要。

2021 年,国务院学位委员会、教育部将"交叉学科"设置为我国第 14 个学科门类。化学作为重要的基础科学之一,可与诸多学科交叉,如化学与物理学交叉形成了物理化学/化学物理学,目前已成为重要的化学二级学科;化学与生物学交叉形成了生物化学/化学生物学等。其他还有地球化学、海洋化学、大气化学、土壤化学、天体化学;农业化学、林产化学、矿物化学、冶金化学、日用品化学、油田化学、材料化学、环境化学、能源化学、药物化学、医学化学等。

化学生物学是随着化学、生物学与医学等学科的快速发展而形成的一门多学科交叉的新兴学科,利用化学的理论和方法来研究生命科学和医学中的重大问题。截至 2022 年年底,全国已有 27 所高校开设了该专业。该专业致力于培养学科视野开阔、行业适应面宽,能够在化学、生命科学、药学和医学等学科领域工作的专业人才。

能源化学是教育部 2015 年批准设置的本科专业。该专业面向国家"双碳"目标和能源强国战略,培养掌握化学与能源交叉领域的基本理论和技能,了解能源学科前沿动态和发展趋势,能在能源化学及相关领域从事科研、教学等工作的优秀人才。厦门大学是最早设立能源化学本科专业的学校。该校于 2013 年首创"能源化学"专业方向,2015 年正式按专业招生。近年来复旦大学、北京化工大学等 7 所高校相继开设此专业。

化学测量学与技术是化学类专业教指委设计的新工科专业,由厦门大学率先申报并于 2021 年纳入教育部专业目录。该专业主要针对我国测量物质化学组成和结构的大型仪器设备研发能力、生产能力和使用水平与发达国家相比存在较大差距,成为我国科技发展战略短板的现状提出的,目的是通过创办该专业,培养一大批能够开展大型仪器设备原理开发、设计制造、功能开发和使用维护的人才,满足国家战略急需。该专业是建立在化学、物理学、数学、计算机科学、精密仪器制造科学、信息科学、大数据科学、智能科学等多学科交叉融合基础上的综合性专业,属于世界首创。

资源化学专业由北京化工大学率先申报,于 2022 年纳入教育部专业目录,并在 2023 年首次招生。该专业是化学与生态环境、化工材料、工业经济及管理等学科交叉融合的专业,致力于培养能够利用化学原理和方法解决自然资源的高效转化与利用、资源循环再生等过程中科学问题和关键技术的交叉复合型创新人才,更好地服务国家可持续发展和生态文明建设重大战略。

北京大学在跨学科交叉人才培养方面开展了很多实践与探索。"化学专业(主修)+文物保护技术专业"双学位始于 2017 年,旨在引导有志于文物保护的学生,在打好化学基础的前提下拓展考古和文物保护知识,成长为服务"文化两创"的复合型专业人才;学生在完成化学和文物保护技术专业课程要求后,可以获得理学学士(主学位)和历史学学士(第二学位)双学位。"化学+材料科学"双主修学位是北京大学第一个跨专业双主修学位项目,强调理工融合,"以科学促工程",鼓励有志于在新材料领域发展的学生,打好化学基础,拓展材料相关知识,成长为未来解决材料领域关键问题的领军人才。学生在完成培养计划要求的课程后,可以获得理学学士学位和工学学士学位。为服务于国家探月工程和火星探测工程需要,基于强基计划开设了"化学+行星科学"项目,致力于培养高素质地球和行星化学研究人才。

此外,部分高校还通过 4+2 第二学位、主辅修和微专业等方式开展跨学科人才培养的探索。如 2020—2022 年,高校新设立化学双学位 4 个,应用化学双学位 3 个;华东理工大学在国内较早开设"应用化学"微专业,山东大学设立了"化学与文物保护"微专业。

1.4.8　化学实验竞赛

化学是一门理论与实验并重的学科,实验教学在人才培养中具有举足轻重的作用。化学实验竞赛在创新人才培养中发挥了重要作用。

全国大学生化学实验竞赛由高等学校化学教育研究中心和教育部高等学校国家级实验教学示范中心联席会主办,目前已举办十二届,是"全国大学生化学实验邀请赛"的承接和发展。该竞赛旨在创建一个展示和检验我国高等学校化学实验教学改革成果的平台,推进教师交流经验、共享成果,并为学生提供展示实验技能、相互交流借鉴的途径。

全国大学生化学实验创新设计大赛是由中国化学会和教育部高等学校国家级实验教学示范中心联席会主办的全国性大学生化学类和近化学类专业多学科综合性竞赛,目前已举办四届。大赛共分为新创实验、改进实验和科普实验 3 个赛道,一方面引导广大师生将最新的实验科学原理和方法引入实验教学,更新实验内容,强化实验与前沿的衔接,提升学生的科研兴趣和科研素养;另一方面引导学生对现有实验原理和方法进行批判性思考,提出改进的方案并检验改进成效,培养学生实验反思和批评创新能力;第三是培养学生学以致用,激发学生发现化学之美、化学之趣,强化科普意识,增强学生的专业荣誉感和社会责任感。大赛建立了一个大学生实验创新能力展示与交流的平台,推动了我国高等学校实验教学改革,促进了化学实验内容的更新和效果的提升。

2. 化学类专业人才培养需求

2.1 化学学科发展人才需求

化学通过化肥、化纤、食品、医药、农药、材料等的研制和生产、能源及资源的合理开发与高效利用、环境保护等,为人类的生存和发展做出了巨大贡献,在国家建设与经济发展中占据战略支撑地位。进入新时代,化学将继续呈现以基础研究为核心、学科交叉为驱动、与工业产业高度融合,满足国家重大需求为导向的高质量发展态势,这些趋势对未来化学教育与人才培养提出了新需求:(1)化学高端创新群体:当前,我国的化学学科正处在抢占科技前沿和战略制高点的关键期,亟待在发现新现象、建立新规律、构建新体系方面取得突破,增强我国化学的原创力、引领力和话语权,因而需要培养一大批能够引领学科发展的一流化学家、能够主导学科战略布局的战略化学家、能够牵头开展大科学工程和科技攻关的高端创新群体,以全面支撑世界化学教育与人才培养中心和世界化学强国的建设。(2)推进技术转化的高端应用型人才:以应用为导向,关注国家战略急需,加快科学向技术的转化,着力破解精细化学品、化工新材料、高端元器件、集成电路制造、资源与能源利用等前沿关键领域的"卡脖子"问题,推动化学化工行业及产业实现信息化、绿色化、高端化发展,建设化学化工技术发展和产品生产强国。(3)助力下游学科和产业高质量发展的复合型人才:化学是新技术、新产业、新业态、新模式发展的基础,要强化生物、能源、材料、环境、医药、电子等领域的自主创新能力,支持新工科、新农科、新医科、新文科建设,全面保障国家安全、支撑经济社会发展,就必须培养一大批具有宽广的学科视野,能够引领科学突破和技术创新的交叉复合型人才,全面支撑创新型国家和科技强国建设。

2.2 国内化学人才需求趋势

化学作为基础与应用并重的学科,在国民经济和社会发展中发挥着重要支撑作用,是名副其实的支柱产业。此外,作为基础性中心学科,化学是支撑现代工业、农业、医药、环境、材料、资源、能源、信息、国防等多个领域的核心学科,是现代产业体系的重要基础。如解决稀土元素提取、新能源材料创制、生物药物研发、特高纯化学品制造等"卡脖子"技术难题,都离不开深入的化学研究。这就需要培养大量既具备深厚的化学理论知识,又能够独立进行创新研究的高水平化学人才。此外,随着我国科技创新能力的不断增强,化学研究也从传统的基础研究向应用研究、交叉研究、系统研究等多个方向拓展。这就需要培养更多能够适应这种变化,具备跨学科知识体系、独立研究能力、团队协作精神的化学人才。

从宏观战略与发展的角度看,我国正处在全面建设社会主义现代化国家的新征程中。国家提出的一系列重大战略,如"双碳"目标(即碳达峰、碳中和)、生态文明建设、健康中国、制造强国等,都对化学人才提出了新要求。例如,在"双碳"目标下,绿色低碳的变革性化工技术亟待突破,新能源、新材料、环境化学等领域的研究将迎来新的机遇,这就需要培养更多懂得跨学科合作、能够进行前沿科学研究的化学人才。在生态文明建设中,需要更全面、优化的环境保护及资源安全解决方案,环境化学、生态化学、绿色化学等方向的人才将受到更高的重视。而在健康中国战略下,医药化学、生物化学等领域的研究将获得更多的支持,生物医药和生物材料的化学智造将被提上日程,相应地,这些领域的人才培养需求也会持续增长。此外,国际形势变化也使得未来我国的科技进步将更多依靠我国科研人员进行原始自主创新,我国科技创新人才自主培养的需求日益迫切,对基础学科教育提出了新的严峻挑战。

2.3　国内化学人才供需现状

近年来,化学类专业的数量保持稳定,交叉学科专业稳步增加,招生数量、在校生规模和就业情况均保持较高水平,2022 年全国化学类专业年招生数超过 7 万,在校生规模超过 20 万,能够较好满足学科和社会发展需要。化学类专业毕业生就业主要去向为化学、化工、材料、冶金、生物、医药、食品、检验检疫、能源、环保、航空航天等行业。

总体来说,我国化学类专业人才培养与供需关系呈现以下特点:(1)教育培养规模持续扩大,但培养类型与产业发展和社会需求仍存在一定的脱节;(2)化学研发、新材料、生物医药、信息科学等领域的人才需求迅速增长,传统领域的需求逐渐减少;(3)东部沿海地区化学人才需求旺盛,中西部地区则相对较少;(4)企业对于化学专业毕业生的实际操作能力、项目管理能力、跨学科融合能力等综合素质要求越来越高。

3. 国内外高校化学类专业教育教学比较

3.1 课程设置与教学内容

3.1.1 我国主要化学课程设置与教学内容

我国在20世纪五六十年代借鉴苏联的教学体系,形成了以四大化学(无机化学、分析化学、有机化学、物理化学)为核心的课程体系。2018年教育部颁布了《普通高等学校本科专业类教学质量国家标准》(以下简称《国标》),化学类专业教指委在《国标》基础上制定了《化学类专业理论教学内容建议》和《化学类专业实验教学内容建议》,在一定程度上规范和指导了高校的专业和课程建设,使得我国高校化学类专业的课程体系和教学内容比较统一规范,主要体现如下:

(1) 多数高校化学类专业的课程体系基本框架结构相似,学时设置的总体原则为:化学类专业理论课在700~900学时,其中选修课160学时左右。

基础理论课程主要有:无机化学、有机化学、分析化学、物理化学、结构化学,包括化学的基本原理、基本知识、基本方法;专业课主要有:生物化学、高分子化学、化学生物学、能源化学、化学测量学与技术等。专业课选修课程是在二级学科的基础上,由学校根据学科特色设计:①反映二级学科的中级内容或高级内容,如中级无机化学、中级有机化学、配合物化学、高等分析化学、物理有机化学、计算化学等;②与其他学科的交叉内容,如环境化学、药物化学、生命分析化学、放射化学等;③与前沿研究相关的内容,如金属有机化学、合成化学、团簇化学、超分子化学、固体化学、分子模拟等。

(2) 实验课程分三个层次开设,主要为:基础化学实验、综合性化学实验、研究性化学实验。"国标"规定:化学实验教学不低于432学时,其中综合性和研究性实验学时不少于总实验学时的20%。内容包括:实验室安全与环保,物质的合成与分离等基本操作与方法,物质的定性与定量分析、表征技术,基本物理量与物理化学参数的测定,大中型仪器的使用等。

3.1.2 国外化学主要课程设置与教学内容

国外化学类专业的课程体系,在不同国家、不同地区的不同高校均存在较大差异,但多数高校沿用"四大化学"作为主干体系,也有部分高校将四大化学细分为不同的三级学科。主要包括:

(1) 理论课程。可分为三类。化学入门课:化学概论/普通化学,传授基本化学概念与知识,为后面的基础课程做准备。化学基础课:无机化学、分析化学、有机化学、物理化学、生物化学,部分高校开设了高分子化学。国外部分高校将分析化学分散到其他课程,也有一些高校将结构化学纳入物理化学。基础课程学分所占的比例很大,以保证学生能够打下坚实的基础。化学专业课:各高校根据情况统筹安排,以加深对各二级学科的理解,获得批判性思维和解决问题的能力,有的高校也允许学生专修一个学科方向。

在低年级课程中,基础理论占比很大,主要介绍无机和有机化学反应、生物化学、基本化学计算、原子的量子力学的描述、元素和元素周期表(律)、化学键、实际和理想气体、热化学、热力学、酸碱和溶解平衡、氧化还原反应、化学动力学等知识。

高年级课程内容与科研、生产实际应用深入结合,深入学习化学原理,从微观结构方面充分认识化学反应;选修课程的内容丰富并且差异较大,提倡学生跨专业选课。例如,美国麻省理工学院开设了"能源技术与政策""晶体结构精修""考古科学""催化反应中的有机金属化合物""杂环化学""核磁共振光谱和有机结构测定""分子结构和反应性""统计热力学在生物系统的应用"等选修课程;美国加利福尼亚大学伯克利分校设置的选修课程涉及化学专业和物理、生物、地质学、数学、材料科学、核科学等相关领域的前沿研究等。

(2) 实验课程。虽然各校具有一定的差异,但也有一定的规范。例如,美国化学会(ACS)规定,普通化学实验后,学生应有 400 学时以上的实验课程,可以是基础课,也可以是专业课;实验教学内容应包含:分子合成、化学现象的观测、化学性质的测量、物质结构的测定、现代分析仪器的使用、数据分析和计算模拟等。学生须动手使用各种现代仪器,如光谱、化学分离和电化学设备等,通过实验理解现代仪器的原理,掌握基本操作,学习如何用这些仪器来解决化学问题。

在实验教学内容方面虽然各高校各有偏重,但一般是根据课程的阶段性进行实验内容调整,注重实验内容设计性和综合性,同时十分重视实验室安全方面的教育。如美国麻省理工学院实验教学有许多视频教程,为学生提供安全培训、基础操作和仪器操作的教学,向学生开放报废仪器,介绍仪器的内部构造和维修常识,鼓励学生自行组装成新的仪器等。

3.1.3　国内外课程设置的对比

(1) 中外高校课程设置和教学内容都遵循认知规律,按照知识的逻辑顺序,从易到难,循序渐进,在低年级课程中,基础理论、实验所占的比例较大,而高年级开设深层次、学科前沿类课程。

(2) 中外主要化学基础课程设置与教学内容基本相同,包括化学基础理论课程和实验课程,如"无机化学""有机化学""物理化学""基础化学实验""化学专业实验"等。

(3) 国外一些高校同一类型的课程设置层次比较丰富。例如,美国高校课程从类型上有 Lecture、Topic、Seminar,从内容上分为初级、中级、高级等,一些课程没有年级和学期的概念,只是按顺序进行排课。同类课程有不同层次,供学生根据自己的情况选修。开设深度递进课程,如"有机化学"是必修基础课程,"有机化学进展""有机合成""金属有机化学""有机化学反应机理"等则是为学有余力的本科生开设的系列选修课。

(4) 国外部分高校选修课程划分得比较细,不少高校开设一些短、细、深的课程,有利于学生拓展知识面,为将来研究生阶段学习打下基础。如英国剑桥大学还为此编写了一系列小型化学特色教材。课程模块化、小型化使教师开课、学生选课更加灵活,同时课程时间短、授课集中,有利于吸引高水平研究人员承担教学工作,推进科教融合。

(5) 国外一些高校十分重视讨论型课程的设置,尤其是注重团队合作共同完成探究任务的课程。如美国一些高校的讨论课分为两种形式:一种是课堂授课和讨论相结合,另一种是专门开设的讨论课。学生参与此类课程的积极性较高,在其他人作报告时可随时提问。近年来,国内高校也逐渐重视此类课程的建设,如开设"新生研讨课"等,有的高校主干基础课程大班上课后再分成若干个小班开设研讨课,部分高校主干基础课程配备 1 学时/周的研讨课,学生参与的积极性逐年提高。

3.2 教材建设

3.2.1 我国教材建设概况

中华人民共和国成立后,我国化学类核心课程教材建设可分为 4 个发展时期:

第一个时期为我国高等院校调整完成后,苏联教学体制建立初期的 20 世纪 50 年代中后期。当时的高等教育部组织启动了统编教材编写工作,先后出版了《仪器分析》《有机化学》《无机化学教程》《分析化学》《物理化学》等具有代表性的教材,初步构建起化学类核心课程教材体系。

第二个发展时期为恢复高考后、改革开放初期。由于此前 10 多年教材建设处于停滞状态,为了解决恢复高考后教材缺乏和内容落后的问题,教育部组织了第二次统编教材工作,在1978—1980 年、1981—1985 年、1986—1990 年先后启动了 3 轮教材出版规划。一方面修订再版了 20 世纪五六十年代的经典教材,另一方面新规划建设了一批化学类核心课程教材,在无机化学、分析化学、物理化学、有机化学、有机化学实验、物理化学实验等课程方面又编著出版了一批优秀教材,迎来我国化学类课程教材出版的第二个高峰。在这个时期,为了进一步解决教材缺乏和内容落后的问题,还大量引进了国外教材。如 1979 年,教育部、外交部和财政部联合发布《关于加速引进外国高等学校教材的几项规定》,建立外国教材中心。吉林大学外国教材中心主要负责化学及相关学科的教材引进和研究。

第三个发展时期为我国高等教育大众化发展阶段。这一时期,高校对教材品种和数量的需求都快速增长,这客观上形成了一个巨大的高等教育教材市场。高等教育教材市场的迅速扩大引起了各出版社、出版集团的高度重视,纷纷加大了对高等教育教材的开发和推广力度,积极建设特色教材,推进教材的差异化发展和精品化建设。

第四个发展时期为当前从高等教育大国到高等教育强国跨越的新阶段。教材是实现教育高质量发展,建设教育强国、科技强国、人才强国的基础保障。2016 年,党和国家首次从制度层面明确了教材建设是国家事权,突出了教材建设的重要地位和意义。为落实国家事权,加强和改进大中小学教材的一体化建设及其管理和使用,推动精品教材建设,2017 年先后成立了国家教材委员会和教育部教材局,发布了包括《普通高等学校教材管理办法》在内的一系列教材管理办法。2019 年,全国教材建设奖正式设立,并于 2021 年评选出首届获奖教材。有 399 种高等教育类教材获奖,其中化学类教材有 7 种。

3.2.2 国外教材引进和使用状况

1979 年,根据教育部、外交部和财政部联合发布的《关于加速引进外国高等学校教材的几项规定》,我国正式建立了吉林大学外国教材中心(以下简称"外教中心"),以加强外国教材的引进、积累、研究和使用,推动我国教材建设,实现提高教学质量的目标。吉林大学外教中心成立至今共引进国外原版化学类教材 8816 种,其中通识教育类教材 910 种、化学基础课教材 969 种,化学专业课教材 6937 种。化学专业课教材为整体教材建设重心,该类教材占比达 79%。以吉林大学外教中心数据为依据,跟踪外国化学教材发展进程,可分析国外化学教材学科特点和教学技术手段。通过分析吉林大学外教中心所引进的 2010 年及之后出版的教材,当前国外化学教材建设基本概况如下:

（1）高等教育阶段教材随学科发展与知识体系的演变不断更新，教材使用以 10 年内出版的为主。

（2）吉林大学外教中心购置的 2010 年及以后出版的化学类教材共计 1880 册，其中通识教育类教材 174 册，化学基础课类教材 375 册，化学专业课类教材 1331 册。化学基础课教材的比例显著提升，从原来的 11% 增加到 20%。

（3）在教材出版社分布方面，吉林大学外教中心购置的教材来自 326 家出版社，教材数量遥遥领先的是 Wiley 出版社和 Springer 出版社，其中 Wiley 出版社的影响力较大。

（4）在重点学科保障方面，正在使用的教材中包含无机化学 138 种、有机化学 512 种、物理化学（含结构化学）617 种和分析化学（含仪器分析）187 种。从教材流通情况来看，物理化学教材的借阅率最高，为 64.18%，其次是无机化学教材，借阅率为 50.72%。

（5）当前国外化学教材的突出特点主要表现在以下两个方面。①教材编写突出学习规律和学习信息，编写方式重视学生对知识体系和文字材料的解读。教材普遍采用全彩色印刷模式，配有丰富彩色图片，包括化学反应微观图示、3D 照片、演示图例等多种形式，同时通过不同色块在全书穿插辅助教学注释，包括知识点扩展材料的嵌入、嵌入知识点的解释与讨论等，内容清晰易懂，辅助性强，信息丰富。②教材配套资源丰富。如 Raymond Chang 的 Chemistry（2nd）配套教材体系完备，具有丰富的多媒体资源和教学支持体系。这一时期的国外化学教材除提供配套教学参考书目和教学课件、视频等多媒体材料外，已经呈现出完整的教学支撑体系，通常会以网站形式提供系统的演示材料、多媒体学习功能、辅助练习和讲解等内容。McGraw-Hill、Cengage、Wiley 出版的多种教材均配套了教学支持体系。教材超越了传统形式，从书本向课程转化。

3.2.3 中外化学教材对比

（1）教材编写组织方式。在我国第一个和第二个教材发展时期，教材编写都由教育部组织，由教研室或教材编写组负责按照教育部颁发的课程教学大纲编写。在第三个发展时期则按照教育部颁发的《普通高等学校本科专业类教学质量国家标准》以及各个教学指导委员会提供的相关规范或者建议进行编写。所以，教学内容和教学要求比较一致，教材内容偏差通常不大。而国外教材编写以个人为主，教材内容带有个人特色，差异明显，这导致教材风格的多样化及教材版权的差异性。中外教材在内容编排规律、对知识体系和三级学科的认识及相关章节划分、涵盖内容等方面也存在一定的差异。

（2）教材内容。国外教材整体的理论深度及其使用数学、物理、计算机技术和软件进行计算、数据处理的程度要高于国内教材。国外教材在各章之间常常会穿插安排数学章节（Math Chapter）或物理知识的回顾，以便学生提前复习巩固并有效运用。这些做法有利于培养学生的数理能力和严谨性、科学性。国内教材则更关注构建知识体系框架，呈现知识结构，更关注知识的学习和理解，而在知识宽度、自主学习、计算机技术和软件应用、解决实际问题能力培养等方面需要进一步加强。此外，国外教材修订周期短，修订幅度通常比较大，知识更新速度更快。2010 年后，国外化学教材以化学专业课教材为主，超过 70% 的教材以化学专题研究为内容展开。在采用国际单位方面，国外教材特别是美国教材，还没有统一采用国际单位，像卡（cal）、尔格（erg）、达因（dyn）、埃（Å）、加仑（gal）、磅（lb）等单位还经常出现，而我国的教材则全部采用国际单位制，包括外文译名也逐步趋向统一。

（3）教材出版技术。随着我国经济和科学技术的快速发展，凭借互联网平台和互联网技术发展优势,利用文字、图像、音视频、动画、虚拟仿真、在线工具等多种形式呈现教案、课件、背景资料、案例、习题作业、MOOC等,并通过超链接、二维码等技术,实现纸质教材与多媒体资源的深度融合,并逐步具备人机智能交互、教学信息互联、学习数据自动采集与精准分析等功能,使得我国教材在设计、形态、数字化、网络化、智能化、印刷装订质量等诸方面已与国外先进水平迅速拉近距离。

3.3 教学方法对比

目前,我国虽然有近40所高校的化学学科的ESI科研影响力排名进入了世界前100名,与美国并驾齐驱,已超过德国、英国、法国、日本等传统化学研究强国,使化学学科成为与国际一流水平最接近的学科,但是,在教学理念和教学方法上与国外一流高校相比,仍需要持续改进。

(1) 教学理念。10多年来,国内高校在学习国际专业评估理念和标准的教学改革中,强调学生的主体地位,"以学生为中心"开展教学和评价的教学实践不断深化,强调教师要为学生发展服务,围绕学生的特点和需求开展教学,在教学效果评价时强调学生的学习收获,"学生中心、产出导向、持续改进"的理念得到很好的落实。

(2) 选课方式。国外著名高校多数实行学分制,学校设置不同层次的课程,由学生根据自己的知识水平、专业和未来发展取向等自行选修,培养方案的个性化特色突出。例如,新加坡国立大学(NUS)不仅为学生提供选课参考,还安排5位教师指导学生选课。

在选课层次方面,美国伊利诺伊州立大学(厄巴纳–香槟分校)(UIUC)设置多个课程层次,其中 Chem 101 Introductory Chemistry 面向没有高中化学基础的学生,既可作为通识类课程,也可作为未来学习化学或者其他专业的基础课。学校还开设 First-year discovery courses,为学生与教师和其他学生沟通交流提供机会,使学生能够尽快融入大学校园生活。Advanced / Accelerated Chemistry 是为具有良好化学基础的学生开设的高级课程。国外很多高校还可以选择"荣誉课程"。"荣誉课程"是为优秀学生提供的知识面更宽、挑战度更大的课程。例如,密歇根大学开设的 CEM181H 等带 H 编号的课程都是荣誉课程。

目前,国内高校主要仍采用学年学分制,学生选课的空间、跨学科选课、个性化培养方案、选课指导等方面尚需进一步加强。

(3) 教学组织。美国大学的化学课采取大班授课非常普遍。如 UIUC 的 Chem 101、Chem 232 Elementary Organic Chemistry 都是近 200 人的大班。与理论课对应的实验课教学,往往也采取大班授课,分小班实验的方式。美国加利福尼亚大学伯克利分校的 11003 CHEMISTRY 1A P 001 LEC 课程的容量为 526 人,采取大班授课;而 11009 CHEMISTRY 1A S 102 DIS 研讨课则共开设 36 个平行班,每个班的容量为 28 人。

国内高校化学理论课和实验课的教学组织与国外高校类似。近年来,不少有条件的高校,理论课也采用了小班化教学方式。

(4) 教学环节。国外高校非常重视课堂教学环节设置,很多学校在其教师发展中心的培训项目中都单独设置 course planning 模块。例如,UIUC 的 Chem 101 Introductory Chemistry 就有授课、讨论/习题课(Discussion/Recitation)、实验三种不同的教学环节,要求学生至少选择一次讨论和一次授课;Chem 232 Elementary Organic Chemistry I 课程则安排 Discussion/Recitation 和 Online 学习环节。

国内高校在课程设计的模块设置中,研讨、学生报告、在线学习等教学环节还需要进一步进行制度性安排。

（5）授课方式。美国高校强调调动学生主动参与学习过程，即使是几百人参加的大班课，教师依然能够开展提问、小组讨论、展示等活动。大班课程配有小班研讨环节，由研究生助教引导讨论（leading discussion）。UIUC 规定，研讨课中助教或者教师只能占 30% 以下的时间，其他必须由学生围绕教师设置的一些有效的问题开展讨论。这些问题包括复习性的，更包括思考、拓展性和实际生活的，是对课堂教授内容的检查（recitation/ demonstration）、补充和发展。美国的课内课外通常相辅相成，课外是教学不可或缺的重要组成部分，很多内容都由教师布置，由学生在课外通过自学完成，老师通过研讨课、作业、报告等形式进行检查，这使得美国大学生学习压力大，这也是图书馆通宵开门并按照小组研讨方式摆放桌子的重要原因。

国内少数高校的一些课程也开始采用这种授课方式，但大部分课程仍主要采取教师讲授、习题练习等方式授课。

3.4 质量保证标准与机制对比

建设化学类专业认证标准，在开展试点认证的基础上推广到所有化学类专业，对于推进化学类专业树立质量理念，强化专业建设，提升育人能力有重要的引领和推动作用，意义重大。

2018 年教育部颁布了《普通高等学校本科专业类教学质量国家标准》（以下简称《国标》）。2015 年，教育部教育质量评估中心（Education Quality Evaluation Agency of the Ministry of Education，EQEA）借鉴工程教育专业认证经验，制订了《普通高等学校本科专业认证标准（第三级）（试行）》（以下简称"EQEA 标准"）。2016 年，武汉大学开展了化学类专业认证试点；2018 年，华东理工大学开展了中俄联合化学专业认证试点。在试点基础上，EQEA 于 2018 年委托中山大学开展国际相关认证标准的调研，以及认证标准和认证方案的修订工作。

以 EQEA 标准为基本框架，与英国 QAA（Quality Assurance Agency）的《化学学科基准》（Subject Benchmark Statement：Chemistry）、俄罗斯 NCPA（National Centre for Public Accreditation）的《教学方案外部审查指南》（Guidelines for External Reviews of Study Programmes）及美国化学会（American Chemical Society，ACS）的《学士学位项目指南和评价规程》（Guidelines and Evaluation Procedures for Bachelor's Degree Programs）三个比较具有代表性的国外化学专业认证标准进行比较，见表 1-9。表 1-9 显示，4 个标准的基本框架不同，其内容也各有侧重。其中，EQEA 标准涉及面广、结构清晰，更关注制度建设和组织架构，标准的前 6 个方面强调以目标为导向进行系统设计、实施和保障，最后落脚到学生发展，很好地体现了学生中心、理念和目标引领、产出导向的理念。QAA 标准与 EQEA 标准的结构最为接近，很好地体现了学生中心理念，但更加关注课程目标和学生能力培养，强调提供多样化的学习活动，强调可视化教学和实作，但对教师队伍建设没有明确要求。NCPA 标准提出了十个认证标准，并将每个标准划分为四种评估等级，但没有给出明确的毕业要求。ACS 标准则描述了制度、学生能力、化学课程目标等，并在基础设施如仪器设备和实验室安全资源等方面提出了详细要求。对比表明，EQEA 标准综合了另外三个标准的内容，更加全面和系统。

EQEA 标准的毕业要求在 QAA 标准中基本都有对应的描述。在知识要求中，QAA 标准要求"回忆"和"解释"，明确知识掌握的程度。在"批判性思维和创新能力"中，EQEA 标准要求"发现、辨析、质疑、评价本专业及相关领域现象和问题，表达个人见解"，而 QAA 标准缺少相关要求。在"解决复杂问题的能力"中，QAA 标准的描述更加全面，强调了解决化学问题时所需的具体能力，

表 1-9 EQEA、QAA、NCPA 和 ACS 标准框架的比较

标准体系	EQEA	QAA	NCPA	ACS
培养目标	1	1.1—1.5	标准1、标准8	1
毕业要求	2	1.12、3.3—3.10、4.1—4.7		7.1—7.6、9
课程体系	3	1.6—1.9、2.1—2.6、2.13、2.14、3.1—3.25	标准2、标准3	5.1—5.11、6
师资队伍	4		标准5	3.1—3.6
支持条件	5	2.7、2.8	标准6	2.3、4.1—4.6
质量保障	6	2.15—2.20	标准3、标准7、标准9、标准10	1、2.1、2.2、2.4、8
学生发展	7	2.9—2.12	标准4、标准6	9
特色项目	8	1.10—1.15	标准8	

如"遵循风险评估""准确地合成、纯化、分离和表征"等。但 QAA 标准中缺少关于"终身学习意识和自我管理、自主学习能力"的描述。此外，QAA 标准还要求化学专业的学生能够理解并解释化学和其他学科之间的联系，以及能选取并使用数学概念和工具，如微积分、统计学来解决常见的化学问题。整体而言，EQEA 标准不是针对化学类专业的认证标准，所以缺乏化学特色，这一缺陷需在未来制订专业认证附加标准时予以弥补。

3.5 总结与建议

综上所述，当前我国高等化学人才培养已经进入新阶段、彰显新特征、形成新优势，主要体现在：

（1）学科基础雄厚。当前我国化学学科的科研影响力已处于国际先进水平，为化学拔尖人才培养奠定了坚实的学科基础。

（2）布局持续优化。化学类专业在化学和应用化学 2 个基础型专业的基础上，发展了化学生物学、分子科学与工程、能源化学、化学测量学与技术、资源化学 5 个交叉型专业，构建了面向纯化学研究、化学应用技术开发、服务学科交叉发展的系统格局，建立了化学服务"四新建设"的思路和路径，专业特色建设也取得积极进展。高阶性、多样化人才培养格局日趋完善。

（3）培养规模适宜。目前我国化学类专业总数超过 800 个，年招生数超过 7 万人，专业数量和招生培养规模能够较好适应学科和产业发展需要。

（4）质量持续提升。近年来化学类专业教学的标准化、规范化不断推进，建设了国家质量标准、专业教学内容建议，积极推进专业和课程的一流建设。

（5）培养理念更新。我国化学人才培养已完成从知识与技能导向的服务型人才，到能力与素质导向的支撑性人才的转变，目前正在向批判与创新导向的引领性人才转变，且已积累了一定的基础和经验。

对照国家战略需求与人才培养要求，我国在人才培养模式、课程体系与教学方式方面还需要在以下几方面加强改革：

（1）注重跨学科能力和素质的培养。跨学科培养和多学科培养是近年来国际化学教育改革

的热点。除了无机化学、有机化学和物理化学等化学基础课程之外,其他课程注重与物理、生物、环境、材料、信息学等进行多学科交叉融合,倾向于构建跨学科内容。

(2) 升级课程教学目标定位。以知识、能力、素养协调发展为目标,培养学生综合分析、解决复杂问题的能力及创造能力,如增加培养方案的灵活性,注重研究型教学、加强研讨课;增加高阶性课程;增加具有挑战度、需要团队合作完成的大作业;扩大选修范围;增加课程论文、学年论文、学生科研计划等,引导学生形成系统的知识、综合的观点、发现问题、独立思考和解决问题的能力。同时重视科学精神、科学道德的培养以及家国情怀、社会责任感的塑造。

(3) 强化信息化技术在教学中的深度应用。将教育技术渗透到教学的方方面面。强化MOOC 和 SPOC 的建设和使用,基于线上资源开展自主学习和翻转学习。强调将计算机和信息技术融入教学,用云计算、分子模型工具包,以及 3D 打印、体感交互技术、VR、AR、游戏化学习等技术手段协助学生提高学习的层次和效果,同时提高学生的信息化素养。

(4) 强化教学和学习状态分析评价。在教学质量测量方面,国内高校应借鉴国外高校经验,注重开发各类评价量表和评量工具,通过信息化和智能化手段,及时了解学生的学习状态,指导学生分析和解决学习困难,指导教师持续改进教学方法,提升教学成效。

4. 化学"101计划"简介及建设进展

从中华人民共和国成立至今，我国的化学教育和人才培养经历了从数量到质量，从基础到应用，从封闭到开放的发展过程。各种政策和项目的实施为化学人才培养创造了良好条件，培养出了大量优秀的化学专业人才，为我国的科技进步和经济发展做出了重要贡献。

但在传统的化学教育中仍存在一些问题需要进一步加以解决。首先，课程和教材体系通常被划分为独立的模块，按照传统的二级学科进行设置，各分类理论和实验课程相对独立，缺乏对整个学科核心知识的整体考量，其结果是课程和教材内容要么过于繁杂和割裂，要么存在重叠、缺乏深度。其次，原有课程和教材体系未能充分融合学科的发展和前沿研究，与学科领域的新思想、新理论和新发展等衔接不够及时、紧密。教材更新迭代的速度较慢，导致内容相对陈旧，使得学生无法及时了解和学习最新的科学进展。

化学"101计划"充分考虑化学的学科特点，从学科宏观整体视角去统筹各门核心课程和教材的建设，同时将化学领域国际学术前沿科技成果及时纳入教学体系，每门课程凝练出约50个核心知识点，构建系统化的知识图谱，使其彼此关联又各有侧重。特别是实验课程的设置，突破传统分类习惯，按照基础和综合两个层次、合成与测量两方面对现有化学实验课程体系进行了重构。我们将通过化学"101计划"建立一套完整的化学专业核心课程体系，并更新课程内容、优化教学设计、创新教学方法和评价方式，致力于打造具有中国特色的人才培养核心理念与模式，更好地支撑我国化学及相关学科和产业的高质量发展。

4.1 建设目标

化学"101计划"的总体目标是以化学学科专业教学改革为突破口和试验区，集中全国化学领域优势力量，探索化学拔尖人才培养的新理念、新内容、新方法。凝练化学学科核心课程的核心要素和前沿要素，对课程、教材、教师、实践项目、教学方法等进行全面改革和建设，用两年或更长的时间建设一批化学领域的名课、名师、名教材，引领带动全国高校化学人才培养质量的整体提升。

具体包括如下主要建设目标：

(1) 核心课程体系建设。集中全国优势力量，将普通化学、无机化学、有机化学、分析化学、物理化学、结构化学、高分子化学与物理、化学生物学、基础化学实验、合成化学实验、化学测量学实验、化学生物学实验12门课程建设成为具有高阶性、创新性和挑战度的一流核心课程，形成完整的化学核心课程体系，包括课程知识点建设、知识图谱建设、在线资源建设、教研一体化平台建设等。

(2) 核心教案体系建设。在知识点凝练和知识图谱建设的基础上，进行12门课程教案的编写和持续迭代，着重于教学手段和教学方法的改进，建设一套凝聚教师智慧、蕴含教师学术思想、对教材的深刻理解和教学方法革新的核心教案体系，出版具有101特色的体系化电子教案。

(3) 核心教材体系建设。围绕12门核心课程的配套教案建设，探索基于知识图谱的教材编写模式,将凝练的课程核心要素与国际学术前沿和国内高水平学术成果有机融合,建设一批集系统性、融合性、前沿性于一体的精品教材,形成"世界一流、中国特色、具有 101 风格特点"的化学核心教材体系。

(4) 核心实践项目建设。在 4 门实验课程建设中注重依托国家实验室、国家重点实验室、科研院所等,深化科教融汇、产教融合,开发一批核心实验实践教学项目,支持化学拔尖学生根据兴趣自主选题,开展创新性、探索性实验实践,同时加强教师实验实践教学能力。

(5) 核心师资团队建设。以建设一流课程、教材、实验实践项目为契机,以虚拟教研室、教学教研会议、课堂观察与研讨等为载体,深入开展协同教研和经验交流活动,着力提升教师教育教学能力,培育一支化学领域高水平核心师资队伍。

4.2　组织建设

化学"101 计划"构建了"七组一处"的组织构架,有序推进项目实施(图 1-1)。由郑兰荪、田中群、高松、张希、周其林、谭蔚泓、彭笑刚、Jean-Marie Lehn、Brian P. Coppola、James G. Anderson 10 位海内外学术教育名家组成专家组,对项目进行顶层设计和全面指导,每门课程配置一名或多名专家组成员联系指导。由 30 所"化学拔尖学生培养计划 2.0 基地"获批高校成立工作组,承担具体建设任务。具体做法为:在牵头高校中山大学设立化学"101 计划"秘书处,负责项目工作方案制定、资料收集、沟通联络、会议组织、进展汇报、网络平台建设等工作。12 门核心课程分别组建课程组,全面负责课程建设、教材建设、教研活动、课堂提升等。针对具体任务的实施需要,每门课程设有课程建设组、教材编写组、课堂提升组以负责相应工作。由 30 所"化学拔尖学生

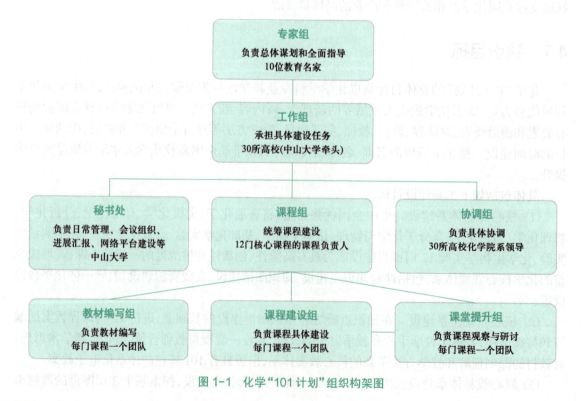

图 1-1　化学"101 计划"组织构架图

培养计划 2.0 基地"获批高校相关校院系领导组成协调组,负责组织、协调各单位深度参与课程、教材、师资建设等,并在经费、人员、政策等方面提供支持。

4.3 课程建设

在专家组的指导下,30 所参与高校深入研讨和推荐,明确了化学"101 计划"共建设包括 4 门实验课在内的 12 门核心课程,并确定了课程名称、牵头建设高校及课程负责人(见表 1-10)。

表 1-10 化学"101 计划"建设课程

序号	课程名称	牵头建设高校	课程负责人
1	普通化学	北京大学	杨 娟
2	无机化学	厦门大学	朱亚先
3	有机化学	北京大学	裴 坚
4	分析化学	湖南大学	蒋健晖
5	物理化学	浙江大学	彭笑刚
6	结构化学	武汉大学/南开大学	庄 林
7	高分子化学与物理	中国科学技术大学	刘世勇
8	化学生物学	清华大学/北京大学	刘 磊
9	基础化学实验	南京大学/南开大学/上海交通大学	张剑荣
10	合成化学实验	中山大学/吉林大学/兰州大学/四川大学	苏成勇
11	化学测量学实验	厦门大学/复旦大学/南京大学	任 斌
12	化学生物学实验	北京大学/清华大学	王 初

化学"101 计划"核心课程建设充分考虑了化学的学科特点和课程属性等因素。化学属于基础自然学科,理论课重点在于构建知识体系,夯实基础;实验课要推动理论的运用与消化,需要灵活应用教学模式与方法。因此,在建设核心课程时,坚持理论课注重"守正",实验课突出"创新"。按照传统的二级学科分类,建设无机化学、有机化学、分析化学、物理化学、结构化学、高分子化学与物理 6 门专业核心理论课;建设普通化学课程,作为大学化学类专业入门课程,强化与中学化学的衔接并兼顾近化学类专业学生的学习需求;考虑交叉学科发展和国家战略需求,建设化学生物学课程。实验课建设则突破传统分类习惯,按照基础和综合两个层次、合成与测量两方面建设基础化学实验、合成化学实验和化学测量学实验课程,每门课程既注重基础实验内容建设,又强化前沿研究的教学转化;同时考虑交叉学科的理论与实验融合培养需求,建设化学生物学实验课程。强调各门课程兼顾基础和前沿,优化教学设计、创新教学方法和评价方式,建立一套完整的化学专业核心课程体系。在 4 门实验课程建设中,强调深化科教融汇、产教融合,充分利用国家实验室、国家重点实验室、科研院所等优质科研资源平台,开发一批具有创新性、探索性、启发性的核心实验实践教学项目。

课程建设的年度工作任务安排如下:

2023.4—2023.12 :(1)梳理各门课程之间的知识边界,明确课程的授课学分学时;(2)凝练每门课程最核心、最基础的关键知识点,构建知识图谱,形成化学核心课程体系;(3)根据凝练的知识点,确定具体讲授方式,开展教案编写,着重推进教学手段和教学方法改进;(4)开展化学"101 计划"网络工作平台建设,完成一期建设,助力课程建设。

2024.1—2024.12 :(1)完成教案初稿后,在 30 所高校进行试用、调研和讨论,并进行反馈、迭代和优化,形成定稿的课程知识点和教案;(2)在课程建设的同时,组织开展对应教材的编写工作及核心实验实践教学项目的建设工作;(3)完善化学"101 计划"网络工作平台,形成资料化、数字化、功能化的跨校跨区域教研平台。

2025.1—2025.4 :(1)形成完整的化学学科核心课程的知识体系、教学方法和教学资源;(2)完成课程对应教案/教材的出版工作;(3)完成教 & 学一体化的化学"101 计划"网络工作平台。

目前,已完成 12 门课程的知识点凝练和知识图谱编制,化学"101 计划"核心课程体系初步形成;化学"101 计划"网络工作平台一期建设也已完成,已上载完成建设的核心课程体系及内容,对广大师生开放。

4.4　教案/教材建设

化学"101 计划"核心课程教材建设的总体目标是在充分借鉴国内外优秀教材建设经验的基础上,将 12 门核心课程的知识点与国际学术前沿和国内高水平学术成果有机融合,同时融入思政元素,建设一批集系统性、融合性、前沿性于一体的精品教材,形成"世界一流、中国特色、具有 101 风格特点"的化学核心教材体系。教材的编写以学生的系统能力培养为导向,探索基于知识图谱的编写模式,注重化学学科发展的整体性和知识的系统性,融入现代教育理念和教学方法。教案要求融入教师的学术思想、对教材的理解和教学方法改革,且便于更新迭代。拟在 12 门核心课程电子教案的编写、迭代、出版的基础上,进行教材的编写与出版,并探索融入音视频文件、动画、虚拟仿真项目等新形态教学资源,建设以纸质教材为核心、配合数字化资源的新形态教材体系。

整体工作计划如下:

2023.4—2024.4 :完成各课程电子教案的编写,确定 12 门课程的教材出版计划。

2024.5—2025.4 :完成电子教案的优化、迭代和出版,建设新形态教学资源;在此基础上完成教材的编写,组织试读、使用和专家审稿,征集教材修订意见,修改、定稿后正式出版。

4.5　核心师资团队建设

核心师资团队建设主要以建设一流课程、教材和实践项目等为载体,充分发挥诺贝尔奖获得者、两院院士等化学领域大师作用,汇聚各级教学名师和顶尖学者,依托虚拟教研室、化学"101 计划"网络工作平台等,通过教学研究、教学培训、课堂提升、教学研讨等形式进行,切实提升教师的教育教学水平。具体工作如下:

(1) 教学研究。各课程组建课程建设组和专项团队,主要通过参与一流课程、教材、实践项目等教学内容建设,开展协同教研,交流互动,群策群力,切实提升教师教研水平。

(2) 教学培训。充分发挥名师示范引领作用,开办核心教师研修班、培训班,就教学中的一些重点和难点问题进行深度交流和示范教学,并对听课专家和教师进行培训。如有机化学课程举办教师研修班,邀请 8 位来自国内知名高校的专家分享教学经验,示范如何将科研成果与教学实际紧密结合,并就高校有机化学教学中的一些重点和难点问题进行了深度交流和示范教学。

(3) 课堂提升。由课程提升组成员借助课程虚拟教研室平台和化学"101 计划"网络工作平台等,通过线上、线下、线上 + 线下等方式进行课程观察。听课专家注重课堂学生的反馈和观察,并在课程结束后与授课教师交流,指导课堂教学方式和教学效果的改进。2023—2024 学年秋季学期,各课程已组织听课 106 场,参与教师达 101 人,共完成 206 份听课记录表。

(4) 教学研讨。由秘书处或课程组成员单位轮流组织关于教学的线上或线下研讨会议和活动,组织专家讨论和反馈,改进课堂教授方式,提高授课效果。截至目前,秘书处和各课程组共召开各类交流会 104 次。

目前,化学"101 计划"的 12 门核心课程均已组建了课程建设团队,均获批教育部第三批虚拟教研室建设试点,为开展教学研究、课堂提升提供了很好的平台。

4.6 小结

化学"101 计划"是一项涉及课程、教材、教师、实验实践、教法等全要素改进的探索性计划,期望通过两年时间系统化建设化学专业核心课程体系,产生一批融入新理念、新内容、新方法的一流核心课程、核心教案和教材、核心实验实践项目,培育核心师资团队,为全国高校化学人才培养提供参考与借鉴,从而引领带动高校化学基础人才培养质量的整体提升。

化学"101 计划"的项目核心是核心课程建设。本书包含了化学"101 计划"建设过程中形成的 12 门核心课程的知识点体系,一方面将作为后续教案建设、教材建设、新形态教学资源建设等工作的参考,另一方面也将在后续建设过程中持续修订和完善。

参考文献

［1］教育部高等学校教学指导委员会.普通高等学校本科专业类教学质量国家标准(上).
北京:高等教育出版社,2018.

［2］中华人民共和国教育部.普通高中化学课程标准(2017年版).北京:人民教育出版社,
2018.

［3］张树永,朱亚先.高等学校开展专业特色建设的思路与重点——以化学类专业为例.中
国大学教学,2022,8:21-26.

［4］程燕林,吴树仙,戴庆,等.我国化学科学发展的战略思考与建议.中国科学院院刊,
2022,37(3):288-296.

［5］《国家中长期教育改革和发展规划纲要(2010—2020年)》.

［6］中华人民共和国教育部.学位授予和人才培养学科目录(2018年4月更新)［EB/OL］.
(2018–04–18)［2021–08–29］.

［7］中华人民共和国教育部.普通高等学校本科专业目录(2022年版).

［8］国家自然科学基金委员会.2023年度国家自然科学基金项目指南［EB/OL］.［2023–01–05］.

［9］中国化学会.学会章程–中国化学会［EB/OL］.

［10］朱亚先,林新萍,周立亚,等.中美高校化学专业课程设置及教学内容比较(一)——
高等化学教育咨询评议项目系列之三.大学化学,2016,31(5):8-14.

［11］朱亚先,林新萍,周立亚,等.中美高校化学专业课程设置及教学内容比较(二)——
高等化学教育咨询评议项目系列之三.大学化学,2016,31(6):7-9.

［12］朱亚先,林新萍,周立亚,等.中美高校化学专业课程设置及教学内容比较(三)——
高等化学教育咨询评议项目系列之三.大学化学,2016,31(7):14-19.

［13］李靳元,廖鹏飞,徐晓晨,等.国外化学教材建设的历史与现状.大学化学,2023,38:
27-35.

［14］张树永,郭新华,丁里,等.国内化学类核心课程教材出版情况调研与分析.大学化学,
2023,38(6):1-9.

［15］苑世领,张树永,王玉枝.国内外化学专业教学方式和方法的改革与探索——高等化
学教育咨询评议项目系列之二.大学化学,2014(02):14-19.

［16］教育部教育质量评估中心.普通高等学校本科专业认证标准(第三级)(试行).2016.

［17］张树永,王玉枝,朱亚先,我国高等学校化学类专业评估标准建设进展及未来工作重
点浅议.中国大学教学,2017,4:51-55.

［18］The Quality Assurance Agency for Higher Education.Subject Benchmark Statement:
Chemistry［EB/OL］.(2022–03–30)［2022–06–25］.

［19］毕家驹.高校专业培养计划设计.比较教育研究,2006,1:22-27.

［20］National Centre for Public Accreditation. Guidelines for External Reviews of Study
Programmes［Z］.

［21］冯晖.俄罗斯专业认证的特点及启示.上海教育评估研究,2013,12:28-34.

［22］American Chemical Society. Undergraduate Professional Education in Chemistry:ACS

Guidelines and Evaluation Procedures for Bachelor's Degree Programs. Washington：American Chemical Society，2015.

[23] 朱玉军，李川，王香凤. 美国本科化学教育对我国建设一流本科的启示. 中国大学教学，2019，4：92-96.

第2部分

高等学校化学类专业核心课程体系

第 2 部分介绍化学"101 计划"12 门核心课程及其知识体系,主要从课程定位、课程目标、课程设计思路、课程模块及关系图、课程知识点及课程英文摘要 6 个方面介绍每一门课程的教学体系设计和核心教学内容,明确了化学专业核心课程体系及专业建设内涵,并给出了各核心课程学分、学时分配及开课学期建议方案。12 门核心课程名称及课程间关系如图 2-1 所示。12 门课程共包括 131 个教学模块、687 个知识点,建议 57 学分、1264 学时,在 1—7 学期(共 8 学期)开设,具体学分、学时及开课学期如表 2-1 所示。

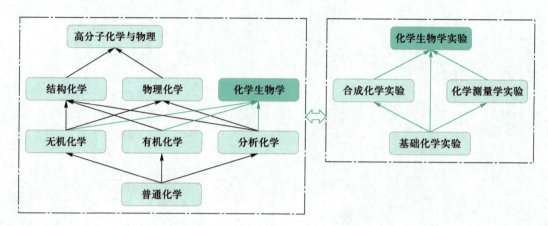

图 2-1　化学"101 计划"核心课程地图

表 2-1　化学"101 计划"核心课程建议学分、学时及开课学期

课程名称	课程信息		开课学期 （共 8 学期）	开课学期示意图（数字代表学分）							
	学分	学时		第 1 学期	第 2 学期	第 3 学期	第 4 学期	第 5 学期	第 6 学期	第 7 学期	第 8 学期
普通化学	4	64	1	4							
无机化学	4	64	2,3		2	2					
有机化学	6	96	2,3		3	3					
结构化学	4	64	3			4					
分析化学	4	64	4				4				
物理化学	6	96	4,5				3	3			
化学生物学	3	48	5					3			
高分子化学与物理	4	64	6						4		
基础化学实验	4	128	1,2	2	2						
合成化学实验	8	256	3—7			2	2	2		2	
化学测量学实验	8	256	3—6			2	2	2			
化学生物学实验	2	64	6						2		
合计	57	1264		6	7	13	11	10	8	2	0

注：学时设置按理论课 1 学分对应 16 学时，实验课 1 学分对应 32 学时。

普通化学（General Chemistry）

一、普通化学课程定位

普通化学,也称化学原理,是面向大学一年级本科生开设的第一门专业核心课程,是大学化学课程的基础。化学是一门在原子和分子层次上研究物质的组成、结构、性质及转化的科学分支。作为化学专业的一门纲领性课程,普通化学系统地介绍化学的基本概念、原理、方法及其发展过程。课程从原子、分子角度介绍物质的概念,阐述化学原理,辩证分析微观与宏观的联系,从微观层面建立对化学体系的理解。

二、普通化学课程目标

通过普通化学课程的学习,使学生掌握化学的基本概念、原理和方法,理解化学学科的特点,辩证分析微观与宏观的联系,为后续的化学专业学习奠定基础。希望学生不仅理解基本的化学方法和原理,还能强化从化学角度表述、分析和解决科学问题的能力,培养科学思维。

三、普通化学课程模块

模块 1	化学概论	模块 5	化学热力学
模块 2	原子结构	模块 6	化学平衡
模块 3	分子结构与晶体结构	模块 7	化学动力学
模块 4	物质状态		

四、普通化学课程设计思路

本课程强调微观与宏观的联系,从原子和分子等微观层面建立对化学体系的理解,培养学生的科学思维。课程从化学概论开始,介绍化学作为"中心科学"的学科特点及主要分支领域;然后以相互作用为核心、由小到大地讲解物质的微观结构,内容包括原子结构(从最小的氢原子,到类氢原子,再到多电子原子)、分子结构(原子相互结合时形成的共价键、离子键、金属键等化学键,以及分子间作用力)和晶体结构(原子或分子进一步结合形成的金属晶体、离子晶体、共价晶体和分子晶体等);在从微观层面建立了对化学体系的理解基础之上,再来讲解描述物质状态与物质转化的方向、限度和过程等的宏观化学原理,辩证分析微观与宏观的联系,具体内容包括物质状态、化学热力学、化学平衡和化学动力学。

本课程包含 7 个知识模块,各模块之间的关系如图 2-2 所示。

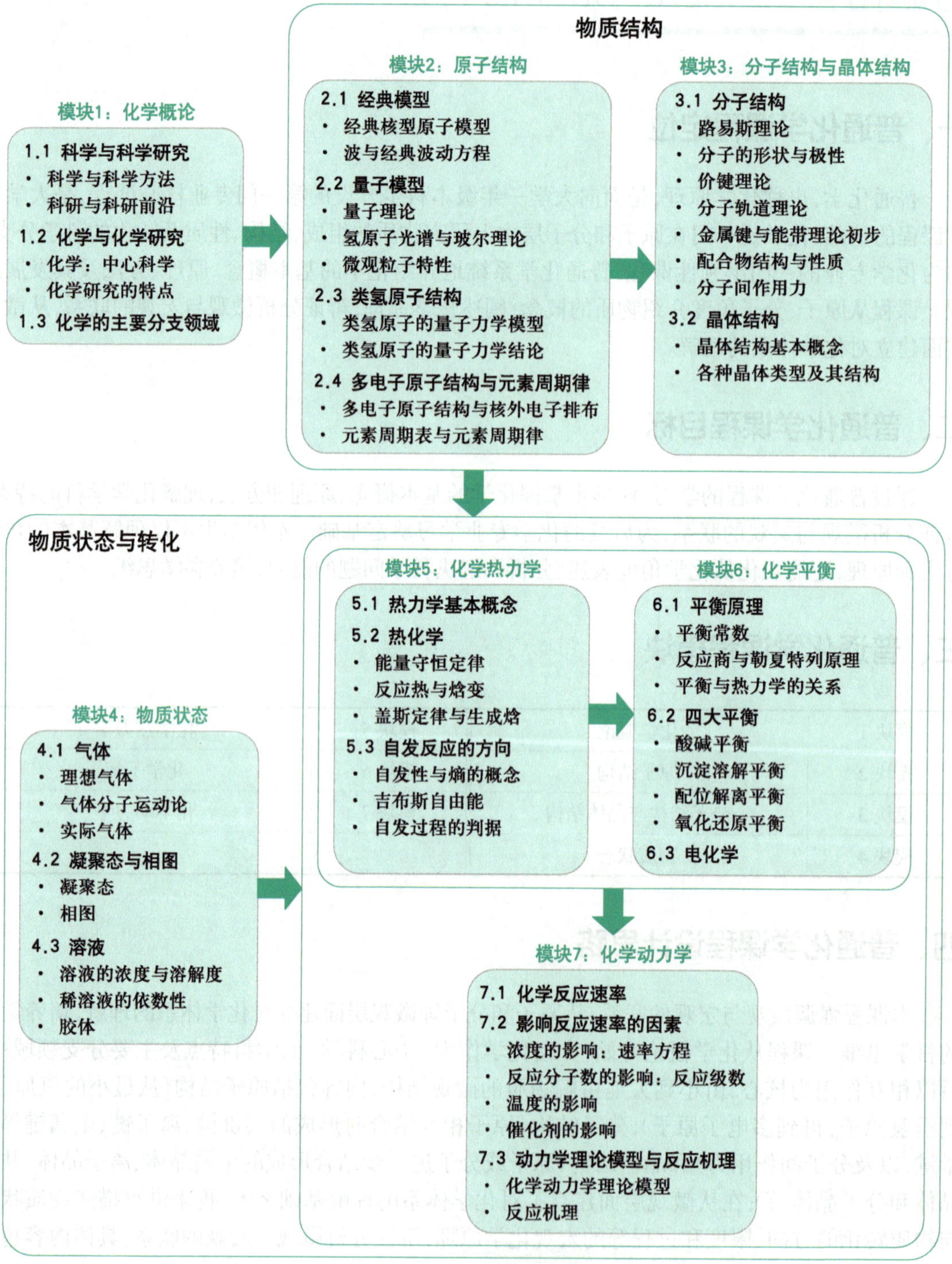

物质结构

模块1：化学概论

1.1 科学与科学研究
- 科学与科学方法
- 科研与科研前沿

1.2 化学与化学研究
- 化学：中心科学
- 化学研究的特点

1.3 化学的主要分支领域

模块2：原子结构

2.1 经典模型
- 经典核型原子模型
- 波与经典波动方程

2.2 量子模型
- 量子理论
- 氢原子光谱与玻尔理论
- 微观粒子特性

2.3 类氢原子结构
- 类氢原子的量子力学模型
- 类氢原子的量子力学结论

2.4 多电子原子结构与元素周期律
- 多电子原子结构与核外电子排布
- 元素周期表与元素周期律

模块3：分子结构与晶体结构

3.1 分子结构
- 路易斯理论
- 分子的形状与极性
- 价键理论
- 分子轨道理论
- 金属键与能带理论初步
- 配合物结构与性质
- 分子间作用力

3.2 晶体结构
- 晶体结构基本概念
- 各种晶体类型及其结构

物质状态与转化

模块4：物质状态

4.1 气体
- 理想气体
- 气体分子运动论
- 实际气体

4.2 凝聚态与相图
- 凝聚态
- 相图

4.3 溶液
- 溶液的浓度与溶解度
- 稀溶液的依数性
- 胶体

模块5：化学热力学

5.1 热力学基本概念

5.2 热化学
- 能量守恒定律
- 反应热与焓变
- 盖斯定律与生成焓

5.3 自发反应的方向
- 自发性与熵的概念
- 吉布斯自由能
- 自发过程的判据

模块6：化学平衡

6.1 平衡原理
- 平衡常数
- 反应商与勒夏特列原理
- 平衡与热力学的关系

6.2 四大平衡
- 酸碱平衡
- 沉淀溶解平衡
- 配位解离平衡
- 氧化还原平衡

6.3 电化学

模块7：化学动力学

7.1 化学反应速率

7.2 影响反应速率的因素
- 浓度的影响：速率方程
- 反应分子数的影响：反应级数
- 温度的影响
- 催化剂的影响

7.3 动力学理论模型与反应机理
- 化学动力学理论模型
- 反应机理

图 2-2　普通化学课程知识模块关系图

五、普通化学课程知识点

模块1:化学概论

序号	知识点名称	主要内容*	教学目标	参考学时
1	科学与科学研究	科学与科学方法(A);科研与科研前沿(C)	了解科学和科学方法;区分推演法和归纳法;理解科学发展的三大阶段;了解科研和科研前沿;理解科研的目标和意义	0.5
2	化学与化学研究	化学:中心科学(A);化学研究的特点(C)	理解化学学科及其在科学中的地位;理解"化学不是问题,而是解决问题的方法";了解化学研究的特点	0.5
3	化学的主要分支领域	无机化学(A);有机化学(A);分析化学(A);物理化学(A);理论与计算化学(A);高分子化学(A);核化学(A);化学生物学(A)	了解化学学科的知识体系及主要分支领域;了解各分支领域的研究对象和研究方法	1
参考总学时				2

* 根据知识点内容分为 A、B、C 分级,其中 A 表示基础和核心(必修),B 表示高级和综合(限选),C 表示扩展和前沿(选修)。后同。

模块2:原子结构

序号	知识点名称	主要内容	教学目标	参考学时
1	经典核型原子模型	元素与原子的概念(A);电子的发现及其性质(A);α粒子散射实验(A);核型原子模型及其局限性(A)	理解微观世界与宏观世界的差异;了解核型原子模型的发现过程;理解核型原子模型的局限性;通过人类对元素和原子的概念以及原子内部结构的认识历史,培养科学思维方法	1
2	波与经典波动方程	波与电磁辐射的概念(A);经典波动方程(B);电磁波谱区域(B)	了解波的概念、特性及分类;能够根据一维波动方程,理解波的时间周期性和空间周期性;掌握电磁辐射的概念;区分不同的电磁波谱区域	1
3	量子理论	黑体辐射(B);普朗克量子理论(A);光电效应(B);爱因斯坦光子理论(A)	了解黑体的概念和黑体辐射;理解光电效应的实验装置和现象;了解经典物理预测与实验现象的分歧;理解量子的概念及其对微观世界的普适性;能够基于普朗克量子理论和爱因斯坦光子理论,分别解释黑体辐射和光电效应的实验现象	1

续表

序号	知识点名称	主要内容	教学目标	参考学时
4	氢原子光谱与玻尔理论	连续光谱与线状光谱(A);氢原子光谱(A);玻尔理论(A);能级图与电离能(A)	理解光谱的概念;区分连续光谱和线状光谱;了解氢原子线状光谱的谱系和统一公式;理解玻尔理论的假定、推导过程和局限性;能够基于玻尔理论,解释氢原子和类氢原子的线状光谱;能够运用玻尔理论,理解氢原子和类氢原子的能级图并计算其电离能	1
5	微观粒子特性	波粒二象性(A);不确定性原理(A);概率波与驻波(B)	理解光的波粒二象性本质;理解实物粒子的波粒二象性本质;理解不确定性原理;能够基于波粒二象性和不确定性原理,理解物质波是一种概率波和驻波	1
6	类氢原子的量子力学模型	量子力学与波动力学(A);波函数(A);概率与概率密度(A);薛定谔方程的一般形式(A);箱中粒子模型的薛定谔方程及其求解(C);类氢原子的薛定谔方程(B)	了解以波动力学形式表述的量子力学及其研究对象;理解波函数的概念以及波函数平方的物理意义;区分概率和概率密度;了解薛定谔方程的一般形式;能够根据体系的势能,写出类氢原子的薛定谔方程	3
7	类氢原子的量子力学结论	四个量子数(A);量子化能级(A);角度波函数(A);径向波函数(A);概率密度空间分布图像(B);径向分布函数(A);类氢原子的电子结构(A)	掌握四个量子数的符号、含义及其取值规律;理解类氢原子的能级图;理解 s、p、d 原子轨道的图像;区分径向密度分布与径向分布函数;理解类氢原子的基态和激发态的电子结构	2
8	多电子原子结构与核外电子排布	多体效应与中心力场模型(A);屏蔽与钻穿(A);原子轨道能级图(A);核外电子排布规律(A);构造原理(A)	了解多电子原子与类氢原子的差异;理解屏蔽和钻穿效应及其之间的联系;掌握多电子原子的能级图;理解核外电子的排布原理;能够基于构造原理,写出多电子原子的电子组态	1
9	元素周期表与元素周期律	元素周期表(A);原子半径与离子半径的周期性(A);电离能的周期性(A);电子亲和能与电负性的周期性(A)	掌握元素周期表的周期、族和分区;理解元素性质的周期性变化规律	1
参考总学时				12

模块 3：分子结构与晶体结构

序号	知识点名称	主要内容	教学目标	参考学时
1	路易斯理论	路易斯符号与路易斯结构（A）；八隅律（A）；形式电荷（A）；路易斯理论的局限性（A）	了解路易斯符号和路易斯结构；能够基于八隅律书写路易斯结构；能够根据形式电荷规则，比较不同路易斯结构的合理性；理解路易斯理论的局限性	0.5
2	分子的形状与极性	价层电子对互斥理论（A）；分子的形状（A）；偶极矩与键矩（A）；静电势图（C）；分子的极性（A）	能够运用价层电子对互斥理论判断分子的形状；理解偶极矩和键矩的概念；能够通过键矩和分子的形状判断分子的极性	2
3	价键理论	成键理论的目标（A）；价键理论的要点（A）；共价键的特性与分类（A）；杂化轨道理论（A）；共振理论（A）	掌握共价键的概念；理解共价键的特性与分类；理解价键理论及其两个修正：杂化轨道理论和共振理论	2
4	分子轨道理论	分子轨道理论的要点（A）；不同结构类型的分子轨道（A）；前线轨道理论（B）	理解分子轨道理论；掌握成键轨道、反键轨道和非键轨道的概念；理解分子轨道中电子的离域性；了解前线轨道的概念和前线轨道之间的跃迁	2
5	金属键与能带理论初步	金属键的特性（A）；电子海模型（A）；能带理论初步（C）	掌握金属键的特性；理解电子海模型及其对金属键特性的解释；初步了解能带理论；能够运用能带理论，解释金属键的特性以及固体的导电性	1.5
6	配合物结构与性质	配合物的概念与结构（A）；配合物的命名（A）；晶体场理论（A）；配合物的性质（B）；配位化学的应用（C）	掌握配合物的概念；了解配合物的结构；了解配合物的命名规则；理解晶体场理论；掌握晶体场分裂能的计算与应用；了解配合物的光学和磁学性质及应用	2
7	分子间作用力	三类偶极（A）；色散力（A）；取向力（A）；诱导力（A）；氢键（A）；其他分子间作用力（A）	了解分子的三类偶极；理解范德华力及其与偶极的关系；理解氢键的来源及影响；能够通过分子间作用力判断物质的某些性质	1
8	晶体结构基本概念	晶体的定义（A）；晶格、结构基元与晶胞（A）；晶格类型与晶格参数（B）	理解晶体和非晶体的基本概念及特征；掌握晶格、结构基元、晶胞和晶格参数的基本概念；了解晶格的基本类型	1.5
9	各种晶体类型及其结构	金属晶体结构（A）；离子晶体结构（A）；分子晶体结构（A）；共价晶体结构（A）；混合晶体简介（A）	了解晶体的基本类型及对应的化学键或作用力；理解四种基本类型晶体的结构特征；掌握金属晶体的堆积模型；理解常见离子晶体的结构	1.5
		参考总学时		14

模块 4：物质状态

序号	知识点名称	主要内容	教学目标	参考学时
1	理想气体	理想气体基本假定（A）；简单气体定律（A）；理想气体状态方程（A）；混合气体分压与分体积定律（A）	区分理想气体和实际气体；掌握简单气体三大定律；理解理想气体状态方程的推导与应用；能够运用分压和分体积定律进行相关计算	1
2	气体分子运动论	三点基本假定（A）；压强体积方程及其意义（B）；温度的含义（A）；气体分子的速率分布（B）；扩散与隙流（B）	了解气体分子运动论的基本假定；理解压强体积方程及温度的含义；熟悉麦克斯韦速率分布及三种特征速率；区分扩散与隙流的差别；以气体分子运动论为例，理解理论的推演过程	2
3	实际气体	实际气体的体积（A）；实际气体的压强（A）；范德华方程（A）	理解实际气体与理想气体的体积和压强的差别；了解实际气体方程与理想气体方程偏离的原因；掌握实际气体的范德华方程	1
4	凝聚态	凝聚态的定义（A）；气、液、固三态转变（A）；液体的性质（A）；固体的性质（A）；物质的其他相态（C）	理解分子间作用力对凝聚态性质的影响；掌握气、液、固三态转变的术语；了解蒸气压、升华压、表面张力等的成因；能够运用克劳修斯–克拉佩龙方程，计算液体的蒸发热和固体的升华热；了解物质的其他相态	2
5	相图	单相区（A）；相图上的直线与曲线（A）；三相点（A）；临界点与超临界流体（A）；相图示例（A）	理解相图中的点、线、面的含义；掌握两相或三相平衡的条件和特点；能够根据相图判断物质在不同条件下的相态及其转变；理解超临界流体的形成条件和性质；了解典型相图的组成	1.5
6	溶液	溶液的浓度（A）；溶解度（A）；稀溶液的依数性（B）；胶体（C）	理解溶液和溶解度的概念；掌握浓度的不同表示方法；理解稀溶液依数性的原理，并能够运用该原理进行定性分析和定量计算；区分胶体和溶液；掌握胶体分散系的结构特点及性质	2.5
参考总学时				10

模块 5：化学热力学

序号	知识点名称	主要内容	教学目标	参考学时
1	热力学基本概念	宇宙、体系和环境（A）；状态和状态函数（A）；热力学常见过程（A）	掌握宇宙、体系和环境的概念；区分开放体系、封闭体系和孤立体系；理解状态函数及其特征；了解几种热力学常见过程及其在 p-V 图中的表示法	1

续表

序号	知识点名称	主要内容	教学目标	参考学时
2	能量守恒定律	能量与内能(A);热和功(A);热力学第一定律(A);可逆与不可逆过程(A)	理解内能、热和功的含义;区分热和功正负号的意义;掌握体积功的含义及计算方法;掌握热力学第一定律;能够计算可逆与不可逆压缩或膨胀过程中的热和功	1
3	反应热、焓变与盖斯定律	反应热及其实验测定(A);焓与焓变(A);反应进度(A);热力学标态与标准焓变(A);热化学方程式(A);盖斯定律(A)	区分恒容反应热和恒压反应热;了解反应热的实验测量方法;理解引入焓这个新状态函数的原因;理解焓变的意义;了解反应进度的概念;能够书写热化学方程式;能够运用盖斯定律计算反应焓变	2
4	自发性与熵的概念	自发与非自发过程(A);熵与混乱度(A);微观状态数与玻尔兹曼方程(C);熵变(A);热力学第三定律(A)	理解过程自发性的含义;了解熵的概念及其与体系微观状态数的关系;掌握熵变的计算方法;学会熵值大小的定性判断方法;理解热力学第三定律描述的熵的绝对零点	3
5	吉布斯自由能与自发过程的判据	熵增原理(A);吉布斯自由能与吉布斯自由能变(A);自发过程的判据(A)	掌握孤立体系的熵增原理;理解引入吉布斯自由能这个新状态函数的原因;能够运用吉布斯自由能变判断过程的自发性;掌握吉布斯–亥姆霍兹方程及判断化学反应自发性的方法	2
6	生成焓与生成吉布斯自由能	标准摩尔生成焓(A);标准摩尔熵(A);标准摩尔生成吉布斯自由能(A)	理解标准摩尔生成焓、标准摩尔熵和标准摩尔生成吉布斯自由能的概念;理解指定单质的概念;学会查表获得常见物质的热力学数据;掌握通过反应物和生成物的热力学数据,计算化学反应热力学数据的方法	1
参考总学时				10

模块6:化学平衡

序号	知识点名称	主要内容	教学目标	参考学时
1	平衡常数	化学平衡及其特点(A);平衡常数(A);平衡常数之间的关系(A);多重平衡原理(A)	理解化学平衡及其特点;掌握标准平衡常数和经验平衡常数的表达式;了解平衡常数与反应限度的关系;了解各种平衡常数之间的转换关系;掌握多重平衡原理	1.5
2	反应商与勒夏特列原理	反应商的概念(A);化学平衡的移动(A);勒夏特列原理(A)	掌握反应商的定义;理解反应商与标准平衡常数的关系;理解浓度、压强、温度等条件改变时,化学平衡会发生移动的原因;能够根据勒夏特列原理判断平衡移动的方向	1

续表

序号	知识点名称	主要内容	教学目标	参考学时
3	平衡与热力学的关系	范托夫等温式(A);范托夫方程(A);吉布斯自由能变、平衡与自发过程的方向(B)	能够运用范托夫等温式,计算非标态的反应吉布斯自由能变,并判断平衡移动的方向;能够运用范托夫方程,计算不同温度下的标准平衡常数;理解吉布斯自由能的减少是恒温恒压下化学反应自发达到平衡的驱动力	1.5
4	酸碱平衡	酸碱理论(A);水的自耦电离与pH(A);非水溶剂的自耦电离(B);弱酸弱碱的电离平衡(A);同离子效应(A);缓冲溶液(A)	了解近代酸碱理论的发展;理解酸碱质子理论的概念;了解水的自耦电离及pH的含义;能够运用酸碱电离平衡常数,计算弱酸弱碱水溶液中相关组分的浓度以及溶液的pH;理解同离子效应及缓冲原理;掌握同离子效应及缓冲溶液的相关计算	3
5	沉淀溶解平衡	溶度积常数(A);同离子效应与盐效应(A);沉淀的生成、溶解和转化(A)	掌握溶度积常数的概念及其与溶解度的关系;理解溶度积原理;掌握同离子效应和盐效应;能够运用溶度积原理,通过计算来理解沉淀的生成、溶解和转化	1.5
6	配位解离平衡	配合物稳定常数(A);多重平衡(A)	理解配合物的分步解离过程;能够应用配合物稳定常数,进行配位解离平衡的相关计算;能够基于多重平衡原理,对复杂的平衡体系进行综合分析和计算	1.5
7	氧化还原平衡	氧化态(A);氧化还原半反应(A);氧化还原平衡与氧化还原电对(A)	理解氧化还原反应的基本概念;掌握氧化还原反应方程式的配平;能够将氧化还原方程式拆分成两个氧化还原半反应;理解氧化还原电对的概念;明确影响氧化还原平衡的因素	1
8	电化学	电极电势与电池电动势(A);电化学与热力学和平衡的关系(A);元素电势图(A);能斯特方程与浓差电池(B);电解(B);化学电源(B)	理解原电池的基本概念;掌握电极电势和电池电动势的概念及应用;明确电化学、热力学和平衡三者之间的关系;掌握元素电势图及其应用;能够运用能斯特方程,进行氧化还原平衡的相关计算;了解浓差电池、电解池和化学电源	3
参考总学时				14

模块 7：化学动力学

序号	知识点名称	主要内容	教学目标	参考学时
1	化学反应速率	平均反应速率及其测量方法(A)；瞬时反应速率及其测量方法(A)；初始反应速率(A)	掌握反应速率的概念；区分平均反应速率和瞬时反应速率；了解反应速率的测量方法；能够运用作图法获得瞬时反应速率和初始反应速率	1
2	速率方程	基元反应与复杂反应(A)；基元反应的质量作用定律(A)；复杂反应的微分速率方程(A)；初始速率法确定速率方程(A)	理解基元反应与复杂反应的区别和联系；掌握反应速率常数和反应级数的概念；能够根据质量作用定律，书写基元反应的速率方程；理解微分速率方程与质量作用定律的区别；能够通过初始速率法，确定反应级数和速率方程	1
3	反应级数	零级反应(A)；一级反应(A)；二级反应(A)；准 N 级反应(B)	掌握零级反应、一级反应和二级反应的典型特征；理解半衰期的概念；掌握零级反应、一级反应和二级反应的积分速率方程；理解准 N 级反应的概念	1.5
4	温度对反应速率的影响	阿伦尼乌斯方程(A)；活化能的概念(A)；活化能的应用(A)	了解反应速率常数与温度的关系；理解活化能的含义；能够运用阿伦尼乌斯方程，计算不同温度下的反应速率常数	1
5	化学动力学理论模型	碰撞理论(A)；过渡态理论(A)	了解碰撞理论和过渡态理论的基本要点；能够运用上述理论，解释浓度和温度对化学反应速率的影响	1.5
6	反应机理	反应机理的概念(A)；常见的复杂反应类型(A)；两种常用的近似方法(B)	理解反应机理的概念；掌握几种常见复杂反应的特点；了解稳态近似法和平衡态近似法	1
7	催化与催化化学	催化剂的特性(A)；均相催化(A)；异相催化(A)；酶催化(A)	掌握催化剂的分类和特性；了解催化作用的根本原因；理解均相催化、异相催化和酶催化的特点	1
		参考总学时		8

六、普通化学课程英文摘要

1. Introduction

General Chemistry, also known as Chemical Principles, is the first professional core course for freshmen, and is also the foundation of university-level chemistry courses. Chemistry is a branch of science that studies the composition, structure, properties and transformation of matter at the atomic and molecular levels. As a fundamental overview course for chemistry-related majors, General Chemistry introduces systematically the basic chemical concepts, principles, and methods, as well as their development processes. In General Chemistry, the concept of matter is introduced from a perspective of atoms and molecules, the chemical principles are explained, and the connections between microscopic and macroscopic worlds are analyzed dialectically. The course establishes an understanding of the chemical systems from a microscopic perspective.

2. Goals

By learning General Chemistry course, students are encouraged to master the basic concepts, principles, and methods of chemistry, to understand the characteristics of chemistry, to analyze dialectically the connections between microscopic and macroscopic worlds, and to build up basic background for further professional studies in chemistry. It is expected for the students to not only understand basic chemical methods and principles, but also strengthen their abilities in expressing, analyzing, and solving scientific problems from a chemical perspective. It is aimed to cultivate scientific thinking of the students.

3. Covered Topics

Modules	List of Topics	Suggested Credit Hours
1. Introduction to Chemistry	Science and Research (0.5), Chemistry and Chemical Research (0.5), Subdisciplines of Chemistry (1)	2
2. Atomic Structure	Classical Model of Nuclear Atom (1), Wave and Classical Wave Equation (1), Quantum Theory (1), Atomic Spectra of Hydrogen and Bohr Theory (1), Nature of Microscopic Particles (1), Quantum Mechanical Model of Hydrogen-Like Atoms (3), Quantum Mechanical Results of Hydrogen-Like Atoms (2), Structure of Multielectron Atoms and Arrangement of Extranuclear Electrons (1), Periodic Table and Periodic Law of the Elements (1)	12
3. Molecular Structure and Crystal Structure	Lewis Theory (0.5), Shape and Polarity of Molecules (2), Valence-Bond Theory (2), Molecular Orbital Theory (2), Metallic Bonding and Preliminary Band Theory (1.5), Structures and Properties of Coordination Compounds (2), Intermolecular Forces (1), Basic Concepts in Crystal Structure (1.5), Various Types of Crystals and Their Structures (1.5)	14
4. States of Matter	Ideal Gas (1), Kinetic-Molecular Theory of Gases (2), Real Gas (1), Condensed Phases (2), Phase Diagram (1.5), Solution (2.5)	10
5. Chemical Thermodynamics	Basic Concepts in Thermodynamics (1), Law of Conservation of Energy (1), Heat of Reaction, Enthalpy Change, and Hess's Law (2), Spontaneity and Concept of Entropy (3), Gibbs Free Energy and Criteria for Spontaneous Process (2), Enthalpy of Formation and Gibbs Free Energy of Formation (1)	10

Continued

Modules	List of Topics	Suggested Credit Hours
6. Chemical Equilibrium	Equilibrium Constants (1.5), Reaction Quotient and Le Châtelier's Principle (1), Relationship Between Equilibrium and Thermodynamics (1.5), Acid-Base Equilibria (3), Precipitation-Dissolution Equilibria (1.5), Coordination-Dissociation (1.5) Oxidation-Reduction Equilibria (1), Electrochemistry (3)	14
7. Chemical Kinetics	Rate of Chemical Reaction (1), Rate Laws (1), Order of Reaction (1.5), Effect of Temperature on Rate of Reaction (1), Theoretical Models of Chemical Kinetics (1.5), Reaction Mechanisms (1), Catalysis and Catalytic Chemistry (1)	8
Total		70

Contents and Teaching Objectives of the Topics

无机化学（Inorganic Chemistry）

一、无机化学课程定位

　　"无机化学"是面向化学类专业本科生开设的一门专业必修课，是在学生学习了普通化学或化学原理等前序课程的基础上，为适应现代无机化学发展和拔尖人才培养需求而开设的课程。课程具有很强的综合性，要求学生能运用基础化学课程所学的理论知识来分析、解决无机化学的实际问题；同时，还要求学生对现代无机化学的一些新领域、新知识和新成果有所了解，以便拓展知识面、开拓学术视野。通过本课程的学习，学生可以全面把握无机化学完整的知识体系，为以后的研究生阶段学习、科研以及工作打下坚实的基础。

二、无机化学课程目标

　　无机化学课程旨在培养学生对无机化学基本知识、基本理论和研究方法的系统掌握，了解无机化学领域的发展趋势，同时能运用所学知识分析与解决具体问题，提高科学素养和从事科学研究的能力。具体目标如下：

　　（1）系统掌握元素化学、配位化学、合成化学、金属有机化学、生物无机化学、原子簇化学、固体无机化学所涵盖的基本概念、基本知识和基本原理。

　　（2）掌握重要化合物的结构、性质与应用，能够运用基础知识、基本理论分析化合物的结构与性质之间的关系。

　　（3）深入理解化合物结构、性质与应用所呈现的规律，能够运用规律、规则综合解释相关现象、解决实际问题。

　　（4）能够将基础理论与前沿研究相结合，了解现代无机化学的学科交叉、研究前沿与热点问题，掌握相关理论知识和研究方法。

　　（5）树立正确的科学观和价值观，培养科学严谨的态度、独立思考的能力和批判性思维，具有责任担当、环保意识、创新意识、家国情怀和团队精神。

三、无机化学课程模块

模块 1	元素化学概论	模块 6	金属有机化学基础
模块 2	主族元素与其重要化合物	模块 7	原子簇化学
模块 3	副族元素与其重要化合物	模块 8	固体无机化学
模块 4	生物无机化学	模块 9	无机合成化学
模块 5	配位化学		

四、无机化学课程设计思路

随着化学理论和现代技术的发展和应用，无机化学研究领域不断拓展，它与有机化学深度交叉，并已渗透到化学生物学领域。同时，各种性能优异的新物质、新材料不断出现并广泛应用于能源、信息、医疗等诸多领域。本课程旨在帮助学生更为全面掌握无机化学知识体系，引导学生从现代化学视角认识无机化学。

本课程设计了 9 个模块(图 2-3)，共计 72 学时的建议教学内容(含必修和选修)，涵盖了元素化学、配位化学、合成化学等传统无机化学基础知识和理论，还涉及金属有机化学、生物无机化学、原子簇化学、固体无机化学等多个无机化学前沿交叉领域。在教学内容上，本课程全面展示了从理论到应用、从基础到前沿的无机化学知识，充分体现了各个化学学科分支的互相融合、互相渗透的特点。无机化学前沿领域内容和科研进展的引入，将有助于激发学生对化学的浓厚兴趣和求知欲，拓展学生知识面。在教学方法上，本课程强调配位化学、结构化学及热力学等基础理论在无机化学中的应用，以便帮助学生深入理解无机化学的关键概念和原理，为未来的学术研究和实际应用奠定坚实的基础。

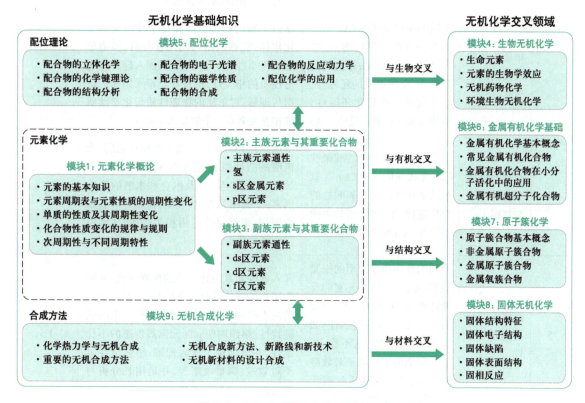

图 2-3 无机化学课程知识模块关系图

总的来说，本课程在内容深度、知识融合、实践导向等方面具有明显的特色和创新点，为学生带来一种更具挑战性和启发性的学习体验，培养他们的综合素养和创新思维。在课程设置中，本课程为 4 学分，各学校可根据各自学科特色及人才培养需求选择 64 学时来组织教学。

五、无机化学课程知识点

模块 1:元素化学概论

序号	知识点名称	主要内容	教学目标	参考学时
1	元素的基本知识	核素、同位素和原子量(A);核反应与新元素的产生(A);元素在自然界中的存在形态(A);元素的分布和我国的自然资源(A)	掌握与元素相关的一些基本概念,并能运用其分析新元素的产生;了解元素在自然界存在、形态和分布,加强对自然资源的整体性认识,以及我国矿物资源综合利用对促进民生和经济发展的作用	1.5
2	元素周期表与元素性质的周期性变化	元素周期表的形成:从经典到现代(A);元素性质的周期性变化基础(A);电子组态与氧化态(A);原子参数(A)	了解元素周期表的形成概况,掌握元素周期表的构建原理,深入理解元素性质与电子构型的关系;能够从结构的角度分析核电荷、原子半径、电离能、电子亲和能以及电负性的变化规律;理解科学规律的特征与发现、归纳的基本方法	2
3	单质的性质及其周期性变化	单质的结构及状态(A);单质的物理性质(密度、熔点、沸点、原子化熔)(A);单质的化学性质(金属单质的还原性、非金属单质的氧化还原性,单质与水、酸、碱等反应)(A)	掌握单质的物理性质和化学性质及其变化规律,能够从结构的角度分析、推测单质的化学性质与基本反应;深入理解结构与性质的相关性,提升对元素周期律的认识与理解;对单质的物理性质与化学性质的相互关系有一个初步的了解	1
4	化合物性质变化的规律与规则	氧化物及其水合物的酸碱性(A);无机酸的酸性(A);含氧酸的氧化性(A);含氧酸盐的热稳定性(A);离子型盐类的溶解性(A);水合与水解(A)	掌握氧化物对应水合物的酸碱性强弱、无机酸的酸性强弱、含氧酸氧化性强弱、含氧酸盐热稳定性以及水合和水解的影响因素;掌握相关规律、规则,深刻理解其影响因素;能够熟练运用相关规律、规则进行判断与分析	2
5	次周期性与不同周期特性	次周期性和原子模型的松紧规则(A);第二周期元素的反常性质(对角规则)(A);过渡后p区元素的不规则性(如第四周期最高价态不稳定、第六周期的惰性电子对效应等)(A);第六周期重过渡元素的特性(镧系收缩效应)(A)	深入理解元素与化合物的次周期性,并能够用相关理论进行合理解释;掌握每个周期的不同特点,特别是第二周期元素的成键特性、第四周期p区元素高价态的不稳定性,并从结构上深入理解;掌握惰性电子对效应、镧系收缩等,并运用其分析与推测相关化合物的性质	1.5
		参考总学时		8

模块 2：主族元素与其重要化合物

序号	知识点名称	主要内容	教学目标	参考学时
1	主族元素通性	轨道的特性与电子结构、价态、同族原子半径、离子半径的变化规律（A）	掌握主族元素同周期、同族性质变化规律，并能运用原子结构知识进行分析、推测；能解释元素的常见氧化态、原子和离子半径、颜色以及基本性质等	0.5
2	氢	氢的分布和同位素（A）；成键特点（A）；氢化物（A）；氢能（A）	了解氢的同位素以及存在；能熟练运用结构原理，分析氢的成键特点和二元氢化物的性质与变化规律；能利用相关知识，分析氢能开发利用的现状与前景，提出自己观点	1
3	s 区金属元素	活泼金属的制备（A）；焰色反应（A）；锂及其他金属离子二次电池（A）；碱金属与碱土金属的配合物（A）；盐湖资源的利用（B）	掌握活泼金属单质的制备方法；理解 Li、Be 等元素及其化合物的特殊性，并能运用预测、比较、归纳等科学研究方法探究元素性质的差异性；了解锂电池、超分子化合物和盐湖资源的利用	1.5
4	p 区元素	非金属单质的制备（A）；硼及其化合物（A）；碳化物（A）；单质硅与硅酸盐（A）；氮的氢化物与多氮化物（A）；磷的含氧酸盐（A）；ⅢA–ⅤA 族化合物（B）；多硫化物与硫的含氧酸盐（A）；卤化物与多卤化物（A）；稀有气体及其化合物（A）；无机颜料（B）	掌握非金属单质制备的方法；掌握 p 区元素重要化合物的性质和应用；了解 p 区元素相关前沿领域的发展与新动向；能运用无机化学基本理论综合分析、探究相关领域的现实问题	5
参考总学时				8

模块 3：副族元素与其重要化合物

序号	知识点名称	主要内容	教学目标	参考学时
1	副族元素通性	d 区、ds 区、f 区元素：轨道的特性与电子结构、氧化态、原子半径/离子半径、离子的颜色、酸性及离子的配位性质等变化规律（A）	掌握副族元素同周期、同族性质变化规律，并能运用原子结构知识进行分析、推测；能解释元素的常见氧化态、原子和离子半径、颜色以及基本性质等	1

续表

序号	知识点名称	主要内容	教学目标	参考学时
2	ds 区元素	IA/IB、ⅡA/ⅡB 元素性质比较(A);单质的冶炼(A);重要的合金(A);Cu(Ⅰ)/Cu(Ⅱ)、Hg(Ⅰ)/Hg(Ⅱ)相互转变(A);ⅡB-ⅥA 族化合物半导体(A);卤化物(A)	能够根据价层电子构型分析IA/IB、ⅡA/ⅡB、IB/ⅡB 元素性质差异;初步掌握单质的制备方式,熟悉不同价态离子的存在和相互转变的条件,能通过条件调控获得所需价态的离子与化合物;熟悉 ds 区元素主要卤化物的性质与应用;了解半导体材料的分类、特性和用途	2
3	d 区元素	单质的冶炼(A);重要的合金(B);钛及其化合物(A);不同价态 Cr、Mn 化合物的相互转化(A);钒及其化合物、钒电池(B);过渡金属含氧酸根的缩聚,同多酸/杂多酸(A);铌和超导材料(B);铁系元素配合物(A);Pt 系金属(A)	熟悉过渡金属单质常用的工业冶炼方法,能运用相关原理选择合适的条件;掌握 d 区元素不同价态的存在、颜色及转化;能够运用配位化学原理分析 d 区元素配合物的成键特征和性质;掌握 TiO_2 和钙钛矿及其功能材料的结构特性和应用;了解同多酸、杂多酸的结构类型及特点;了解全钒电池的原理和应用;了解超导材料结构特征与应用	5
4	f 区元素	镧系元素存在、分离与用途(A);镧系元素的重要化合物(A);钍和铀的化合物(B)	能从结构上分析镧系收缩的原因、特点与效应;根据稀土矿物的不同存在形式,合理设计或选用相关的分离方法;根据镧系元素的基本性质,能在实际应用中合理规避风险	2
参考总学时				10

模块 4:生物无机化学

序号	知识点名称	主要内容	教学目标	参考学时
1	生命元素	生物体内元素的分类与含量分布(A);生命元素的存在形式与生物功能(A);生命元素在周期表中的分布特点(A)	掌握生命元素的特征和分类;熟悉生命元素在周期表中分布特点;能够分析生命元素浓度与健康关系;理解主要生命元素存在形式;了解生命元素缺乏所导致的症状;分析主要生命元素的功能	1
2	元素的生物学效应	金属元素的生物学作用和特点(A);主族元素的生物学效应(A);过渡金属元素的生物学效应(A);重金属元素的生物毒性(A)	掌握金属元素的生物学作用和特点;掌握主族元素的生物学效应;理解过渡金属元素的生物学效应,并能够分析其与重大疾病的关系;了解重金属元素的生物毒性,提高环境保护意识	2

续表

序号	知识点名称	主要内容	教学目标	参考学时
3	无机药物化学	治疗药物(B)；诊断药物(C)；纳米生物材料(C)	理解不同类型的无机药物的结构、性质和药理作用机制，了解其在治疗和诊断中的应用；掌握纳米生物材料在药物输送、治疗和诊断中的应用；能运用所学知识分析问题，提升其在药物设计和开发方面的综合素质	2
4	环境生物无机化学	大气污染及其防治(A)；水体污染及其防治(A)；土壤污染及其防治(A)；生物矿化及其应用(C)	了解无机污染物在环境中的存在形式、迁移转化规律及其危害；能够应用所学无机化学知识分析大气、水体和土壤中的污染和防治问题；了解生物矿化的概念、化学调控原理及其应用潜力；充分认识绿色化学的重要性，具有较高的环保意识和社会责任感	1
参考总学时				6

模块 5：配位化学

序号	知识点名称	主要内容	教学目标	参考学时
1	配合物的立体化学	配合物的异构现象(A)；不同配位数配合物的异构体(A)；配合物的手性与旋光活性(B)	掌握配合物异构现象的概念和异构体类型；理解6配位配合物的立体异构特征；运用所学知识，熟练确定配位数为4和6的配合物异构体类型和数目；了解配合物手性和旋光活性的关系	1
2	配合物的化学键理论	晶体场理论(A)；配位场理论(A)；角重叠模型(C)	掌握晶体场理论和配位场理论的原理和方法；掌握配位场强弱的光谱序列，能够从化学本质上认识配位场强弱；能够运用这两种理论进行配合物稳定性、磁性和颜色等性质的分析；了解角重叠模型处理配合物成键的原则和方法	3
3	配合物的结构分析	结构表征方法(X射线衍射、紫外–可见吸收光谱、红外光谱、核磁等)简介(C)；旋光活性(旋光色散、圆二色光谱等)原理(C)	了解衍射和光谱方法的基本原理，能够运用这些方法解析配合物的结构；能够从配合物结构变化的角度认识配合物所呈现的光谱学特征；了解圆二色光谱的基本原理及其在配合物旋光异构分析中的应用	2
4	配合物的电子光谱	配合物电子光谱的特点和一般形式(A)；配体场跃迁光谱(A)；电荷转移光谱(B)	掌握配合物电子光谱的特点和一般形式；能够应用光谱项、选律以及能级图解释和预测d–d跃迁光谱；熟悉电荷转移光谱的常见类型和特点	2

续表

序号	知识点名称	主要内容	教学目标	参考学时
5	配合物的磁学性质	磁性的相关基本概念(包括磁性与电子运动的关系,磁相互作用和磁有序)(A);配合物的磁学性质(B);配合物磁性材料的简介(C)	掌握磁的基本概念,认识磁性与电子运动的一般关系;运用所学知识,熟练分析第一过渡系列金属配合物的磁性与电子自旋的关系;了解几种典型的配合物磁性材料	1
6	配合物的合成	水溶液体系的取代反应(B);非水体系与无溶剂条件的合成(B);氧化还原反应合成(B);反位效应与顺反异构体合成(B);旋光活性化合物的制备(C);配合物的模板合成(C)	掌握配合物合成的基本规律;熟悉配合物的经典合成方法;对于特定配合物——能够结合目标产物的特点,分析相关合成原理和实验方法;能够运用热力学、动力学原理和合成化学技术探讨和设计配合物	1
7	配合物的反应动力学	平面四方形和八面体配合物的取代反应(B);配合物的氧化和还原(C);内界和外界反应机理(C)	了解配合物反应的基本动力学过程,能够通过速率方程判断其解离与缔合机制,理解电子转移和配体转移的过程	1
8	配位化学的应用	配合物在元素分离和鉴定中的作用(A);配合物在电镀中的作用(A);配合物在催化中的作用(A);配合物在生命科学中的作用(B);配合物在发光材料中的作用(B)	运用所学的配合物基本原理和知识,设计配合物在元素分离、鉴定和电镀中的应用方法;了解配合物在催化、生命以及材料领域的重要作用,以及应用中涉及的典型配体、典型体系与过程;能够通过基础理论,对某些前沿问题进行分析	2
参考总学时				13

模块 6:金属有机化学基础

序号	知识点名称	主要内容	教学目标	参考学时
1	金属有机化学基本概念	金属有机化合物的定义与分类(A);主族和过渡金属有机化合物的不同特点(A);有效原子序数规则(EAN)及其应用(A);等瓣相似模型(C)	掌握金属有机化学的基本概念,了解主族和过渡金属有机化合物的结构和性质区别;理解 EAN 规则,并应用该规则预测金属有机化合物的结构和性质;理解等瓣相似模型的概念和原理,并能利用该模型设计合理的分子合成路线	1
2	常见金属有机化合物	金属有机化合物的反应类型(A);羰基配合物(A);类羰基配合物(A);不饱和链烃配合物(A);夹心型配合物(A);烷基和芳基配合物(A);卡宾和卡拜配合物(B)	掌握金属羰基和类羰基配合物的结构和成键特点,能够根据谱图分析其可能结构;掌握不饱和链烃、烷基、芳基和夹心型配合物中金属–碳的成键特点;了解金属卡宾和卡拜化合物的成键特点,了解其合成和反应特性	3

续表

序号	知识点名称	主要内容	教学目标	参考学时
3	金属有机化合物在小分子活化中的应用	异构化(C);烯烃氢化(C);加氢甲酰化(C);聚合(C);羰基化(C)	掌握过渡金属有机化合物对小分子活化的机理;了解烯烃氢化、加氢甲酰化、聚合和羰基化反应的特点及影响因素;能运用学科交叉思维与知识分析相关问题	1
4	金属有机超分子化合物	超分子化合物基本概念(B);超分子自组装(B);主体-客体超分子体系(B)	了解金属有机超分子化合物的基本概念、类型和应用;掌握分子识别和自组装原理,能够分析影响超分子自组装过程的因素;能运用这些知识来构建具有特定功能的超分子体系	1
		参考总学时		6

模块 7:原子簇化学

序号	知识点名称	主要内容	教学目标	参考学时
1	原子簇合物基本概念	原子簇合物的定义和分类(A);原子簇合物的结构规则(A);金属-金属键的类型和判据(B)	掌握原子簇合物的定义和分类;能够运用Lipscomb 多中心定域键理论、Wade 规则和 PSEPT 规则等理论判断原子簇合物的骨架结构;掌握簇合物中金属-金属多重键的成键原理,学会判断簇合物中是否有M-M 多重键生成	1
2	非金属原子簇合物	硼烷(A)及其衍生物(B);富勒烯(A)及其衍生物(C)	掌握硼烷的分类、命名、成键和结构特征及反应性质,并能分析出常见硼烷及其衍生物的结构;了解碳硼烷和不饱和硼化合物的结构、性质和应用;掌握富勒烯结构特点、制备分离,了解富勒烯及其衍生物的潜在应用	2
3	金属原子簇合物	羰基簇合物(A);卤素簇合物(A);硫簇合物(B);无配体金属原子簇(B)	掌握重要金属原子簇合物的结构、成键方式及反应;能够理解相同核数的羰基簇合物的性质变化规律;了解铁硫原子簇合物的结构及价态,能够应用所学知识解释氮气在固氮酶活性中心的活化机制	2
4	金属氧簇合物	多金属氧酸盐(POMs)(B);后过渡金属氧簇合物(C);主族元素氧簇合物(C)	掌握金属氧簇合物的结构特点和成键方式,了解前过渡金属氧簇(多酸)的研究进展;能够运用金属氧簇基本结构知识理解复杂金属氧簇结构和相应结构-物性关系	1
		参考总学时		6

模块 8：固体无机化学

序号	知识点名称	主要内容	教学目标	参考学时
1	固体结构特征	固体的形成和特点(A)；晶体结构基础(A)；晶体的对称性(B)	掌握固体的概念与通性，能够识别常见的固体类型和晶体结构；理解晶体结构的对称性，运用对称性原理对常见晶体结构进行分析	1
2	固体电子结构	固体中的电子成键特征及能带理论(A)；导带与价带中的电子(A)；费米能级和电子掺杂(B)；态密度和投影态密度(C)；维度与纳米限域效应(C)	理解能带理论的基本概念和原理，并能运用其解释电子在固体中的行为和性质(光、电、磁等)；理解固体维度、尺寸对电子结构的影响；建立无机固体微观周期结构和宏观性质之间的联系，能够运用相关理论解释固体物质的性质	2
3	固体缺陷	固体缺陷基本概念(A)；固体缺陷的类型、表示方法与成因(A)；固体缺陷性质与应用(A)；非化学计量化合物和固溶体(B)	了解固体缺陷的类型和表示方法，掌握缺陷的形成和行为的基本原理；了解固体因缺陷而产生的功能性质与实际应用，建立构效关系概念；能够运用相关知识解释、分析固体材料应用中缺陷相关的特点和问题	1
4	固体表面结构	固体表面的基本特征(A)；固体表面化学(A)；不同类型固体表面的结构特点和性质应用(B)	理解造成表面和体相性质差别的原因；掌握表面吸附、表面催化等固体表面化学的基本原理；从电子结构角度解析和推断不同表面态的性质特点	1
5	固相反应	固相反应的定义和特点(A)；固相反应的扩散机理(A)；固相反应的类型(A)；固相反应热力学和动力学基础(B)	掌握固相反应的基本概念、特点及其反应类型；能够运用扩散理论分析解释固体的相关性质和反应特点；能够利用所学的热力学和动力学知识，分析固相反应的条件和机理，预测反应的可能结果	1
参考总学时				6

模块 9：无机合成化学

序号	知识点名称	主要内容	教学目标	参考学时
1	化学热力学与无机合成	吉布斯–亥姆霍兹方程的应用(A)；Ellingham 图的应用(A)；耦合反应的应用(A)；标准平衡常数的应用(A)；电位–pH 图/泡佩克斯图的应用(A)	掌握无机合成中涉及的化学热力学基本原理；能够从热力学的基本原理出发指导无机物合成，如优化条件、预测反应产物、设计与合成新化合物	2

续表

序号	知识点名称	主要内容	教学目标	参考学时
2	重要的无机合成方法	固相合成法（A）；化学气相沉积（A）；水热及溶剂热（A）；溶胶凝胶法（A）；微乳液法（A）等	了解几种重要无机合成方法的基本原理和应用范围；掌握各合成方法的特点和关键影响因素，能够根据实际需求选择合适的合成方法；了解每种合成方法典型应用及发展趋势	2
3	无机合成新方法、新路线和新技术	特种条件下的无机合成（B）；绿色合成（B）；仿生合成及自组装（C）；人工智能合成（C）	理解超高温/低温/高压等极端条件和光、磁等外场对于无机合成的影响；掌握绿色合成概念和原则，学会设计环境友好的合成路线；理解仿生合成及自组装的基本原理，能用其解释某些复杂结构和特殊功能材料的构效关系；了解自动化和人工智能技术在无机合成中的优势；了解这些新方法的典型应用及发展趋势	2
4	无机新材料的设计合成	配位聚合物（C）；非线性光学晶体材料（C）；新型层状材料（C）；热电材料（C）；分子基磁性材料（C）；手性介观结构无机材料（C）	掌握几种典型新材料的结构特点、性质及应用原理；了解新材料的合成方法和相关性质测试方法；能运用基础知识与基本原理，分析新材料未来发展方向，并提出自己的观点	3
		参考总学时		9

六、无机化学课程英文摘要

1. Introduction

Inorganic Chemistry is a compulsory course for undergraduate students majoring in chemistry, which is a course designed to meet the needs of the development of modern inorganic chemistry and the cultivation of top-notch talents on the basis of students' learning of General Chemistry or Principles of Chemistry. The course is highly comprehensive, requiring students to use the theoretical knowledge learned in the basic chemistry courses to analyze and solve the practical problems in the discipline. Simultaneously, students are required to familiarize themselves with new areas, new knowledge and new achievements in modern inorganic chemistry, in order to expand their knowledge base and broaden their academic horizons. Through this course, students will be able to comprehensively grasp the complete knowledge system of inorganic chemistry, laying a solid foundation for their future postgraduate studies, scientific research, and work.

2. Goals

The Inorganic Chemistry course is designed to cultivate students' comprehensive understanding of fundamental knowledge, theories, and research methods in inorganic chemistry. Students are expected to gain insight into the development trends in the field of inorganic chemistry and apply their knowledge to practical problem-solving, thereby enhancing their scientific literacy and research capabilities. The specific objectives are as follows:

(1) Master the basic concepts, knowledge, and principles in elemental chemistry, coordination chemistry, synthetic chemistry, organometallic chemistry, bioinorganic chemistry, atomic cluster chemistry, and solid-state inorganic chemistry.

(2) Grasp the structures, properties, and applications of important compounds, and be able to use basic knowledge and fundamental theories to analyze the relationship between the structure and properties of compounds.

(3) Gain an in-depth understanding of the regularities presented in compound structures, properties, and applications, enabling students to apply these regularities and rules to interpret relevant phenomena and solve practical problems.

(4) Be able to integrate basic theories with frontier research, understand the interdisciplinary nature of modern inorganic chemistry, explore research frontier and hot topics, and master relevant theoretical knowledge and research methods.

(5) Establish correct scientific views and values, cultivate a scientific and rigorous attitude, independent thinking, and critical thinking abilities, and possess a sense of responsibility, environmental awareness, innovation consciousness, patriotism, and teamwork spirit.

3. Covered Topic

Modules	List of Topics	Suggested Credit Hours
1. Introduction to Element Chemistry	Basic Knowledge of the Elements (1.5), Periodic Table of the Elements and Periodic Property Changes of the Elements (2), Properties and Periodic Changes of Elementary Substances (1), Periodic Characteristics of Compounds (2), Sub-periodicities and Anomalies (1.5)	8
2. The Main Group Elements and their Important Compounds	General Introduction to the Main Group Elements (0.5), Hydrogen (1), The s-block Metal Elements (1.5), The p-block Elements (5)	8
3. The Sub-group Elements and their Important Compounds	General Introduction to the Sub-group Elements (1), The ds-block Elements (2), The d-block Elements (5), the f-block Elements (2)	10
4. Bioinorganic Chemistry	Biological Elements (1), Biological Effects of Life Elements (2), Inorganic Medicinal Chemistry (2), Environmental Bioinorganic Chemistry (1)	6
5. Coordination Chemistry	Stereochemistry of Coordination Complexes (1), Bonding Theories of Coordination Complexes (3), Structural Analysis of Coordination Complexes (2), Electronic Spectroscopy of Coordination Complexes (2), Magnetic Properties of Coordination Complexes (1), Preparation of Coordination Complexes (1), Reaction Kinetics of Coordination Complexes (1), Applications of Coordination Complexes (2)	13

Continued

Modules	List of Topics	Suggested Credit Hours
6. Fundamental Organometallic Chemistry	Basic Concepts of Organometallic Chemistry (1), Common Organometallic Compounds (3), Applications of the Organometallic Compounds in Small Molecule Activation (1), Organometallic Supramolecular Compounds (1)	6
7. Cluster Chemistry	Basic Concepts of Clusters (1), Non-metallic Clusters (2), Transition Metal Clusters (2), Metal-oxygen Clusters (1)	6
8. Solid State Inorganic Chemistry	Structural Characteristics of Solids (1), Electronic Structure in Solids (2), Defects in Solids (1), Surface Structure of Solids (1), Solid State Reaction (1)	6
9. Inorganic Synthetic Chemistry	Thermodynamics for Inorganic Synthesis (2), Typical Methods Applying in Inorganic Synthesis (2), New Methods, New Routes, and New Technologies in Inorganic Synthesis (2), Design and Synthesis of New Inorganic Materials (3)	9
Total		72

Contents and Teaching Objectives of the Topics

有机化学（Organic Chemistry）

一、有机化学课程定位

　　有机化学是研究有机化合物结构、性质、制备和功能的科学，是化学学科重要分支之一，是生命科学、医学、药学、农学、材料、能源、环境等学科的基础。人类健康、人们的日常生活乃至人类社会的发展均离不开有机化合物和有机化学。有机化学课程是本科化学类专业的核心专业基础课程之一，一般设置在大学一年级或二年级，是后续多门课程的前置课程。

二、有机化学课程目标

　　本课程通过对有机化合物的结构、物理化学性质、结构表征等的系统学习，培养学生分析和解决有机化学问题的能力。有机化合物的结构决定了其性质，本课程提供多种结构分析角度，帮助学生建立全面的思维方式；以官能团为主线，运用现代有机化学概念，逐类学习有机化合物的性质，特别重视通过反应机理的分析呈现反应本质。

三、有机化学课程模块

模块1	绪论	模块9	醛和酮
模块2	立体化学	模块10	羧酸、羧酸衍生物
模块3	烷烃	模块11	羰基 α-碳上的反应
模块4	卤代烃	模块12	胺和含氮芳香杂环化合物
模块5	烯烃和炔烃	模块13	周环反应
模块6	芳香烃	模块14	金属有机化合物
模块7	醇、酚、醚	模块15	糖类化合物
模块8	有机化合物结构鉴定	模块16	氨基酸、多肽、蛋白质和核酸

四、有机化学课程设计思路

　　本课程以有机化学核心概念及重要基础理论引入，帮助学生建立基本有机化学学科思维习惯，通过立体化学知识的传授，为后续官能团转化及化合物性质的学习打下基础。在完成基础知识铺垫后，按照物质大类、反应类型及有机化合物的重要表征手段等分16个模块（图2-4）进行撰写和教学；章节的编排充分考虑学生的认知水平，循序渐进，烃类化合物从烷烃开始，由浅入深讲授卤代烃、烯烃、炔烃和芳香烃，将有机化学中重要的自由基取代/加成、亲核取代与消除、亲

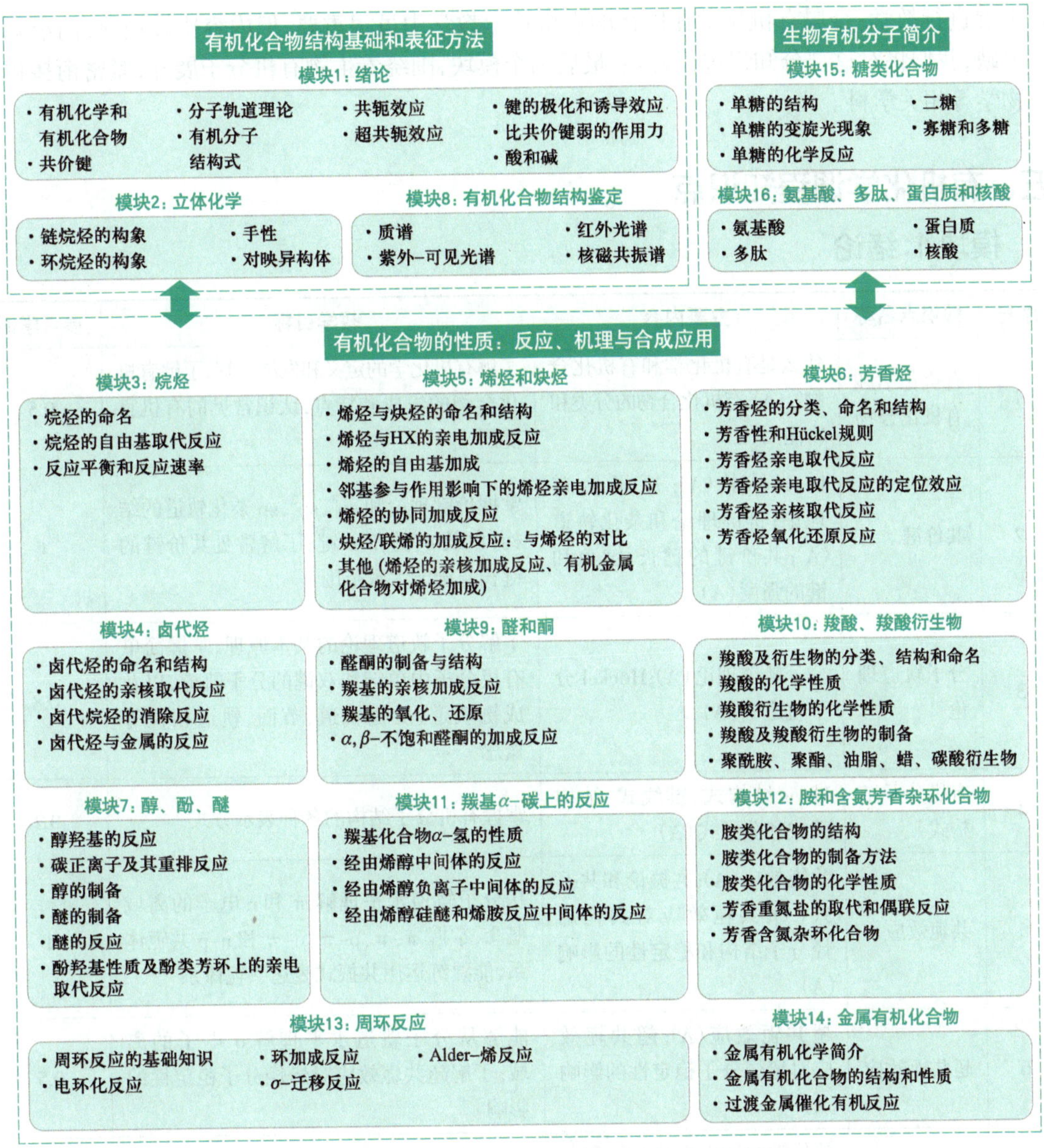

有机化合物结构基础和表征方法

模块1：绪论

- 有机化学和有机化合物
- 共价键
- 分子轨道理论
- 有机分子结构式
- 共轭效应
- 超共轭效应
- 键的极化和诱导效应
- 比共价键弱的作用力
- 酸和碱

模块2：立体化学

- 链烷烃的构象
- 环烷烃的构象
- 手性
- 对映异构体

模块8：有机化合物结构鉴定

- 质谱
- 紫外-可见光谱
- 红外光谱
- 核磁共振谱

生物有机分子简介

模块15：糖类化合物

- 单糖的结构
- 单糖的变旋光现象
- 单糖的化学反应
- 二糖
- 寡糖和多糖

模块16：氨基酸、多肽、蛋白质和核酸

- 氨基酸
- 多肽
- 蛋白质
- 核酸

有机化合物的性质：反应、机理与合成应用

模块3：烷烃

- 烷烃的命名
- 烷烃的自由基取代反应
- 反应平衡和反应速率

模块5：烯烃和炔烃

- 烯烃与炔烃的命名和结构
- 烯烃与HX的亲电加成反应
- 烯烃的自由基加成
- 邻基参与作用影响下的烯烃亲电加成反应
- 烯烃的协同加成反应
- 炔烃/联烯的加成反应：与烯烃的对比
- 其他（烯烃的亲核加成反应、有机金属化合物对烯烃加成）

模块6：芳香烃

- 芳香烃的分类、命名和结构
- 芳香性和Hückel规则
- 芳香烃亲电取代反应
- 芳香烃亲电取代反应的定位效应
- 芳香烃亲核取代反应
- 芳香烃氧化还原反应

模块4：卤代烃

- 卤代烃的命名和结构
- 卤代烃的亲核取代反应
- 卤代烷烃的消除反应
- 卤代烃与金属的反应

模块9：醛和酮

- 醛酮的制备与结构
- 羰基的亲核加成反应
- 羰基的氧化、还原
- α,β-不饱和醛酮的加成反应

模块10：羧酸、羧酸衍生物

- 羧酸及衍生物的分类、结构和命名
- 羧酸的化学性质
- 羧酸衍生物的化学性质
- 羧酸及羧酸衍生物的制备
- 聚酰胺、聚酯、油脂、蜡、碳酸衍生物

模块7：醇、酚、醚

- 醇羟基的反应
- 碳正离子及其重排反应
- 醇的制备
- 醚的制备
- 醚的反应
- 酚羟基性质及酚类芳环上的亲电取代反应

模块11：羰基α-碳上的反应

- 羰基化合物α-氢的性质
- 经由烯醇中间体的反应
- 经由烯醇负离子中间体的反应
- 经由烯醇硅醚和烯胺反应中间体的反应

模块12：胺和含氮芳香杂环化合物

- 胺类化合物的结构
- 胺类化合物的制备方法
- 胺类化合物的化学性质
- 芳香重氮盐的取代和偶联反应
- 芳香含氮杂环化合物

模块13：周环反应

- 周环反应的基础知识
- 电环化反应
- 环加成反应
- σ-迁移反应
- Alder-烯反应

模块14：金属有机化合物

- 金属有机化学简介
- 金属有机化合物的结构和性质
- 过渡金属催化有机反应

图 2-4　有机化学课程知识模块关系图

电加成/取代等重要概念或反应进行较为系统的教学；在完成烃类化合物的教学后，进行醇、酚和醚类化合物的教学，既有饱和碳原子的转化，也有不饱和碳原子的转化，紧密衔接烃类化合物的知识并进行提升和升华；在学生有了一定有机化学学习基础之后，进行有机化合物结构鉴定的教学，承上启下；随后的模块是含羰基化合物部分，醛和酮模块围绕着对羰基化合物经典的亲核加成展开，羧酸、羧酸衍生物模块主要讲授这类物质的亲核取代反应及衍生物间的合成转化，在上述知识学习的基础上，重点围绕着缩合概念讲授羰基 α-碳上的反应，系统讲授在经典有机合成转化过程中的重要缩合反应及新进展；含氮有机化合物章节不仅包括经典的脂肪胺、芳香胺的性质、制备及合成应用，还对一些芳香含氮杂环化合物进行教学与论述；周环反应是按照反应类型进行教学的一章，可以根据需要调整授课的顺序，围绕几类周环反应的经典概念、反应示例及最

新进展进行教学;金属有机化学在以往的有机化学教学中虽很重要,但内容比较经典,前沿知识略欠缺,我们将对这部分知识进行补强;最后两个模块,围绕着生物有机分子展开,紧密衔接化学生物学等相关学科。

五、有机化学课程知识点

模块 1:绪论

序号	知识点名称	主要内容	教学目标	参考学时
1	有机化学和有机化合物	什么是有机化学和有机化合物?(A);有机化合物的分类和官能团(A)	了解有机化学的定义和发展历程,了解有机化合物的组成和特点,认识常见的有机官能团	0.5
2	共价键	Lewis 结构(A);原子轨道理论;价键理论和杂化轨道(A);共价键的键长、键角和键的强度(A)	掌握价键理论和 sp^3、sp^2、sp 杂化轨道的结构,以及 σ 键和 π 键;了解常见共价键的键长与键能大致范围	1
3	分子轨道理论	分子轨道理论(A);Hückel 分子轨道法(A)	了解分子轨道理论的基本原理,掌握简单有机分子中单键和双键的分子轨道,以及成键轨道、反键轨道、节面、轨道相位等概念	0.8
4	有机分子结构式	Lewis 结构式、键线式、结构简式和分子式(A)	掌握有机分子结构的各种表示方式	0.2
5	共轭效应	共轭效应(A);共振论和共振式(A);共轭效应对共轭烯烃分子结构和稳定性的影响(A)	从分子轨道水平理解 π 和 n 电子的离域概念,掌握 $\pi-\pi$、$p-\pi$、$n-\pi$ 和 $n-p$ 共轭体系,能熟练运用共振式表达共轭体系	1
6	超共轭效应	超共轭效应(A);超共轭效应对烯烃分子稳定性的影响(A)	能够从分子轨道水平理解 σ 电子的离域;了解超共轭效应对烯烃分子稳定性的影响	0.5
7	键的极化和诱导效应	共价键的偶极矩(键矩)和分子的偶极矩(A);σ 键的极化(A);分子中的电荷分布图:静电势图(B);诱导效应(A)	了解电负性和原子大小与共价键和分子极性之间的关系;掌握原子和基团的诱导效应概念和特点	0.5
8	比共价键弱的作用力	范德华作用力(A);分子间和分子内氢键(A);$\pi-\pi$ 堆积作用(C)	了解分子间弱作用力的主要类型,及其对有机物性质的影响	0.5
9	酸和碱	Brønsted 酸和碱(A);K_a 和 pK_a 概念(A);Lewis 酸和碱(A)	掌握影响有机化合物酸性和碱性的主要因素;了解常见 Lewis 酸和碱的结构与性质	1
参考总学时				6

模块 2:立体化学

序号	知识点名称	主要内容	教学目标	参考学时
1	链烷烃的构象	构象的定义,与构型的区别(A);构象的表示方法:Newman 投影式(A);扭转张力、二面角等概念(A);乙烷的构象(A);丙烷和丁烷的构象(A);影响构象稳定的因素(A)	掌握构象的定义和表示方法;掌握链烷烃的构象;理解影响构象稳定的因素,并掌握构象的分析方法	1
2	环烷烃的构象	环烷烃的角张力(A);环丙烷的构象(A);环丁烷的构象(A);环戊烷的构象(A);环己烷的构象(A);取代环己烷的构象(A);中环和大环烷烃的构象(A);影响环烷烃构象稳定的因素(A)	掌握三元至六元环烷烃的构象;掌握取代环己烷的构象;理解影响环烷烃构象稳定的因素,并掌握分析环烷烃构象能量的方法;了解中环和大环烷烃的构象	1
3	手性	手性的定义和意义(A);手性的判定:对称因素与手性的关系,单环化合物的手性判定(A);手性中心:定义、与手性的关系,各类手性原子(A);手性化合物的分类:中心手性、轴手性、面手性、螺旋手性(A)	掌握手性的定义,了解手性的意义;掌握手性的判定方法;熟悉手性化合物的类别;掌握并理解手性中心的定义及其与手性的关系;熟悉碳原子之外的其他手性原子	1
4	对映异构体	对映异构体的表示方法和命名:Fisher 投影式,R/S 和 D/L 标记法,次序规则(A),M/P 标记法(B);对映异构体的性质:偏振光、比旋光度、光学纯度(A);内消旋体、外消旋体、非对映体等概念(A);光活性化合物的获取:外消旋体的拆分(A)和不对称合成(B);异构体的分类(A)	掌握对映异构体的表示方法和命名;掌握比旋光度和光学纯度的计算方法;理解对映异构体和非对映异构体的性质;了解光活性化合物的获取方法:外消旋体的拆分和不对称合成;熟悉异构体的分类	1
		参考总学时		4

模块 3:烷烃

序号	知识点名称	主要内容	教学目标	参考学时
1	烷烃的命名	烷烃的分类:开链烷烃和环烷烃(单环烷烃、桥环化合物和螺环化合物)(A);常用取代基的普通命名(A);开链烷烃的 IUPAC 命名法(A);环烷烃(单环烷烃、桥环和螺环)的 IUPAC 命名法(A)	能够准确给出烷烃和环烷烃的中英文命名	2

续表

序号	知识点名称	主要内容	教学目标	参考学时
2	烷烃的自由基取代反应	卤代反应的自由基链反应机理：引发、链增长（传递）、链终止（A）；反应选择性：自由基的稳定性（A）；反应选择性：不同卤素取代的选择性（A）；自由基引发剂（A）	掌握烷烃的自由基取代反应机理；掌握影响反应选择性的因素	2
3	反应平衡和反应速率	反应平衡：吉布斯自由能变、熵变、焓变和反应平衡常数，反应进程图（A）；反应速率：决速步骤、活化能（A）；反应热力学和反应动力学；反应活性中间体和过渡态，Hammond 假设（A）	能够绘制和解释反应进程势能曲线，能够区分反应活性中间体和过渡态；能够讨论影响反应速率和反应平衡的动力学和热力学因素	1
		参考总学时		5

模块 4：卤代烃

序号	知识点名称	主要内容	教学目标	参考学时
1	卤代烃的命名和结构	卤代烃的结构（A）；卤代烃的分类（A）；卤代烃的命名（A）	掌握卤代烃的分类、命名和结构	0.5
2	卤代烷烃的亲核取代反应	S_N1 亲核取代反应的机理；碳正离子的结构、稳定性和重排（A）；S_N2 亲核取代反应（A）；S_N2' 机理（B）；(拟) 卤化合物的亲核取代反应（B）；邻基参与（A）；取代反应相关的人名反应（C）	掌握 S_N1 亲核取代反应的机理、S_N2 亲核取代反应的机理、立体化学和邻基参与过程的取代反应；了解(拟) 卤化合物的取代反应，了解取代反应相关的人名反应	3
3	卤代烷烃的消除反应	E1 消除反应（A）；E2 消除反应（A）；E1cb 机理（B）；(拟) 卤化合物的消除反应（B）；取代反应与消除反应的竞争（A）；消除反应相关的人名反应（C）	掌握 E1 消除反应机理，E2 消除反应机理，了解取代反应和消除反应的竞争性关系；了解(拟) 卤化合物的消除反应，了解与消除反应相关的人名反应	2.5
4	卤代烃与金属的反应	Grignard 试剂（A）；有机锂试剂（A）；二烃基铜锂试剂（A）；卤代烃参与的偶联反应简介（C）	掌握 Grignard 试剂、有机锂、二烃基铜锂的合成方法；掌握使用有机金属化合物的注意事项；了解金属催化的偶联反应机理和在合成中的应用	1
		参考总学时		7

模块 5：烯烃与炔烃

序号	知识点名称	主要内容	教学目标	参考学时
1	烯烃与炔烃的命名和结构	烯/炔烃在主链的表达，烯烃在支链的表达（亚基），烯烃 Z/E 异构的判断与表达（次序规则）(A)；烯/炔/联烯碳原子的杂化状态与电子排布(A)；结合绪论学过的共轭效应、共振式、芳香性，了解 π 键的特点(A)；氢化热判断烯烃的热力学稳定性，并从电子效应的角度进行理解(A)	能根据命名写出对应分子结构；能对简单的烯/炔烃结构给出其规范命名；掌握不同取代基团影响下烯/炔烃电子排布的影响，能从结构分析出烯/炔烃的主要亲电/亲核反应位点；通过氢化热这一可测量的实验事实，加深对烯/炔烃电子排布及共轭效应等的理解	2
2	烯烃与 HX 的亲电加成反应	机理、活性、区域选择性、立体选择性、共轭烯烃 1,2-/1,4-加成的动力学/热力学控制(A)；与 H_2O、ROH 的加成(A)；正离子聚合反应（机理、单体、链节、聚合度、等规度）(B)	通过 H^+ 这一最小的亲电试剂，全面掌握烯烃与亲电试剂发生加成反应的特点(A)	1.5
3	烯烃的自由基加成	机理、区域选择性(A)；自由基聚合反应，以过氧化物存在下 HBr 对烯烃的加成为主要例子，并引入科研前沿的其他例子作为延展信息(C)	初步认识自由基加成的特点，并与亲电加成进行对比，加深对二者的理解	0.5
4	邻基参与作用影响下的烯烃亲电加成反应	不稳定的中间体：碳正离子重排，反式迁移(A)；亚稳定的中间体：鎓正离子历程，卤鎓离子、羟汞化反应，反式加成(A) 和其他鎓离子（延展阅读，C）；稳定的产物（协同加成）：卡宾插入、Simmon–Smith 反应、环氧化反应(A)	初步认识邻基参与效应对碳正离子中间体的稳定作用及其在反应里的表现；掌握卤鎓离子反式加成、羟汞化反应、碳正离子重排、Simmon–Smith 反应、环氧化反应等经典反应历程	2
5	烯烃的协同加成反应	三分子反式协同加成(B)、硼烷加成(A)、催化氢化(A)、D–A 反应的区域选择性(A)，ene 反应(B)、3+2 环加成反应（双羟化、臭氧化及延伸知识——炔–叠氮点击化学）(B)（4+2, 3+2 部分索引至模块 13 周环反应）	初步了解"同时"的相对性和分步/协同反应的边界，掌握相关经典反应的反应性与选择性(A)	1
6	炔烃/联烯的加成反应：与烯烃的对比	复习烯烃的反应，并通过类比加深对烯/炔烃结构差异的理解(A)	通过类比，复习之前学习过的烯烃反应并加深认识，同时加深对烯/炔烃结构差异对反应影响的认识	1
7	其他（烯烃的亲核加成反应、有机金属化合物对烯烃加成）	分别索引至模块 9 醛和酮的 Michael 加成反应与模块 14 的 Heck 反应(B)	结合前面学习的内容，初步构建以烯/炔烃为节点的知识关联图谱	0
参考总学时				8

模块 6：芳香烃

序号	知识点名称	主要内容	教学目标	参考学时
1	芳香烃的分类、命名和结构	芳香烃的分类（A）；单环芳香烃的命名（A）；多环芳香烃的命名（A）；杂环芳香烃的命名（A）；苯的结构（A）；苯的共振结构（A）；共振理论的运用（A）	区分四种不同芳香烃；使用 2017 版命名规则命名芳香烃；正确绘制苯的凯库勒结构、离域结构和共振结构；正确书写常见分子、离子和自由基的共振式和共振杂化体	0.5
2	芳香性和 Hückel 规则	苯环的稳定性（A）；芳香性的判断——Hückel 规则（A）；芳香性分子轨道理论——Frost 圆环（A）；苯系芳香烃（A）；非苯芳香烃（A）；芳香杂环化合物（A）；芳香性发展前沿（C）；芳香性对反应活性的影响（B）	应用共振理论解释苯的稳定性；应用 Hückel 规则判断分子和离子的芳香性、反芳香性和非芳香性；应用 Frost 圆环理解芳香性；了解芳香性发展前沿；应用芳香性解释其对酸碱性和反应活性的影响	1
3	芳香烃亲电取代反应	苯环上的亲电取代反应机理（A）；卤代反应（A）；硝化反应（A）；磺化反应（A）；Friedel–Crafts 反应（A）；Fries 重排（A）	预测芳香烃卤代、硝化、磺化、Friedel–Crafts 烷基化和酰化、Fries 重排反应的产物及选择性；判断不同取代基对芳香烃亲电取代反应的反应活性或反应速率的影响；正确绘制芳香烃亲电取代反应机理，特别是涉及碳正离子重排的亲电取代反应机理	1
4	芳香烃亲电取代反应定位效应	单取代苯亲电取代反应的定位效应（A）；活化和钝化取代基（A）；定位效应的理论解释（A）；二取代苯亲电取代反应的定位效应（A）；多环芳香烃亲电取代反应的定位效应（A）；定位效应在有机合成中的应用（B）	识别给电子和吸电子取代基，活化与钝化基团，邻对位与间位定位基；利用定位效应预测涉及多个取代基芳环的取代位置；利用定位效应合成二取代和多取代芳香烃；识别并解决现实生活和前沿知识中隐藏的芳香烃亲电取代反应问题	2
5	芳香烃亲核取代反应	苯环上的亲核取代反应（A）；加成–消除反应机理（负离子机理 A）；消除–加成反应机理（苯炔机理，A）；Smiles 重排反应（A）	预测芳香烃亲核取代产物及选择性；预测 Smiles 重排反应产物；判断不同取代基对芳香烃亲核取代反应的反应活性或反应速率的影响；正确绘制负离子机理和苯炔机理；识别并解决现实生活和前沿知识中隐藏的芳香烃亲核取代反应问题	2
6	芳香烃氧化还原反应	芳香烃侧链的氧化反应（A）；芳环上的氧化反应（A）；芳香烃侧链的还原反应（A）；芳环上的还原反应（A）；Birch 还原（A）	预测芳香烃氧化产物和 Birch 还原产物及其选择性；了解芳香烃氧化还原反应产物在工业中的应用	0.5
		参考总学时		7

66

模块 7:醇、酚、醚

序号	知识点名称	主要内容	教学目标	参考学时
1	醇羟基的反应	醇羟基的酸性(A);醇羟基的取代(A);醇羟基的消除(A);醇羟基的氧化(A)	掌握醇羟基的四类重要官能团转化反应;并应用于复杂有机物分子的合成	2
2	碳正离子及其重排反应	碳正离子生成方式总结及其重排反应(A)	掌握碳正离子的形成方式,理解碳正离子中间体的结构特点与重排反应	1
3	醇的制备	醇的制备反应(Grignard 试剂与羰基的反应)(A)	掌握醇的合成方法并能进行反合成分析	1
4	醚的制备	Williamson 合成法,醇分子间失水,烯烃的烷氧汞化-去汞法(A);相转移催化剂(A)	掌握醚(冠醚)的制备和性质,冠醚的应用(相转移催化剂)	1
5	醚的反应	形成锌盐,醚的碳氧键断裂反应,1,2-环氧化合物的开环反应(A)	熟练掌握醚的断裂、环氧开环反应	1
6	酚羟基的性质及酚类芳环上的亲电取代反应	酸性、醚化、酯化反应;卤化、硝化、磺化及 Friedel-Crafts 反应(A)	掌握酚羟基的性质及酚类芳环上的亲电取代反应规律	2
		参考总学时		8

模块 8:有机化合物结构鉴定

序号	知识点名称	主要内容	教学目标	参考学时
1	质谱	质谱的基本原理(B);质谱图(A);质谱中的离子(B);常见有机化合物的质谱裂解类型(C);分子式的确定(A);结构式的确定(C)	熟悉质谱的基本原理;掌握质谱图的一般特征;熟悉质谱中的离子;了解常见有机化合物的质谱裂解类型;初步掌握分子式的确定;了解结构式的确定	1
2	紫外-可见光谱	紫外-可见光谱的基本原理(B);紫外-可见光谱谱图(A);紫外-可见光谱的影响因素(A);各类有机化合物的紫外-可见吸收光谱;紫外-可见光谱法的应用(C)	熟悉紫外-可见光谱的基本原理;掌握紫外-可见光谱的谱图特征;掌握紫外-可见光谱的影响因素;熟悉各类有机化合物的紫外-可见吸收光谱;了解紫外-可见光谱法的应用	0.5
3	红外光谱	红外光谱的基本原理(B);红外光谱图(A);基团吸收频率的影响因素(B);各类有机化合物基团的特征吸收(A);红外光谱图的解析(A)	熟悉红外光谱的基本原理;掌握红外光谱图的谱图特征;熟悉基团吸收频率的影响因素;掌握各类有机化合物基团的特征吸收;初步掌握红外光谱图的解析	0.5

续表

序号	知识点名称	主要内容	教学目标	参考学时
4	核磁共振谱	NMR 的基本原理(B);氢谱:化学位移(A);自旋耦合与自旋裂分(B);信号峰的积分面积(A);^{1}H NMR 图谱解析(A);碳谱:^{13}C NMR 的去耦技术(C);^{13}C NMR 波谱中的化学位移(A);DEPT ^{13}C NMR(A);二维核磁共振谱:^{1}H–^{1}H COSY(B);HSQC/HMQC(B);HMBC(C);NOESY(C)	熟悉 NMR 的基本原理;掌握氢谱的谱图特征;掌握各类有机化合物中特征氢的化学位移及影响因素;初步掌握一级谱耦合裂分的规律,了解耦合常数与分子结构的关系;掌握信号峰的积分面积与氢个数的关系;初步掌握典型有机化合物的 ^{1}H NMR 图谱解析;了解 ^{13}C NMR 的去耦技术;掌握 ^{13}C NMR 波谱中的化学位移;熟悉 DEPT ^{13}C NMR;熟悉二维核磁共振中的 ^{1}H–^{1}H COSY 和 HSQC/HMQC;了解 HMBC 和 NOESY	2
		参考总学时		4

模块 9:醛和酮

序号	知识点名称	主要内容	教学目标	参考学时
1	醛酮的制备与结构	醛酮的分类(A);醛酮羰基制备方法小结(A);醛酮中羰基结构与电荷(A)	熟悉醛酮的分类和羰基的结构;能够利用氧化、还原及官能团转化制备醛酮羰基,以及掌握常见醛酮的工业制备方法	0.5
2	羰基的亲核加成反应	醛酮羰基化合物的亲核加成反应(A);亲核加成反应的 Bürgi–Dunit 角,Cram 规则及 Felkin–Anh 规则(A);亲核试剂亲核性(Grignard 试剂,有机锂试剂,炔钠,氰化钠,亚硫酸氢钠,水,醇)与反应条件对反应平衡的影响(A);特殊亲核试剂的加成反应(Reformatsky 反应、Wittig 试剂及 Wittig 反应,硫 ylide 的环氧化及烯烃制备)(A);加成反应产物的后续反应:由缩醛(酮)制备烯基醚(A);与胺及其衍生物的反应(A)后续反应(Beckman 重排,Strecker 反应等)	能够写出醛酮羰基与亲核试剂反应可能的加成产物;根据亲核试剂性质,确定平衡反应方向与程度;利用 Cram 规则或 Felkin–Anh 规则确定非对映选择性;掌握 Reformatsky 反应、Wittig 反应、Corey–Chaykovsky 环氧化、Julia–Lythgoe 反应的机理;利用 Grignard 试剂,设计合成醇类化合物;利用缩醛(酮)保护醛酮的羰基	3.5
3	羰基的氧化、还原	自氧化与 Baeyer–Villiger 氧化(A);羰基还原成醇的反应:溶解金属还原,Clemmensen 还原,Wolff–Kishner–黄鸣龙还原(A);羰基还原成亚甲基的反应(A);歧化及相关反应:Cannizzaro 反应,Benzil 重排,Favorskii 重排等(A);安息香缩合,Stetter 反应(A)	能够应用各种氧化还原反应、掌握其反应机理;利用羰基氧化与还原反应进行有机合成;掌握 Cannizzaro 反应机理,并与 Benzil 重排、Favorskii 重排及其他重排反应比较;掌握安息香缩合及 Stetter 反应机理和应用	3

续表

序号	知识点名称	主要内容	教学目标	参考学时
4	$\alpha,\beta-$不饱和醛酮的加成反应	$\alpha,\beta-$不饱和醛酮1,2-加成和1,4-加成反应的试剂与条件（A）；醌的形成与制备（A）；醌的加成反应（A）	掌握$\alpha,\beta-$不饱和醛酮加成反应的试剂与产物的类型（A）；掌握醌的制备、加成反应及合成应用（A）	1
参考总学时				8

模块10：羧酸、羧酸衍生物

序号	知识点名称	主要内容	教学目标	参考学时
1	羧酸及其衍生物的分类、结构和命名	羧酸及其衍生物的分类（羧酸、酰卤、酸酐、硫酯、酯、酰胺、腈、烯酮）及代表性应用（A）；命名规则及注意事项（俗名与系统命名）（A）；羧酸及其衍生物的结构（A）	了解羧酸衍生物的基本种类及应用；掌握其命名规则；掌握羧酸及其衍生物的结构特征	1
2	羧酸的化学性质	羧酸的酸性（A）；羧羟基被卤原子取代的反应（A）；酸的酯化反应（A）；羧酸与有机金属化合物的反应（A）；脱羧反应及二元酸受热反应（A）	理解羧酸的酸性及影响因素；掌握羧羟基取代反应及其反应机理；掌握脱羧反应及二元酸受热反应原理	2.5
3	羧酸衍生物的化学性质	酰基碳上的亲核取代反应：水解、醇解和氨（胺）解（A）；反应机理及相对反应活性（A）；还原反应：催化氢化、金属氢化物（A）；与有机金属化合物的反应：Grignard试剂、锂试剂、铜锂试剂、镉试剂（A）；酰胺的酸、碱性（A）；酰胺的脱水反应（A）；Hofmann降解（重排）反应（A）；烯酮的反应（C）	掌握酰基碳上的亲核取代反应、反应机理及相对反应活性；掌握羧酸及羧酸衍生物的还原反应，与有机金属化合物的反应；掌握酰胺的酸、碱性、脱水反应等性质；理解Hofmann降解（重排）反应及其反应机理；掌握烯酮的反应	3
4	羧酸及羧酸衍生物的制备	羧酸、酰卤、酸酐、酯、酰胺、腈、烯酮的合成（A）	掌握羧酸及羧酸衍生物的合成方法	0.5
5	聚酰胺、聚酯、油脂、蜡、碳酸衍生物	聚酰胺、聚酯、油脂、蜡、碳酸衍生物（光气、脲、环碳酸酯）的简介（C）	了解聚酰胺、聚酯、油脂、蜡、碳酸衍生物的性质与用途	0
参考总学时				7

模块 11：羰基 α-碳上的反应

序号	知识点名称	主要内容	教学目标	参考学时
1	羰基化合物 α-氢的性质	碳氢酸(C—H 键的酸性)(A);酮式-烯醇式互变机制(A);烯醇负离子的形成机理(A);烯醇负离子形成的立体选择性(B);羰基化合物 α-碳的反应模式:经由烯醇的亲核取代与经由烯醇负离子的亲核取代(A);反应的区域选择性控制因素(A)	掌握羰基化合物 α-氢的性质和羰基化合物、烯醇、烯醇负离子的平衡关系;掌握羰基化合物 α-碳的基本反应模式;了解烯醇负离子形成的立体选择性控制方法	2
2	经由烯醇中间体的反应	酮的卤化反应(A);酸性、碱性条件下卤化反应的区别(A);羧酸的卤化反应;羧酸衍生物的卤化反应(A);Mannich 反应及其合成应用(A)	掌握烯醇中间体的基本反应及机理	1.5
3	经由烯醇负离子中间体的反应	α-烷基化反应(A);羟醛缩合反应、酯缩合和其他缩合反应(A);1,3-二羰基化合物的反应(A);丙二酸二乙酯合成法与乙酰乙酸乙酯合成法(A)	掌握烯醇负离子中间体的基本反应及机理;掌握常见缩合反应的机理;掌握 1,3-二羰基化合物的反应性	3
4	经由烯醇硅醚和烯胺反应中间体的反应	烯醇硅醚的合成与反应(A);烯胺的形成与反应(A);经由烯醇硅醚与烯胺的不对称反应(C)	掌握烯醇硅醚、烯胺与烯醇和烯醇负离子的联系与区别	0.5
	参考总学时			7

模块 12：胺和含氮芳香杂环化合物

序号	知识点名称	主要内容	教学目标	参考学时
1	胺类化合物的结构	胺类化合物的分类:伯胺、仲胺、叔胺、季铵盐(A);胺类化合物的手性(A)	掌握胺类化合物的分类;手性胺类化合物的结构特点	0.2
2	胺类化合物的制备方法	通过硝基、氰基、酰胺等含氮官能团还原制备,联苯胺重排(A);Gabriel 伯胺合成法(A);叠氮化合物 Staudinger 还原(A);醛酮氨(胺)缩合物的还原(A);Curtius 重排(A)	掌握伯胺的制备方法;掌握 Gabriel 伯胺合成法、Staudinger 还原、Leuckart-Wallach 反应、Eschweiler-Clarke 反应、Curtius 重排等反应的机理	1
3	胺类化合物的化学性质	胺类化合物的结构对碱性和亲核性的影响,碱性和亲核性在合成中的应用(A);季铵盐和季铵碱:季铵碱的 Hofmann 消除(A);胺氧化物与 Cope 消除(A);脂肪胺、芳香胺与 HNO_2 的反应(A);邻氨基醇的亚硝酸重排(A)	掌握伯胺、仲胺、叔胺反应性质的差异;掌握 Hofmann 消除和 Cope 消除的反应机理和消除取向;掌握伯胺的亚硝化反应、邻氨基醇的亚硝酸重排反应机理;能够熟练运用重氮盐合成策略	2

续表

序号	知识点名称	主要内容	教学目标	参考学时
4	芳香重氮盐的取代和偶联反应	芳香重氮盐的取代反应（A）；芳香自由基取代机理（B）；芳香正离子亲核取代机理（B）；芳香重氮盐的偶联反应（A）；芳香重氮盐在有机合成中的应用（A）	预测芳香重氮盐与CuX（X=Cl、Br、CN）、KI、HBF₄、H₃PO₂、H₂O、取代苯酚和苯胺的产物；正确绘制重氮盐的生成机理、芳香自由基取代机理和芳香正离子亲核取代机理；利用芳香重氮盐合成二取代和多取代芳香烃	0.8
5	芳香含氮杂环化合物	代表性芳香含氮杂环：吡咯、吲哚、吡啶、喹啉、嘧啶、嘌呤（A）；结构与性质分析：富电子杂环和缺电子杂环的化学性质，亲电取代反应和亲核取代反应（A）；Chichibabin反应（A）；氮氧化吡啶的性质（A）；吡啶侧链的性质（A）；亲核取代反应的加成-开环-关环（ANRORC）机理（A）；典型芳杂环的合成策略（A）	掌握结构分析方法判断芳香杂环化合物的化学性质；掌握芳香杂环的取代反应及其反应机理；掌握典型芳杂环的合成策略	2
		参考总学时		6

模块13：周环反应

序号	知识点名称	主要内容	教学目标	参考学时
1	周环反应的基础知识	周环反应的分类和特点（A）；分子轨道对称性守恒原理和前线分子轨道理论（A）；直链共轭多烯的前线分子轨道及其对称性（A）	熟练掌握周环反应的分类和特点；理解分子轨道对称性守恒原理和前线轨道理论的基本内容；熟练掌握直链共轭多烯的前线轨道及其对称性；了解处理分子轨道对称性守恒的几种方法	0.5
2	电环化反应	电环化反应的定义（A）；$4n\pi$体系电环化反应的规律和应用（A）；$(4n+2)\pi$体系电环化反应的规律和应用（A）；带电荷的共轭体系电环化反应的规律和应用（B）	熟练掌握电环化反应的定义；$4n\pi$体系、$(4n+2)\pi$体系和带电荷的共轭体系电环化反应的规律和应用；了解电环化反应在复杂合成中的应用和最新进展	1
3	环加成反应	环加成反应的定义（A）；[4+2]环加成反应的规律、特点和应用（A）；[2+2]环加成反应的规律、特点和应用（A）；[3+2]等环加成反应的规律、特点和应用（B）	熟练掌握环加成反应的定义，重点掌握[4+2]环加成反应的反应模型、立体化学和应用；掌握[2+2]和[3+2]等环加成反应的规律、特点和应用；了解环加成反应在复杂合成中的应用和最新进展	2

续表

序号	知识点名称	主要内容	教学目标	参考学时
4	σ-迁移反应	σ-迁移反应的定义(A);[3,3]σ-迁移反应的规律、特点和应用(A);[i,j]H-迁移反应的规律、特点和应用(A);C-迁移等迁移反应的规律、特点和应用(B)	熟练掌握σ-迁移反应的定义,以及[3,3]σ-迁移、[i,j]H-迁移和C-迁移等迁移反应的规律、特点和应用;了解σ-迁移在复杂合成中的应用和最新进展	2
5	Alder-烯反应	Alder-烯反应的定义(A);Alder-烯反应的原理、特点和应用(B)	掌握Alder-烯反应的定义,以及Alder-烯反应的原理、特点和应用;了解Alder-烯反应在复杂合成中的应用和最新进展	0.5
参考总学时				6

模块 14：金属有机化合物

序号	知识点名称	主要内容	教学目标	参考学时
1	金属有机化学简介	金属有机化学发展简史(B);主族有机金属试剂(A);过渡金属络合物简介(A)	了解金属络合物的基本种类和反应性质;理解过渡金属化合物和主族金属化合物在结构和反应性质上的区别	1
2	金属有机化合物结构和性质	配体类型和配位方式:离子型配体和电中性配体(B);中心金属氧化态(A);中心金属所形成化学键的性质(B)	了解配体类型和配位方式;理解金属中心价态、电子对其反应性质的影响	1
3	过渡金属催化有机反应	常见基元反应类型:配位与解离、氧化加成、还原消除、迁移插入等(A);典型的碳碳成键偶联反应(A);过渡金属催化的碳氮键和碳氧键构筑反应(B);我国在金属有机化学领域的贡献(C)	掌握常见的基元反应;掌握过渡金属催化的碳碳键构筑偶联反应;了解过渡金属催化的碳杂键构筑偶联反应	3
参考总学时				5

模块 15：糖类化合物

序号	知识点名称	主要内容	教学目标	参考学时
1	单糖的结构	单糖的结构特点及分类(A);葡萄糖骨架构造的确定(B);单糖的D/L构型,Fischer投影式(A);重要单糖的结构(A);自然界存在的其他单糖(C)	熟悉单糖的结构特点,学会根据碳原子数、羰基结构等因素对单糖分类;了解单糖骨架结构的测定方法;根据Fischer投影式识别单糖的D/L构型;掌握重要单糖(如葡萄糖、甘露糖、半乳糖、核糖、果糖等)的结构;了解自然界存在的其他单糖的大致结构和功能	1

续表

序号	知识点名称	主要内容	教学目标	参考学时
2	单糖的变旋光现象	变旋光现象的概念(A);单糖的环状结构(A),异头物(A);单糖各种结构式间的相互转化(A);异头碳效应(B)	掌握单糖变旋光现象的原因;学会书写单糖的环状结构(Haworth 式和椅式);熟悉各种结构式之间的转换;熟悉 α- 和 β-构型异头物的判断;理解异头物构型稳定性差异的原因	1
3	单糖的化学反应	糖苷的形成(A);羟基的烷基化和酰化,还原反应,成脲反应,氧化(碱性弱氧化剂、溴水、稀硝酸、高碘酸)(A);糖的递升和递降(B)	掌握单糖的典型反应,包括成苷、还原、氧化、成脲、递升/递降等;学会用化学方法对不同单糖进行鉴别;了解 Fischer 对于葡萄糖构型的测定方法;了解利用糖的递降来判断单糖的立体构型	1
4	二糖	常见二糖(麦芽糖、纤维二糖、乳糖、蔗糖)的结构(A);单糖的连接方式、糖苷键(A);二糖的典型反应(烷基化、水解、氧化反应等)及结构推导(A)	掌握常见二糖(如麦芽糖、乳糖、蔗糖、纤维二糖等)的结构组成和连接糖苷键的结构差异;学会根据二糖典型反应的产物来推导二糖结构	1
5	寡糖和多糖	环糊精的结构和功能(C);常见多糖(淀粉、纤维素、壳聚糖等)的结构和功能(C);拓展性知识(乳糖不耐受、决定血型的糖、氨基糖苷类抗生素、代糖等)(C) 注:该小节内容视课时余留情况而定	认识环糊精并了解其在超分子化学中的应用;了解典型多糖的大致结构和功能;了解与糖相关的生物化学拓展知识	0
参考总学时				4

模块 16:氨基酸、多肽、蛋白质和核酸

序号	知识点名称	主要内容	教学目标	参考学时
1	氨基酸	氨基酸分类及构型(A);氨基酸的酸碱性、等电点(A);氨基酸的主要化学反应(A);氨基酸的合成(A)	掌握20种天然氨基酸的 D/L 构型、分类与英文缩写;理解等电点的概念;掌握茚三酮检测氨基酸的原理;掌握氨基酸的基本合成方法,并了解氨基酸的最新合成技术	2
2	多肽	多肽组成及结构特征(A);多肽的合成(A);多肽结构测定(B);多肽药物(C)	掌握肽的命名、结构并了解其测序原理与测定方法;掌握多肽化学合成方法;了解多肽类药物应用	1

续表

序号	知识点名称	主要内容	教学目标	参考学时
3	蛋白质	蛋白质的组成(A);蛋白质结构:α-螺旋,β-折叠(A);蛋白质的性质与功能(A)	掌握蛋白质的物理化学性质;了解与掌握蛋白质一级和高级结构,α-螺旋,β-折叠;了解蛋白质的功能并认识一些常见蛋白质	0.5
4	核酸	核酸的化学组成(A);DNA 和 RNA(A);空间结构和应用(A);核苷和核苷酸(B)	掌握核酸的种类;掌握天然核酸 DNA 和 RNA 碱基结构;掌握 DNA 双螺旋结构的形成及核苷和核苷酸单体结构;了解核酸的应用及核苷类药物	0.5
参考总学时				4

六、有机化学课程英文摘要

1. Introduction

Organic chemistry, one of the important subdiscipline of chemistry, is a science that studies the structure, properties, preparation and function of organic compounds. In the fields of life science, medicine, pharmacy, agronomy, materials, energy, environment and so on, organic chemistry plays a centre role. Organic chemistry is closely related to people's daily life and even the development of human society.

"Organic chemistry" is one of the core basic courses for first-year or second-year chemistry major undergraduates, which is the prerequisite course for the subsequent courses.

2. Goals

Through the systematic study of the structure, physical and chemical properties, structural characterization of organic compounds, "Organic Chemistry" aims to cultivate students' ability to study organic chemistry issues. This course provides multiple structural analysis perspectives to train students establish a comprehensive way of thinking; with functional groups as the main line, modern organic chemistry concepts are used to learn the properties of organic compounds, with special emphasis on the analysis of reaction mechanism to show the essence of the reaction.

3. Covered Topics

Modules	List of Topics	Suggested Credit Hours
1. Introduction	Organic Chemistry and Organic Compounds (0.5), Covalent bond (1), Molecular Orbital (MO) Theory (0.8), Structural Fomula of Organic Molecules (0.2), Conjugation (1), Hyperconjugation (0.5), Bond Polarization and Inductive Effect (0.5), Weaker Bonding than Covalent Bonds (0.5), Acids and Bases (1)	6

Continued

Modules	List of Topics	Suggested Credit Hours
2. Stereochemistry	Conformations of Acyclic Alkanes (1), Conformations of Cycloalkanes (1), Chirality (1), Enantiomers (1)	4
3. Alkanes	Naming Alkanes and Cycloalkanes (2), Free Radical Substitution of Alkanes (2), Chemical Equilibria and Reaction Rates (1)	5
4. Alkyl Halides	Nomenclature and Structures of Haloydrocarbons (0.5), Nucleophilic Substitution Reaction of Haloalkanes (3), Elimination Reaction of Haloalkanes (2.5), Reaction of Halohydrocarbons with Metals (1)	7
5. Alkenes and Alkynes	Nomenclature and Structures of Alkenes and Alkynes (2), Electrophilic Addition to Alkenes with HX (1.5), Radical Addition to Alkenes (0.5), Effects of Anchimeric Assistance in Electrophilic Addition to Alkenes. (2), Concerted Addition to Alkenes (1), Additions to Alkynes or Allenes (1), Others (Nucleophilic Addtions to Alkenes, Organometalic Addtion to Alkenes) (0)	8
6. Aromatic Compounds and Benzene Derivatives	Classification, Nomenclature and Structure of Aromatic Hydrocarbons (0.5), Aromaticity and Huckel's Rule (1), Electrophilic Aromatic Substitution (1), Directing Effects in Electrophilic Aromatic Substitution (2), Nucleophilic Aromatic Substitution (2), Oxidation and Reduction of Aromatic Compounds (0.5)	7
7. Alcohols, Phenols and Ethers	Reactivity of Alcohols (2), Carbocation and its Rearrangement (1), Preparation of Alcohols (1), Preparation of Ethers (1), Reactivity of Ethers (1), Properties of Phenolic Hydroxyl Groups and Electrophilic Substitution Reactions on Phenolic Aromatic Rings (2)	8
8. Spectroscopic Methods of Identification	Mass Spectrometry (1), Ultraviolet-visible Spectroscopy (0.5), Infrared Spectroscopy (0.5), Nuclear Magnetic Resonance Spectroscopy (2)	4
9. Aldehydes and Ketones	Preparation and Structure of Aldehydes and Ketones (0.5), Addition Reaction of Carbonyl (3.5), Oxidation and Reduction of Carbonyl (3), Addition Reaction of α,β-Unsaturated Carbonyl (1)	8
10. Carboxylic Acids and Carboxylic Acid Derivatives	Classification, Nomenclature and Structures of Carboxylic Acids and Their Derivatives (1), Chemical Properties of Carboxylic Acids (2.5), Chemical Properties of Carboxylic Acid Derivatives (3), Preparation of Carboxylic Acids and Carboxylic Acid Derivatives (0.5), Polyamide, Polyester, Grease, Wax, Carbonate Derivatives (0)	7
11. The α-Carbon Reactions of Carbonyl Compounds	The α-Carbon Chemistry of Carbonyl Compounds (2), The Reactions via Enol Intermediates (1.5), The Reactions via Enolate Intermediates (3), The Reactions via Silyl Enol Ethers and Enamines (0.5)	7

Continued

Modules	List of Topics	Suggested Credit Hours
12. Amines and Nitrogen-Containing Aromatic Hetrocycles	Structure of Amines (0.2), Synthesis of Amines (1), Chemical Properties of Amines (2), Substitution and Coupling Reactions of Aromatic Diazonium Salts (0.8), Aromatic Heterocyclic Amines (2)	6
13. Pericyclic reactions	Basic Knowledge of Pericyclic Reactions (0.5), Electrocyclic Reactions (1), Cycloaddition Reactions (2), Sigmatropic Rearrangements (2), Alder-ene Reaction (0.5)	6
14. Organometallic Compounds	Introduction of Organometallics (1), Structure and Properties of Organometallic Compounds (1), Transition Metal Catalyzed Reactions (3)	5
15. Carbohydrates	Structure of Monosaccharides (1), Mutamerism of Monosaccharides (1), Chemical Reaction of Monosaccharides (1), Disacchiarides (1), Oligosaccharides and Polysaccharides (0)	4
16. Amino Acids, Peptides, Proteins and Nucleic Acids	Amino Acids (2), Peptides (1), Proteins (0.5), Nucleic Acids (0.5)	4
Total		96

Contents and Teaching Objectives of the Topics

分析化学（Analytical Chemistry）

一、分析化学课程定位

  分析化学是化学类专业的核心课程之一，在先修课程基础上，围绕"定量"分析，系统介绍获取物质化学信息的分析方法、原理及应用，兼顾化学分析和仪器分析的基础与前沿。通过化学分析的学习，系统掌握化学平衡与滴定分析法，熟悉定量分析过程与常用分析数据处理方法，了解分析质量保证、质量控制及多变量校正。通过仪器分析的学习，系统掌握光谱、电分析、色谱、波谱等各类仪器方法的基本原理，熟悉仪器结构、分析方法的应用对象及复杂样品分离分析过程，了解各类仪器方法定量分析、表界面和微区分析新发展与新技术。

二、分析化学课程目标

  （1）深刻理解定量关系基础理论，熟悉各类光谱、电分析、色谱、波谱分析方法原理和技术，初步具备选择合适的方法策略进行定量分析的能力，培养科学思维，提高综合运用所学分析方法解决实际问题的能力。

  （2）具备基本的分析数据处理能力，能够正确表达和评价分析结果，树立严谨的科学态度和严格的"量"的概念。

  （3）了解各类定量分析方法的发展趋势和联用技术，了解表界面和微区分析技术及发展，拓展交叉学科视野，培养创新思维。

三、分析化学课程模块

模块 1	分析化学概述	模块 7	电化学分析
模块 2	分析数据处理	模块 8	色谱分析
模块 3	化学平衡与滴定分析	模块 9	核磁共振波谱法
模块 4	分子光谱法	模块 10	表界面分析
模块 5	原子光谱法	模块 11	显微成像分析
模块 6	质谱法		

四、分析化学课程设计思路

  "分析化学"课程重点介绍获取物质化学信息的化学和仪器分析方法、原理及应用，不仅涉及定量关系基础理论、仪器结构、方法应用、数据分析等内容，还介绍各类仪器方法的新发展和新应用,拓展了解表界面分析和微区分析技术。课程分为 11 个模块,包括分析化学概述、分析数据处理、化学平衡与滴定分析、分子光谱法、原子光谱法、质谱法、电化学分析、色谱分析、核磁共振波谱法、表界面分析和显微成像分析(图 2-5)。从经典的化学分析基础理论,到复杂的光谱、电分析、色谱、波谱等分析技术,兼顾分析化学的基础和前沿内容。(1)分析化学概述部分主要介绍分析化学导论、分析过程与样品采集及制备、分析质量保证与质量控制。掌握分析化学的定义、分类,熟悉定量分析过程和常用样品采集和制备方法,理解分析可靠性和质量保证内涵,了解分析化学的发展变革、样品制备前沿进展以及分析过程的质量保证和质量控制。(2)分析数据处理模块需要掌握误差和有效数字运算规则,熟悉数理统计的基础原理、方法及单变量校正模型和方法,了解误差的传递、分析结果的检验与比较,拓展了解多元校正模型和方法。(3)化学平衡与滴定分析模块,从定量分析的角度理解各类化学平衡和滴定分析及其应用,了解动力学分析法及应用。(4)分子光谱法模块主要介绍光分析总论、紫外-可见吸收光谱法、红外吸收光谱法、拉曼光谱法、荧光与磷光光谱法、化学发光与生物发光分析法,从分子光谱的角度学习各类光分析法的原理、仪器、光谱特点、定性定量分析及其发展应用。(5)原子光谱法模块主要介绍原子发射光谱法、原子吸收与原子荧光光谱法、X 射线荧光光谱法,从原子光谱的角度学习各类光分析法的原理、仪器、光谱特点、定量分析及发展应用。(6)质谱法模块需要掌握质谱分析基本原理和仪器构造,熟悉有机质谱定性定量分析,了解无机质谱原理和质谱联用等新进展。(7)电化学分析模块

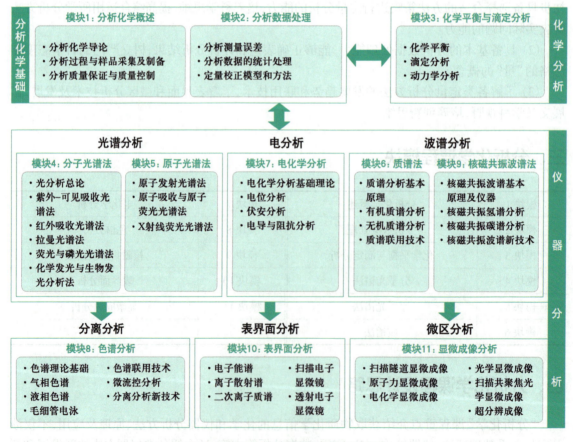

图 2-5　分析化学课程知识模块关系图

需要掌握电化学基础理论，了解其发展与分类，熟悉电位分析、伏安分析、电导和阻抗分析法，了解微电极技术、化学修饰电极等电分析前沿。(8)色谱分析模块需要掌握色谱基础理论，重点学习气相色谱和液相色谱的原理、仪器、衍生化、分离条件和应用进展，熟悉毛细管电泳分析技术，了解各类色谱联用技术、微流控分析和分离分析新技术。(9)核磁共振波谱法模块需要掌握核磁共振波谱法基本原理，熟悉核磁共振氢谱及其分析应用，了解核磁共振碳谱及其分析应用，拓展了解二维核磁等核磁共振波谱新技术。(10)表界面分析模块主要介绍电子能谱、离子散射谱、二次离子质谱、扫描电子显微镜、透射电子显微镜等表界面分析技术原理、应用及发展。(11)显微成像分析模块拓展学习扫描隧道显微成像、原子力显微成像、电化学显微成像、光学显微成像、扫描共聚焦光学显微成像和超分辨成像技术等能够应用于微区分析的显微成像技术。

五、分析化学课程知识点

模块1：分析化学概述

序号	知识点名称	主要内容	教学目标	参考学时
1	分析化学导论	分析化学的定义、目的、意义(A)；分析化学的分类(A)；发展史与发展趋势(B)；分析方法产生的原理(B,C)	掌握分析化学的定义、目的和分类；理解分析化学的作用和意义；了解分析化学的发展简史和变革历程；了解分析化学的发展趋势和挑战；了解分析方法产生的原理	1
2	分析过程与样品采集及制备	实际试样定量分析过程(A)；固、液、气体样品及生物样品采集(A,B)	熟悉实际试样的定量分析过程；熟悉各种形态样品采集方法	1~1.5
		无机物分析样品制备方法(A)；有机物分析样品制备方法(A,B)；样品制备技术的进展(C)	熟悉分析化学中常见的无机和有机样品制备方法，掌握相分配萃取、相吸附萃取、场辅助萃取、膜分离等原理；了解化学转换技术、联用技术等前沿进展	2~2.5
3	分析质量保证与质量控制	分析质量保证与质量控制概述(A)；分析全过程的质量保证与质量控制(B)；标准方法与标准物质(B)；不确定度与溯源性(B)；实验室认可、计量认可与审查认可(B,C)	理解分析结果可靠性、分析方法可靠性和质量保证的含义；了解分析前、中、后质量保证与质量控制；了解质量控制的标准化程序和实验室质量保证体系；了解标准方法和标准物质；了解不确定度和溯源性；理解实验室认可、计量认证与审查认可的区别	1~2
参考总学时				5~7

模块 2：分析数据处理

序号	知识点名称	主要内容	教学目标	参考学时
1	分析测量误差	误差的表征：准确度、精密度(A)；误差的表示：误差和偏差(A)；误差的分类：系统误差、随机误差和过失误差(A)；误差的传递(A)；有效数字及其运算规则(A)	掌握误差的定义、表示、分类和应用；了解误差的传递规律；掌握有效数字的基本概念和运算规则，树立严格的"量"的概念	1.5
2	分析数据的统计处理	数理统计的基本原理：随机变量及分布、显著性检验(A)；数理统计的应用方法：检出限与定量限，置信区间，分析结果的检验与比较，离群值取舍(A)	掌握数理统计的基础概念，包括随机变量、概率密度函数和累积分布函数；熟悉正态分布和三大抽样分布的相关知识；熟悉数理统计在分析化学中的应用方法和实施步骤，包括检出限和定量限、置信区间、分析结果的检验与比较、离群值取舍以及提高分析结果准确度的方法；了解显著性检验的两类错误；了解显著性检验结果的可靠性	2.5
3	定量校正模型和方法	单变量校正模型及其矩阵表示形式(A)；模型参数的最小二乘求解法(A，B)；相关系数(A)	掌握单变量校正模型及其矩阵表示形式；理解模型参数的最小二乘求解法；掌握利用相关系数判断校正模型的有效性	0.5~1
		经典多元校正模型及多元线性回归(A)；多元逆校正模型、主成分回归(PCR)、偏最小二乘回归(PLSR)(B)；人工智能方法(C)	掌握经典多元校正模型及多元线性回归方法；了解多元逆校正模型的推导过程、主成分回归(PCR)、偏最小二乘回归(PLSR)方法；了解人工智能方法	0.5~1
参考总学时				5~6

模块 3：化学平衡与滴定分析

序号	知识点名称	主要内容	教学目标	参考学时
1	化学平衡	与分析化学相关的溶液中化学平衡及平衡处理方法：酸碱平衡(A)；络合(配位)平衡(A)；氧化还原平衡(A)；沉淀平衡(A)	理解酸碱反应的实质，掌握酸碱滴定反应中相关的平衡常数；掌握弱酸(碱)溶液中影响各形态分布的因素及各形态平衡浓度的计算方法；理解处理水溶液平衡的通用方法，掌握其在各类酸碱溶液中的应用实例；掌握计算各类酸碱溶液 pH 的方法；掌握酸碱缓冲溶液的选择原则、配制方法与实际应用；掌握分析化学中简化复杂问题的基本思路；加深理解物料平衡式在各类平衡处理中的重要性；掌握 EDTA 作为滴定剂的性质、特点以及金属离子−EDTA 络合物(配合物)的特点；理解络合物的稳定常数和条件稳定常数的关系，	4.5

续表

序号	知识点名称	主要内容	教学目标	参考学时
1	化学平衡		掌握条件稳定常数的计算；熟悉络合反应的副反应系数定义及计算；定量计算 pH、掩蔽等对络合反应的影响；掌握电极电位、条件电极电位等基本概念与计算方法；熟悉影响条件电极电位的因素，以及氧化还原反应进行的程度；熟悉影响氧化还原反应速率的因素；理解溶度积与条件溶度积，能够计算沉淀溶解度；了解并能计算盐效应、同离子效应、酸效应、络合效应，以及其他因素对溶解度的影响	
2	滴定分析	滴定分析法与滴定分析基础概念（A）；酸碱滴定法（A）；络合滴定法（A）；氧还滴定法（A）；沉淀滴定法（A）	掌握滴定分析的基础概念、原理、仪器和结果计算；掌握滴定曲线的定义和绘制方法；熟悉关键滴定参数的含义和计算，包括 pH_{sp}、pM'_{sp}、φ'_{sp} 及滴定突跃；熟悉滴定终点确定方式和指示剂作用原理；熟悉终点误差的定义和计算；熟悉准确滴定判别的原理和实施；熟悉滴定分析典型应用实例；通过滴定曲线研究复杂滴定体系，包括多元酸碱滴定、不对称电对参与的氧化还原滴定、混合离子的络合滴定；终点误差计算和准确滴定判别	5.5
3	动力学分析	化学动力学分析基础（C）；化学动力学分析法的应用和特点（C）	掌握与动力学分析相关知识点与基本计算；掌握酶催化动力学的相关理论与计算；掌握动力学分析中的直接计算法和曲线拟合法；了解动力学分析法的应用、停流分析法的基本原理及动力学分析法的特点	0~1
	参考总学时			10~11

模块 4：分子光谱法

序号	知识点名称	主要内容	教学目标	参考学时
1	光分析总论	光分析法和光谱分析法（A）；电磁辐射与物质的相互作用（A）；各类光分析法简介（A）；光分析仪器的组成和工作原理（A）	掌握各类光分析法的定义、特点和分类；理解电磁辐射与物质的相互作用原理；熟悉常见光分析仪器的组成和基本原理；理解光谱和非光谱分析法的区别	1.5
2	紫外–可见吸收光谱法	紫外–可见吸收光谱法的基本原理（A）；紫外–可见吸收光谱与分子结构的关系（A，B）；化学环境对紫外–可见吸收光谱的影响（A，B）；光吸收定律及仪器结构（A，C）；分析条件的选择（A，B）；紫外–可见吸收光谱法的应用（A，B，C）	掌握紫外–可见吸收光谱法原理；理解影响紫外–可见吸收光谱的内因和外因；熟悉有机化合物的紫外–可见吸收光谱；了解典型材料（聚合物、纳米材料、金属–有机配合物/杂化材料等）的吸收光谱；掌握朗伯–比尔定律；熟悉紫外–可见分光光度计的构造及分类；了解固体漫反射光谱仪；掌握分析条件（含测定和反应）的选择；熟悉紫外–可见分光光度法在单/双组分定量分析中的应用；了解紫外–可见吸收光谱法的其他应用（如分子间相互作用识别、间接及痕量定量分析、动力学过程监测及应用）	3

续表

序号	知识点名称	主要内容	教学目标	参考学时
3	红外吸收光谱法	红外吸收光谱法基本原理(A)；红外光谱仪的构造(A)；试样的制备(A)；红外吸收光谱法的应用(B)；红外吸收光谱分析新技术(C)；近红外吸收光谱分析(C)	掌握振动吸收光谱产生的条件和红外光谱分析的基本原理；理解红外光谱与分子结构的关系，掌握红外光谱图解析的基本原则和步骤；了解红外光谱仪的构造、工作原理和操作条件；了解红外光谱新技术的发展趋势和应用方向；了解近红外光谱分析的原理、技术特点、仪器和应用	2~2.5
4	拉曼光谱法	光散射、拉曼散射和拉曼位移(A)；拉曼光谱法与红外吸收光谱法的比较(B)；拉曼仪器结构(A)；共振拉曼(C)；表面增强拉曼光谱(C)	掌握拉曼光谱法的基本原理；理解拉曼光谱与红外吸收光谱的区别；熟悉拉曼光谱仪的结构；了解共振拉曼、表面增强拉曼光谱及其应用	0.5~1
5	荧光与磷光光谱法	分子发光及荧光和磷光的产生(A)；量子产率(A)；激发光谱与发射光谱(A)；荧光光谱与分子结构的关系(A)；荧光强度的环境影响因素(A)；荧光定量分析(A)；荧光分析仪器(A)；荧光光谱分析法特点和应用(A)；磷光分析仪器(B)；磷光光谱的测定方法及其应用(B)；光化学传感与生物分析应用(C)	理解分子发光现象；熟悉 Jablonski 图，理解荧光和磷光的产生原理；理解量子产率的概念；理解激发光谱与发射光谱的关系；理解荧光与分子结构的关系；理解荧光强度的环境影响因素；掌握荧光强度与物质浓度的定量关系；熟悉荧光分析仪器；理解荧光分析方法的特点和应用；了解磷光分析仪器；了解磷光的测定方法及其应用；了解光化学传感与生物分析应用	2~2.5
6	化学发光与生物发光分析法	化学发光与生物发光分析引言(A)；化学发光的基本原理(A)；常规化学发光与生物化学发光(B)；化学发光光度计(C)；化学发光的应用与最新进展(C)	理解化学发光与生物发光的概念；理解化学发光包含生物化学发光的基本原理；了解常见化学发光体系；了解典型的生物化学发光体系；了解化学发光检测设备；了解化学发光的应用与最新进展	1~1.5
参考总学时				10~12

模块 5：原子光谱法

序号	知识点名称	主要内容	教学目标	参考学时
1	原子发射光谱法	原子发射光谱法基本原理(A)；光谱项各项意义以及其作用(A)；原子发射光谱定性定量分析依据(A)；原子发射光谱仪的整机结构以及各部件的作用(A)；干扰及其消除方法(A)；仪器条件优化及定量分析应用等(B)	掌握原子发射光谱产生的原理；掌握通过光谱项来描述原子发射光谱；掌握原子发射光谱的定性和定量分析依据；掌握原子发射光谱仪特别是电感耦合原子发射光谱仪的整机结构和各部件的作用；掌握原子发射光谱的应用领域；了解原子发射光谱分析的条件优化和干扰消除	2.5

续表

序号	知识点名称	主要内容	教学目标	参考学时
2	原子吸收与原子荧光光谱法	原子吸收光谱法基本原理(原子吸收光谱的产生,原子吸收谱线轮廓及变宽因素,积分吸收、峰值吸收、原子吸收值与原子浓度的关系)(A);原子吸收光谱仪(火焰原子吸收、石墨炉原子吸收及其他)(A);干扰及其消除方法(A);定量分析方法及条件优化(A);原子吸收仪器发展和应用拓展(C);原子荧光基本原理(原子荧光的类型、定量关系式)(A);原子荧光光谱仪及其应用(C)	理解原子吸收光谱法的基本原理;熟悉原子吸收分光光度计的结构;掌握原子吸收法的干扰及其消除方法;掌握定量分析方法;掌握原子吸收法的应用;了解原子吸收法的发展;理解原子荧光光谱法的产生条件;掌握区分共振荧光、非共振荧光和敏化荧光的方法;掌握利用原子荧光定量关系式测量待分析物的方法;熟悉原子荧光仪器的主要部件及结构原理;了解原子荧光的主要应用领域	2~3
3	X射线荧光光谱法	X射线荧光光谱法基本原理(A);X射线荧光光谱仪类型、结构(B);样品制备(B);X射线荧光光谱定性、半定量与定量分析(B);X射线荧光光谱成像技术(C)	掌握X射线荧光光谱(XRF)产生原理;熟悉X射线荧光光谱仪的基本分类;了解波长色散XRF和能量色散XRF的基本结构;熟悉各种形态样品的前处理制备方法;熟悉基本的定性、半定量、定量分析;了解XRF的微区分析技术,可根据样品性质、检测目标等合理选择适当的XRF谱仪和检测方法	0.5~1.5
参考总学时				5~7

模块6:质谱法

序号	知识点名称	主要内容	教学目标	参考学时
1	质谱分析基本原理	质谱发展史(A);质谱仪(B);离子化技术(B);质量分析器(B,C);检测器(C);串联质谱(B,C)	掌握质谱工作原理;熟悉质谱仪器结构;了解质谱离子化类型与原理、质量分析器类型与原理、检测器的原理,以及串联质谱的基本工作原理	1.5~2
2	有机质谱分析	质谱定性分析(A);质谱定量分析(C);有机质谱的分析应用(C)	掌握质谱产生的离子类型;熟悉常见化合物碎裂和重排;了解质谱图的解析、质谱定量分析方法和质谱分析应用	1~1.5
3	无机质谱分析	无机质谱原理(A);电感耦合等离子体质谱(B);其他无机质谱技术等(C)	掌握无机质谱原理;熟悉电感耦合等离子体离子源;了解电感耦合等离子体质谱性能、应用;了解火花源质谱、辉光放电质谱等其他无机质谱技术	1~1.5
4	质谱联用技术	色谱–质谱联用技术接口(A);气相色谱–质谱联用技术(B);液相色谱(含毛细管电泳)–质谱联用技术(B,C)	掌握色谱–质谱联用技术接口;熟悉气相色谱–质谱联用技术;熟悉液相色谱–质谱联用技术;了解毛细管电泳–质谱联用技术	0.5~1
参考总学时				4~6

模块7:电化学分析

序号	知识点名称	主要内容	教学目标	参考学时
1	电化学分析基础理论	电分析方法的概述(A);电化学池及表示方式(A);电极的极化(A);电极/溶液界面双电层及电极过程的基本历程(B);电极体系的组成及二电极和三电极体系的构成,电分析化学方法(A);电解分析方法及库仑分析法(A)	掌握电化学基本概念(包含原电池和电解池的区别、极化、法拉第过程和非法拉第过程的区别等)和电化学池的图解表达方式;了解双电层结构、基础电化学界面基本历程;理解电池体系装置、三电极体系和二电极体系的构成及原理;了解电分析方法的种类,理解暂态分析方法和稳态分析方法的区别;掌握电解分析方法和库仑分析法的基本理论	1
2	电位分析	电位分析方法的概述(A);指示电极及分类(A);参比电极(A);离子选择性电极(A);电化学定量分析方法(A);电位滴定法(A);电位分析仪器(B)	了解电位分析法原理;理解指示电极原理,熟悉指示电极的构成及类型;理解参比电极原理,熟悉参比电极的构成及类型;理解离子选择性电极原理以及膜电位的概念;掌握不同类型膜电极的响应机理;掌握离子选择性电极的性能评价参数;了解全固态离子选择性电极;掌握标准直线法、标准加入法和直接电位法原理;具备选择和运用所学方法解决实际问题的能力;了解电位分析仪器(pH计和FET),拓展知识面,培养解决实际问题的能力	2
3	伏安分析	液相传质的三种方式、比较和基本方程(A);稳态扩散过程与非稳态扩散过程(A);理想情况与实际情况下的稳态扩散(B);伏安法的定义、原理、分类和应用(B);常用工作电极及优缺点(B);微电极类型、方法及应用(B);化学修饰电极及应用(C)	熟悉液相传质的三种方式和过程比较,熟悉液相传质基本方程;熟悉稳态扩散与非稳态扩散过程,熟悉理想情况下的稳态扩散;了解实际情况下的稳态扩散;熟悉伏安法的定义、原理和分类;了解伏安法的应用;了解常用的工作电极及优缺点;了解微电极概述及特点、基本电化学性质、类型;了解微电极的制备方法和应用;了解化学修饰电极的定义、分类、制备和表征;具备选择和运用所学化学修饰电极知识解决化学修饰电极问题的能力;了解化学修饰电极领域新发展	1~2
4	电导与阻抗分析	电导分析法基本原理(A);溶液电导的测量(A);电导分析方法及应用(B);电化学阻抗基本原理(A);电化学阻抗种类与等效电路(B);电化学阻抗数据处理(C)	掌握电导分析法的定义、优点,理解电导、电导率和摩尔电导率;理解极限摩尔电导率和离子独立移动定律,了解强弱电解质溶液的电导率;从离子运动原理理解电导与浓度关系及其影响因素;熟悉电导池、电路和电导率仪,掌握电导池常数、测试技术及应用;熟悉电导滴定法及滴定终点的判定;了解纳米电导法和离子电流整流法定义、原理,拓展了解纳米孔及应用;了解扫描离子电导显微镜定义、原理和应	1~2

续表

序号	知识点名称	主要内容	教学目标	参考学时
4	电导与阻抗分析		用;掌握交流阻抗方法的含义,理解阻纳(频响函数)的数学基础,理解正弦交流电路的基础知识;熟悉电化学交流阻抗技术的特点、谱图种类和原理;了解交流阻抗谱图所代表的电极过程;理解交流阻抗谱图与等效电路的关系;掌握非线性最小二乘法拟合原理,将其应用于电化学交流阻抗谱线拟合	
	参考总学时			5~7

模块 8:色谱分析

序号	知识点名称	主要内容	教学目标	参考学时
1	色谱理论基础	色谱法的定义、原理、特点、分类(A);发展概况与进展(B);色谱基本参数与流出曲线表征(A);色谱分离过程中相平衡参数(A);塔板理论(A);速率理论(A);分离度(A);色谱定性鉴定方法(A);色谱定量分析方法(A)	掌握色谱法的定义、分离原理、分类,熟悉各种色谱法的特点;了解色谱法的发展简史及新发展;掌握色谱基本参数和流出曲线;理解色谱分离过程中相平衡参数和基本关系式;掌握塔板理论及相关计算;了解塔板理论的应用价值和局限性;掌握速率理论,理解 Van Deemter 方程中各项对柱效的影响;掌握分离度及其影响因素,熟悉提高柱效和分离操作条件优化的方法;掌握基于保留值的定性分析方法;了解保留指数的计算;掌握定量校正因子的定义和计算;熟悉利用归一化法、内标法、外标法计算各组分含量	2
2	气相色谱	气相色谱法概述(A);填充柱气相色谱和毛细管柱气相色谱法(A);气相色谱仪的基本构造(A);气相色谱的衍生化技术(B);气相色谱操作条件的选择(A);进展及其应用(B)	熟悉气相色谱法的分离原理、分类与特点;掌握固定相的种类和选择原则;了解色谱柱的制备与评价及气相色谱法的衍生技术;掌握气相色谱法的分析流程、仪器的基本构造及常用的检测器类型;掌握气相色谱操作条件的选择;了解气相色谱法的应用与进展	2.5
3	液相色谱	液相色谱概述(A);液相色谱的速率理论(A);高效液相色谱的固定相(A);衍生化技术(B);高效液相色谱仪(A);高效液相色谱常见类型(A);超高效液相色谱(A)	了解高效液相色谱的特点和基本理论;掌握高效液相色谱仪的构造;熟练掌握硅胶固定相的特性和评价方法;了解新型固定相和固定相发展趋势;熟练掌握光谱衍生化常用合成方法;了解新质谱衍生和其他衍生方法;掌握高效液相色谱常见类型;掌握超高效液相色谱法	3

续表

序号	知识点名称	主要内容	教学目标	参考学时
4	毛细管电泳	电泳分离概述(A);毛细管电泳装置(A);电泳分离模式(B);电泳分析应用与进展(C)	熟悉电泳分析法的发展历程,掌握电泳分离的基本原理、特点和高效原因;能够对比分析 CE 与 HPLC 的异同点;掌握毛细管电泳仪的基本结构与流程,熟悉进样系统、分离系统、检测系统、分离条件的选择;掌握电泳分离不同模式的优化条件和选择方法;了解毛细管电泳在生命科学、药物分析、环境分析、手性化合物分析中的应用和最新研究进展	1~1.5
5	色谱联用技术	色谱联用技术原则(A);样品前处理−色谱联用技术(A);色谱−质谱联用技术(B);色谱−光谱联用技术(B);多功能在线分析系统(C)	掌握色谱联用技术原则;熟悉联用方式及接口设计原则;理解样品前处理−色谱联用技术、色谱−质谱联用技术、色谱−光谱联用技术、多功能在线分析系统;了解不同联用技术的分析应用	1~2
6	微流控分析	微流控分析概述(A);微流控芯片的设计与制作(A);微流控芯片色谱、电泳分离分析技术(B);微流控分析应用(C)	掌握微流控分析的定义、特点和芯片制作加工方法;了解微流控芯片与常用分离方法如色谱、电泳等技术的联用;了解微流控芯片与光谱、电分析、质谱等检测方法联用和实际分析应用实例	1~2
7	分离分析新技术	分离分析的挑战与趋势(A);新型分离材料:色谱固定相进展和前处理新介质(A);分离分析新技术:一体化分离检测技术、微纳分离分析技术,UPLC,快速气相色谱,全二维色谱等(C);组学分析的范畴、目的(A);基因组学、蛋白组学、表观遗传学、代谢组学的概念(B);组学分析的研究方法和应用示例(C)	掌握分离分析技术发展的挑战和趋势;熟悉主要的分离分析新材料、新技术的种类、概念、作用及基本应用;了解色谱分析发展前沿;熟悉并理解组学分析的对象、内涵及其生物学意义,掌握各类组学分析技术的原理,尤其是基因组学、蛋白组学和代谢组学对色谱分离技术的要求;了解组学分析的应用领域与发展趋势	1.5~3
	参考总学时			12~16

模块 9:核磁共振波谱法

序号	知识点名称	主要内容	教学目标	参考学时
1	核磁共振波谱基本原理及仪器	核磁矩(A);塞曼效应(A);核磁共振信号产生(A);拉莫尔进动(A);自旋−自旋耦合(A);纵向和横向弛豫(A);脉冲傅里叶变换核磁共振(B);自由感应衰减(B);核磁共振波谱仪(A);谱图测量(B)	掌握核磁共振波谱的基本原理和分析应用思路;理解核磁矩,塞曼效应,自旋−自旋耦合,纵向和横向弛豫,自由感应衰减等概念;了解核磁共振信号产生、拉莫尔进动、脉冲傅里叶变换核磁共振等原理;了解核磁共振波谱仪的发展、核磁图谱测量的操作及其注意事项	1.5~2

续表

序号	知识点名称	主要内容	教学目标	参考学时
2	核磁共振氢谱分析	^1H 化学位移(A)；屏蔽效应和屏蔽常数(A)；去屏蔽效应(A)；取代基效应(A)；共轭效应(A)；环电流效应(A)；磁各向异性(A)；氢键作用(A)；化学位移经验计算公式(A)；自旋耦合 J 常数和影响因素(A)；化学等价和磁等价(A)；自旋耦合体系(A)；经典化合物谱图解析(A)；双共振和去耦技术(B)	掌握 ^1H 化学位移,屏蔽效应和屏蔽常数,去屏蔽效应,取代基效应,共轭效应,环电流效应,磁各向异性,氢键作用等概念；理解和应用化学位移经验计算公式；掌握自旋耦合 J 常数和影响因素,能够区分化学等价和磁等价；熟悉常见自旋耦合体系和经典化合物谱图解析；了解双共振和去耦技术；能够根据分析对象的状态和性质选择恰当的方式制备、测试试样,能够根据核磁共振波谱与物质结构的关系正确解析核磁共振波谱图	1.5~2
3	核磁共振碳谱分析	^{13}C 化学位移(A)；烷烃化学位移(A)；烯烃化学位移(A)；取代苯化学位移(A)；羰基化合物化学位移(A)；取代基效应(B)；重原子效应(B)；空间效应(B)；共轭效应(B)；氢键作用(B)；宽带去耦技术(B)；门控去耦定量碳谱(C)；DEPT谱(C)；碳谱测试(C)；碳谱解析(C)	掌握 ^{13}C 化学位移,熟悉常见烷烃、烯烃、取代苯、羰基化合物的化学位移；了解影响 ^{13}C 化学位移的因素、宽带去耦技术；了解门控去耦定量碳谱、DEPT 谱等概念；能够根据分析对象的状态和性质选择恰当的方式制备、测试试样,了解核磁共振碳谱的解析	0.5~1
4	核磁共振波谱新技术	二维核磁共振技术原理(B)；J 分辨二维核磁技术(C)；化学位移相关核磁技术(C)；COSY(C)；HETCOR(C)；HMQC(C)；HSQC(C)；其他核的核磁谱($^{19}F, ^{31}P, ^{15}N, ^{29}Si$) 简介(C)；固体核磁谱(C)；核磁新技术简介(C)	学习新的核磁共振技术,了解自旋回波技术；了解二维核磁共振技术原理,了解 J 分辨二维核磁技术,化学位移相关核磁技术；了解磷谱、氟谱、硅谱和氮谱；了解自旋回波、固体核磁、三角核磁、便携式核磁、核磁成像和核磁联用等新技术进展	0.5~2
参考总学时				4~7

模块 10：表界面分析

序号	知识点名称	主要内容	教学目标	参考学时
1	电子能谱	X 射线光电子能谱产生原理(A)；光电子能谱仪的组成(A)；XPS试样的制备(A)；光电子能谱定性定量分析(B)；俄歇电子能谱法的基本原理(B)；俄歇电子能谱仪(B)；俄歇电子能谱的应用(B)；紫外光电子能谱的基本原理和应用(C)	掌握电子能谱的分类、产生基本原理；了解能谱仪的基本组成及电子能谱的基本特征；了解光电子能谱的制样基本方法；了解电子能谱在表界面分析中的应用及最新进展	0.5~1.5

续表

序号	知识点名称	主要内容	教学目标	参考学时
2	离子散射谱	离子散射谱简介(A);低能离子散射的物理模型(A);散射原理(B);离子散射谱仪基本构造(B);离子散射谱分析(B);离子散射谱的应用(C)	掌握离子散射谱的定义、作用、特点;了解弹性碰撞物理模型;掌握离子散射过程与原理;了解谱峰与表面结构关系;掌握相互作用势作用、微粒间的相互作用;了解离子产率影响因素和表达式;了解离子源常用类型和入射离子束典型参数;了解能量分析器的作用与选择;掌握影响谱峰的效应;了解成分结构分析在合金表面的分凝及吸附的应用;了解表面结构分析原理;了解ISS在表面重构相关结构测定上的应用;了解原子组成和结构变化的相关表达式;了解ISS方法的固有限制;了解相比其他分析方法ISS的优缺点	0.5~2
3	二次离子质谱	二次离子质谱简介(A);二次离子质谱基本原理:离子与表面的相互作用、溅射的基本规律(A);二次离子质谱分析仪器:谱仪基本要求、基本构造、二次离子分析系统(B);二次离子质谱的优缺点(B);应用实例:痕量杂质的分析、深度剖面成分分析(C);二次离子质谱的研究新方向(C)	掌握二次离子质谱分析技术的原理和分析目的;熟悉离子与表面的相互作用及基本规律;理解二次离子质谱仪可以解决的分析问题及优缺点;理解谱仪基本要求和构造;了解二次离子质谱仪器各组成部分的特点;了解不同工作模式二次离子质谱的应用	0.5~1.5
4	扫描电子显微镜	扫描电子显微镜的发展历史(A);扫描电子显微镜成像原理(A);扫描电镜成像用信号源及成像模式(B);扫描电子显微镜在表界面分析中的应用(C)	掌握扫描电子显微镜的基本构造;明确扫描电子显微镜的二次电子成像、背散射电子成像等成像模式;了解扫描电子显微镜能谱仪(EDS)模块的基本构造及工作原理,理解点、线、面成分定量化分析技术;了解扫描电子显微镜的特殊功能,如能谱仪(EDS)、波谱仪(WDS)、阴极荧光(CL)等	0.5~1.5
5	透射电子显微镜	透射电子显微镜的发展历史(A);透射电子显微镜成像原理(B);透射电镜成像模式(B);扫描透射电子显微镜成像原理(B);电子能量损失谱简介(C);透射电子显微镜在表界面分析中的应用(C)	掌握透射电子显微镜的基本构造;理解透射电子显微镜的基本工作原理;明确透射电子显微镜的几种成像模式;理解选区电子衍射、高分辨成像等技术的基本原理;了解扫描透射电子显微镜(STEM)的工作原理;了解STEM下能谱的定量化分析技术,能谱分析技术、电子能量损失谱(EELS)技术等;了解透射电子显微镜的特殊功能,如二次电子成像,4D-STEM技术、各类原位表界面分析技术等	0~1.5
参考总学时				2~8

模块 11：显微成像分析

序号	知识点名称	主要内容	教学目标	参考学时
1	扫描隧道显微成像	量子隧穿效应及隧穿电流公式(A)；扫描隧道显微成像原理(A)；扫描隧道显微镜构造(B)；工作模式(B)；扫描隧道显微成像应用(C)	掌握扫描隧道显微成像的工作原理；理解扫描隧道显微成像的仪器构造和工作模式；熟悉扫描隧道显微镜的两种工作模式；了解扫描隧道显微成像的发展及应用	0.5~1.5
2	原子力显微成像	原子力显微镜的历史(A)；测量基本原理(A)；原子力显微镜的构造(B)；原子力显微镜的基本成像模式和特殊成像模式(C)	掌握原子力显微镜的定义和基本测量原理；理解原子力显微镜的基本构造；明确原子力显微镜的静态模式、动态模式、轻敲模式等不同基本成像模式；了解原子力显微镜的特殊成像模式，如磁力AFM、导电AFM、开尔文AFM等	0.5~1.5
3	电化学显微成像	电化学扫描显微成像基本原理(A)；电化学扫描显微成像装置(B)；电化学扫描显微镜的正反馈和负反馈模式(A)；电化学扫描显微镜的应用(B)；电化学发光成像基本原理及装置(A)；电化学发光成像检测模式(B)；电化学发光显微成像技术应用(C)	理解电化学扫描显微成像的基本原理；了解电化学扫描显微成像的装置；理解电化学扫描显微成像的正反馈和负反馈成像模式；了解电化学扫描成像显微镜在材料科学和生命科学中的应用；理解电化学发光显微成像原理；了解电化学发光显微镜在材料科学和生命科学中的应用	0.5~1.5
4	光学显微成像	光学显微成像基本原理(A)；光学显微成像基本模式(B)；荧光显微镜基本构造(A)；荧光成像的基本应用(B)	掌握光学显微成像的基本原理；了解光学显微成像的明场、暗场、相衬、微分干涉、荧光等成像模式及特点；掌握荧光显微镜的基本构造；了解荧光成像的基本应用	0.5~1.5
5	扫描共聚焦光学显微成像	共聚焦显微成像技术发展历史(A)；共聚焦显微镜原理和基本构造(B)；共聚焦显微镜成像模式(B)；共聚焦显微镜的操作使用(C)	了解共聚焦显微成像技术的发展历史；理解共聚焦显微镜的原理、结构，熟悉光学切片、活细胞成像、三维成像等基本成像模式；了解共聚焦显微技术的应用领域；了解共聚焦显微镜的操作使用	0~1.5
6	超分辨成像	超分辨成像简介(A)；超分辨成像原理和仪器构造(B)；生物成像和化学成像应用(B)；超分辨成像的未来发展(C)	了解衍射极限和点扩散函数，理解超分辨成像的重要性；掌握超分辨成像的原理，了解基于单分子点扩散成像的超分辨技术、受激发射损耗显微技术、结构光照明显微技术；了解超分辨成像仪器构造；了解超分辨成像的生物成像和化学成像分析应用及未来发展	0~1.5
参考总学时				2~9

六、分析化学课程英文摘要

1. Introduction

Analytical Chemistry is one of the core courses for chemistry majors. On the basis of the prerequisite courses, the teaching content will focus on "quantitative" analysis, systematically introducing the analytical methods, principles, and applications of obtaining chemical information of substances. The content includes the basics and frontiers of chemical analysis and instrumental analysis. Through the study of chemical analysis, students will systematically master the basic theory of chemical equilibrium and titrimetry, become familiar with the quantitative analysis process and commonly used analytical data processing methods, and understand analytical quality assurance, quality control, and multivariate correction. Through the study of instrumental analysis, students are able to systematically grasp the basic principles of various instrument methods such as light, electricity, chromatography, spectroscopy, etc. They will be familiar with the instrument structure, application objects of analysis methods, and complex sample separation and analysis processes, and understand the new developments and technologies in quantitative analysis, micro area and surface interface analysis of various instrument methods.

2. Goals

(1) Students can have a deep understanding of the basic theory of quantitative relationships, be familiar with the principles and techniques of various optical, electrical, chromatographic, and spectral analysis methods, and have a preliminary ability to choose appropriate methods and strategies for quantitative analysis. Their scientific thinking will be cultivated, and their ability to comprehensively apply the analytical methods they have learned to solve practical problems will be improved.

(2) Students are able to possess basic analytical data processing skills, correctly express and evaluate analytical results, establish a rigorous scientific attitude and a strict concept of "quantity".

(3) Enable students to understand the development trends and joint technologies of various quantitative analysis methods, understand the development of surface interface and micro area analysis techniques, expand their interdisciplinary perspectives, and cultivate innovative thinking.

3. Covered Topics

Modules	List of Topics	Suggested Credit Hours
1. General Introduction of Analytical Chemistry	Introduction to Analytical Chemistry (1), Analytical Process and Sample Collection and Preparation (1~1.5), (2~2.5), Analytical Quality Assurance and Quality Control (1~2)	5~7
2. Treatment of Analysis Data	Measurement Errors (1.5), Statistical Processing of Analytical Data (2.5), Quantitative Calibration Models and Methods (0.5~1), (0.5~1)	5~6
3. Chemical Equilibrium and Titrimetry	Chemical Equilibrium (4.5), Titrimetry (5.5), Kinetic Analysis (0~1)	10~11

Continued

Modules	List of Topics	Suggested Credit Hours
4. Molecular Spectrometry	General Introduction to Spectrometry (1.5), Ultraviolet-Visible Absorption Spectrometry (3), Infrared Absorption Spectrometry (2~2.5), Raman Spectrometry (0.5~1), Molecular Fluorescence and Phosphorescence Spectrometry (2~2.5), Chemiluminescence and Bioluminescence Analysis (1~1.5)	10~12
5. Atomic Spectrometry	Atomic Emission Spectrometry (2.5), Atomic Absorption and Atomic Fluorescence Spectrometry (2~3), X-ray Fluorescence Spectrometry (0.5~1.5)	5~7
6. Mass Spectrometry	Basic Principles of Mass Spectrometry (1.5~2), Mass Spectrometry (1~1.5), Inorganic Mass Spectrometry (1~1.5), Mass Spectrometry Based Hyphenated Technique (0.5~1)	4~6
7. Electrochemical Analysis	Basic Principle of Electroanalytical Chemistry (1), Potentiometry (2), Voltammetry (1~2), Conductometry and Electrochemical Impedance (1~2)	5~7
8. Chromatography	Foundation of Chromatography (2), Gas Chromatography (2.5), Liquid Chromatography (3), Capillary Electrophoresis (1~1.5), Coupling Techniques for Chromatography (1~2), Microfluidic Analysis (1~2), New Techniques for Separation Analysis (1.5~3)	12~16
9. Nuclear Magnetic Resonance Spectroscopy	Basic Principles of Nuclear Magnetic Resonance Spectroscopy (1.5~2), ^{1}H Nuclear Magnetic Resonance Spectroscopy Analysis (1.5~2), ^{13}C Nuclear Magnetic Resonance Spectroscopy Analysis (0.5~1), New Techniques of Nuclear Magnetic Resonance Spectroscopy (0.5~2)	4~7
10. Surface and Interface Analysis	Electron Spectroscopy (0.5~1.5), Ion Scattering Spectroscopy (0.5~2), Secondary-Ion Mass Spectrometry (0.5~1.5), Scanning Electron Microscopy (0.5~1.5), Transmission Electron Microscopy (0~1.5)	2~8
11. Microscopic Imaging Analysis	Scanning Tunneling Microscopy Imaging (0.5~1.5), Atomic Force Microscopy Imaging (0.5~1.5), Electrochemical Microscopy Imaging (0.5~1.5), Optical Microscopy Imaging (0.5~1.5), Scanning Confocal Optical Microscopy Imaging (0~1.5), Super-Resolution Imaging (0~1.5)	2~9
Total		64~96

Contents and Teaching Objectives of the Topics

物理化学（Physical Chemistry）

一、物理化学课程定位

物理化学课程的主体是超多分子系统的基本框架。以量子统计热力学和可逆过程热力学为基本理论基础。覆盖的超多分子系统包括气、液、固三相纯态和混合物（以溶液为主）、表（界）面。化学变化包括化学平衡和化学动力学，后者包括非平衡态热力学与输运过程、反应速率理论、催化作用与实验动力学。能源化学部分包括电化学和光化学。本课程试图帮助学生建立宏观化学系统物质观，并了解其在化学、化工、环境、材料、能源、生命、医药、农业等学科中的根基地位及应用物理化学原理解决实际问题。

二、物理化学课程目标

引导学生建立系统、完整且自洽的超多分子系统基本理论框架，掌握量子统计热力学、热力学、动力学的基本研究方法，培养解决超多分子系统实际问题的思维能力和创造能力。

三、物理化学课程模块

模块 1	基石变量	模块 6	宏观系统结构
模块 2	内能与熵统计热力学计算	模块 7	化学平衡与非平衡态热力学
模块 3	经典热力学改造	模块 8	化学反应动力学
模块 4	可逆热力学数学结构	模块 9	能源化学
模块 5	分子间相互作用		

四、物理化学课程设计思路

传统宏观物理化学基本框架建立于一个多世纪以前。作为该课程的理论基础，热力学理论诞生在热机时代。限于时代特征，国内外现行物理化学教学的基本框架保留了大量"热机学"痕迹。作为化学的主要基础理论课，"热机说"与化学的基本图像——原子、分子——关系不大，无法真正起到物理化学课程打好化学基础的作用。因此，为了更好地培养拔尖学生，化学"101计划"物理化学课程组在制定拔尖学生的物理化学教学计划中，对传统物理化学教学思路进行了重新思考，力图摆脱热机学的影响，把物理化学的教学建立在原子分子基础上，从量子统计热力学出发重建宏观物理化学的知识图谱，一方面贯彻在原子-分子水平上建立物理化学框架的思路，另一方面，增加学生查找化学实验数据，并与自己的理论计算对照的内容，培养学生从基本原理理解实验结果的能力与兴趣、欣赏化学的深刻与美妙,使学生具有更扎实的物理化学理论基础。物理化学课程知识模块关系图见图2-6。

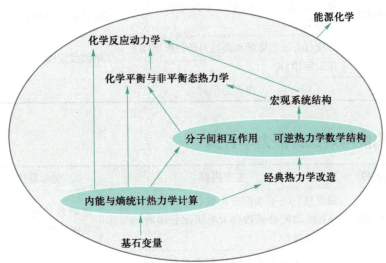

图 2-6　物理化学课程知识模块关系图

五、物理化学课程知识点

模块 1:基石变量

序号	知识点名称	主要内容	教学目标	参考学时
1	能量	能量与力(A);能量守恒与内能(A);内能的实质(A)	理解能量的化学内涵	1
2	分析力学	牛顿方程(C);广义坐标和广义动量(C);拉格朗日方程(C);哈密顿方程(C)	了解分析力学的理论基础	1
3	量子自由度	原子量子自由度(A);自由度转化(A);键合原子的量子自由度(A)	理解量子自由度	1
4	单分子能量量子化	平动能级(A);转动能级(A);振动能级(A);电子能级(A);能隙与基本能隙(A)	理解各种运动的能级特点	2
5	权重	宏观状态与微观结构(A);权重(A);概率(A);统计热力学的界限(A)	理解统计热力学的基本概念	1
6	经典粒子统计热力学	相空间(C);细致(精细)平衡原理(C);经典粒子玻尔兹曼统计(C);吉布斯统计理论(C)	了解经典统计热力学的理论基础	1
7	熵	最概然分布(A);熵(A);熵增加原理(第二定律)(A);热力学第三定律(A)	从统计热力学理解熵	2
8	温度	系统熵改变难易度(A);温度的定量定义(A);热力学第零定律(A);热平衡定量判据(A)	从统计热力学理解温度	1

续表

序号	知识点名称	主要内容	教学目标	参考学时
9	玻尔兹曼分布	玻尔兹曼因子(A);玻尔兹曼分布(A);配分函数(A)	理解玻尔兹曼分布	1
10	浓度	浓度(B);重力势场和离心力场的影响(B);浓度定律(B)	了解浓度定律	1
参考总学时				12

模块 2:内能与熵统计热力学计算

序号	知识点名称	主要内容	教学目标	参考学时
1	分子配分函数	独立性(A);平动配分函数(A);转动配分函数(A);振动配分函数(A);电子配分函数(A);总配分函数(A)	理解各种配分函数;掌握计算方法	2
2	内能	一个量子自由度的内能与系统总内能不等于动能加势能(A);不同自由度的基态能(A);能量最低原理(A)	理解内能实质	1
3	热能	不同量子自由度的热能(A);能量(热能)均分原理(A);分子动能不等于热能(A)	理解热能	1
4	熵	不同量子自由度的熵(A);量子化能隙与熵(A);能级简并度与熵(A)	掌握从统计热力学计算熵	1
5	量子统计	费米–狄拉克统计(C);玻色子统计(C);金属和半导体电子的统计热力学(C)	了解量子统计热力学	1
参考总学时				6

模块 3:经典热力学改造

序号	知识点名称	主要内容	教学目标	参考学时
1	热现象	功(A);温度(A);热能(A);热的本质(A)	理解热的本质	1
2	热机	热功转换(C);卡诺定律(C);热机效率(C)	了解热机	1
3	热力学第一定律	热力学第一定律与能量守恒(A);可逆功(A);不可逆功(A)	理解热力学第一定律;了解封闭系统功计算	1
4	热计算	定容热与系统热能改变(A);定压热与系统焓变(A);可逆热与不可逆热、绝热过程热力学与量子统计热力学诠释(A)	掌握典型过程热的计算	2
5	平衡态与可逆过程	自发过程与平衡态(A);可逆与不可逆过程(A)	理解平衡态与可逆过程	1

续表

序号	知识点名称	主要内容	教学目标	参考学时
6	热力学第二定律	热力学第二定律的三种表述(A);熵的宏观定义(A);系统熵变与环境熵变的定量计算(A)	理解热力学第二定律的三种表述和熵的宏观定义;掌握系统熵变与环境熵变的定量计算	2
7	摩尔数可变系统	亥姆霍兹自由能和吉布斯自由能的定义(A);定压强定温度条件下的第二定律(A);平衡条件(A)	理解亥姆霍兹自由能和吉布斯自由能的定义、定压强定温度条件下的第二定律和平衡条件	2
参考总学时				10

模块4:可逆热力学数学结构

序号	知识点名称	主要内容	教学目标	参考学时
1	经典热力学基本方程	热力学基本方程(A);麦克斯韦方程(A)	掌握热力学基本方程	2
2	摩尔数可变系统化学热力学基本方程	化学势(A);开放系统(A)	理解化学势和开放系统	2
3	热力学与其他理论框架	理想气体状态方程理论推导(A);牛顿力、熵、能量(A)	理解热力学与其他理论框架关系	1
参考总学时				5

模块5:分子间相互作用

序号	知识点名称	主要内容	教学目标	参考学时
1	分子间相互作用能实验测定	气态、液态、固态分子间相互作用(A);从相变焓计算分子间相互作用能(A)	理解分子间相互作用能实验测定的思路	1
2	分子间相互作用能理论模型	点电荷和电偶极(A);吸引与排斥(A);追踪自由度(A);分子间相互作用基态能与热能(A)	理解分子间相互作用能理论模型	2
3	分子结构与分子间相互作用能	永久偶极矩与静电介电常数(A);电子极化率、电子云变形性与光频介电常数(A)	理解分子结构与分子间相互作用能关系	1
4	分子间相互作用频率匹配	分子间相互作用选律(A);不同类型的分子间相互作用(A);F 的特殊频率特性(A)	了解分子间相互作用频率匹配	1
5	分子间相互作用熵	气态、液态、固态分子间相互作用熵(A)	掌握分子间相互作用熵计算	1

续表

序号	知识点名称	主要内容	教学目标	参考学时
6	分子结构与分子间相互作用熵	单原子分子(A);刚性和柔性多原子分子(A)	理解分子结构与分子间相互作用熵关系	1
	参考总学时			7

模块 6:宏观系统结构

序号	知识点名称	主要内容	教学目标	参考学时
1	纯物质的气态	理想气体(A);实际气体与范德华方程(A);气体化学势(A);逸度(A)	理解气体模型、化学势和逸度;了解实际气体模型	1
2	纯物质的凝聚态	液态分子图像(A);液态的宏观特性(A)	理解液态分子图像及液态的宏观特性	2
3	纯物质相变	相变热力学(A);相图(A);化学势(A)	理解相变热力学、相图、化学势	2
4	理想气体混合物	理想气体分压定律(A);理想气体混合的驱动力为熵增(A)	理解理想气体分压定律;理解理想气体混合的驱动力为熵增	2
5	理想溶液	理想溶液模型(A);理想溶液的混合熵(A);理想溶液化学势(A);理想溶液性质(A);拉乌尔定律理论推导(A)	理解理想溶液模型	3
6	混合物的偏摩尔性质	偏摩尔量(A);加和性(A);G-D关系式(A)	理解偏摩尔量	2
7	实际溶液	溶液非理想性的来源(A);不同类型的非理想溶液(A)	理解溶液非理想性的来源	2
8	活度	从热力学浓度到活度(A);活度系数的唯一性(A);混合广度性质变化与活度的关系(A)	理解活度和活度系数	2
9	相律	相平衡条件(A);相律(A)	理解相平衡条件、相律	1
10	混合物相图	理想溶液气-液平衡相图(A);杠杆规则(A);实际的气-液平衡、液-液平衡、液-固平衡相图(A)	熟悉理想溶液气-液平衡相图,杠杆规则,实际的气-液平衡、液-液平衡、液-固平衡相图	2
11	溶解度	溶解度理论(A);液-液溶解度方程(A);固-液溶解度方程(A),气-液溶解度方程(A),活度系数的实验确定(B)	掌握溶解度理论、活度系数的实验确定	2
12	表界面	表面的分类及特点(A)	了解表面的分类及特点	1
13	表面的吉布斯自由能方案	表面张力(A);拉普拉斯公式(A);表面的吉布斯变量方程(A);完美体相化学势(A)	理解表面吉布斯变量方程、完美体相化学势	2

续表

序号	知识点名称	主要内容	教学目标	参考学时
14	润湿现象	润湿和接触角(B)；黏附功(B)；表面性质表征方法与原理(B)	了解润湿和接触角、黏附功及表面性质表征方法与原理	2
15	微观限域空间中多相界面行为	毛细现象(A)；界面张力竞争关系(C)；液体门控机制(C)	理解毛细现象；了解界面张力竞争关系、液体门控机制	2
16	表面吸附	Langmuir吸附等温式(A)；Temkin吸附等温式(B)；Freundlich吸附等温式(B)；BET吸附等温式(B)	了解几种典型的吸附等温式	2
17	胶体	定义(A)；溶胶形成的LaMer模型(B)	了解溶胶形成的LaMer模型	1
18	单个粒子的热力学性质	亚稳态(A)；小液滴的饱和蒸气压(A)；小晶体的溶解度(A)；成核动力学(A)	理解亚稳态、成核动力学	2
19	胶体系统整体稳定性	DLVO理论(A)；纳米晶体系(A)	了解DLVO理论和纳米晶体系	1
参考总学时				34

模块7：化学平衡与非平衡态热力学

序号	知识点名称	主要内容	教学目标	参考学时
1	基本方程	均相化学平衡存在定律(A)；化学反应热力学描述(A)；反应吉布斯自由能和反应焓(A)；平衡常数的热力学(A)	理解均相化学平衡存在定律、化学反应热力学描述、反应吉布斯自由能和反应焓、平衡常数的热力学	2
2	化学平衡与混合	混合熵在化学平衡中的角色(A)；无平衡常数的化学反应(A)	理解混合熵在化学平衡中的角色	1
3	化学平衡常数与统计热力学	玻尔兹曼因子与极限反应因子(A)；从能量分布到吉布斯变量分布(A)	理解玻尔兹曼因子与极限反应因子	2
4	化学平衡决定因素	温度、压强、浓度等对化学平衡的影响(A)	理解温度、压强、浓度等对化学平衡的影响	1
5	非平衡态热力学	特征时间(A)；局域平衡态(A)；特征长度(A)；热力学环境(A)；局部平衡态(A)	理解特征时间、局域平衡态、特征长度、热力学环境、局部平衡态	2
6	线性非平衡态热力学与输运过程	强度性质梯度与广度性质通量(A)；传热能、分子黏度、宏观黏度(A)	理解强度性质梯度与广度性质通量、传热能、分子黏度、宏观黏度	3
7	扩散	扩散第一定律(A)；扩散第二定律(A)；自扩散(A)；扩散与对流(A)	理解扩散第一定律、扩散第二定律、自扩散、扩散与对流	2
参考总学时				13

模块 8：化学反应动力学

序号	知识点名称	主要内容	教学目标	参考学时
1	局域平衡态	电子态(A)；基元反应定义(A)；吉布斯自由能局域平衡态(A)；垒态存在原理(A)	理解局域平衡态理论	2
2	基元反应理论	碰撞理论(A)；过渡态理论(A)；局域平衡态理论(A)；上行时间、活化熵、活化能催化(A)	理解基元反应理论	2
3	复杂反应	多步反应(A)；平行反应(A)	掌握复杂反应的处理方法	1
4	分子反应动力学	分子束(C)；态–态反应(C)	了解分子反应动力学	2
5	实验动力学方法	微分动力学方程(A)；积分动力学方程(A)；测量方法(初始速率法、隔离法、半衰期法、快速反应法)(A)	掌握实验动力学方法	2
6	化学平衡的时间	正逆反应对的动力学(A)；化学平衡时间常数(A)	理解化学平衡的时间	1
7	复杂反应机理	前平衡近似(A)；稳态近似(A)；酶催化反应(A)；多相催化(A)	掌握复杂反应机理	2
参考总学时				12

模块 9：能源化学

序号	知识点名称	主要内容	教学目标	参考学时
1	电解质溶液	电解质溶解度(A)；电解质活度系数(A)；离子的标准态(A)	理解电解质溶液热力学模型	2
2	溶液中离子的迁移	扩散与电迁移(A)；Nernst–Planck 方程(C)；迁移率、扩散系数、离子淌度、电导率(A)	理解溶液中离子的迁移机制	1
3	电池与电化学	电化学平衡与可逆电池电势(A)；能斯特方程(A)；溶液中的电极电势(A)；电化学储能(C)	理解可逆电池、电极电势；了解电化学储能	2
4	电化学动力学	电极–溶液界面(A)；界面电荷转移(A)；Butler–Volmer 模型(A)；Marcus 电荷转移模型(A)；电极–溶液界面电荷与物质传输(A)	理解电化学动力学机制	2
5	光与物质相互作用	光吸收和电子跃迁规则(A)；激发态辐射和非辐射跃迁(A)；激发态能量转移(A)	理解光与物质相互作用机制	2
6	光化学	光致电荷转移(B)；光化学反应(B)；光催化与光电催化(B)	了解光化学反应机制与应用	2
参考总学时				11

六、物理化学课程英文摘要

1. Introduction

The main body of the physical chemistry course is the basic framework of super numerous molecular systems. Quantum statistical thermodynamics and reversible process thermodynamics are the theoretical basis. The super numerous molecular system includes three phases: gas, liquid and solid, in pure state and mixture (mainly solution), and surface & interface. Chemical changes include chemical equilibrium and chemical kinetics, which include non equilibrium thermodynamics and transport processes, reaction rate theory, catalysis, and experimental kinetics. The energy chemistry section includes electrochemistry and photochemistry. This course aims to help students establish a macroscopic view of chemical system matter and understand its fundamental position in disciplines such as chemistry, chemical engineering, environment, materials, energy, life, medicine, agriculture, and the application of physical chemistry principles to solve practical problems.

2. Goals

Guide students to establish a systematic, complete, and self-consistent theoretical framework for systems containing super numerous molecules, master the basic research methods of quantum statistical thermodynamics, thermodynamics, and kenetics, and cultivate their thinking and creative abilities to solve practical problems in super numerous molecular systems.

3. Covered Topics

Modules	List of Topics	Suggested Credit Hours
1. Cornerstone Variable	Energy (1), Analytical Mechanics (1), Quantum Degrees of Freedom (1), Energy Quantization of Single Molecule (2), Weights (1), Classical Particle Statistical Thermodynamics (1), Entropy (2), Tamperature (1), Boltzmann Distribution (1), Concentration (1)	12
2. Statistical Thermodynamics Calculation of Internal Energy and Entropy	Molecular Partition Function (2), Internal Energy (1), Thermal Energy (1), Entropy (1), Quantum Statistics (1)	6
3. Remould of Classical Thermodynamics	Thermal Phenomenon (1), Thermal Engine (1), The First Law of Thermodynamics (1), Calculation of Heat (2), Equilibrium State and Reversible Process (1), The Second Law of Thermodynamics (2), Mole Number Variable System (2)	10
4. Mathematical Structure of Reversible Thermodynamics	The Fundamental Equation of Classical Thermodynamics (2), The Fundamental Equation of Chemical Thermodynamics for Systems with Variable Mole Numbers (2), Thermodynamics and Other Theoretical Frameworks (1)	5

Continued

Modules	List of Topics	Suggested Credit Hours
5. Intermolecular Interaction	Experimental Determination of Intermolecular Interaction Energy (1), Theoretical Model of Intermolecular Interaction Energy (2), Molecular Structure and Intermolecular Interaction Energy (1), Frequency Matching of Intermolecular Interactions (1), Intermolecular Interaction Entropy (1), Molecular Structure and Intermolecular Interaction Entropy (1)	7
6. Structure of Macroscopic System	Gaseous State of Pure Matter (1), Condensed State of Pure Matter (2), Phase Transition of Pure Matter (2), Ideal Gas Mixture (2), Ideal Solution (3), Partial Molar Properties of Mixtures (2), Real Solution (2), Activity (2), Phase Rule (1), Phase Diagram of Mixtures (2), Solubility (2), Surface and Interface (1), Gibbs Free Energy Approach to the Surface (2), Wetting Phenomenon (2), Multiphase Interface Behavior in Microscopic Confined Space (2), Surface Adsorption (2), Colloid (1), Thermodynamic Properties of Individual Particles (2), Overall Stability of Colloidal System (1)	34
7. Chemical Equilibrium and Non-equilibrium Thermodynamics	Basic Equation (2), Chemical Equilibrium and Mixing (1), Chemical Equilibrium Constants and Statistical Thermodynamics (2), Determinants of Chemical Equilibrium (1), Non-equilibrium Thermodynamics (2), Linear Non-equilibrium Thermodynamics and Transport Processes (3), Diffusion (2)	13
8. Chemical Reaction Kinetics	Local Equilibrium State (2), Elementary Reaction Theory (2), Complex Reactions (1), Molecular Reaction Kinetics (2), Experimental Kinetics Methods (2), Time of Chemical Equilibrium (1), Mechanism of Complex Reactions (2)	12
9. Energy Chemistry	Electrolyte Solution (2), Migration of Ions in Solution (1), Battery and Electrochemistry (2), Electrochemical Kinetics (2), Light-matter Interaction (2), Photochemistry (2)	11
Total		110

Contents and Teaching Objectives of the Topics

结构化学（Structural Chemistry）

一、结构化学课程定位

　　"结构化学"是化学类专业人才培养的核心基础课程之一，主要面向化学类专业本科二年级学生，先修课程包括无机化学、有机化学、物理化学等基础化学课程。结构化学以量子力学、群论为科学语言，在结合无机化学、有机化学实验科学现象的基础上，深入探讨化学键的形成及分子、晶体的结构与性质，在更深层次理解化学原理与现象，为学生后续专业课程学习与科学研究实践打下扎实的基础。

二、结构化学课程目标

　　本课程主要培养学生深入理解化学现象中结构决定性质，性质反映结构的基本原理。课程内容包括波动力学、矩阵力学、对称与群论、氢原子结构、原子光谱、分子光谱、分子轨道理论、固体能带理论、衍射理论及晶体结构。通过本课程的学习，学生不仅要理解量子力学的基本概念，掌握电子、原子、分子及晶体结构的基本理论，还要能够掌握研究原子、分子和晶体的仪器测量方法的基本原理，从而深入理解微观物质结构与性质的本质联系。

三、结构化学课程模块

模块 1	波动力学	模块 6	分子光谱
模块 2	矩阵力学	模块 7	分子轨道理论
模块 3	对称与群论	模块 8	固体能带理论
模块 4	氢原子结构	模块 9	衍射理论
模块 5	原子光谱	模块 10	晶体结构

四、结构化学课程设计思路

　　"结构化学"课程旨在引导化学专业的学生在原子和分子尺度深入认识物质的结构与性质，掌握现代物理与化学仪器测量技术的基本原理，在更深层次理解各种化学现象的本质。本课程分成 10 个模块（图 2-7），包括波动力学、矩阵力学、对称与群论、氢原子结构、原子光谱、分子光谱、分子轨道理论、固体能带理论、衍射理论及晶体结构，内容层层深入，由简到难，帮助学生逐步建立学习框架。(1)在波动力学方面，着重引导学生掌握微观粒子的运动规律，理解量子力学的基本概念，掌握波动方程和薛定谔方程，了解量子力学的基本假定及其在箱中粒子模型的应用。

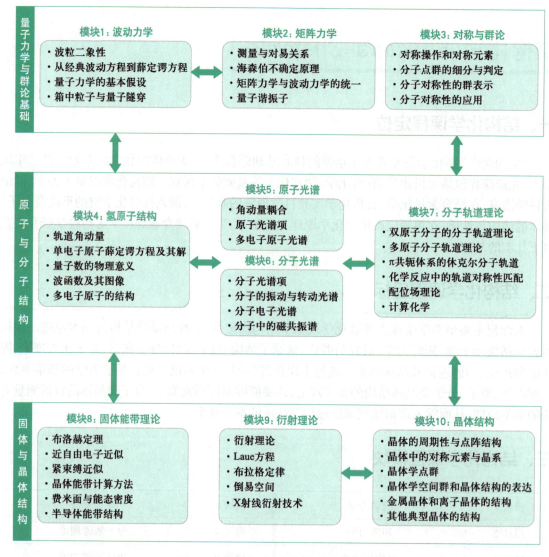

图 2-7　结构化学课程知识模块关系图

(2) 在矩阵力学方面,理解矩阵力学的发展要素,掌握矩阵力学与波动力学的内在关系与统一,理解海森伯不确定性原理的本质,了解量子谐振子模型的基本概念。(3) 在对称与群论方面,掌握分子对称性的基本概念,掌握分子点群的特征及其判定方法,了解分子点群特征标表的结构和推求,了解分子点群的应用。(4) 在氢原子结构方面,了解单电子原子体系薛定谔方程的求解过程,掌握量子数的物理意义,掌握波函数及其图像,了解多电子原子的结构。(5) 在原子光谱方面,理解角动量和角动量耦合的基本原理,掌握原子光谱项的基本概念和推求,了解原子光谱的基本原理和应用。(6) 在分子光谱方面,理解分子光谱项及键级、键能与键长的关系,掌握分子振动与转动光谱、分子电子光谱的基本原理,掌握分子中的磁共振谱。(7) 在分子轨道理论方面,掌握分子轨道的基本要素,掌握多原子和共轭体系的分子轨道理论,理解化学反应中的轨道对称性匹配,了解配位场理论和计算化学。(8) 在固体能带理论方面,理解布洛赫定理和近自由电子近似的基本概念,了解晶体能带计算和态密度等概念,掌握半导体的能带结构。(9) 在衍射理论方面,理解衍射理论和 Laue 方程,掌握布拉格定律及其应用,了解倒易空间以及 X 射线衍射技术。(10)在晶体结构方面,理解晶体结构的周期性和对称性,掌握晶体学点群与空间群及其晶体结构表达,了解金属晶体和离子晶体以及其他典型晶体的结构。

五、结构化学课程知识点

模块1:波动力学

序号	知识点名称	主要内容	教学目标	参考学时
1	波粒二象性	黑体辐射(A);能量量子化与普朗克常数(A);光电效应与康普顿散射(A);电磁波的波粒二象性(A);氢原子光谱与能级跃迁(A);德布罗意波与电子衍射(A)	理解波与粒子的基本特征;掌握波粒二象性的概念;了解普朗克常数的重要意义	0.5
2	从经典波动方程到薛定谔方程	平面波(A);波的叠加和波包(B);经典波动方程(A);含时薛定谔方程(B);驻波(B);定态薛定谔方程(A)	理解波的基本性质;掌握经典波动方程;掌握薛定谔方程	2
3	量子力学的基本假设	波函数(A);玻恩诠释和相位(A);算符(A);本征方程(A);态叠加原理(B);泡利原理(B)	掌握波函数、算符、本征方程等基本概念;理解波概率和相位的内涵;理解态叠加原理和泡利原理的本质	2
4	箱中粒子与量子隧穿	自由粒子(A);一维无限深方势阱中的粒子(A);二维无限深方势阱中的粒子(B);三维无限深方势箱中的粒子(B);实际分子体系(如立方量子点)的能级结构(B);量子隧穿(C)	理解能量量子化和分子能级的本质;掌握量子数、简并度等基本概念;理解维度对箱中粒子的影响;了解量子隧穿效应	2.5
参考总学时				7

模块2:矩阵力学

序号	知识点名称	主要内容	教学目标	参考学时
1	测量与对易关系	矩阵力学的发展要素(A);对易关系(A);测量顺序影响结果(B)	理解矩阵力学的发展要素;掌握对易关系的基本概念;了解测量顺序影响结果的本质	1
2	海森伯不确定性原理	不确定性原理(A);不确定度(A);电子的单缝衍射实验(B)	理解不确定性原理的本质;掌握不确定度的概念;了解电子的单缝衍射实验	1
3	矩阵力学与波动力学的统一	本征方程的矩阵解(A);狄拉克符号(A);矩阵的西变换(B)	理解狄拉克符号的基本概念;掌握本征方程的矩阵解;了解矩阵的西变换	1.5
4	量子谐振子	量子谐振子模型(A);谐振子的能级(A);简谐振动的跃迁选律(B)	理解量子谐振子模型的基本概念;掌握谐振子的能级方程和零点能的概念;初步掌握简谐振动的跃迁选律与振动光谱的关系	1.5
参考总学时				5

模块 3：对称与群论

序号	知识点名称	主要内容	教学目标	参考学时
1	对称操作和对称元素	旋转轴(A)；镜面(A)；对称中心(A)；映轴(A)；反轴(A)；对称元素的组合(A)；分子中的独立对称元素(A)	掌握对称操作和对称元素的基本概念；理解对称元素的组合；掌握分子中的独立对称元素的判定	0.5
2	分子点群的细分与判定	单轴群(A)；双面群(A)；高阶群(A)；无轴群(A)；线性群(A)；确定分子点群的流程(A)	理解不同分子点群的特征；掌握分子所属点群的判定方法	1.5
3	分子对称性的群表示	群的基本概念(A)；对称操作的矩阵表示与运算(A)；分子点群的乘法表(A)；与分子点群同构的矩阵群(A)；共轭类与相似变换(A)；矩阵群的约化(B)；不可约表示与直积(B)；分子点群的特征标表(B)	理解对称操作的矩阵表示与运算以及分子点群的乘法表；掌握相似变换的基本运算；了解群的基本概念；理解群的不可约表示；掌握分子点群特征标表的结构和推求	2.5
4	分子对称性的应用	分子的极化率和旋光性(A)；手性分子(A)；分子的偶极矩(A)；分子振动的对称模型(B)；分子的红外活性(B)；分子的拉曼活性(B)；光谱选律(B)	掌握分子对称性与旋光性和偶极矩的关联；掌握利用特征标表推求分子的对称模型；理解分子振动的对称性与振动光谱活性的关联；理解光谱选律中的对称性原理	1.5
参考总学时				6

模块 4：氢原子结构

序号	知识点名称	主要内容	教学目标	参考学时
1	轨道角动量	圆周运动的粒子(A)；球面运动的粒子(A)；球谐函数的空间图像(A)；角动量及其空间量子化(A)	了解圆周运动、球面运动粒子的运动特征及其薛定谔方程建立和求解的基本思路；理解角动量的基本概念、掌握其量子化的基本特征	1
2	单电子原子薛定谔方程及其解	单电子原子体系的薛定谔方程(B)；球坐标变换(B)；变量分离法(B)；单电子原子薛定谔方程的解(A)；单电子波函数(原子轨道)(A)	了解单电子原子体系薛定谔方程的求解过程；理解单电子原子薛定谔方程解的意义；掌握单电子波函数(原子轨道)的基本概念	2
3	量子数的物理意义	主量子数与能量本征值(A)；角量子数与角动量(A)；磁量子数与角动量 z 分量(A)；自旋角量子数与自旋角动量、自旋磁量子数与自旋角动量 z 分量(B)	掌握量子数的物理意义和取值规律；理解电子自旋及自旋-轨道的概念；掌握单电子体系能量、角动量及其分量的量子化特征及相关计算；了解自旋量子数的概念	1
4	波函数及其图像	径向波函数(A)；径向概率分布函数(A)；角度分布函数(A)；原子轨道界面、等值面、电子云等图像(A)	理解电子的径向波函数和径向概率分布函数的物理意义；掌握角度分布函数的图像特征；掌握不同原子轨道的空间图像特征	2

续表

序号	知识点名称	主要内容	教学目标	参考学时
5	多电子原子的结构	氦原子的薛定谔方程(A);单电子近似(A);中心力场近似(B);自洽场方法(B);微扰理论(B);全同粒子、费米子、Pauli 原理、波函数的交换反对称性、Slater 行列式波函数(B)	理解多电子原子薛定谔方程求解的基本思想;了解氦原子的薛定谔方程的近似求解方法;了解微扰理论的基本思想;了解电子的全同粒子、费米子属性;基于多电子原子波函数的交换反对称性理解 Pauli 原理的本质;掌握 Slater 行列式波函数的意义和特征	1
		参考总学时		7

模块 5:原子光谱

序号	知识点名称	主要内容	教学目标	参考学时
1	角动量耦合	自旋角动量与磁矩(A);多电子原子的角动量耦合(A);角动量耦合原理(A);L–S 耦合(A);旋轨耦合(A)	掌握自旋角动量的基本概念;了解磁矩的基本概念;掌握角动量耦合的基本原理;掌握 L–S 和旋轨耦合的推求	1.5
2	原子光谱项	原子的能态与光谱项(A);谱项分裂与光谱支项(A);氢原子光谱与光谱跃迁(B)	掌握原子光谱项、光谱支项及基谱项的推求;理解谱项分裂的本质;了解原子光谱的辐射跃迁和应用	2
3	多电子原子光谱	多电子原子光谱项的特征与推求(A);基态光谱项的 Hund 规则(A)	掌握多电子原子光谱项的特征与推求	1.5
		参考总学时		5

模块 6:分子光谱

序号	知识点名称	主要内容	教学目标	参考学时
1	分子光谱项	双原子分子的电子组态以及键级、键能与键长的关系(A);分子光谱项(A)	掌握双原子分子的电子组态及键级、键能与键长的关系;掌握分子光谱项的特征和推求	1.5
2	分子的振动与转动光谱	双原子分子的转动,刚性和非刚性模型(A);双原子分子的振动,谐振子与非谐振子模型(A);分子振动–转动光谱(A);红外和拉曼光谱的区别与联系(B)	掌握双原子分子振动与转动光谱的基本概念;理解振转光谱的光谱选律和结构信息;理解红外光谱与拉曼光谱的差异	2
3	分子电子光谱	电子跃迁,HOMO–LUMO(π–π*),d–d*,f–f*(A);紫外光电子能谱,电离跃迁的弗兰克–康登原理(A);X 射线光电子能谱,分子(材料)中原子(离子)内层特征组态谱项的电离(B);化学位移(B)	掌握分子电子光谱的基本原理;了解分子电子光谱在化学分子组成分析的应用;了解 X 射线光电子能谱与光谱项的关系	1.5

续表

序号	知识点名称	主要内容	教学目标	参考学时
4	分子中的磁共振谱	核自旋与核磁塞曼效应,偶偶核无自旋,奇奇核整数自旋,其他核半整数自旋(A);核磁共振谱(A);电子顺磁共振谱(A);自旋耦合与谱峰分裂(B)	掌握核磁共振谱和电子顺磁共振谱的基本原理;了解原子核之间自旋耦合模式及电子自旋与核自旋相互作用	1
		参考总学时		6

模块 7:分子轨道理论

序号	知识点名称	主要内容	教学目标	参考学时
1	双原子分子的分子轨道理论	氢分子基态与激发态波函数(A);异核双原子分子基态波函数(A);简单分子轨道理论处理分子解离的局限性(A);分子轨道理论与价键理论的对比(A);波函数方法(A);组态相互作用方法、微扰理论(B)	掌握分子轨道理论中基态与激发态波函数;理解分子轨道与化学键的本质;了解现代波函数方法	1.5
2	多原子分子轨道理论	原子轨道的对称性适配线性组合(A);利用特征标表构建多原子分子的分子轨道(B)	掌握原子轨道的对称性适配线性组合;掌握运用特征标表构建对称性适配的多原子分子轨道的方法;了解多原子分子的分子轨道构建流程	2
3	π 共轭体系的休克尔分子轨道	π 共轭体系的休克尔近似处理(A);丁二烯的离域 π 键(A);离域能(A);环共轭体系(A);分子图与化学反应性(B)	掌握休克尔近似处理在 π 共轭体系分子结构和性质方面的应用;掌握 π 共轭体系的基本计算和分子图推求;了解化学反应性的判断	1.5
4	化学反应中的轨道对称性匹配	前线轨道理论(A);环加成反应(A);分子轨道对称性守恒原理(B);Woodward–Hoffmann 规则(B)	了解前线轨道理论及其在分子反应性方面的应用;理解分子轨道对称性守恒原理	1
5	配位场理论	晶体场理论(A);姜–泰勒效应(A);配位场理论(A)	了解晶体场理论和配位场理论的基本概念;了解配合物的姜–泰勒效应	1
6	计算化学	电子结构计算方法和分子模拟(A);量子化学方法和分子力学方法(B);分子动力学模拟和统计力学模拟(B)	了解计算化学的发展历程;理解典型的计算方法和分子模拟;了解计算化学的发展前沿	2
		参考总学时		9

模块 8:固体能带理论

序号	知识点名称	主要内容	教学目标	参考学时
1	布洛赫定理	周期场中单电子状态的一般特征(A);能带论采用的近似(A);布洛赫定理(A);k 点取值与意义(A);布洛赫函数的性质(A)	理解布洛赫函数的性质;理解 k 点的取值与意义	1
2	近自由电子近似	一维周期场中电子运动的近自由电子近似(A);微扰计算(B);赝势(B)	理解带隙的起源;了解赝势概念	1
3	紧束缚近似	紧束缚近似-原子轨道线性组合法(A);万尼尔函数(B)	理解紧束缚近似;掌握简单晶格的能带计算;了解万尼尔函数	0.5
4	晶体能带计算方法	能带结构计算近似方法(B);能带结构对称性(A);几类常见晶格第一布里渊区中的特殊点、线及惯用符号(B)	掌握能带结构的对称性;了解能带结构计算近似方法	0.5
5	费米面与能态密度	高布里渊区(A);费米面的构建(A);态密度(A);等能面(B)	费米面构建方法;理解通过能带结构计算态密度的公式;了解 van Hove 奇点	0.5
6	半导体能带结构	电子在能带中的运动方程(A);空穴(A);有效质量(B);载流子浓度与迁移率(A);典型半导体能带结构及应用(B);能带结构的光电子能谱表征(B)	掌握能带中电子受力情况;掌握用波矢表达空穴和电子;了解有效质量的概念及其物理基础;掌握载流子浓度和迁移率的计算方法;了解代表性半导体材料能带结构及应用领域;了解能带结构的光电子能谱表征	1.5
参考总学时				5

模块 9:衍射理论

序号	知识点名称	主要内容	教学目标	参考学时
1	衍射理论	散射矢量(A);原子散射因子(A);衍射图案(A)	理解散射矢量、原子散射因子及衍射图案的本质	0.5
2	Laue 方程	Laue 方程(A);衍射指标(B)	理解 Laue 方程的原理;了解衍射指标	0.5
3	布拉格定律	布拉格定律(A);晶面间距和晶面指标(A);结构因子和晶体结构衍射的系统消光(B)	理解布拉格定律的原理;掌握晶面间距和晶面指标的简单计算;了解利用结构因子推算系统消光规律	1.5
4	倒易空间	倒易点阵和倒易空间(A);倒易空间衍射方程(A);厄瓦尔德图解(A);一维、二维、三维阵列的倒易晶格(B)	掌握倒易点阵和倒易空间的定义;理解厄瓦尔德图解;了解不同维度倒易晶格的产出	1.5

续表

序号	知识点名称	主要内容	教学目标	参考学时
5	X 射线衍射技术	X 射线的产生、特征及应用(A);晶体的 X 射线衍射(A);单晶衍射(A);多晶粉末衍射(A);电子衍射和中子衍射(B);衍射装置(B);晶体衍射技术和结构解析(B)	了解 X 射线的产生和特征;理解晶体的 X 射线衍射现象和两个要素;掌握单晶衍射和多晶粉末衍射的基本原理;了解电子衍射和中子衍射技术;掌握利用衍射结果分析简单的晶体结构;了解实验室 X 射线衍射装置及其应用;了解同步辐射等大装置在晶体衍射领域的应用	2
		参考总学时		6

模块 10:晶体结构

序号	知识点名称	主要内容	教学目标	参考学时
1	晶体的周期性与点阵结构	周期性(A);点阵与结构基元(A)	掌握点阵和点阵单位的基本概念;掌握平面点阵的正当单位;掌握晶体点阵结构的抽取及结构基元的判断	0.5
2	晶体中的对称元素与晶系	对称元素(A);特征对称元素与晶系划分(A);晶胞及晶胞参数(A);晶棱和晶面指标(A);14 种点阵型式(A)	掌握晶体的对称元素和对称操作;掌握特征对称元素与晶系划分;了解晶族;理解晶胞的基本概念;了解 14 种三维布拉维点阵;掌握晶胞参数与晶面间距的简单计算	2.5
3	晶体学点群	晶体的宏观对称性与 32 种晶体学点群(A);极射赤平投影(B)	掌握晶体的宏观对称性与晶体学点群的本质联系;掌握简单晶体学点群的推求;了解极射赤平投影	1.5
4	晶体学空间群和晶体结构的表达	晶体的微观对称元素(A);230 种晶体学空间群(A);等效点系(B);不对称单位(B);晶体学国际表(B)	了解晶体的微观对称操作和 230 种晶体学空间群;理解点阵、晶体学点群以及晶体空间群的本质联系;理解等效点系和不对称单位的概念;会看会用晶体学国际表;了解晶体结构的表达及应用	1
5	金属晶体和离子晶体的结构	晶体的分类(A);六方密堆积与立方密堆积(A);金属晶体结构与合金(B);离子晶体的堆砌规则(A);离子晶体与金属晶体关系(A);离子半径(A);常见的离子晶体(C);离子极化(C)	掌握不同密堆积方式的结构特征;了解不同金属晶体和合金的结构差异;掌握离子晶体结构的结构特点和堆砌型式离子晶体的结晶化学规律;了解常见的离子晶体结构;离子极化及对键型的影响	1.5
6	其他典型晶体的结构	准晶(B);分子晶体,共价(配位)晶体,原子晶体(C);晶体的缺陷(C)	了解准晶的结构特点和准周期性的描述;了解具有特殊性能的晶体及其结构特征(一些前沿研究成果的介绍,包括分子筛,MOF,COF,超分子等晶体结构)	1
		参考总学时		8

六、结构化学课程英文摘要

1. Introduction

"Structural Chemistry" is one of the core basic courses for the training of chemistry professionals, mainly for second-year undergraduate students majoring in chemistry. The prerequisite courses include basic chemistry courses such as inorganic chemistry, organic chemistry, and physical chemistry. Building on experimental scientific phenomena of inorganic and organic chemistry, "Structural Chemistry" takes quantum mechanics and group theory as the scientific language to discuss the formation of chemical bonds, the structure and properties of molecules and crystals, and understands chemical principles and phenomena at a deeper level.

The course covers fundamentals of quantum mechanics, atomic structure and atomic spectroscopy, diatomic Molecular and molecular spectroscopy, group theory and molecular symmetry, molecular orbital theory and polyatomic molecules, and crystal structure and X-ray structure analysis. This course lays a solid foundation for students' subsequent professional course learning and scientific research.

2. Goals

"Structural Chemistry" trains students to understand the basic principles that structure determines properties and properties reflect structure. Through the study of this course, students should (1) understand the basic concepts of quantum mechanics; (2) understand the basic theories of electron, atomic, molecular, and crystal structures; (3) understand the principles of instrumental measurement methods for measuring atoms, molecules, and crystals; (4) understand the underlying structure-property relationship in molecules and crystals.

3. Covered topics

Modules	List of topics	Suggested Credit Hours
1. Wave Mechanics	Wave-particle Duality (0.5), From Classical Wave Equation to Schrödinger Equation (2), Basic Assumptions of Quantum Mechanics (2), Particle in a Box and Quantum Tunneling (2.5)	7
2. Matrix Mechanics	Measurement and Commutation Relation (1), Heisenberg's Uncertainty Principle (1), Unity of Matrix Mechanics and Wave Mechanics (1.5), Quantum Harmonic Oscillator (1.5)	5
3. Symmetry and Group Theory	Symmetry Operations and Symmetry Elements (0.5), Classification and Determination of Molecular Point Groups (1.5), Group Representation of Molecular Symmetry (2.5), Applications of Molecular Symmetry (1.5)	6
4. Atomic Structure of Hydrogen	Orbital Angular Momentum (1), The Schrödinger Equation of Single-electron Atom and Its Solution (2), The Physical Meaning of Quantum Numbers (1), Images of Wave Function and Electron Cloud (2), Structure of A Multi-electron Atom (1)	7

Continued

Modules	List of topics	Suggested Credit Hours
5. Atomic Spectroscopy	Coupling of Angular Momentum (1.5), Atomic Term Symbol (2), Atomic Spectroscopy of Multi-electron Atom (1.5)	5
6. Molecular Spectroscopy	Molecular Term Symbol (1.5), Molecular Vibration and Rotation Spectroscopy (2), Molecular Electron Spectroscopy (1.5), Magnetic Resonnance Spectra in Molecules (1)	6
7. Molecular Orbital Theory	Molecular Orbital Theory of Diatomic Molecules (1.5), Molecular Orbital Theory of Polyatomic Molecules (2), Hückel Molecular Orbital Theory of π−Conjugate System (1.5), Orbital Symmetry Matching in Chemical Reactions (1), Ligand Field Theory (1), Computational Chemistry (2)	9
8. Band Theory of Solid Materials	Bloch Theorem (1), Nearly Free Electron Approximation (1), Tight Binding Approximation (0.5), Band Structure (0.5), Fermi Surface and Density of States (0.5), Band Structure of Semiconductor (1.5)	5
9. Diffraction Theroy	Theory of Diffraction (0.5), Laue Equation (0.5), Bragg's Law (1.5), Reciprocal Space (1.5), X−ray Diffraction Technique (2)	6
10. Crystal Structure	Periodicity and Lattice of Crystals (0.5), Symmetry Elements and Cystal Systems of Crystals (2.5), Crystallographic Point Groups (1.5), Crystallographic Space Groups and Crystal Structure (1), Crystal Structure of Metals and Ionic Crystals (1.5), Crystal Structure of Other Crystals (1)	8
Total		64

Contents and Teaching Objectives of the Topics

高分子化学与物理（Polymer Chemistry and Physics）

一、高分子化学与物理课程定位

"高分子化学与物理"是为化学或相关专业的本科生开设的核心课程。本课程旨在介绍高分子化学与物理领域的基本原理、概念和应用，主要研究高分子化合物的分子设计、合成原理及高分子化合物的结构与性能之间的关系。本课程建立在无机化学、分析化学、有机化学和物理化学的基础之上，是四大基础化学过渡到实际应用的桥梁，同时又是现代材料科学、精细化学品化学、石油化工、现代化工等学科的基础。

二、高分子化学与物理课程目标

"高分子化学与物理"课程旨在介绍高分子化学与物理领域的基本原理、应用和实验技能，主要内容包括高分子化学和高分子物理，并将其有机融合，学生将深入了解高分子材料的结构、性质和制备方法，以及高分子材料在工程、医学、材料科学等领域的重要应用。通过理论学习、实验操作和案例研究，学生将培养分析和解决高分子材料相关问题的能力，并为推动高分子材料科学和社会的可持续发展做出贡献。

三、高分子化学与物理课程模块

模块 1	绪论	模块 8	离子聚合
模块 2	高分子溶液与多组分体系	模块 9	配位聚合
模块 3	高分子聚集态结构	模块 10	开环聚合
模块 4	聚合物分子运动和高分子力学性能	模块 11	高分子的化学反应
模块 5	高分子表征	模块 12	超分子聚合
模块 6	逐步聚合	模块 13	可持续高分子材料
模块 7	自由基聚合		

四、高分子化学与物理课程设计思路

"高分子化学与物理"包含高分子化学和高分子物理两部分内容，共 13 个模块（图 2-8），突出高分子科学发展史，基本框架遵循先物理后化学的逻辑结构，首先明确高分子材料的结构与性能之间的关系（高分子溶液、聚集态结构和力学性能），再深入高分子的具体合成方法（逐步聚合、自由基聚合、离子聚合、配位聚合、开环聚合和高分子化学反应），同时引入最新的学科进展（超分

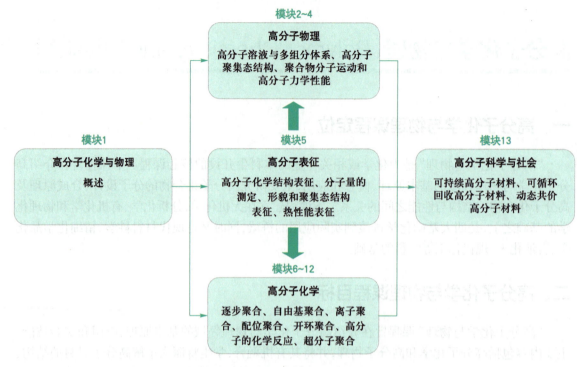

图 2-8　高分子化学与物理课程知识模块关系图

子聚合和高分子材料上转换回收等内容）。本课程涵盖高分子化学与高分子物理的核心知识点，旨在使学生建立从高分子结构到性能、合成和应用的完整知识框架。

五、高分子化学与物理课程知识点

模块 1：绪论

序号	知识点名称	主要内容	教学目标	参考学时
1	高分子的发展历史与高分子工业	高分子的发展历史、高分子工业产品、高分子在现代生活中的重要地位（B）	了解高分子的发展历史与主要的高分子工业产品；了解高分子在现代生活中的重要地位	0.5
2	高分子命名与基本的化学结构	高分子构型、立体化学、区域选择性、假手性–旋光手性高分子（A）	掌握高分子命名规则、掌握高分子的化学结构；了解高分子化学结构的立体化学性质	0.5
3	聚合反应类型概述	逐步聚合、自由基聚合、离子聚合、配位聚合、开环聚合等聚合方法（A）	掌握逐步聚合、链式聚合和开环聚合等主要聚合方法	0.5
4	高分子类型	均聚、共聚（无规、交替、嵌段）、线型高分子和非线型高分子（A）	掌握主要的合成高分子类型，包括均聚物、共聚物、嵌段等线型高分子和其他非线型拓扑结构高分子	0.5
参考总学时				2

模块 2：高分子溶液与多组分体系

序号	知识点名称	主要内容	教学目标	参考学时
1	高分子链构象、标度律	高分子链结构、形态和高分子链构象基本概念(A)；均方末端距(A)；熵弹性概念(A)；高斯链(A)；blob模型(B)；标度理论(B)；光散射测量高分子链结构(B)	掌握高分子链结构和构象基本概念；了解高分子尺寸表征；掌握高分子链的熵弹性本质；了解标度理论和高分子在不同溶液状态下的标度律；了解光散射测量高分子尺寸的方法	2
2	高分子溶液热力学	高分子的溶胀和溶解(A)；理想溶液(A)；Flory-Huggins 理论(A)；稀溶液(A)；排除体积效应(A)	了解高分子溶液的基本概念；了解理想溶液和 Flory-Huggins 理论；了解稀溶液和排除体积效应	1
3	高分子相行为	渗透压和溶液(B)；相分离(A)；高分子溶液的相图和典型的相图类型(B)	掌握高分子溶液的基本概念；了解相分离概念；了解高分子溶液的典型相图	2
4	高分子共混物	高分子聚电解质的概念和分类(B)；聚电解质溶液的特点(B)；聚电解质溶液标度律(B)；高分子分子内和分子间相互作用(B)；超分子(B)；高分子氢键络合物(B)	掌握高分子聚电解质基本概念；了解聚电解质溶液的基本性质和标度律；了解超分子概念和高分子氢键络合物	1
参考总学时				6

模块 3：高分子聚集态结构

序号	知识点名称	主要内容	教学目标	参考学时
1	结晶高分子	晶态和非晶态高分子(A)；高分子结晶形态(串晶、伸直链晶体、片晶、球晶等)(A)；高分子溶液与结晶(B)；高分子的结晶过程和结晶动力学基本理论(B)	掌握高分子结晶的基本概念、类型；了解溶液和熔体中结晶的基本性质；了解高分子结晶动力学基本概念	2
2	液晶高分子	向列型晶相液晶、近晶型晶相液晶、胆甾醇型液晶(A)；液晶高分子的分子链结构(A)；液晶相及其生成条件(B)	掌握液晶高分子分类、基本性质；了解液晶高分子应用	1
3	共聚物微相分离	高分子共混物相分离的基本概念(A)；亚稳态(B)；高分子的相变和相变动力学(B)；两嵌段共聚物相分离相图(B)；受限条件下嵌段共聚物的相分离(B)	了解高分子相分离基本概念；了解高分子相分离亚稳态概念；了解高分子相变基本概念；掌握嵌段共聚物相分离相图	1

续表

序号	知识点名称	主要内容	教学目标	参考学时
4	高分子溶液自组装	嵌段共聚物溶液自组装(A);聚合诱导自组装(B);静电诱导自组装(B);高分子表面活性剂、模板辅助纳米/介孔材料合成,表面稳定配体,含导向自组装(B);高分子溶液组装体的生物和医学应用(B)	掌握高分子溶液自组装基本概念;掌握高分子溶液自组装常用手段	2
参考总学时				6

模块 4:聚合物分子运动和高分子力学性能

序号	知识点名称	主要内容	教学目标	参考学时
1	聚合物的分子运动	高分子性能和结构与高分子运动之间的关联(B);高分子分子运动单元的多重性(B);链段运动和玻璃化转变(A);4个玻璃化转变理论的简要介绍(等黏态理论、自由体积理论、动力学理论和热力学理论)(B);玻璃态高聚物的次级转变(B);晶态高聚物的分子运动(B)	掌握高分子性能和结构与高分子运动的关联;了解高分子分子运动的多重性;掌握玻璃化转变的基本概念和理论,以及玻璃化转变与链段运动的关联;了解晶态高聚物的分子运动基本概念	2
2	高分子流变行为	非牛顿流体、高聚物熔体的流动(A);剪切黏度和基本测量方法简介(B);高聚物熔体剪切黏度的影响因素(B);高聚物熔体的拉伸黏度、测量和工艺意义(B);高聚物熔体的弹性(B);各种模塑法介绍(B)	了解高聚物熔体的基本概念和性质;了解高聚物熔体流变的基本物理参量;了解高分子加工的基本工艺	2
3	高分子材料力学性能	高弹性、黏弹性、高聚物力学性能的时间依赖性、蠕变、应力松弛、动态力学实验及黏弹性基本力学模型(麦克斯韦模型和沃开模型)(A);高聚物力学性能的温度依赖性和WLF方程(B)	了解高聚物力学性能黏弹性,测量方法和基本力学模型;掌握高聚物力学性能的温度依赖性和时间依赖性	2
参考总学时				6

模块 5:高分子表征

序号	知识点名称	主要内容	教学目标	参考学时
1	高分子化学结构表征	化学衍生法、红外、拉曼、紫外-可见光谱、NMR、ESR、质谱、单分子力谱（A）	掌握相关仪器测试高分子化学结构表征的基本原理与测试方法	1
2	聚合物分子量的测定	端基(衍生化)滴定、黏度、渗透压、GPC、电泳、场流、分析型超速离心、光散射技术、固体核磁、大分子质谱（A）	掌握相关仪器测试高分子分子量的基本原理与测试方法	1
3	高分子形貌和聚集态结构表征	电镜、原子力显微镜、光散射、X射线散射、小角中子散射，XPS，XRD，光学显微技术与超分辨成像、Particle Tracking-纳米流式、全内反射显微镜（B）	掌握相关仪器测试高分子形貌和聚集态结构的基本原理与测试方法	1
4	高分子热性能表征	DSC-DTA，DMA，TGA，燃烧-阻燃（B）	掌握相关仪器测试高分子热性能的基本原理与测试方法	1
参考总学时				4

模块 6:逐步聚合

序号	知识点名称	主要内容	教学目标	参考学时
1	逐步聚合概述与重要逐步聚合高分子	逐步聚合反应（A）;重要逐步聚合产品（聚酰胺-尼龙-发酵来源单体、聚酯，聚碳酸酯，聚氨酯，环氧树脂，聚酰亚胺，聚苯硫醚，聚醚醚酮，共轭高分子）（B）	掌握逐步聚合机理;了解主要的逐步聚合产品及其应用	1
2	逐步聚合反应机制	卡罗瑟斯方程、逐步聚合动力学、反应程度与分子量的关系、反应平衡与分子量的关系、分子量和分子量分布控制（A）	掌握卡罗瑟斯方程,逐步聚合动力学与聚合度关系、平衡常数与聚合度的关系,逐步聚合分子量分布和影响因素	2
3	树枝状聚合物和超支化聚合物	树枝状聚合物合成方法(发散法、收敛法)、树枝状聚合物与超支化聚合物区别（B）	掌握树枝状聚合物和超支化聚合物的合成方法和结构区别;了解树枝状聚合物和超支化聚合物功能应用	1.5
4	凝胶化与高分子交联网络	体型缩聚、凝胶点预测、无规/结构预聚物（A）	掌握体型缩聚的单体需求、掌握卡罗瑟斯和 Flory 凝胶预测方法,了解预聚物的分类和应用	1.5
参考总学时				6

模块 7：自由基聚合

序号	知识点名称	主要内容	教学目标	参考学时
1	自由基聚合概述	自由基聚合的基元反应(A);影响单体聚合的因素(A);聚合反应热力学(B);链式聚合的基本特点、链式聚合的基元反应、聚合热力学(A)	掌握自由基链式聚合反应基元反应;掌握不同单体使用的聚合反应种类;了解聚合反应热力学理论	1
2	自由基聚合机理	自由基聚合机理(A);自由基鉴别(ESR−捕捉剂−阻聚)(B);自由基聚合动力学(长链假定、等活性假定、稳态假定)(B);引发剂、链转移剂、阻聚剂(A);自动加速效应、动力学链长、分子量分布(A);引发剂和自由基活性、活性中心等活性、自由基聚合各基元反应和速率方程(B);聚合速率(稳态假定)和自动加速现象、动力学链长和聚合度(A);阻聚(B)	掌握自由基聚合机理、自由基聚合动力学、引发剂种类;掌握自动加速效应和原因;掌握动力学链长概念和分子量分布理论	2
3	自由基共聚合	共聚物的类型和命名(A);共聚组成和序列结构、竞聚率和共聚行为(A);单体结构和竞聚率(含 Q−e 方程)(B)	了解主要的共聚合产品;了解不同序列结构与竞聚率之间的关系;了解 Q−e 概念与竞聚率之间联系	2
4	可控自由基聚合	可控自由基聚合(B);氮氧自由基介导的聚合,原子转移自由基聚合(ATRP),可逆加成−断裂链转移(RAFT)聚合(B)	了解可控自由基聚合的机理;掌握可控自由基与传统自由基聚合的区别	1
5	自由基聚合实施方式与产品	本体、溶液、悬浮和乳液聚合(A)	掌握不同聚合方法涉及的引发剂种类;掌握乳液聚合同时实现分子量和聚合速率增大的原因	2
		参考总学时		8

模块 8：离子聚合

序号	知识点名称	主要内容	教学目标	参考学时
1	离子聚合概述	活性中心、聚合特点、适用单体、基元反应、离子聚合共性(活性中心的类型和存在形式、单体终止、链增长的立体化学控制性)、单体和引发剂的选择(B)	掌握阴阳离子聚合活性中心和基元反应特征;了解阴阳离子聚合主要产品和应用;了解离子聚合的主要实施方式;了解离子聚合主要产品的工业应用	2

续表

序号	知识点名称	主要内容	教学目标	参考学时
2	阴离子聚合	引发剂、单体、聚合动力学与链终止反应(A);阴离子引发和电子转移引发的异同、引发剂和单体的匹配、非极性烯烃单体的活性阴离子聚合、极性烯烃单体的链失活反应、聚合动力学(速率和分子量)(B)	掌握阴离子聚合引发剂和适用单体种类;掌握阴离子活性聚合机制;了解阴离子聚合产品	2
3	阳离子聚合	引发剂、单体、聚合动力学(A);商业化引发剂、引发剂和单体的匹配性、碳正离子的重排和异构化聚合、链转移和链终止、影响聚合速率和分子量的因素(B)	掌握阳离子聚合引发剂和适用单体种类;了解阳离子聚合动力学过程和主要聚合产品	1
参考总学时				5

模块 9：配位聚合

序号	知识点名称	主要内容	教学目标	参考学时
1	配位聚合概述	定义与特征、引发剂(催化剂)类型和作用、链增长的立构选择性、立构规整度及其测定、配位聚合和立构规整聚合的异同(A)	了解配位聚合基本原理、主要催化剂、主要单体和主要聚合机制;了解配位聚合主要实施办法	1
2	Ziegler–Natta 聚合	组分及其作用、发展阶段、立构定位机制、链转移和链终止、聚合速率(A)	掌握 Ziegler–Natta 催化剂组成、适用单体和催化聚合机理;了解 Ziegler–Natta 催化剂的发展	2
3	茂金属聚合	茂金属的组分、结构和作用,以及茂金属聚合的特点(B)	掌握 MAO 催化剂的主要组成、适用单体和催化聚合机理	1
4	其他聚合方式	其他烯烃配位聚合的引发剂、环烯烃的开环易位聚合和 Grubbs 催化剂(B)	了解 ROMP 催化剂的主要组成、ROMP 聚合机理和主要单体	2
参考总学时				6

模块 10：开环聚合

序号	知识点名称	主要内容	教学目标	参考学时
1	开环聚合概述	环单体结构和开环可能性、引发剂、链增长反应、活性链链增长和活化单体链增长、开环聚合和烯烃离子型聚合的异同(A)	了解适用于开环聚合的单体、催化剂;明确开环聚合和其他聚合反应差别	1

续表

序号	知识点名称	主要内容	教学目标	参考学时
2	阴离子开环聚合	环氧化物、内酯(环碳酸酯)、己内酰胺、NCA 和环硅氧烷等的阴离子开环聚合(A)	掌握阴离子开环聚合引发剂和适用单体；掌握阴离子开环聚合基元反应和动力学过程	1.5
3	阳离子开环聚合	环氧化物和其他环醚、内酯(环碳酸酯)、己内酰胺、噁唑啉和环硅氧烷等的阳离子开环聚合(A)	掌握阳离子开环聚合引发剂和适用单体；了解阳离子开环聚合基元反应和动力学过程	1.5
参考总学时				4

模块 11:高分子的化学反应

序号	知识点名称	主要内容	教学目标	参考学时
1	概述	聚合物的化学反应特征及影响因素(B)	掌握高分子官能团的反应特点与影响因素；掌握概率效应、邻近基团效应、相似转变等基本概念	1
2	端基/侧基基团转换	纤维素(如赛璐珞)、维尼纶、聚醋酸乙烯、离子交换树脂等重要聚合物的反应(B)	了解重要的高分子的基团转换反应实例	1.5
3	高分子解聚与降解	PMMA、PE、PP、PVC 等重要高分子的降解反应、正性光刻胶、生物可降解高分子(A)	了解重要的高分子降解反应实例	1.5
参考总学时				4

模块 12:超分子聚合

序号	知识点名称	主要内容	教学目标	参考学时
1	超分子聚合物历史和构筑基元	从分子识别到自组装，从晶相、液晶相到溶液相的超分子聚合物发展简史(A)；基于氢键、金属配位键、主客体作用、π-π 堆积作用的非共价识别基元(B)	掌握分子识别和自组装的基本概念；了解超分子聚合物的发展简史；掌握超分子聚合物的常见驱动力和识别基元；了解超分子聚合基元非共价结合常数的常见测定技术	1.5
2	超分子聚合机制	超分子聚合机制、协同(成核-链生长)超分子聚合机制(A)；活性超分子聚合(A)	掌握超分子聚合物机制与传统共价聚合反应的联系和区别	1.5
3	超分子聚合物材料	基于超分子聚合物的生物医用材料、光电功能材料、可循环再生材料(B)	了解超分子聚合物在功能材料应用方面的特色和优势	1
参考总学时				4

模块 13：可持续高分子材料

序号	知识点名称	主要内容	教学目标	参考学时
1	可持续高分子材料概述	可持续发展定义、生物基可生物降解高分子材料（B）	了解几种典型生物基高分子材料（聚乳酸、纤维素、壳聚糖等）的性能特点和发展叙述	1
2	可循环回收高分子材料	物理化学回收、化学回收和生物回收、升级回收、循环回收（B）	了解高分子材料上转换回收的研究现状	1
3	动态共价高分子材料	可逆动态化学键、刺激响应、自修复、自适应性（B）	掌握动态高分子材料的作用机理和性质；了解动态高分子材料的应用前景	1
参考总学时				3

六、高分子化学与物理课程英文摘要

1. Introduction

"Polymer Chemistry and Physics" is a core course offered in undergraduate programs in chemistry or related fields. This course aims to introduce the fundamental principles, concepts, and applications in the field of polymer chemistry and physics. It primarily focuses on the molecular design, synthesis principles, and the relationship between the structure and properties of polymer compounds. It builds upon the foundation of the four major branches of chemistry—inorganic chemistry, analytical chemistry, organic chemistry, and physical chemistry, serving as a bridge between these foundational chemistry disciplines and their practical applications. Additionally, it forms the basis for disciplines such as modern materials science, fine chemical chemistry, petroleum engineering, and modern chemical engineering.

2. Goals

The course "Polymer Chemistry and Physics" aims to introduce the fundamental principles, applications, and experimental skills of polymer chemistry and physics. The main topics include polymer physics and the organic fusion of polymer chemistry, where students will gain an in-depth understanding of the structure, properties, and preparation methods of polymer materials, as well as their significant applications in engineering, medicine, materials science, and other fields. Through theoretical learning, laboratory experiments, and case studies, students will develop the ability to analyze and solve problems related to polymer materials, contributing to the advancement of polymer materials science and the sustainable development of society.

3. Covered Topics

Modules	List of Topics	Suggested Credit Hours
1. Introduction	History of Polymer and Polymer Industry (0.5), Basic Principles and Chemical Structures (0.5), Overview of Types of Polymerization Reactions (0.5), Polymer Classification (0.5)	2
2. Polymer	Chain Conformation of Polymer Solutions and Scaling Laws (2), Thermodynamics of Polymer Solutions (1), Phase Behavior of Polymer Solutions (2), Polymer Blends (1)	6
3. Aggregated Structures of Polymers	Crystallization of Polymers (2), Liquid Crystal Polymers (1), Microphase Separation of Polymers (1), Self-assembly of Polymers in Solutions (2)	6
4. Molecular	Molecular motion of Polymers (2), Rheology and Processing of Polymers (2), Mechanical Properties of Polymers (2)	6
5. Characterization of Polymers	Characterization of Chemical Structures of Polymers (1), Characterization of Molecular Weight of Polymers (1), Characterization of Morphology and Physical Structure of Polymers (1), Characterization of Thermal Properties of Polymers (1)	4
6. Step Polymerization	Introduction to Step Polymerization (1), Mechanism of Step Polymerization (2), Dendrimers and Hyperbranched Polymers (1.5), Gelation and Cross-linking Networks (1.5)	6
7. Radical Polymerization	Introduction to Radical Chain Polymerization (1), Mechanism of Radical Polymerization (2), Radical Copolymerization (2), Controlled Radical Polymerization (1), Techniques of Free Radical Polymerization and Products (2)	8
8. Ionic Polymerization	Introduction to Ionic Polymerization (2), Anionic Polymerization (2), Cationic Polymerization (1)	5
9. Coordination Polymerization	Introduction to Coordination Polymerization (1), Ziegler-Natta Polymerization (2), MAO Polymerization (1), Other Polymerizations (2)	6
10. Ring-opening Polymerization	Introduction to Ring-opening Polymerization (1), Anionic Ring-opening Polymerization (1.5), Cationic Ring-opening Polymerization (1.5)	4
11. Chemical Reaction of Polymers	Introduction to Polymer Chemical Reactions (1), Polymer End Group/Side Group Conversion (1.5), Polymer Depolymerization and Degradation (1.5)	4
12. Supramolecular Polymerization	Historical Origins and Building Blocks of Supramolecular Polymers (1.5), Supramolecular Polymerization Mechanism (1.5), Supramolecular Polymer Materials (1)	4

Continued

Modules	List of Topics	Suggested Credit Hours
13. Sustainable Polymer Materials	Sustainable Polymers(1), Polymer Upconversion Recycling(1), Dynamic Polymer Materials(1)	3
	Total	64

Contents and Teaching Objectives of the Topics

化学生物学 (Chemical Biology)

一、化学生物学课程定位

"化学生物学"是面向化学生物学专业本科生开设的一门专业必修课,是在学生学习了有机化学、生物化学等前序课程的基础上,为适应现代化学生物学的发展和拔尖人才培养需求而开设的课程。本课程具有很强的综合性,要求学生能运用在化学、生物学课程中所学的理论知识来分析、解决化学生物学的实际问题;同时,还要求学生对化学生物学的一些新领域、新知识和新进展有所了解,以便开阔视野、拓展知识面。通过本课程的学习,学生可以把握化学生物学完整的知识体系,为未来的研究生课程学习和科学研究工作打下坚实的基础。

二、化学生物学课程目标

化学生物学课程从生物大分子的分子基础出发,讲述化学生物学的核心技术,进而介绍化学生物学的拓展及应用,培养学生对化学生物学基本概念、知识、技术和应用的系统掌握,了解化学生物学领域的发展趋势,并提高学生的科学素养和从事科学研究的能力。具体目标如下:

(1) 化学生物学的分子基础(第 1~6 章):掌握核酸、蛋白质与多肽、糖化学生物学、脂质、天然产物、生物无机化学的定义、结构、性质、分类与功能等基础知识,能够运用基础知识和基本理论分析生物分子的结构和性质之间的关系。

(2) 化学生物学关键技术(第 7~12 章):深入理解化学生物学核心方法和关键技术是开展生物正交反应、酶学、基因组学、蛋白质组学、分子成像、化学遗传学等研究的不可缺的工具,使学生能够了解并运用工具分析并解决实际问题。

(3) 化学生物学的应用(第 13~18 章):将理论、技术方法与前沿研究相结合,使学生了解化学生物学的学科交叉、研究前沿与热点问题,掌握相关理论知识和研究方法,激发他们的求知欲和创新意识。

(4) 引导学生树立正确的科学观和价值观,培养科学严谨的态度、独立思考的能力和批判性思维意识,使学生具有责任担当、环保意识、家国情怀和团队精神。

这些目标将有助于学生在化学生物学领域中取得更好的发展,并为他们在未来的科学研究、工业生产等领域奠定坚实的基础。

三、化学生物学课程模块

模块 1	核酸	模块 4	脂质
模块 2	蛋白质和多肽	模块 5	天然产物
模块 3	糖化学生物学	模块 6	生物无机化学

续表

模块 7	生物分子识别与互作	模块 13	生物大分子进化
模块 8	面向生命的化学反应（酶学与生物正交反应）	模块 14	生命奥秘
模块 9	核酸的关键化学生物学技术	模块 15	疾病分型与诊断
模块 10	基于质谱的蛋白质组学	模块 16	小分子药物
模块 11	生物分子成像技术	模块 17	生物药物
模块 12	化学遗传学	模块 18	生物催化与合成生物学

四、化学生物学课程设计思路

化学生物学是通过外源化学手段，对生命体系中的分子进行精准的识别、阐释、修饰和调控，通过充分发挥化学和生物学、医学交叉的优势，促进新药、新靶标和新作用机制的发现，为人类健康服务。本课程旨在帮助学生更为全面地掌握化学生物学知识体系，引导他们了解化学生物学的研究方法与技术，从化学视角揭示生命的奥秘。

本课程精心设计了三大部分 18 个模块(图 2-9),涵盖(1)核酸、蛋白质与多肽、糖化学生物学、脂质、天然产物等化学生物学分子基础, (2)生物正交化学、蛋白质组学、分子成像、化学遗传学等化学生物学核心技术，以及(3)疾病分型与诊断、小分子药物、生物药物等化学生物学应用。

在教学内容上，本课程全面展示了从理论到应用、从基础到前沿的化学生物学知识体系与教学框架，充分体现了化学与生物学、医学交叉融合的特点。同时，最新科研进展前沿进展内容的引入，将有助于激发学生对化学生物学的兴趣和求知欲。在教学方法上，本课程强调根据学生不同的专业和培养方向，将不同模块的内容加以组合，以便帮助不同专业背景的学生了解化学生物学的学科全貌，同时兼顾学科发展趋势，为未来的科学研究和产业研发打下坚实基础。

综上，本课程在知识融合、内容深度、实践导向等方面具有鲜明的创新特色，为学生提供更具挑战性和启发性的学习体验，培养他们的综合素养和创新思维。

第一部分：化学生物学的分子基础

模块1：核酸
- 概述
- 核酸的结构
- 核酸的生物学功能
- 核酸的物理和化学性质
- 核酸分析技术
- 核酸的合成与修饰
- 核酸与分子相互作用

模块2：蛋白质和多肽
- 概述
- 蛋白质和多肽的结构和理化性质
- 蛋白质和多肽的合成
- 蛋白质的修饰
- 蛋白质与分子相互作用

模块3：糖化学生物学
- 概述
- 糖的结构和分类
- 糖缀合物及其生物功能
- 糖的合成和修饰
- 糖的代谢工程
- 糖与生物分子的相互作用
- 聚糖与物种进化、生物医学和疾病
- 聚糖的系统理学和生物医学应用
- 糖生物信息学

模块4：脂质
- 脂的结构和分类
- 脂的合成和修饰
- 脂的代谢工程
- 脂与分子相互作用
- 脂的生物医学应用

模块5：天然产物
- 概述
- 天然产物的发现和鉴定
- 天然产物的分类及其生源合成途径
- 天然产物的合成及其修饰
- 天然产物的生物功能
- 天然产物的应用

模块6：生物无机化学
- 概述
- 生命体系中金属的种类
- 生命体系中金属的成键方式与存在形式
- 金属蛋白与金属酶的结构与功能
- 金属与核酸相互作用
- 无机药物
- 生物无机化学的其他研究

第二部分：化学生物学关键技术

模块7：生物分子识别与互作
- 分子识别的基本原理和类别
- 生物分子相互作用的基础表征方法技术
- 分子识别的应用

模块8：面向生命的化学反应（酶学与生物正交反应）
- 概述
- 酶学基础和应用
- 生物正交反应

模块9：核酸的关键化学生物学技术
- 概述
- 核酸测序技术
- 基因打靶技术
- 基于锌指蛋白和TALEN的基因编辑技术
- 基于CRISPR-Cas的基因编辑技术
- 后CRISPR时代的基因编辑技术
- 基因编辑技术的应用

模块10：基于质谱的蛋白质组学
- 定量蛋白质组学分析概述
- 化学蛋白质组学
- 化学糖蛋白质组学
- 空间蛋白质组学

模块11：生物分子成像技术
- 概述
- 荧光生物成像技术
- 化学发光和生物发光成像技术
- 放射生物成像技术
- 核磁生物成像技术
- 其他生物成像技术

模块12：化学遗传学
- 概述
- 正向化学遗传学
- 反向化学遗传学
- 研究范例

第三部分：化学生物学的应用

模块13：生物大分子进化
- 总述
- 生物大分子进化的概念与思路
- 蛋白质定向进化技术
- 核酸定向进化技术
- 控制进化

模块14：生命奥秘
- 绪论
- 细胞膜的奥秘
- 细胞质的奥秘
- 细胞核的奥秘
- 小分子典型例子

模块15：疾病分型与诊断
- 概述
- 疾病生物标志物
- 疾病分型与诊断
- 疾病诊断技术
- 疾病分型诊断应用

模块16：小分子药物
- 概述
- 活性分子来源及设计策略
- 先导化合物发现与成药性优化
- 代表性靶点及药物

模块17：生物药物
- 生物药物概述
- 重组多肽、蛋白与抗体药物
- 核酸药物
- 细胞治疗

模块18：生物催化与合成生物学
- 生物催化和合成生物学概述
- 酶动力学
- 酶的挖掘、改造与设计
- 生物催化的应用举例
- 合成生物学研究方法和工具
- 合成生物学的应用

图 2-9 化学生物学课程知识模块关系图

五、化学生物学课程知识点

模块1:核酸

序号	知识点名称	主要内容	教学目标	参考学时
1	核酸的结构	DNA与RNA的结构(含经典和非经典结构)(A);核小体、染色质和染色体(A);基因与基因组(A)	理解并掌握核酸的化学组成及一级结构;核小体的组成和功能;染色质的组织结构;染色体的组成、类型和功能	0.5
2	核酸的生物学功能	DNA复制(A);RNA转录、加工、修饰、翻译(A);非编码RNA(A)	掌握DNA复制的基本概念、机制、调控及意义;RNA转录过程、加工过程及加工的生物学意义;理解RNA修饰及翻译过程;学习并了解非编码RNA	0.5
3	核酸的物理和化学性质	核酸热变性与分子杂交(A);核酸的化学稳定性及其影响因素(A);常见的DNA损伤反应(B);DNA损伤的检测和修复机制(B)	理解核酸的热变性和重结合,核酸分子杂交和应用;了解核酸的化学稳定性,掌握核酸的保存和处理;了解常见的DNA损伤反应及不同的修复机制	1
4	核酸分析技术	核酸定量分析(B);核酸杂交分析(B)	学习掌握核酸的荧光染色和定量分析,聚合酶链式反应技术,了解DNA和RNA印记分析,DNA微阵列技术,DNA指纹图谱及荧光原位杂交技术	1
5	核酸的合成与修饰	寡核苷酸的化学合成与修饰(B);寡核苷酸的化学修饰技术和应用(B);寡核苷酸的生物合成与修饰(B);寡核苷酸的生物修饰技术和应用;基因合成与克隆(B)	理解寡核苷酸的化学合成方法,寡聚核苷酸的常见化学修饰类型,寡聚核苷酸的生物合成与修饰,聚合酶介导的修饰核苷酸插入技术,学习基因合成技术,分子克隆与基因组组装	1.5
6	核酸与分子相互作用	核酸与小分子的相互作用(A);核酸与蛋白质的相互作用(B)	理解并掌握DNA/RNA与小分子的相互作用,核酸结合蛋白的功能与分类,核酸与蛋白质结合的分子间作用力,蛋白质与核酸相互作用的研究技术	1.5
参考总学时				6

模块2:蛋白质和多肽

序号	知识点名称	主要内容	教学目标	参考学时
1	蛋白质和多肽的结构和理化性质	氨基酸:氨基酸的发现与来源,化学结构与手性,理化性质与分类(A);多肽:多肽的化学结构式,多肽的二级结构(A);蛋白质:蛋白质的一级结构,蛋白质的多级结构,蛋白质的多级结构损伤与疾病(A);蛋白质和多肽结构鉴定方法(A)	掌握氨基酸的化学结构、命名,了解多肽化学结构的形成和功能,认识重要代表性的多肽及功能,掌握理解蛋白质的结构,了解蛋白质多级结构变化与疾病间的关系,了解蛋白质和多肽结构鉴定方法	1.5

125

续表

序号	知识点名称	主要内容	教学目标	参考学时
2	蛋白质和多肽的合成	蛋白质和多肽的生物合成(A);核糖体合成蛋白和多肽、非核糖体合成多肽;多肽化学合成(A);多肽液相合成、多肽固相合成(B);蛋白质化学合成:蛋白质化学全合成、蛋白质半合成(B)	理解蛋白质和多肽的生物合成;了解蛋白质和多肽化学合成的重要发展历程,理解合成原理和合成方法;具备初步设计目标蛋白和多肽合成路线的能力	1.5
3	蛋白质的修饰	蛋白质翻译后修饰(A):蛋白质翻译后修饰的过程和功能(磷酸化、糖基化、脂基化、泛素化、甲基化等)(B);蛋白质人工修饰:化学修饰、酶催化修饰、蛋白质和多肽修饰的应用举例(B)	掌握蛋白质翻译后修饰的产生、过程及功能,理解修饰与功能的关系,掌握蛋白质和多肽人工修饰的常用策略和应用	1.5
4	蛋白质与分子相互作用	蛋白质–蛋白质相互作用调节剂(B);蛋白质–蛋白质相互作用检测方法(B)	了解蛋白质–蛋白质相互作用调节剂的模式、种类及应用,掌握蛋白质–蛋白质相互作用的检测方法	1.5
参考总学时				6

模块 3:糖化学生物学

序号	知识点名称	主要内容	教学目标	参考学时
1	糖的结构和分类	单糖的种类和结构(A);寡聚糖和多糖(A)	掌握单糖、二糖、寡糖及多糖的结构与分类	0.5
2	糖缀合物及其生物功能	糖缀合物结构与功能的多样性(A);糖蛋白及其功能(A);蛋白聚糖及其功能(A);鞘糖脂及其他典型糖脂(A);糖基磷脂酰肌醇锚及其功能(A);糖 RNA(A)	学习并掌握糖蛋白、蛋白聚糖及糖脂的概念及功能	0.5
3	糖的合成和修饰	糖苷键的化学构筑(A);糖的化学合成(A);糖的酶促合成(A);糖的化学–酶法合成(A);自动化合成(B)	学习掌握糖苷键的化学构筑方法,掌握糖的化学合成、酶促合成以及化学酶法的合成,了解自动化合成	1
4	糖的代谢工程	聚糖的化学修饰(A);代谢寡糖工程策略(B);化学酶法聚糖标记策略(B);糖芯工程(B)	学习理解聚糖的化学修饰,了解代谢寡糖工程策略,了解化学酶法聚糖标记策略,糖芯工程	1
5	糖与生物分子相互作用	两类不同的聚糖结合蛋白(A);聚糖结合蛋白的主要生物学功能(B)	认识了解凝集素和硫酸化糖胺聚糖结合蛋白,学习并理解其生物学功能,包括蛋白质的运输、定位和清除,细胞黏附及免疫与感染等	1

续表

序号	知识点名称	主要内容	教学目标	参考学时
6	聚糖与物种进化、生物医学和疾病	聚糖的多样性与物种进化（B）；聚糖与病毒、细菌和寄生虫感染（A）；聚糖与人类相关的疾病（B）	了解糖的多样性与物种进化间的关系，认识聚糖与病毒、细菌和寄生虫感染的关系，熟悉聚糖与人类相关的疾病	1
7	聚糖的系统生理学和生物医学应用	聚糖的系统生理学和生物医学应用（A）	了解聚糖在系统生理学和生物医学领域中的应用	0.5
8	糖生物信息学	糖生物信息学（B）	了解糖生物信息学	0.5
参考总学时				6

模块 4：脂质

序号	知识点名称	主要内容	教学目标	参考学时
1	脂的结构和分类	脂的类别、特点、组成及结构分类（A）	认识脂的概念类别，脂的组成及结构分类	0.5
2	脂的合成和修饰	脂的合成方式（A）；脂质的修饰（B）	理解脂的合成方式，熟悉脂质的修饰	1
3	脂的代谢工程	研究脂代谢的技术和方法（B）	了解研究脂代谢的技术和方法	1
4	脂与分子相互作用	生物膜的组成（A）；生物膜的结构及特点（A）；脂质的相互作用（B）	了解脂与分子间的相互作用	1
5	脂的生物医学应用	脂质体药物（A）；脂肪酸化修饰的长效化蛋白药物（B）；脂质代谢异常与疾病（B）	学习了解脂质体药物；了解脂肪酸化修饰的长效化蛋白药物；了解脂质代谢异常与疾病	0.5
参考总学时				4

模块 5：天然产物

序号	知识点名称	主要内容	教学目标	参考学时
1	天然产物的发现和鉴定	天然产物的分离和结构鉴定方法（A）；天然产物的基因簇鉴定（A）；基因组挖掘驱动的天然产物的新发现（B）	学习天然产物的提取，天然产物的分离与纯化，天然产物的结构鉴定方法，天然产物的基因簇鉴定，基因组是如何驱动天然产物新发现	0.5
2	天然产物的分类及其生源合成途径	聚酮类天然产物（A）；肽类天然产物（A）；萜类天然产物（A）；生物碱类天然产物（A）；糖缀合天然产物（A）；其他天然产物（A）	认识多种天然产物的分类，熟悉各种天然产物的生源合成途径	0.5

续表

序号	知识点名称	主要内容	教学目标	参考学时
3	天然产物的合成及其修饰	天然产物的化学合成(A);天然产物的生物合成(A);天然产物的化学-生物联合合成(B)	学习理解天然产物的化学合成及生物合成,了解天然产物的化学与生物的联合合成技术	1
4	天然产物的生物功能	天然产物的生长调节功能(A);天然产物的生物防御功能(A);天然产物的信息传递功能(A);天然产物其他功能(A)	学习理解生长素、赤霉素、脱落酸、细胞分裂素、蜕皮激素、保幼激素等天然产物的生物功能,了解微生物抗生素、植物生物碱、动物毒素的生物防御功能;了解昆虫信息素的信息传递功能,金属离子转运功能	1
5	天然产物的应用	天然产物在医药领域的应用(B);天然产物在农业中的应用(B);天然产物在食品工业中的应用(B);天然产物在化学生物学中的应用(B)	学习了解天然产物在医药领域、农业、食品工业及化学生物学中的应用	1
参考总学时				4

模块 6:生物无机化学

序号	知识点名称	主要内容	教学目标	参考学时
1	生命体系中金属的种类	生命元素(A);生命金属元素的存在形式和功能(B);生命金属元素的稳态调控(B)	学习并理解生命元素的定义和特征,生命金属元素中的必需元素、中性元素和有毒元素;掌握生命金属元素的存在形式及主要功能;掌握金属元素的摄取、转运、泵出和储存机制,了解生命金属元素失衡与疾病之间的关联	0.5
2	生命体系中金属的成键方式与存在形式	生命金属元素的配位化学原理(A);生命金属元素的存在形式(C)	学习生命金属元素晶体场理论及其应用,掌握生命金属元素常见的配位构型和配体类型,了解结构物质中的金属元素,生命金属元素形成的功能物质	0.5
3	金属蛋白与金属酶的结构与功能	氨基酸、肽、蛋白质与金属配合物(B);金属蛋白和金属酶的分类(A);几种重要金属酶的结构和功能(A);金属酶模拟(C)	学习并理解金属离子与氨基酸和蛋白质的结合模式,金属离子对蛋白质构象的调控,金属在蛋白质正确折叠和结构稳定中的作用,金属离子导致的蛋白质错误折叠与疾病之间的关联;掌握金属蛋白、金属酶的分类;了解含铁蛋白及含铁酶,含锌酶和含锌蛋白,含铜蛋白及含铜酶;理解金属酶模拟的三个层次	1
4	金属与核酸相互作用	金属离子与核酸的相互作用(B);金属配合物与核酸的相互作用(B)	学习理解金属离子与核酸的配位模式,掌握金属离子对核酸结构的影响,金属离子对基因转录的调控,掌握金属配合物与核酸的共价结合,金属配合物与核酸的非共价结合,了解金属配合物与核酸相互作用的应用	1

续表

序号	知识点名称	主要内容	教学目标	参考学时
5	无机药物	无机药物范围(A);铂类抗肿瘤药物(B);其他典型的无机药物(C)	了解临床上使用的无机药物,顺铂类药物的抗癌作用的机理,学习典型的无机药物的应用	0.5
6	生物无机化学的其他研究	其他几种微量元素功能(C);无机生物探针(C);金属元素对免疫系统的调控(C);生物矿化(C)	认识生命体系中其他重要微量元素的功能,了解无机生物探针,金属元素对免疫系统的调控,生物矿化过程	0.5
参考总学时				4

模块 7:生物分子识别与互作

序号	知识点名称	主要内容	教学目标	参考学时
1	分子识别的基本原理和类别	分子相互作用及其物理、化学基础(A);分子相互作用的热力学研究(B);分子相互作用的动力学研究(B)	认识分子相互作用及其物理、化学基础,了解如何通过热力学及动力学的研究范式研究分子间的相互作用	1.5
2	生物分子相互作用的基础表征方法技术	各类研究生物分子互作技术[包括 SPR,ITC,Bio-Layer interferometry (BLI),荧光,核磁,质谱,流式细胞术,酵母双杂交,力谱](B)	学习理解多种研究分子间相互作用的方法技术,认识各种技术的互补性	2
3	分子识别的应用	分子识别的应用(C)	了解各种技术在分子识别中的具体应用,能够学习运用识别技术提出相关问题的解决方法	1.5
参考总学时				5

模块 8:面向生命的化学反应(酶学与生物正交反应)

序号	知识点名称	主要内容	教学目标	参考学时
1	酶学基础和应用	酶的概念(A);酶催化案例(B);酶催化的机制(C);酶催化反应的调控及应用(C)	掌握酶的概念,了解酶催化案例,理解酶催化反应的物理及化学机制,了解酶催化反应的应用	2.5
2	生物正交反应	生物正交反应的简介和历史(A);生物正交偶联反应(B);生物正交剪切反应(B)	理解生物正交反应基团的引入方法,了解生物正交偶联反应,生物正交剪切反应	2.5
参考总学时				5

模块 9:核酸的关键化学生物学技术

序号	知识点名称	主要内容	教学目标	参考学时
1	核酸测序技术	DNA 测序技术(A);化学降解法测序技术(A);一代测序技术(A);二代测序技术(A);三代测序技术(A);转录组测序(A);表观基因组与表观转录组测序(B);单细胞测序技术(B);单细胞时空组学测序技术(B)	了解核酸测序技术的发展历程,熟悉各种测序技术的原理及区别,了解表观遗传测序与表观转录测序的不同,认识单细胞测序技术	1
2	基因打靶技术	基因打靶技术简介(A);基因打靶的原理(B);基于 Cre-loxP 原理的条件基因打靶(C)	掌握基因打靶技术,理解基因打靶的原理,理解基于 Cre-loxP 原理的条件基因打靶	1
3	基于锌指蛋白和 TALEN 的基因编辑技术	锌指核酸酶和 TALEN 技术简介(B);锌指核酸酶的基因编辑应用(C);TALEN 的基因编辑应用(C)	理解锌指核酸酶和 TALEN 技术,了解锌指核酸酶的基因编辑应用,TALEN 的基因编辑应用	1
4	基于 CRISPR-Cas 的基因编辑技术	CRISPR-Cas 基因编辑技术的发展历史(B);CRISPR-Cas 系统的生物学功能(C);CRISPR-Cas 系统的分类和基因编辑应用(C)	了解 CRISPR-Cas 基因编辑技术的发展历史,CRISPR-Cas 系统的生物学功能,掌握 CRISPR-Cas 系统的分类和基因编辑应用	1
5	后 CRISPR 时代的基因编辑技术	碱基编辑(C);先导编辑(C)	理解掌握碱基编辑的化学基础和工作机制,理解并掌握先导编辑的化学基础和工作机制	1
6	基因编辑技术的应用	基因编辑技术在疾病治疗中的应用(C);基因编辑技术在基础生物学中的应用(C);基因编辑技术在分子检测中的应用(C);基因编辑技术在其他领域中的应用(C)	了解基因编辑技术在疾病治疗中的应用,基因编辑技术在基础生物学中的应用,基因编辑技术在分子检测中的应用以及基因编辑技术在其他领域中的应用	1
		参考总学时		6

模块 10:基于质谱的蛋白质组学

序号	知识点名称	主要内容	教学目标	参考学时
1	定量蛋白质组学分析概述	一级定量蛋白质组(A);二级定量蛋白质组(A);非标记定量蛋白质组(A)	学习理解一级定量蛋白质组,二级定量蛋白质组和非标记定量蛋白质组	1.5
2	化学蛋白质组学	基于活性的蛋白质表达谱技术(ABPP)(B);药物靶点发现(B)	学习理解 TOP-ABPP 技术,竞争性的 isoTOP-ABPP 技术,理解基于修饰目标分子的药物靶标发现方法,基于非修饰目标分子的药物靶标发现方法	1.5

续表

序号	知识点名称	主要内容	教学目标	参考学时
3	化学糖蛋白质组学	糖组与糖蛋白质组(A)；化学糖蛋白质组学(B)	学习理解糖组与糖蛋白质组，了解化学糖蛋白质组学，糖蛋白的富集，完整糖肽的质谱鉴定，以及功能糖蛋白质组学	1.5
4	空间蛋白质组学	基于过氧化物酶的邻近标记技术(C)；基于生物素连接酶的邻近标记技术(C)；光催化邻近标记技术(C)	学习理解基于过氧化物酶的邻近标记技术；基于生物素连接酶的邻近标记技术；光催化邻近标记技术	1.5
参考总学时				6

模块 11：生物分子成像技术

序号	知识点名称	主要内容	教学目标	参考学时
1	荧光生物成像技术	荧光的物理化学原理(A)；荧光分子的基本结构(A)；荧光探针(A)；荧光显微镜技术简介(B)；荧光蛋白的功能与应用(B)；活体荧光成像(B)	理解荧光的物理化学原理；荧光分子的基本结构；荧光探针；学习理解荧光显微镜技术；荧光蛋白的功能与应用；了解活体荧光成像	1.5
2	化学发光和生物发光成像技术	化学发光和生物发光概述和基本原理(A)；常用探针(A)；CRET 和 BRET 探针(B)	掌握化学发光和生物发光基本原理，学习了解常用的探针，CRET 和 BRET 探针	1.5
3	放射生物成像技术	X 射线成像(A)；β 射线成像(^{32}P，^{18}F PET)(A)；γ 射线成像(^{123}I)(A)	学习理解 X 射线成像基本原理，X 射线造影剂及其在生物成像中的应用，PET 成像的基本原理、探针及其在生物成像中的应用，SPECT 成像的基本原理、探针及其在生物成像中的应用	1
4	核磁生物成像技术	核磁共振的基本原理(B)；磁共振成像的基本原理及其生物成像应用(C)；^{1}H 磁共振成像(B)；其他核的磁共振成像(B)	理解核磁共振的基本原理；磁共振成像的基本原理及其生物成像应用；了解磁共振成像及其他核的磁共振成像	1
5	其他生物成像技术	质谱生物成像技术(C)；电子显微生物成像技术(C)	学习理解质谱生物成像技术的基本原理，质谱成像的生物成像应用，理解电子显微生物成像技术	1
参考总学时				6

模块 12:化学遗传学

序号	知识点名称	主要内容	教学目标	参考学时
1	正向化学遗传学	正向化学遗传学的一般策略(A);小分子化合物库的构建策略(B);表型筛选方法(B);靶标蛋白的鉴定方法(B)	学习理解正向化学遗传学的一般策略;掌握小分子化合物库的构建策略;表型筛选方法;靶标蛋白的鉴定方法	2
2	反向化学遗传学	反向化学遗传学的研究对象(A);反向化学遗传学常用的研究方法(B);高质量探针的结构修饰策略(B)	认识理解反向化学遗传学的研究对象;反向化学遗传学常用的研究方法;高质量探针的结构修饰策略	2
3	研究范例	化学遗传学与化学探针(C);高质量高影响力探针(B);低质量公认探针(MG132)(B);化学探针的使用现状及未来展望(C)	熟悉化学遗传学与化学探针;了解化学探针的使用现状及未来展望	1
参考总学时				5

模块 13:生物大分子进化

序号	知识点名称	主要内容	教学目标	参考学时
1	生物大分子进化的概念与思路	自然界的分子进化(A);生物大分子定向进化的基本概念和思路(B)	掌握自然界的生物大分子进化,理解生物大分子定向进化的概念,理解定向进化的研究思路	1
2	蛋白质定向进化技术	分子多样性的建立(A);筛选方法(B);计算机辅助蛋白质设计(C);连续定向进化系统(C);基因密码子扩展技术(C);蛋白质定向进化经典案例(B)	熟悉蛋白质定向进化的基本流程、辅助工具和一些典型案例,熟悉操纵进化的方法	2
3	核酸定向进化技术	核酸适配体(A);核酸适配体的体外筛选技术(B);核酶与脱氧核酶的体外筛选技术(C);核酸定向进化的应用(B);深度学习辅助 DNA 设计(C)	熟悉核酸分子工具——核酸适配体和核酶与脱氧核酶,以及其定向进化技术的基本原理,了解核酸定向进化技术的未来应用	1.5
4	控制进化	控制进化(B)	了解如何更深入地理解进化、利用进化、控制进化	0.5
参考总学时				5

模块 14：生命奥秘

序号	知识点名称	主要内容	教学目标	参考学时
1	细胞膜的奥秘——辣椒素受体的发现	辣椒与疼痛(A)；辣椒素作用靶点 TRPV1 受体的发现(B)；TRPV1 的结构特点(C)；辣椒素以及其他化合物调控 TRPV1 的生物学机制(C)；医学应用与影响(B)	以辣椒素受体的发现为案例，学习理解细胞膜的奥秘	1.5
2	细胞质的奥秘——程序性坏死(necroptosis)关键分子通路的发现	程序性坏死(necroptosis)关键分子通路的发现(B)	学习理解程序性坏死(necroptosis)关键分子通路的发现	1
3	细胞核的奥秘——染色体重构	染色体重构(C)	从基于多肽和蛋白质合成，基于核酸合成的化学工具，以及基于小分子探针的化学工具等角度理解细胞核的奥秘	1.5
4	一些小分子典型例子	小分子典型案例(C)	通过若干小分子典型案例，理解小分子调控功能的发现及应用	1
参考总学时				5

模块 15：疾病分型与诊断

序号	知识点名称	主要内容	教学目标	参考学时
1	概述	疾病分型与诊断的概念、分类和进展(A)；疾病分型与诊断的步骤和思路(B)	了解疾病的定义与分类，疾病的分型，当前疾病分型与诊断的研究进展，疾病分型与诊断的步骤与基本思路	0.5
2	疾病生物标志物	疾病生物标志物简介(A)；疾病生物标志物的分类(A)	学习理解疾病生物标志物；基因组学生物标志物，转录组学生物标志物，蛋白质组学生物标志物，代谢组学生物标志物，微生物组学生物标志物	0.5
3	疾病分型与诊断	基于基因组的疾病分型与诊断(B)；基于转录组的疾病分型与诊断(B)；基于蛋白质组的疾病分型与诊断(B)；多组学整合疾病分型与诊断(B)	学习理解单基因病，多基因病，染色体异常病等概念与特点，了解常见病举例及分型方法，基于编码 RNA 的疾病分型，了解常见蛋白异常的疾病，基于蛋白质组学的疾病分型	1
4	疾病诊断技术	核酸标志物检测技术(C)；蛋白质标志物检测技术(C)；代谢物标志物检测技术(C)	学习理解核酸分子杂交技术，聚合酶链式反应，DNA 序列测定，DNA 芯片技术，核酸质谱技术，蛋白质芯片技术，蛋白质电泳技术，体内氨基酸代谢检测技术，体内嘌呤核苷酸代谢检测技术，体内糖代谢检测技术，体内酮体代谢检测技术，血脂代谢检测技术，电解质代谢检测技术	1

续表

序号	知识点名称	主要内容	教学目标	参考学时
5	疾病分型诊断应用	恶性肿瘤(B);退行性疾病(B);代谢性疾病(B);传染性疾病(B);免疫疾病(B)	学习了解恶性肿瘤,退行性疾病,代谢性疾病,传染性疾病的临床诊断,分子病理学检测,了解免疫疾病器官移植前组织配型方法,器官移植后排斥反应的免疫检测方法	1
参考总学时				4

模块 16:小分子药物

序号	知识点名称	主要内容	教学目标	参考学时
1	概述	小分子药物发展简史(A);小分子药物的特性和应用现状(A);现代药物的研发流程(B)	学习理解小分子药物发展简史;小分子药物的特性和应用现状;了解现代药物的研发流程	0.5
2	活性分子来源及设计策略	活性分子的来源(A);天然产物与合成小分子(B);理性药物设计(C);新型小分子药物设计策略(C)	学习理解基于天然产物发现活性分子;基于人体内源性物质发现活性分子;基于人工合成化合物发现活性分子;理解掌握基于结构的药物设计;药物靶标三维结构的获取和显示,分子对接技术,虚拟筛选技术,共价药物,变构调节剂,靶向蛋白降解技术	2
3	先导化合物发现与成药性优化	高通量筛选技术(B);DNA编码文库技术(B);分子的ADMET性质优化(B)	学习理解高通量筛选技术;DNA编码文库技术;分子的ADMET性质优化	2
4	代表性靶点及药物	G蛋白偶联受体等代表性蛋白靶点及药物(C);核苷酸类药物(C);抗生素类药物(C);药物耐药及其产生机制(C)	学习理解包括G蛋白偶联受体等在内的多个代表性蛋白靶点及药物;了解核苷酸类药物;抗生素类药物;了解药物耐药及其产生机制	1.5
参考总学时				6

模块 17:生物药物

序号	知识点名称	主要内容	教学目标	参考学时
1	生物药物概述	生物药物发展历史(A);生物药物的定义与分类(A)	学习了解生物药物的发展历史;生物药物的定义与分类	0.5
2	重组多肽、蛋白与抗体药物	蛋白质药物与小分子药物的主要区别(A);多肽药物(B);常见的重组蛋白质药物(B);延长重组蛋白半衰期的方法(B);单克隆抗体(B);抗体衍生药物(B)	学习了解蛋白质药物与小分子药物的主要区别,常见多肽药物,常见的重组蛋白质药物,了解延长重组蛋白半衰期的方法,理解单克隆抗体,抗体衍生药物	2

续表

序号	知识点名称	主要内容	教学目标	参考学时
3	核酸药物	核酸药物简介（A）；反义核酸（B）；N-乙酰半乳糖胺（GalNAc）-干扰 RNA 聚合物（B）；脂质纳米颗粒递送核酸药物（B）；病毒载体基因治疗（C）	学习理解核酸药物；反义核酸；了解 N-乙酰半乳糖胺（GalNAc）-干扰 RNA 聚合物；理解脂质纳米颗粒递送核酸药物；病毒载体基因治疗	1.5
4	细胞治疗	细胞治疗的历史（A）；干细胞疗法（C）；CAR-T 细胞疗法（C）	学习了解细胞治疗的历史，理解干细胞疗法，CAR-T 细胞疗法	1
		参考总学时		5

模块 18：生物催化与合成生物学

序号	知识点名称	主要内容	教学目标	参考学时
1	生物催化和合成生物学概述	生物催化概述（A）；合成生物学概述（A）	学习生物催化的基本概念，了解生物催化的历史发展，了解合成生物学的基本概念及历史发展	0.5
2	酶动力学	酶动力学的研究方法（A）；酶动力学的基本方程（A）；酶的催化机制（B）	掌握酶动力学的不同研究方法；熟悉酶动力学的基本方程；理解酶的催化机制	1.5
3	酶的挖掘、改造与设计	酶的挖掘（B）；酶的改造与设计（C）	学习理解基于同源序列的新酶挖掘，基于基因簇的新酶挖掘，基于宏基因组的新酶挖掘以及基于人工智能辅助的新酶挖掘；学习理解酶的理性设计及酶的改造，掌握 AI 辅助酶设计	1.5
4	生物催化的应用举例	单酶催化反应（A）；多酶级联反应（A）；化学-酶偶联催化反应（B）	学习理解酮还原酶，转氨酶等单酶催化反应，理解掌握体内多酶级联反应，体外多酶级联反应，混合级联反应，了解分步分釜反应，分步同釜反应，同步同釜反应	1.5
5	合成生物学研究方法和工具	基因与线路改造的策略（B）；DBTL 策略在合成生物研究中的应用（B）；合成生物常见的使能工具（C）；合成生物重大科学基础设施（A）	学习了解元件工程调控策略，代谢工程调控策略，了解 DBTL 策略在合成生物研究中的应用，掌握同源重组技术，位点特异性重组，CRISPR/Cas9 技术等常见工具，了解合成生物重大科学基础设施情况	1.5
6	合成生物学的应用	合成生物学在功能分子合成中的应用（B）；合成生物学在农业中的应用前景（B）；合成生物学在环境修复中的潜力（B）；合成生物学在食品工业中的应用（B）；合成生物学在生物医疗中的应用（B）	学习了解合成生物学在功能分子合成，农业，环境修复领域，食品工业以及在生物医疗中的应用	1.5
		参考总学时		8

六、化学生物学课程英文摘要

1. Introduction

"Chemical Biology" is a compulsory course for the undergraduate students majoring in chemical biology. The students are expected to have completed courses such as Organic Chemistry and Principles of Biochemistry. It is designed to combine the new knowledge of modern chemistry & biology and to meet the demands of the training and cultivating of the top-notch talents. It is highly comprehensive, and the students are required to have the ability to apply the fundamental concepts and theories of chemistry & biology to analyze and solve the practical problems in the discipline. In the study of the course, students are encouraged to pursue the development of chemical biology, learn the emerging topics and achievements, and expand their academic perspectives and knowledge. By the study, the students could have a comprehensive understanding of chemical biology, and get a solid foundation for advanced studies, future research and professional endeavors.

2. Goals

The Chemical Biology course starts from the molecular basis of macromolecules, describes the key techniques and the applications of chemical biology, which together design to provide students with a comprehensive understanding of the fundamental concepts, techniques, research methodologies and application within the field. It aims to keep students abreast of current trends in chemical biology while enhancing their scientific literacy and research skills. The specific objectives are:

(1) Molecular basis of chemical biology (Chapters 1—6): Equip students with a robust understanding of the structures, properties, classification, and functions of nucleic acids, proteins, peptides, glycochemical biology, lipids, bioinorganic chemistry etc, which will enable them to apply fundamental theories to analyze the relationships between structural attributes and properties.

(2) Key technologies of chemical biology (Chapters 7—12): Deepen students' insights into the core methods and techniques of chemical biology as indispensable tools for conducting research in bioorthogonal reactions, enzymology, genomics, proteomics, molecular imaging, chemical genetics etc., thereby enabling them to apply these principles for problem-solving in practical scenarios.

(3) Applications of chemical biology (Chapters 13—18): Merge foundational theories, technical methods with contemporary research, fostering an understanding of the interdisciplinary nature of modern chemical biology. This will acquaint students with the latest research frontiers and methodologies, thereby stimulating their curiosity and innovation thinking.

(4) Instill in students a correct scientific worldview and values, emphasizing the importance of a rigorous scientific attitude, independent thought, and critical thinking. This will cultivate a sense of responsibility, environmental consciousness, patriotism, and teamwork.

Achieving these objectives will prepare students for successful careers in Chemical Biology, providing a strong foundation for future research, industrial applications, and other professional pursuits.

3. Covered Topics

Modules	List of Topics	Suggested Credit Hours
1. Nucleic Acids	Structures of Nucleic Acids (0.5), Biological Function of Nucleic Acids (0.5), Physical and Chemical Properties of Nucleic Acids (1), Nucleic Acid Analysis Techniques (1), Synthesis and Modification of Nucleic Acids (1.5), Nucleic Acid-Molecule Interactions (1.5)	6
2. Proteins and Peptides	Structure and Physicochemical Properties of Proteins and Peptides (1.5), Synthesis of Proteins and Peptides (1.5), Protein Modification (1.5), Protein-Molecule Interactions (1.5)	6
3. Glycochemical Biology	Structure and Classification of Carbohydrates (0.5), Carbohydrate Conjugates and Their Biological Functions (0.5), Synthesis and Modification of Carbohydrates (1), Metabolic Engineering of Carbohydrates (1), Interaction Between Carbohydrates and Biological Molecules (1), Glycans and Evolution, Biomedicine, and Diseases (1), System Physiology and Biomedical Applications of Glycans (0.5), Glycobioinformatics (0.5)	6
4. Lipids	Structure and Classification of Lipids (0.5), Synthesis and Modification of Lipids (1), Metabolic Engineering of Lipids (1), Lipid-Molecule Interactions (1), Biomedical Applications of Lipids (0.5)	4
5. Natural Products	Discovery and Identification of Natural Products (0.5), Classification of Natural Products and Their Biosynthetic Pathways (0.5), Synthesis and Modification of Natural Products (1), Biological Functions of Natural Products (1), Applications of Natural Products (1)	4
6. Bioinorganic Chemistry	Types of Metals in Living Systems (0.5), Bonding Modes and Existence Forms of Metals in Living Systems (0.5), Structure and Function of Metalloprotein and Metallase (1), Metal-Nucleic Acid Interactions (1), Inorganic Drugs (0.5), Other Studies in Bioinorganic Chemistry (0.5)	4
7. Biomolecular Recognition and Interactions	Basic Principles and Categories of Molecular Recognition (1.5), Basic Characterizations and Techniques for Biomolecular Interactions (2), Application of Molecular Recognition (1.5)	5
8. Life-Oriented Chemical Reactions (Enzymology and Bioorthogonal Reactions)	Fundamentals and Applications of Enzymology (2.5), Bioorthogonal Reactions (2.5)	5
9. Key Chemical Biology Techniques for Nucleic Acids	Nucleic Acid Sequencing Technology (1), Gene Targeting Technology (1), Gene Editing Technology Based On Zinc Finger Protein and TALEN (1), Gene Editing Technology Based on CRISPR-Cas (1), Gene Editing Technologies in the Post-CRISPR era (1), Application of Gene Editing Technology (1)	6

Continued

Modules	List of Topics	Suggested Credit Hours
10. Proteomics Based on Mass Spectrometry	Overview of Quantitative Proteomics Analysis (1.5), Chemical Proteomics (1.5), Chemical Glycoproteomics (1.5), Spatial Proteomics (1.5)	6
11. Biomolecular Imaging Technology	Fluorescence Bioimaging Techniques (1.5), Chemiluminescent and Bioluminescent Imaging Techniques (1.5), Radiobiological Imaging Technology (1), Nuclear Magnetic Bioimaging (1), Other Bio-imaging Techniques (1)	6
12. Chemical Genetics	Forward Chemical Genetics (2), Reverse Chemical Genetics (2), Research Examples (1)	5
13. Evolution of Biological Macromolecules	Concept and Ideas of Directed Evolution of Biomolecules (1), Protein Directed Evolution Technology (2), Nucleic Acid Directed Evolution Technology (1.5), Control Evolution (0.5)	5
14. Mystery of Life	The Mystery of The Cell Membrane-The Discovery of Capsaicin Receptors (1.5), The Mystery of Cytoplasm-The Discovery of Key Molecular Pathways for Programmed Necroptosis (1), The Mystery of The Nucleus-Chromosome Remodeling (1.5), Some Typical Examples of Small Molecules (1)	5
15. Disease Classification and Diagnosis	An Overview of Disease Classification and Diagnosis (0.5), Biomarkers (0.5), Disease Classification and Diagnosis (1), Disease Diagnostic Techniques (1), Disease Typing and Diagnostic Applications (1)	4
16. Small Molecule Drugs	Overview of Small Molecule Drugs (0.5), Source of Active Molecule and Design Strategy (2), Discovery and Optimization of Lead Compounds (2), Representative Targets and Drugs (1.5)	6
17. Biologic Drugs	Overview of Biological Drugs (0.5), Recombinant Peptides, Proteins & Antibody Drugs (2), Nucleic Acid Drugs (1.5), Cell Therapy (1)	5
18. Biocatalysis and Synthetic Biology	Overview of Biocatalysis and Synthetic Biology (0.5), Enzyme Kinetics (1.5), Enzyme Mining, Modification and Design (1.5), Examples of Biocatalytic Applications (1.5), Methods and Tools of Synthetic Biology Research (1.5), Applications of Synthetic Biology (1.5)	8
Total		96

Contents and Teaching Objectives of the Topics

基础化学实验（Fundamental Chemistry Experiments）

一、基础化学实验课程定位

本课程适用于拔尖学生培养计划 2.0 基地学校化学类专业低年级学生，是培养化学基础研究创新人才的高阶基础入门实验课程。通过本课程，激发学生做化学实验的兴趣，使学生（特别是高中化学实验基础薄弱的学生）学习后能够具备继续从事化学后续课程学习和化学研究的基本实验素养。通过以合成和测量为载体的单元实验或小综合实验，服务于基础单元操作学习、基础技能训练，或作为"合成化学实验"和"化学测量学实验"课程学习必要的先导内容，为后续实验课程学习打基础。

二、基础化学实验课程目标

（1）掌握物质制备、组成测定、结构分析、性质表征及其应用的基本实验知识、操作技能和实验技术（包括相应的实验安全防护）。

（2）具备能够运用科学思维与方法进行化学研究的意识和初步能力，逐步养成独立思考的习惯。

（3）树立和培育学生实事求是、求真务实、不畏困难、勇于探索的科学品德和精神，为培养具备国际竞争力的高素质化学创新人才筑好扎实基础。

三、基础化学实验课程模块

模块 1	实验室安全与防护	模块 4	分离与纯化
模块 2	基本操作	模块 5	测量与表征技术
模块 3	合成与制备	模块 6	仪器设备与软件

四、基础化学实验课程设计思路

（1）指导思想：以化学"101 计划"专家组提出的"总体思路"为指导思想，通过守正创新，实现传承和发展。

（2）建设理念：本课程作为一门高阶基础入门实验课程，在建设中，守正"三基"实验训练，通过融入科学前沿、现代信息技术与学习方式等核心要素，创新"实验内容、教学方法和教学手段"，立德树人，力争打造高阶的本科基础课程，为培养化学基础研究创新人才打牢基础。

（3）建设路径：① 成立课程教研室，进行课程设计。本课程设计必修内容为 4 学分，指定选修或选修内容为 2 学分。为使内容有序过渡，在实验项目安排上，考虑每一类实验，设计 2~3 个不同载体,分为经典实验内容载体、前沿实验内容载体、特色教学内容和目标实验载体等。② 依据课程模块,成立课程模块建设小组。确定课程模块知识点及图谱(图 2-10);由课程教研室整合设计课程知识点和知识图谱;设计课程框架目录和实验项目。③ 实验项目建设:首先,根据课程教研室整体设计。采用指定实验项目和在 30 所学校内公开征集和评选两种方法建设实验项目。其次,在确定实验项目后,编写教案,形成教学大纲和手册、完成教材编写。④ 课堂提升:成立课堂提升组,按照全国区域划分,采取线上、线下或两者相结合的方式,组织专家听课、课堂观摩、组织研讨会,安排教师培训,形成课堂提升的完整方案。⑤ 建设符合要求的"基础化学实验"课程平台和推广工作平台。

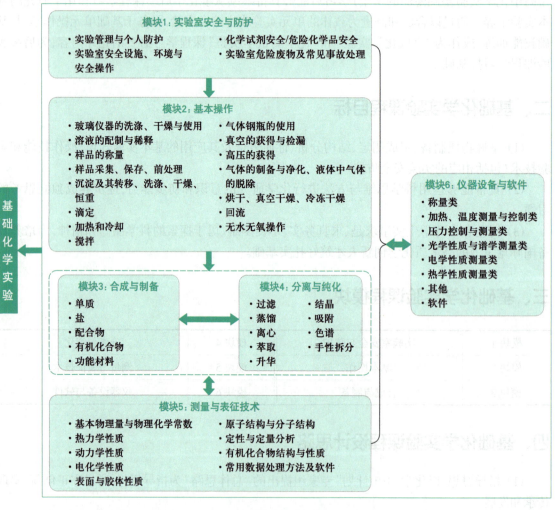

图 2-10　基础化学实验课程知识模块关系图

五、基础化学实验课程知识点

模块 1：实验室安全与防护

序号	知识点名称	主要内容	教学目标	参考学时
1	实验管理与个人防护	实验安全 3E 原则（A）；危险化学品管理法规标准（A）；化学实验室安全管理制度（A）；安全风险评估方法及原则（A）；实验室安全注意事项的标签化提示的必要性（A）；个人防护包括哪些方面（A）	加深理解安全管理中个人的主体责任意识；通过课程的学习，学会并重视个人防护的必要性和重要性；了解实验管理法规和制度	0.5A
2	实验室安全设施、环境与安全操作	实验室安全设施有哪些，并对其进行介绍（A）；实验室安全操作介绍，如电气设备安全、实验室用水及用水安全、实验室热源及其加热安全、压力容器安全、常用小型仪器安全（A）	培养维护工作场所安全环境的意识；知晓实验室安全设施用途及使用方法；掌握化学实验常见的安全操作技能	0.5A
3	化学试剂安全/危险化学品安全	化学品安全标签简介（A）；化学品基础安全信息的获取（SDS 查询）（A）；常用危险化学品的使用规范（A）；实验室常见危险化学品储存（防爆冰箱介绍）（A）；实验室常见危险化学品介绍，包括定义、分类、危险特性、储存、典型试剂使用注意事项（A）；如何针对实验进行安全风险评估（A）	掌握化学品安全基本知识；学会识别基本的安全隐患与常规的应对措施；教会学生如何进行安全风险评估，并进一步提升安全意识，学会如何规避风险	0.5A
4	实验室危险废物及常见事故处理	实验室危险废物处理，包括有毒废气的处理、固体废物的处理、液体废物的处理（A）；化学实验室一般紧急应变程序（A）；实验室事故处理应急物资配备（A）；火灾紧急处理（A）；中毒紧急处理；烫（烧）伤和试剂灼伤紧急处理（A）；一般性外伤的紧急处理法（A）；试剂或异物溅入眼内紧急处理（A）；冻伤的处理（A）；触电急救（A）	了解不同废弃物（固体与液体等）的分类方法与回收方式；了解事故处理流程，学会简单事故处理方法；将环保理念贯穿于化学实验的始终，提高学生环保意识	0.5A
参考总学时				2A

模块 2:基本操作

序号	知识点名称	主要内容	教学目标	参考学时
1	玻璃仪器的洗涤、干燥与使用	常用玻璃仪器(包括度量仪器、反应容器、玻璃瓶类及其他玻璃仪器)的用途(A);常用玻璃仪器洗涤方法及要求(A);常用玻璃仪器的干燥及注意事项(A)	能根据玻璃仪器特点、用途及实验要求选择合适的洗涤方法;掌握常见玻璃仪器干燥与使用	2A
2	溶液的配制与稀释	一般溶液的配制(A);标准溶液的配制,包括直接法和间接法(A);溶液的稀释,包括一般稀释和准确稀释(A)	掌握浓度的表达及计算;掌握标准溶液的定义及配制;能根据实验要求选择合适的配制、稀释和移取方法;能掌握溶液的配制、稀释与定量移取的规范操作	0.5A
3	样品的称量	利用电子分析天平称量,包括增量法、减量法和直接法(A)	能根据实验要求选择合适的称量仪器和称量方法;掌握几种称量方法的规范操作	0.5A
4	样品的采集、保存、前处理	样品采集的原则(A);一般固体、液体、气体样品及其他样品的采集方法(A\B\C);固体试样缩分的原则(A);试样的保存(A\C);常见样品前处理技术(A\B\C)	理解并运用样品采集原则;初步领会教材或文献中不同样品保存和处理条件的选择思路;能根据样品类型、目标组分性质和分析方法采用合适的样品采集方法、预处理程序	1A+0.5C
5	沉淀及其转移、洗涤、干燥、恒重	沉淀的溶解度及其影响因素、纯度、晶形及沉淀条件的控制(A);沉淀的定量转移(A);干燥、恒重的方式(A)	能运用化学基本原理控制沉淀的生成、颗粒大小等;沉淀的定量转移及定量分析;恒重的条件	9A
6	滴定	带聚四氟乙烯旋塞滴定管的使用(A);酸式滴定管和碱式滴定管的使用(A);移液管的使用(A);容量瓶的使用(A);滴定操作(A)	能根据实验要求选择合适规格的滴定管、移液管和容量瓶;掌握滴定管、移液管和容量瓶的规范操作;掌握滴定的规范操作	3A
7	加热和冷却	固体、液体加热和冷却方式、特点及注意事项(A);加热仪器,如酒精灯、酒精喷灯、煤(燃)气等(电热板、电陶炉及电磁炉等有关内容见"测量与表征技术"模块)使用规范及其维护的基本常识(A)	不同加热工具的规范使用;能根据具体加热对象选择加热仪器及加热方式;能根据实验目的选择加热或冷却方式;培养安全意识及火灾、烫伤等安全事故发生时的处理能力	6A
8	搅拌	玻璃棒搅拌及注意事项(A);机械搅拌器的工作原理和使用(A);电磁搅拌器的工作原理和使用(A)	能根据反应物料的量、性状、反应特点选择合适的搅拌方式;掌握机械搅拌器的正确安装及使用方法;掌握电磁搅拌器的使用方法	0.5A

续表

序号	知识点名称	主要内容	教学目标	参考学时
9	气体钢瓶的使用	气体钢瓶的类型与标识(A)；钢瓶使用注意事项(含验漏)(A\B\C)	能辨识常见气体钢瓶并安全正确地使用钢瓶；了解钢瓶存放原则与要求	0.5A+0.5C
10	真空的获得与检漏	真空与真空度(A)；真空泵及其类型(A)；基础实验室常用真空体系的获得(A\C)	了解常见真空泵的类型及对应可获得的真空区域；熟悉实验室常见的获得真空或无水无氧环境的装置或方式	0.5A
11	高压的获得	高压获得的方式(加压/压缩、加热)(A\B\C)	熟悉简单高压装置的使用方法和注意事项；能根据应用场景选择合适的高压获取方式	0.5A
12	气体的制备与净化、液体中气体的脱除	实验室气体制备的装置(含气体发生器)(A)；气体净化的一般原理和装置，包括洗气瓶、干燥塔和净化管(A)；常用的液体脱气方法(A)	能根据气体发生的反应选择合适的气体制备装置；了解气体发生器的工作原理；掌握气体净化和收集的原理和一般原则；了解常见液体脱气方法	0.5A
13	烘干、真空干燥、冷冻干燥	常见的干燥方法(A)；常用干燥仪器及其使用(A\B\C)	熟练掌握烘干和真空干燥技术；掌握冷冻干燥技术；能根据器皿或样品特点选择合适(经济高效)的干燥方法	0.5A+0.5C
14	回流	回流实验原理(A)；回流反应装置(A)	能掌握回流的实验原理；能根据具有反应条件及反应特点选择不同的反应回流装置(能正确选择合适的仪器设备、并熟练操作)；能熟练掌握回流装置的安装及操作方法；掌握回流操作时必须要注意的安全问题及其应急处理	0.5A
15	无水无氧操作	反应体系中除水和除氧的方法(A)；无水无氧体系的获得方式，包括惰性气体的干燥脱氧、反应装置的干燥、反应试剂的干燥脱氧和移取及反应系统的气氛保护操作(A\B\C)	了解常见的无水无氧环境获得方式；掌握直接保护操作	2.5A+0.5C
参考总学时				28A+2C

模块 3：合成与制备

序号	知识点名称	主要内容	教学目标	参考学时
1	单质	非金属单质(A)；金属(A)	掌握单质制备及纯化的原理和方法；能够正确进行气体单质的洗涤、干燥和收集	4A
2	盐	盐(包括复盐)的制备(A\B\C)；盐的提纯(重结晶；离心分离)(A)；离子鉴定(A)；晶体培养(A\C)；盐的组成测定(滴定分析；比色分析)(A\B\C)	掌握盐的合成与制备方法，包括复分解反应、氧化还原反应等；掌握除杂提纯的原则和方法，掌握定性检验某种离子是否已除去；能够根据化合物溶解度随温度变化的差异，通过重结晶进行物质纯化；掌握无机制备基本合成与纯化技术，如固体的加热溶解、水浴蒸发浓缩、倾滗法过滤、热过滤、结晶与重结晶、减压过滤、洗涤、干燥、离心分离；学习晶体培养技术，能够培养规整的晶体；掌握基准物质的概念、理解酸碱滴定、配位滴定、氧化还原滴定、沉淀滴定的原理和方法，能够进行标准溶液的配制和标定；学习并规范掌握滴定分析基本操作(差减法称量、滴定管的使用、滴定终点判断)，能够选取适当方法(滴定分析、比色分析)对物质组分进行定量分析；掌握有效数字、误差等基本概念，能够正确处理实验数据	16A+8C
3	配合物	配合物(价键理论、晶体场理论、晶体场稳定化能、配合物的结构和性质)(A)；配合物的制备(A\B\C)；配合物的提纯(A)；配合物的组成测定(滴定分析；重量分析)(A)；配合物的结构表征和性质(IR；UV-vis；电导率)(A\B\C)	了解配合物定义；掌握价键理论、晶体场理论；学习配合物的常见合成方法(配体取代反应、氧化还原反应、催化反应等)；能够规范并熟练掌握水浴加热、过滤、结晶、晶体培养等无机制备基本操作；掌握常见阳离子和阴离子定性鉴定方法；能够规范并熟练掌握滴定分析和重量分析基本操作；能够通过酸碱滴定、配位滴定、氧化还原滴定、沉淀滴定和重量法进行组分含量测定；掌握有效数字、误差等基本概念，能够正确处理实验数据；能够通过 IR、UV-vis、电导率对配合物进行表征和分析	16A+8C
4	有机化合物	简单有机化合物的合成与制备(如卤代烃、醇、酯等)(A\B\C)；有机化合物(包括天然产物)的分离与纯化(A\B\C)；有机化合物的结构表征(IR；NMR)及物理常数测定(熔点、折射率等)(A\C)	了解有机化合物的合成机理(如取代反应、加成反应、酯化反应等)；掌握回流、控温、蒸馏(常压普通蒸馏、水蒸气蒸馏、共沸蒸馏、减压蒸馏)、萃取、干燥、重结晶、升华、无水无氧等操作的基本原理及其实验技能；掌握薄层色谱和柱色谱的原理、实验操作技术及其应用；掌握熔点、折射率测定的方法；能够利用 IR 和 NMR 对有机化合物进行结构解析	16A+6C

续表

序号	知识点名称	主要内容	教学目标	参考学时
5	功能材料	(1)纳米材料;磁性纳米粒子的制备、纯化、性质及应用(C)	(1)了解纳米材料的定义及特性;能够运用共沉淀法制备磁性纳米粒子;熟练掌握惰性气体直接保护操作;能够规范并熟练运用磁分离、倾析法分离纯化磁性纳米粒子;了解磁性纳米粒子的性质及应用	24C
		(2)量子点;碳量子点的制备、纯化、表征及应用(C)	(2)了解碳量子点的相关知识;能够规范运用水热反应釜合成碳量子点;能够规范运用透析袋纯化碳量子点;能够规范使用紫外–可见分光光度计、荧光分光光度计测量碳量子点的吸收光谱和荧光光谱;掌握比较法测定碳量子点荧光量子产率的方法	
		(3)配位聚合物;配位聚合物的合成、性质与应用(C)	(3)了解金属有机框架结构(MOFs)的定义、常见合成方法、性质与应用;能够运用芳香羧酸与Cu^{2+}合成配位聚合物;了解配位聚合物纳米酶、复合酶及其酶学新特性	
参考总学时				52A+46C

模块4:分离与纯化

序号	知识点名称	主要内容	教学目标	参考学时
1	过滤	倾滗法(A);常压过滤(A);减压过滤(A);热过滤(A)	了解过滤的原理;掌握过滤基本方法与适用范围;能够熟练、规范地进行操作	0.5A
2	蒸馏	常压蒸馏(A);减压蒸馏(A);分馏(A);水蒸气蒸馏(A);等温蒸馏(A)	掌握蒸馏原理及其应用;蒸馏的基本仪器与用途;熟练掌握蒸馏的操作	1A
3	离心	离心(A)	了解离心机的基本原理、分类和用途;熟悉离心机的使用方法与注意事项	0.5A
4	萃取	液液萃取(A);固液萃取(A);相转移萃取(A)	了解萃取的目的和原理;熟悉萃取的操作过程并熟练掌握萃取方法	0.5A
5	升华	升华(A)	掌握升华的目的和要求;掌握升华装置、操作及应注意的问题	0.5A
6	结晶	蒸发浓缩(A);冷却结晶(自然冷却、流水冷却、冰水/盐浴冷却)(A);重结晶(A);自然挥发法结晶(A);扩散法结晶(A)	了解重结晶提纯的原理;掌握通过实验方法选择和确定合适的溶剂及用量;掌握用重结晶法提纯固体化合物正确的操作方法及注意事项	0.5A
7	吸附	物理吸附(A)	掌握吸附实验的原理、影响吸附的因素;掌握利用活性炭吸附纯化的原理及操作注意事项	0.5A

续表

序号	知识点名称	主要内容	教学目标	参考学时
8	色谱	纸色谱(A);TLC(A);柱色谱(A\B\C); pTLC(C)	了解色谱法的基本原理、分类和应用;掌握常见色谱法的操作技术及结果分析方法	0.5A+0.5C
9	手性拆分	结晶拆分(A\C)	了解手性拆分重要性及常用的手性拆分方法	0.5A+0.5C
参考总学时				5A+1C

模块 5:测量与表征技术

序号	知识点名称	主要内容	教学目标	参考学时
1	基本物理量与物理化学常数	基本物理量和物理化学常数的测定方法,包括气体常数、阿伏伽德罗常数、浓度、温度、pH、溶解度、密度、熔点、沸点、折射率、比旋光度、消光系数、相对分子质量、偏摩尔量(偏摩尔体积)等(A);其他物理化学常数如蒸气压、黏度、玻璃化温度、高分子相对质量等包含在"化学测量学实验"中	能够说明基本物理量和物理化学常数的含义;能用相关仪器测定特定相应的物理量和常数	6A
2	热力学性质	基本热力学性质的测定与表征,包括热效应(反应热、溶解热)、平衡常数、相图的测定与表征等(A);其他热力学性质如燃烧热等包含在"化学测量学实验"中	能够说明热力学性质的基本概念;能用相关设备仪器测定相应的热力学性质	8A
3	动力学性质	动力学性质的测定,包括反应速率、反应级数、速率常数和活化能的测定(A)	能够说明动力学性质的基本概念;能用相关仪器设备测定一定的动力学性质	4A
4	电化学性质	基本电化学性质的测定,包括电导率、电极电势、电荷量和离子迁移数的测定(A);电动势、电动势温度系数、极化曲线等包含在"化学测量学实验"中	能够说明电化学性质的基本概念;能够用相关仪器设备测定相应的电化学性质	4A
5	表面与胶体性质	基本表面与胶体性质的测定,包括胶体电泳速率的测定(A);表面张力、吸附等温线等包含在"化学测量学实验"中	能够说明胶体性质的基本概念;能够用相关仪器设备测定胶体性质	4A
6	原子结构与分子结构	有关原子与分子结构参数的测定,包括配位数的测定(滴定法、分光光度法、离子交换法)和磁化率的测定(A\B\C);偶极矩、晶体结构参数的测定等包含在"化学测量学实验"中	能够说明原子结构与分子结构的基本概念;能够测定相关的原子结构物理量	4A+4C

续表

序号	知识点名称	主要内容	教学目标	参考学时
7	定性与定量分析	基本的定性与定量分析方法,包括常见阴离子的鉴定、常见阳离子的鉴定、容量分析方法(酸碱滴定、络合滴定、氧化还原滴定、沉淀滴定)、重量分析法、比色法(A\C)	掌握常见阴、阳离子的性质及其鉴定方法;掌握容量分析和重量分析的基本理论及实验方法;掌握比色法的基本理论、实验方法及相关仪器的使用	6A+8C
8	有机化合物结构与性质	有机化合物的结构与性质表征方法,包括红外光谱、紫外光谱、荧光光谱、折射率、旋光度、熔点、NMR 和常见官能团的特征反应性质(A)	掌握相关的基本概念和谱图解析方法;学会有机化合物官能团的鉴定方法	2A
9	常用数据处理方法及软件	化学实验相关的基本概念和数据处理方法,包括有效数字、误差(绝对误差、相对误差)、偏差(相对平均偏差、相对标准偏差)、误差的传递、分析结果的表达、F 检验、t 检验、可疑值、回归分析(检出限、线性范围)等,以及相关软件 Origin 或 Excel 的使用(A)	掌握数据处理相关的基本概念;学会处理数据的方法及对计算结果的评价方法;了解相关软件的使用方法	1A
		参考总学时		39A+12C

模块 6:仪器设备与软件

序号	知识点名称	主要内容	教学目标	参考学时
1	称量类	电子天平(0.1 g)(A);电子分析天平(0.1 mg)(A)	掌握电子天平的使用方法,包括调平、校准、固定称量法、减量法	0.5A
2	加热、温度测量与控制类	电热套、电热板、电陶炉、磁力加热搅拌器、恒温槽、恒温箱、马弗炉、温度计、热电偶(A)	掌握实验室常用温度测量及控制相关仪器的使用方法及注意事项	0.5A
3	压力控制与测量类	压力计、循环水泵、隔膜泵、机械泵、扩散泵、气压计、减压阀(A)	掌握实验室常用压力测量及控制相关仪器的使用方法及注意事项	0.5A
4	光学性质与谱学测量类	红外光谱仪、紫外–可见分光光度计、荧光光度计、折射率仪、旋光仪、核磁共振谱仪(A\C)	掌握基本光学和谱学性质的概念;学会解析谱图;掌握相关仪器的使用方法	1A+1C
5	电学性质测量类	电位差计(毫伏计)、电流表、数字万用表、库仑计、标准电池、稳流稳压电源(A)	了解电相关概念和测定原理;掌握相关仪器的使用方法	0.5A
6	热学性质测量类	热量计(A)	掌握热量计的测定原理及使用方法	0.5A

序号	知识点名称	主要内容	教学目标	参考学时
7	其他	机械搅拌器、磁力搅拌器、密度计、pH 计、磁天平、离心机、旋转蒸发仪、U 形电泳仪（A）	掌握实验室其他通用仪器设备的使用方法及注意事项	0.5A
8	软件	ChemDraw 或 KingDraw、Origin 或 Excel、Design-Expert（合成化学实验）（A\C）	掌握实验室常用软件的使用方法	1A+1C
参考总学时				5A+2C

六、基础化学实验课程英文摘要

1. Introduction

This course is designed for lower-grade students majoring in chemistry in the Talent Development Project 2.0-based school, and it is an advanced beginner-level experimental course for cultivating innovative talents in fundamental chemical research. Through this course, students' interest in conducting chemistry experiments is stimulated, and students, especially those with weak high school chemistry experiment foundation, are enabled to possess basic experimental literacy for further study and research in chemistry after completing the course. The unit or small comprehensive experiments that are based on synthesis and measurement serve as the essential preliminary part for fundamental unit operation learning, basic skills training, or become the essential prerequisite for studying courses such as "Synthetic Chemistry Experiments" and "Chemical Measurement Experiments", laying a foundation for subsequent experimental course learning.

2. Goals

(1) Mastering basic experimental knowledge, skills, and techniques for material preparation, composition determination, structure analysis, property characterization, and their applications, including corresponding experimental safety protection.

(2) Possessing the awareness and preliminary ability to conduct chemical research using scientific thinking and methods, and gradually cultivate the habit of independent thinking.

(3) Establishing and cultivating students' attitudes of being practical and truth-seeking, pursuing authenticity without fearing difficulties, and having the courage to explore, as well as their spirit of scientific morality, to lay a solid foundation for cultivating high-quality innovative talents in chemistry with international competitiveness.

3. Covered Topics

Modules	List of Topics	Suggested Credit Hours
1. Laboratory Safety and Protection	Chemical Laboratory Management and Personal Protection Equipment (0.5A), Safety Facilities, Environment, and Safety Operations at Chemical Laboratory (0.5A), Knowledges about the Safety of Chemical Reagents/Hazardous Chemicals (0.5A), Disposal of Hazardous Waste and Emergency Handling of Common Laboratory Accidents (0.5A)	2A
2. Basic Operation	Washing, Drying, and Use of Glassware (2A), Preparation and Dilution of Solutions (0.5A), Weighing of the Samples (0.5A), Collection, Storage, and Pre-treatment of Samples (1A+0.5C), Precipitation and Transfer, Washing, Drying and Constant Weight of Precipitation (9A), Titration (3A), Heating and Cooling (6A), Stirring (0.5A), Use of Gas Cylinder (0.5A+0.5C), Vacuum Acquisition (0.5A), High Pressure Obtaining/Acquisition (0.5A), Preparation and Purification of Gases, Degassing of Liquid (0.5A), Drying, Vacuum Drying, Freeze-drying (0.5A+0.5C), Reflux (0.5A), Operation without Water and Oxygen (2.5A+0.5C)	28A+2C
3. Synthesis and Preparation	Simple Substance (4A), Salts (16A+8C), Complexes (16A+8C), Organic Compounds (16A+6C), Functional Materials (24C)	52A+46C
4. Isolation and Purification	Filtration (0.5A), Distillation (1A), Centrifugation (0.5A), Extraction (0.5A), Sublimation (0.5A), Crystallization (0.5A), Adsorption (0.5A), Chromatography (0.5A+0.5C), Chiral Separation (0.5A+0.5C)	5A+1C
5. Measurement and Characterization Techniques	Basic Physical Quantities and Physicochemical Constants (6A), Thermodynamic Properties (8A), Dynamic Properties (4A), Electrochemical Properties (4A), Surface and Colloidal Properties (4A), Atomic and Molecular Structure (4A+4C), Qualitative and Quantitative Analysis (6A+8C), Structure and Properties of Organic Compound (2A), Data Processing Methods and Software (1A)	39A+12C
6. Instrumentation and Software	Weighment (0.5A), Heating, Temperature Measurement and Control (0.5A), Pressure Control and Measurement (0.5A), Optical Properties and Spectral Measurement (1A+1C), Electrical Property Measurement (0.5A), Thermal Property Measurement (0.5A), Others (0.5A), Softwares (1A+1C)	5A+2C
Total		131A+63C

Contents and Teaching Objectives of the Topics

合成化学实验 (Synthetic Chemistry Experiments)

一、合成化学实验课程定位

"合成化学实验"是面向化学及相关专业本科生、培养化学基础学科创新人才的中、高阶合成类核心实验课程。课程主要教授无机、有机、高分子和超分子合成的方法学和表征手段，夯实合成化学实验基础知识，同时注重衔接前沿研究，结合合成化学的重要进展和合成技术发展，将最新科研成果转化为实验教学内容，实现科教融合，守正创新。本课程一方面加强学生的基本实验技术培养，巩固所学理论知识，另一方面侧重培养学生的创新意识，引领学生开展科研训练。课程强调学科的交叉与融合、前沿与创新、贯通性与系统性，并通过"制备与合成—分离与提纯—结构与表征—反应与性能—材料与应用"全链条设计综合性实验，引领学生打破二级学科界线，加强知识的融合，激发学生主动性和积极性，培养学生创新意识、自主学习、分析和解决问题的科学素养和综合素质，为本科毕业论文设计和研究生培养打下基础。

二、合成化学实验课程目标

（1）培养学生系统掌握无机、有机、高分子和超分子合成的方法和表征手段，建立合成方法学知识框架；在巩固理论知识的基础上，提升学生的基本实验技术；

（2）培养学生的科学思维和素养，能够综合运用基础知识和基本实验技术来分析问题和解决问题；

（3）拓宽学生研究视野，激发学习的主动性和创造性，培养自主学习能力和创新意识，为从事基础化学研究与相关行业工作打下扎实基础。

三、合成化学实验课程模块

模块 1	溶液合成	模块 10	逐步聚合
模块 2	外场辅助合成	模块 11	高分子的化学反应
模块 3	固相合成	模块 12	催化材料的合成与性能
模块 4	现代合成方法	模块 13	能源材料的合成与性能
模块 5	合成操作与技术	模块 14	光电功能材料的合成与性能
模块 6	组装合成	模块 15	生物医用材料的合成与性能
模块 7	手性合成	模块 16	环境分析材料的合成与性能
模块 8	多样性与多步骤合成	模块 17	仿生智能材料的合成与性能
模块 9	链式聚合	模块 18	智能合成

四、合成化学实验课程设计思路

"合成化学实验"课程依据《化学类专业化学实验教学建议内容》，着眼于有机、无机、高分子和超分子物质的合成与制备，旨在使学生掌握无机、有机、高分子和超分子化学合成的方法和实验技术，构建完整的物质合成方法学体系，并通过"制备与合成—分离与提纯—结构与表征—反应与性能—材料与应用"全链条综合实验的设计，引领学生打破二级学科界线，提高学生的综合运用基础知识和基本实验技术的能力，培养学生的科学思维和创新意识。本课程分为基础合成化学、进阶合成化学和综合合成化学三大板块。其中，基础合成化学、进阶合成化学板块以合成方法为基本知识点进行实验体系的设计，综合合成化学板块则以科技前沿和国家重大需求为导向，有机结合新材料和综合合成技术进行实验体系的设计（图 2–11）。实验内容兼顾基础和科研前沿，注重学科的交叉和知识的贯通，帮助学生建立系统的合成方法学脉络，开展科研训练。

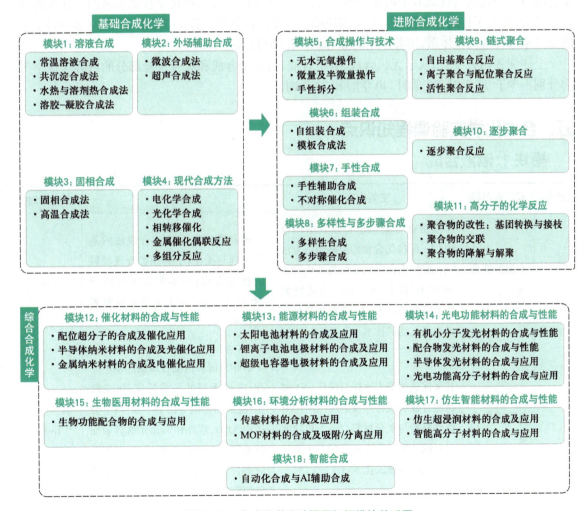

图 2–11　合成化学实验课程知识模块关系图

基础合成化学板块分为溶液合成、外场辅助合成、固相合成、现代合成方法 4 个模块,包含常温溶液合成、共沉淀合成法、水热与溶剂热合成、溶胶-凝胶合成法、微波合成法、超声合成法、固相合成法、高温合成法、电化学合成、光化学合成、相转移催化、金属催化偶联反应和多组分反应 13 种无机/有机/超分子化合物合成方法,每种合成方法下面设置 1~3 个实验。

进阶合成化学板块分为合成操作与技术、组装合成、手性合成、多样性与多步骤合成、链式聚合、逐步聚合和高分子的化学反应 7 个模块,包含无水无氧操作、微量与半微量操作、手性拆分、自组装合成、模板合成法、手性辅助合成、不对称催化合成、多样性合成、多步骤合成、自由基聚合反应、离子聚合与配位聚合反应、活性聚合反应、逐步聚合反应、聚合物的改性:基团转换与接枝、聚合物的交联、聚合物的降解与解聚 16 种无机/有机/超分子/高分子材料合成操作和方法,每类合成操作/方法下面设置 1~3 个实验。

综合合成化学板块则聚焦学科前沿、国家战略目标和行业需求,围绕化学、材料、生命、环境、能源、信息等科技和应用领域,结合合成化学重要进展和合成技术发展,将最新研究成果转化为实验教学内容。内容涵盖催化材料、能源材料、光电功能材料、生物医用材料、环境分析材料、仿生智能材料的合成与性能 6 个模块,同时考虑人工智能(AI)技术在化学合成领域的飞速发展和巨大潜力,设置了智能合成模块。每个模块筛选典型材料分别设置 1~3 个实验,建立多学科交叉的全链条综合性实验体系,培养学生的综合素养和创新意识。

上述课程内容中,归属于无机合成、有机合成、高分子合成和综合实验部分的内容建议学时为分别不少于 72 学时、72 学时、40 学时和 72 学时。

五、合成化学实验课程知识点

模块 1:溶液合成

序号	知识点名称	主要内容	教学目标	参考学时
1	常温溶液合成	常温溶液合成反应特点及适用范围(A);配位化合物的溶液制备方法(A);配位化合物的结构与性质的表征与测试技术(A);无机功能材料的溶液制备技术(A);无机功能材料的表征与测试技术(C)	了解和掌握常温溶液合成法的基本原理与操作;了解相关合成材料的性能原理;初步掌握 X 射线衍射、电子显微、荧光光谱等材料表征技术	6~8
2	共沉淀合成法	共沉淀法的基本原理与操作(A);共沉淀合成反应特点及适用范围(A);低维材料与复合材料(B);无机功能材料的共沉淀合成技术(A);无机材料的表征与测试技术(C)	了解和掌握共沉淀合成法的基本原理;掌握无机共沉淀反应、沉淀熟化、洗涤与分离等的基本操作;学会运用 XRD、紫外和荧光光谱等表征技术研究合成的粉末样品;理解反应条件对沉淀颗粒大小、晶型及颜色的影响	6~8

续表

序号	知识点名称	主要内容	教学目标	参考学时
3	水热与溶剂热合成法	水热/溶剂热反应原理(A);水热/溶剂热合成反应特点及适用范围(A);晶体材料的成核与生长(A);无机功能材料的水热制备技术(A);无机功能材料的表征与测试技术(C)	了解和掌握水热/溶剂热合成法的基本原理与操作;理解水热/溶剂热合成的设计思路和调控策略;掌握水热/溶剂热实验安全知识,培养实验安全意识;初步了解材料的性能原理,掌握无机材料的结构与性质表征技术	6~10
4	溶胶–凝胶合成法	胶体化学(A);溶胶–凝胶合成反应特点及适用范围(A);纳米材料(A);无机功能材料的溶胶–凝胶制备技术(A);无机功能材料的表征与测试技术(C)	了解和掌握溶胶–凝胶合成法的基本原理与操作;了解水解反应的原理及其在材料合成中的应用;了解和掌握粉末X射线衍射分析的基本原理和操作	6~8
		参考总学时		24~34

模块2:外场辅助合成

序号	知识点名称	主要内容	教学目标	参考学时
1	微波合成法	微波合成原理(A);微波合成的特点及适用范围(A);无机/有机功能材料的微波合成技术(A);通过X射线衍射、电子显微镜、紫外可见–吸收光谱等技术表征样品的结构与性质(C)	了解和掌握微波合成法的基本原理与操作;掌握化学滴定分析的基本操作方法	6~8
2	超声合成法	超声反应原理和技术(A);无机纳米材料(如氧化锌纳米粒子等)的超声合成、结构与形貌表征(A);探索纳米材料的性质机理(C);超声技术在有机合成反应中的应用(A)	了解和掌握超声合成法的基本原理与操作,在无机与有机合成中的应用;掌握无机纳米材料(如氧化锌纳米粒子等)的超声合成方法;了解纳米材料的性能原理,掌握无机材料的结构与性质表征技术;掌握超声技术在典型有机合成反应如Knoevenagel反应等中的应用	6~8
		参考总学时		12~16

模块 3:固相合成

序号	知识点名称	主要内容	教学目标	参考学时
1	固相合成法	固相反应热力学(A);固相合成反应特点及适用范围(A);无机功能材料的表征与测试技术(C)	理解材料的固相合成技术,掌握固相合成方法;初步掌握无机材料的结构与性质表征技术;掌握固相反应的基本操作	6~8
2	高温合成法	高温实验技术(A);高温合成的特点及适用范围(A);无机能源材料的高温合成方法(A)	了解和掌握高温合成法的基本原理与操作;了解实验室高温实验技术;初步了解无机能源材料的性能原理;掌握相关材料的结构与性质表征技术	6~8
参考总学时				12~16

模块 4:现代合成方法

序号	知识点名称	主要内容	教学目标	参考学时
1	电化学合成	有机电合成的原理、方法与技术(A);无机电合成的原理、方法与技术(A);电合成反应的影响因素与条件设置(C);有机反应监测、产品纯化操作(A);核磁共振氢谱表征(B)	掌握电化学合成装置的搭建和合成操作,认识电化学合成的优势;提高学生对绿色化学的理解,培养学生利用绿色化学 12 原则评估合成方法的能力	6~12
2	光化学合成	光化学合成的基本概念(A);可见光氧化还原催化(A);自由基化学(A);催化多组分串联反应(C);光致变色动力学(C);无机光合成的原理、方法与技术(A)	掌握光化学反应、自由基反应、串联反应和光致变色的基本概念;掌握光化学合成装置的搭建和合成操作,认识光化学合成的优势;学习核磁表征技术及紫外光谱在光化学反应动力学方面的应用;探索光化学合成含氮杂环化合物;掌握光还原法合成无机纳米材料的原理与操作	6~18
3	相转移催化	相转移催化原理(A);卡宾的结构与反应机理(A)	掌握相转移催化剂结构特点和催化原理;掌握卡宾参与的有机反应;学习相转移催化剂的制备、提纯方法	6~12
4	金属催化偶联反应	钯催化偶联反应机理(A);对氧化剂敏感 Cu(I)催化的反应操作(B);薄层色谱跟踪反应、柱色谱分离和核磁共振氢谱表征(A)	掌握金属催化偶联反应的机理;巩固薄层色谱跟踪、柱色谱分离和核磁共振氢谱表征	6~12
5	多组分反应	多组分反应、"一锅法"反应的概念(A);立体选择性反应(B);Ugi 反应合成天然生物碱(C)	掌握多组分反应的概念;巩固 MS 和 ^{1}H NMR 表征有机化合物的方法	6~12
参考总学时				30~66

模块5:合成操作与技术

序号	知识点名称	主要内容	教学目标	参考学时
1	无水无氧操作	无水无氧 Schlenk 操作(A);溶剂无水无氧处理(A);格氏试剂制备及与醛、酮的加成反应(A)	掌握无水无氧 Schlenk 操作技术、惰性气体氛围下合成金属有机化合物和双排管、真空泵等仪器设备的操作;学会处理无水无氧溶剂;巩固有机合成反应的产物提纯和结构表征	6~18
2	微量及半微量操作	微量及半微量反应与操作(A);产物纯度与结构鉴定(A);油浴加热、减压蒸馏、薄层色谱监测反应和快速柱色谱(A)	掌握有机合成微量和半微量实验操作,利用薄层色谱监测反应进程、产物分离提纯	6~18
3	手性拆分	手性相关概念(手性、对映异构体、非对映异构体、手性拆分、比旋光度、ee、de)(A);手性拆分实验操作技术(B);旋光度的测定(A)	掌握手性相关的基本概念和旋光度测定;掌握手性化合物的手性拆分原理和方法	6~12
		参考总学时		18~48

模块6:组装合成

序号	知识点名称	主要内容	教学目标	参考学时
1	自组装合成	自组装化学原理与技术(A);自组装合成反应特点及适用范围(A);薄膜材料(B);无机功能材料的自组装制备技术(A)	了解和掌握自组装合成法的基本原理与操作;掌握层层组装原理和技术;掌握荧光光谱表征技术;自主探索合成多层无机-有机复合薄膜,培养科研创新思维和实践能力	6~8
2	模板合成法	模板合成原理与策略(A);模板合成的特点及适用范围(A);固体化学与催化原理(B);多孔功能材料(A);无机功能材料的模板合成技术(A);无机功能材料的表征与测试技术(C)	了解和掌握模板合成法的基本原理与操作;了解孔材料结构与性能及催化原理;了解材料的性能原理;掌握介孔材料的表征方法	8~10
		参考总学时		14~18

模块7:手性合成

序号	知识点名称	主要内容	教学目标	参考学时
1	手性辅助合成	手性辅助合成的概念(A);亚胺的不对称亲核加成反应(A);非对映选择性的测定(B)	掌握手性辅助合成的概念;掌握亚胺的不对称亲核加成反应的原理;学会非对映选择性测定的方法	6~18

续表

序号	知识点名称	主要内容	教学目标	参考学时
2	不对称催化合成	不对称有机催化的概念(A);不对称催化 aldol、Mannich 反应(A);对映选择性的测定(B)	掌握不对称有机催化的概念;掌握不对称有机催化 aldol、Mannich 反应的原理;学会对映选择性的测定方法	6~12
参考总学时				12~30

模块 8:多样性与多步骤合成

序号	知识点名称	主要内容	教学目标	参考学时
1	多样性合成	逆合成分析法(A);Perkin 反应(A);Wittig 反应(A);Knoevenagel 反应(A)	掌握逆合成分析法;探究多条合成路线合成目标化合物的方法	6~12
2	多步骤合成	Friedel-Crafts 反应(A);氧化反应(A);溴化反应(A);亲核取代反应(A);羰基化合物的缩合反应(A);Claisen 缩合反应(A);乙酰乙酸乙酯的烷基化反应(A);Dieckmann 缩合反应(A);酯化反应(A);格氏反应(A);金属催化偶联反应(B)	巩固有机合成操作、产物分离纯化方法和核磁共振表征;通过多步骤有机合成,培养综合实验技能和科研能力	6~18
参考总学时				12~30

模块 9:链式聚合

序号	知识点名称	主要内容	教学目标	参考学时
1	自由基聚合反应	自由基聚合(A);高分子分子量测定(B/C)	掌握常见介质环境中(如本体/溶液/悬浮/乳液等)自由基聚合的实验操作(如引发/终止等);掌握自由基聚合各基元反应的机理与调控方法;掌握聚合产物的分离与纯化方法;掌握自由基聚合反应转化率、产率等的计算原理与方法;能够通过仪器测定并计算高分子的平均分子量	5~10
2	离子聚合与配位聚合反应	离子聚合/配位聚合(A);无水无氧聚合反应(A);平均分子量/分子量分布的测定(B/C)	掌握离子聚合与配位聚合的反应原理;了解离子聚合/配位聚合中引发剂与催化剂的反应或作用机理;了解影响离子聚合与配位聚合的关键因素;掌握无水无氧聚合反应的实验操作;能够通过 GPC、SEC 等仪器测定高分子的平均分子量和分子量分布	5~10
3	活性聚合反应	活性聚合及其特征(A);活性种与休眠种平衡及调控(A)	掌握活性聚合的定义、特征及实现方法;掌握活性聚合过程中活性种与休眠种平衡的调控原理与方法	6~12
参考总学时				16~32

模块 10：逐步聚合

序号	知识点名称	主要内容	教学目标	参考学时
1	逐步聚合反应	线型逐步聚合（A）；非线型逐步聚合（A）；逐步聚合反应的调控（A）	掌握线型逐步聚合反应和非线型逐步聚合反应的原理及其特征；掌握常见反应环境中（如熔融/溶液/界面等）逐步聚合的实验操作；掌握逐步聚合不同反应阶段的特征及控制方法；掌握去除逐步聚合反应副产物的方法（如高温/真空/化学反应等）	6~12
		参考总学时		6~12

模块 11：高分子的化学反应

序号	知识点名称	主要内容	教学目标	参考学时
1	聚合物的改性：基团转换与接枝	基于聚合物侧基与端基的化学反应（A）；聚合物改性与接枝的结构表征（A）	掌握聚合物侧基/端基的概念及反应特点；了解影响聚合物化学反应的物理与化学因素；了解聚合物改性与接枝的不同策略；能够通过仪器分析等方法解析改性/接枝前后聚合物的分子结构与链结构	6~12
2	聚合物的交联	聚合物交联（A）；交联聚合物前驱体（预聚物）的合成（A）	掌握交联的定义与特征；掌握典型的聚合物交联策略与方法（如预聚物侧基反应交联、多官能度单体/多端基预聚物反应交联、预聚物链自由基耦合等）；掌握交联聚合物的分析方法（如溶胀率、凝胶率/溶胶率等）	6~12
3	聚合物的降解与解聚	聚合物降解（A）；无规断链与解聚（A）；降解与解聚产物的分离与纯化（A）	掌握降解/无规断链/解聚的定义与特征；了解降解反应动力学的研究方法；掌握降解/解聚产物的分离、纯化与表征方法	6
		参考总学时		18~30

模块 12：催化材料的合成与性能

序号	知识点名称	主要内容	教学目标	参考学时
1	配位超分子的合成及催化应用	金属配合物/配位超分子笼的合成与组装、分离与纯化、组成与结构表征（A）；金属配合物/配位超分子笼的光电性质表征（A）；光催化（光解水、有机化合物转化等）原理与性能评价（A）	了解光催化基本原理及应用，理解配位化合物的催化作用机制；掌握典型配位化合物催化材料的合成方法、有机/无机制备基本操作；能够综合运用多种表征手段对材料的组成、结构和光电性质进行表征；掌握光催化性能的评价方法和实验操作，如光解水、有机化合物转化等	15~24

序号	知识点名称	主要内容	教学目标	参考学时
2	半导体纳米材料的合成及光催化应用	无机半导体纳米材料的合成(A);无机半导体纳米材料的组成、形貌与光电性质表征(A);光催化基本原理及应用(A);光催化性能评价(A)	了解纳米半导体光催化材料的前沿科研进展;理解半导体光催化的作用机制;掌握典型无机半导体纳米材料的合成和表征方法,如溶胶−凝胶法等;掌握光催化性能的评价方法和实验操作,如分解水制氢等	8~24
3	金属纳米材料的合成及电催化应用	金属纳米颗粒催化剂的制备与表征(A);单原子催化剂的合成与表征(A);电催化基本原理及应用(A);电催化剂电化学评价指标和电化学测试方法(A)	了解金属电催化剂的前沿科研进展;理解电催化的基本原理、影响电催化性能的关键因素;掌握典型金属纳米材料(含单原子催化剂)的合成方法和实验操作;能够综合利用多种表征手段对金属纳米材料的组成、结构和光电性质进行表征,并了解单原子催化剂的表征方法;掌握电催化评价方法和电化学测试方法	10~32
参考总学时				33~80

模块 13:能源材料的合成与性能

序号	知识点名称	主要内容	教学目标	参考学时
1	太阳电池材料的合成及应用	无机、有机−无机杂化半导体的合成与表征(A);半导体薄膜电极的制备(A);半导体薄膜组成、结构与光电性能表征(A);太阳电池器件组装及性能测试(A)	了解太阳电池的类型、基本结构与前沿科研进展;理解太阳电池的工作原理、性能评价参数及影响性能的关键因素;掌握典型半导体薄膜电极的合成方法和实验操作,如卤化物钙钛矿电极、染料敏化光阳极等;熟悉薄膜型、敏化型太阳电池器件的制备方法;掌握太阳电池基本特性参数测试原理与方法	12
2	锂离子电池电极材料的合成及应用	锂离子电池结构与工作原理(A);电极材料的合成(A);电极片的制备、纽扣电池的组装与性能测试(A);锂离子电池的性能评价参数与电化学测试方法(A)	了解电化学储能原理及分类,理解锂离子电池的结构和工作原理;了解电极容量和能量密度等电极材料性能参数;掌握典型电极材料(如 $LiFeO_4$ 正极)的合成、电极片的制作、纽扣电池的组装;掌握电极材料的充放电曲线和倍率性能的测试;了解锂离子电池的科研前沿和发展趋势	18
3	超级电容器电极材料的合成及应用	超级电容器结构、类型与工作原理(A);双电层/赝电容电极材料的合成与表征(A);超级电容器器件的组装与性能测试(A);超级电容器的评价参数与电化学测试方法(A)	了解超级电容器结构、类型与工作原理;掌握典型电极材料的常用合成方法;熟悉电极片的制作与器件的组装;掌握电化学性能的测试方法和仪器操作,能够熟练使用电化学工作站对超级电容器的性能进行测试	6~12
参考总学时				36~42

模块 14：光电功能材料的合成与性能

序号	知识点名称	主要内容	教学目标	参考学时
1	有机小分子发光材料的合成与性能	有机发光分子的合成、分离与提纯（A）；有机发光分子（包括AIE分子）发光的原理与性能表征（A）	了解发光材料的研究领域与前沿进展；理解有机小分子的发光机制；掌握有机小分子光电材料的常用合成方法与组成、结构表征技术；掌握有机小分子光电性能的测试方法和仪器操作	10~24
2	配合物发光材料的合成与性能	配合物的合成、分离与表征（A）；配合物发光原理与发光性能表征（A）	理解配位化合物发光原理和发光特点；掌握典型配位化合物发光材料的常用合成、分离、纯化和表征技术；掌握红外、紫外光谱等常用发光性能表征方法和仪器操作；了解瞬态光谱等动力学表征手段；了解发光材料的应用	8~22
3	半导体发光材料的合成与应用	半导体发光材料的合成（A）；半导体组成和晶体结构表征（A）；半导体发光性能表征与机理分析（A）；LED器件组装与性能测试（C）	了解半导体材料的发光机制（A）；掌握典型无机、有机-无机杂化半导体发光材料的合成方法和实验操作；掌握紫外、稳态和瞬态荧光等发光性能表征技术和仪器操作；了解白光LED原理，熟悉LED器件的组装和表征技术	10~12
4	光电功能高分子材料的合成与应用	功能高分子材料的合成（A）；高分子薄膜的制备（A）；高分子组成与光学、力学、电学等性能测试（A）；功能高分子在信息技术中的应用（C）	掌握高分子的常用合成方法与表征技术；掌握光电应用高分子薄膜的制备技术；了解并熟悉高分子薄膜力学、热学、电学等性能测试技术和仪器操作；了解光电功能高分子在信息技术领域的应用	10~20
参考总学时				38~78

模块 15：生物医用材料的合成与性能

序号	知识点名称	主要内容	教学目标	参考学时
1	生物功能配合物的合成与应用	有机配体、金属配合物、配位超分子笼的合成、分离、组成与结构鉴定（A）；生物应用的表征（A）	了解配位化合物在生物医药领域的性能作用机制与研究进展；掌握生物功能配位化合物材料的常用合成方法、组成与结构鉴定手段；了解并熟悉DNA分离纯化、细胞成像、诊疗一体化等生物医用研究的测试方法和仪器操作；培养多学科交叉的创新思维和科研能力	20~30
参考总学时				20~30

模块 16：环境分析材料的合成与性能

序号	知识点名称	主要内容	教学目标	参考学时
1	传感材料的合成及应用	传感材料的作用机制与应用(A)；传感材料的合成与表征(A)；传感性能的评估方法与表征(A)	了解智能传感材料的作用机制、在环境分析领域的应用与前沿进展；掌握半导体等典型无机传感材料的常用合成和表征方法；掌握气敏、葡萄糖传感、重金属离子检测等应用的作用机制、性能评价测试方法和仪器操作	6~8
2	MOF 材料的合成及吸附/分离应用	金属-有机框架(MOF)材料的合成(A)；MOF 单晶培养及结构鉴定(A)；MOF 材料的气体吸附与分离性能测定(A)	了解 MOF 材料在环境分析材料中的研究进展；掌握有机配体、MOF 材料的常用合成和表征方法；掌握单晶培养方法及结构鉴定技术；掌握气体吸附和分离原理、实验技术和数据处理方法	16~24
参考总学时				22~32

模块 17：仿生智能材料的合成与性能

序号	知识点名称	主要内容	教学目标	参考学时
1	仿生超浸润材料的合成及应用	无机、高分子、有机-无机杂化超浸润薄膜的合成(A)；表界面化学组成、微观形貌与浸润性的表征(A)；特殊浸润性材料的仿生应用，如油水分离、自清洁与防雾等(A)	了解仿生超浸润材料的基本概念与应用领域；理解表面特殊浸润性的原理与调控机制；掌握特殊浸润性无机、高分子、有机/无机杂化薄膜的常用合成方法；掌握表界面化学组成、微观形貌与浸润性的表征方法和仪器操作	8
2	智能高分子材料的合成与应用	智能高分子材料的合成与表征(A)；刺激响应原理和表征方法(A)	了解智能响应高分子材料的基本概念与应用领域；掌握典型智能响应高分子材料的常用合成方法和材料成型加工方法；掌握典型高分子刺激响应性能的测试方法和实验操作；培养创新思维和科研能力	8
参考总学时				16

模块 18：智能合成

序号	知识点名称	主要内容	教学目标	参考学时
1	自动化合成与AI辅助合成	自动化合成的原理及在有机、无机、高分子化合物合成中的应用，包括自动化合成方法，自动化实验设备的运行原理、操作，原位组成/结构表征方法等（A）；机器学习的原理及在辅助分子合成中的应用，包括催化反应、合成路线设计、合成性能预测、反应优化、自动化合成等（B）	了解自动化合成的基本原理；掌握典型化合物的自动化合成方法、单元化操作及其相关自动化流程设计，自动化合成中原位表征方法和仪器操作；了解机器学习辅助分子合成的原理与应用方法；培养交叉学科的科研素养	12~20
		参考总学时		12~20

六、合成化学实验英文摘要

1. Introduction

"Synthetic Chemistry Experiments" is a middle and high level synthetic core experiment course for undergraduates in chemistry and related majors to cultivate innovative talents in basic research of chemistry. The course mainly teaches the synthesis methodology and characterization methods of inorganic, organic, polymer and supramolecular compounds. It not only focuses on the construction of basic experimental content, but also integrates the important progress of synthetic chemistry and new synthesis technology, and transforms the latest research results into experimental teaching content, so as to realize the integration of science and education. On the one hand, the course aims to improve the students' basic experimental techniques and consolify the theoretical knowledges; on the other hand, it can cultivate students' innovative consciousness and leads students to carry out scientific research training. The curriculum emphasizes the interdisciplinary crossover and integration, frontier and innovation, coherence and systematicness. By designing the comprehensive experiment of "preparation and synthesis-separation and purification-structure and characterization-reaction and performance-materials and application", it may lead students to break the boundaries of secondary disciplines, stimulate students' initiative, enthusiasm, creativity and curiosity, cultivate students' innovative consciousness, independent learning, scientific literacy and comprehensive quality of analysis and problem solving, which can lay a foundation for undergraduate thesis design and graduate study.

2. Goals

（1）To systematically master the synthesis and characterization methods of inorganic, organic, polymer and supramolecular compounds, so as to establish the framework of synthesis methodology, and improve students' basic experimental techniques on the basis of consolidating the theoretical knowledge.

（2）Cultivating the scientific thinking and literacy of students, possessing the ability to comprehensively apply basic knowledge and basic experimental techniques to solve problems.

（3）Broadening students' research horizons, stimulate their learning initiative and creativity, cultivating the independent learning ability and innovative consciousness, thus lay a solid foundation for basic chemistry research.

3. Covered Topics

Modules	List of Topics	Suggested Credit Hours
1. Solution Synthesis	Room Temperature Solution Synthesis (6~8), Co-Precipitation Synthesis (6~8), Hydrothermal and Solvothermal Synthesis (6~10), Sol-Gel Synthesis (6~8)	24~34
2. External Force-Assisted Synthesis	Microwave Synthesis (6~8), Ultrasonic Synthesis (6~8)	12~16
3. Solid-Phase Synthesis	Solid-Phase Synthesis (6~8), High Temperature Synthesis (6~8)	12~16
4. Methods of Modern Synthesis	Electrochemical Synthesis (6~12), Photochemical Synthesis (6~18), Phase Transfer Catalysis (6~12), Metal Catalyzed Coupling Reactions (6~12), Multicomponent Reaction (6~12)	30~66
5. Synthetic Operations and Techniques	Anhydrous and Anaerobic Operations (6~18), Micro and Semimicro Operations (6~18), Chiral Resolution (6~12)	18~48
6. Assembly Synthesis	Self-Assembly Synthesis (6~8), Template Synthesis (8~10)	14~18
7. Chiral Synthesis	Chiral Auxiliary Synthesis (6~18), Asymmetric Catalysis (6~12)	12~30
8. Diversity and Multi-step Synthesis	Diversity Synthesis (6~12), Multi-step Synthesis (6~18)	12~30
9. Chain Polymerization	Free Radical Polymerization (5~10), Ionic Polymerization and Coordination Polymerization (5~10), Living Polymerization (6~12)	16~32
10. Step-Growth Polymerization	Step-Growth Polymerization (6~12)	6~12
11. Chemical Reaction of Polymer	Modification of Polymer: Chemical Conversion and Grafting (6~12), Cross-Linking of Polymer (6~12), Degradation and Depolymerization of Polymer (6)	18~30
12. Synthesis and Performances of Catalytic Materials	Synthesis and Catalytic Performances of Coordination and Supramolecular Compounds (15~24), Synthesis and Photocatalytic Performances of Semiconductor Nanomaterials (8~24), Synthesis and Electrocatalytic Performances of Metal Nanomaterials (10~32)	33~80
13. Synthesis and Performances of Energy Materials	Synthesis and Performances of Solar Cell Materials (12), Synthesis and Performances of Lithium-ion Cell Electrode Materials (18), Synthesis and Performances of Supercapacitor Electrode Materials (6~12)	36~42

Continued

Modules	List of Topics	Suggested Credit Hours
14. Synthesis and Performances of Optoelectronic Functional Materials	Synthesis and Luminescent Properties of Small Organic Molecules (10~24), Synthesis and Luminescent Properties of Coordination Compounds (8~22), Synthesis and Luminescent Properties of Inorganic Semiconductors (10~12), Synthesis and Application of Photoelectronic Polymers (10~20)	38~78
15. Synthesis and Performances of Biomedical Materials	Synthesis and Applications of Biomedical Coordination Compounds (20~30)	20~30
16. Synthesis and Performances of Environmental Analysis Materials	Synthesis and Applications of Sensing Materials (6~8), Synthesis and Adsorption/Separation Applications of MOF materials (16~24)	22~32
17. Synthesis and Performances of Biomimic Smart Materials	Synthesis and Application of Biomimetic Superwetting Materials (8), Synthesis and Application of Smart Polymer Materials (8)	16
18. Intelligent Synthesis	Automatic Synthesis and AI-Assisted Synthesis (12~20)	12~20
Total		351~630

Contents and Teaching Objectives of the Topics

化学测量学实验（Chemical Measurement Experiments）

一、化学测量学实验课程定位

"化学测量学实验"是一门以化学为基础，建立在化学、物理学、数学、计算机科学、精密仪器制造科学、信息科学、大数据科学、智能科学等多学科交叉与融合基础上的实验课程，主要涵盖仪器分析、物理化学、高分子物理、计算化学中涉及仪器操作和物性测量的实验。本课程主要面向化学、材料、信息、能源、环境、生命、医学和药学等应用领域，培养具有较好实践动手能力的应用型、复合型或创新型人才，以满足我国应对新一轮科技革命与产业变革的战略需要。

二、化学测量学实验课程目标

本课程以化学为基础，强调学以致用，以培养学生从事物质化学组成、结构和性质的测量及仪器设备开发、制造和使用的能力为主要目标，具体包括：

（1）掌握常用化学测量策略、原理、方法与技术，理解各种检测信号的产生原理，并强化图、谱的获得、显示和解析能力。

（2）掌握原子、分子、化学键、物质结构和物性的基本测量方法，理解原子和分子结构、化学键等与激励源的作用，并能够针对特定需求综合应用多种化学测量方法及仪器。

（3）培养能够针对特定需求，开发仪器测量新原理和新方法、设计制造新型仪器设备，高效使用仪器设备并提供相关服务的能力和素质。

三、化学测量学实验课程模块

模块 1	电化学实验	模块 7	色谱实验
模块 2	质谱实验	模块 8	计算化学实验
模块 3	原子光谱实验	模块 9	人工智能辅助的化学计量学实验
模块 4	电子光谱实验	模块 10	物理化学测量实验
模块 5	振动光谱实验	模块 11	高分子物理实验
模块 6	先进表征技术实验		

四、化学测量学实验课程设计思路

本课程采用"仪器认识、仪器综合应用、仪器搭建"逐级深入的方式展开，将原来的分析化学实验、仪器分析实验、物理化学实验、高分子物理实验和综合化学实验有机融合，构建完整的实验教学体系,并按以下三个层次进行创新设计：

(1) 创新内容：加强前沿研究的教学转化,巧妙融入科研前沿内容,承载化学测量学新原理、新仪器、新方法、新技术。

(2) 创新载体：以新载体承载传统的实验原理、方法及仪器。

(3) 创新教学方法：自行搭建仪器,深入认识仪器设计、结构、工作原理。

本课程包含 11 个模块(图 2-12),涵盖与化学相关的电化学、质谱、原子光谱、电子光谱、振动光谱、先进表征技术(扫描电子显微镜、透射电子显微镜、X 射线衍射、X 射线光电子能谱、核磁共振波谱)、色谱、热分析、表面分析、成像分析、分析联用技术、计算化学与人工智能辅助化学测量等测量策略、原理、方法与技术,涉及热力学性质、动力学性质、胶体与表界面性质、分子结构性质

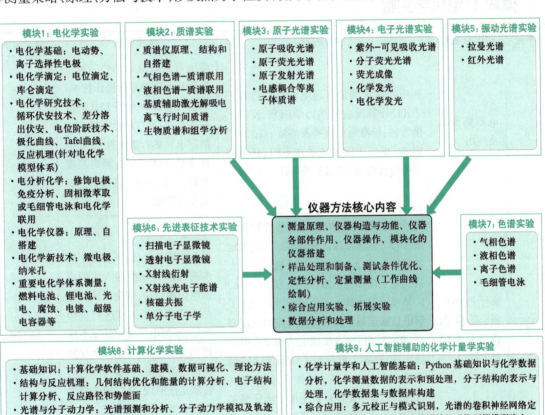

图 2-12　化学测量学实验课程知识模块关系图

等的测量,以及主要借助物质的光、电、热、力、流体等性质来获取高分子链结构、分子运动、形貌与聚集态结构、材料微成型加工与性能的时空变化规律的实验。在强化化学测量学的基本原理、熟知化学原理和化学操作规范的基础上,融入质谱、原子光谱、拉曼光谱、离子色谱、电化学工作站等仪器设计、搭建、使用和维护相关的实验,或者通过虚拟仿真、微视频等教学方式,让学生深入认识信号发生系统、检测系统、系统集成等部分,帮助学生实现从"仪器认识"到"仪器综合应用"再到"仪器搭建"的跃升。

五、化学测量学实验课程知识点

模块 1:电化学实验

序号	知识点名称	主要内容	教学目标	参考学时
1	电动势测量及应用	利用补偿法测量可逆电池电动势并用于:(1)计算反应的热力学函数、反应平衡常数、标准电极电势及溶液 pH;(2)测定 Fe^{3+}/Fe^{2+}-EDTA 体系在不同 pH 条件下的电极电势,绘制电势–pH 曲线(A)	掌握可逆电池电动势的测量原理和电位差计的操作技术;掌握几种常用电极和盐桥的制备方法;通过电池电动势的测定求算热力学函数、反应平衡常数和溶液 pH;测定温度系数;了解电势–pH 曲线的意义及其应用	6A
2	离子选择电极、直接电位法及电位滴定法	离子选择电极的结构、测定装置和测定条件(A);标准曲线法和标准加入法等定量测定方法(A);利用 F^- 离子选择电极直接测定水样如自来水、河水、泉水等中的 F^- 浓度并对水样的水质进行评价(A);了解电位滴定装置及其滴定终点的确定方法(B);掌握传统电位滴定法和库仑电位滴定法,前者可以选择手动添加滴定剂测定自来水中氯离子的体系,后者可以选择通过恒电流电解产生电生滴定剂来测定硫代硫酸钠浓度的系统(A);掌握库仑电位滴定中待测样品浓度的计算(A)	学会使用电位计;掌握基于标准曲线法和标准加入法的直接电位测量法,并会对未知样品中待测离子浓度进行直接测定;了解电位滴定的基本原理和实验装置;熟悉二次导数法确定滴定终点;掌握库仑电位滴定法原理,会应用法拉第定律求算未知物的浓度	4A+2B
3	电化学研究技术	电化学技术的基本原理并利用电化学技术获得重要的电化学参数:(1)测量 Pt 等电极在 H_2SO_4 溶液或铁氰化钾或抗坏血酸等经典电化学体系中的循环伏安曲线(A);(2)循环伏安法研究甲酸电催化氧化反应机理(A);(3)采用循环伏安和计时电流技术研究 Ag 的电沉积(A);(4)运用恒电位法测定 Fe 在 H_2SO_4 溶液中的阴极和阳极极化曲线(B)	理解电化学反应过电位和精准控制反应电位的意义;熟悉电化学测量要点;掌握循环伏安技术、电位阶跃技术、极化曲线,并利用这些技术研究不同类型电化学反应的反应机理;掌握通过电化学技术求取电化学活性面积、扩散系数、反应动力学参数的方法	4A+2B

续表

序号	知识点名称	主要内容	教学目标	参考学时
4	修饰电极的制备及电化学传感分析	在固体电极上通过电化学沉积或者化学吸附的方法制备纳米结构修饰电极，研究其对电化学分析检测的灵敏度和选择性的影响（A）；从葡萄糖、多巴胺、亚硝酸盐、汞离子、砷离子等体系中选择1~2个体系进行检测（A）；在纳米材料修饰电极表面的固定葡萄糖氧化酶，实现葡萄糖的电化学检测（B）；在循环伏安法、差分脉冲伏安法、方波伏安法、溶出伏安法中选择1~2个能够提供最优检测性能的方法，构建电化学信号与检测物浓度的线性回归方程，计算灵敏度、检出限、重现性、稳定性等性能参数（A）	了解各类电化学技术的基本原理和参数设置；掌握三电极电化学沉积制备纳米结构材料和修饰电极的方法；了解常见纳米颗粒的电化学特征；了解材料形貌、结构和组成的表征技术和结果分析；掌握纳米材料在电极表面的修饰方法和酶的固定技术；了解酶电极和传感系统的工作原理和测试方法；掌握电化学技术进行定量分析的原理及电化学传感器性能评估的方法；了解实际样本检测分析的流程和方法	4A+2B
5	电化学仪器	根据电化学、电子工程等原理设计电化学测量仪器，提供两个可供选择的方案：(1)恒电位仪的搭建与测量（A）；(2)燃料电池测试系统搭建与测量（B）。通过仿真模拟验证电路可靠性；基于设计原理和电路图，将不同的硬件模块进行组装和拼接，利用已有软件实现电压控制、电流测量、数据处理等功能；选择模型反应和分子体系验证仪器功能和可靠性	了解恒电位仪的功能及仪器电路设计的基本原理；掌握燃料电池测试设备的原理与构造，学会自行设计和搭建燃料电池测试设备；掌握微小电流信号采集、放大与降噪的基本原理	2A+2B
6	重要电化学体系的探索实验	电化学能源存储与转化等重要体系的工作原理，制备与测试，分析与表征。从9个重要电化学体系中选择1~2个体系实验：(1)染料敏化太阳能电池的制备及光伏性能表征（A）；(2)锂离子电池正极材料的制备及性能测试（A）；(3)超级电容器材料制备、器件组装和性能测试（A）；(4)直接甲酸燃料电池（A）；(5)载体电催化剂的制备、表征与反应性能表征（A）；(6)质子交换膜电解水制氢（A）；(7)镍电沉积工艺与机理研究（A）；(8)聚合物电化学性质测量（A）；(9)电解法处理有色有机废水动力学（A）	理解重要电化学体系的基本原理；掌握重要电化学体系的电极制备方法；电解槽的设计方法，电化学池的组装方法；掌握体系重要参数的获取方法，包括催化活性、反应效率、法拉第效率、容量等相关的性能表征和评价方法及电极或者电解液溶液性质表征方法；利用电化学技术和先进表征技术探索反应机理；掌握电化学数据等处理方法	6A

续表

序号	知识点名称	主要内容	教学目标	参考学时
7	微电极实验	微电极基本理论及微电极制备方法(A);研究微电极循环伏安行为,探讨浓度和扫速等实验条件对其电化学响应的影响,与常规毫米大电极对照(A);对比微电极和大电极在采用三电极和两电极构型时电化学响应的不同。模型体系选择铁氰化钾或者六氨合钌等电对(A);以多巴胺、抗坏血酸等重要生物信号分子作为应用检测对象,开展检测限等电化学分析的应用(B)	掌握微电极的基本电化学理论及其循环伏安特性;了解微电极的制备方法;掌握电极尺寸、物质传输以及电化学反应速率对伏安行为的影响,深入理解电极尺寸对选择两电极体系和三电极体系进行测试的本质原因,理解与大电极体系响应差异原因;掌握微电极上循环伏安法进行生物分析的方法	4A+2B
8	电流型电化学免疫分析	竞争型电流免疫传感器的基本原理(A);利用抗体等方法修饰电极表面,并开展循环伏安和电化学阻抗表征(B);优化溶液 pH、抗原抗体结合孵化时间(B);测试不同抗原浓度下的电流响应(A);利用电流–浓度曲线计算抗原–抗体的结合常数(B);绘制电流–浓度线性曲线并计算该电流型免疫分析的灵敏度及检测限(A)	理解竞争型电流免疫传感器的基本原理;掌握抗体修饰电极的几种常见方法;掌握利用循环伏安法和电化学阻抗法评价免疫电极组装过程;了解循环伏安法和电化学阻抗法获取电极界面抗原–抗体结合常数;掌握电化学免疫传感方法中线性范围、灵敏度及检测限的计算;了解实际样品检测分析的流程和方法	2A+4B
9	电分析技术与分离技术的联用	固相微萃取的基本原理及对于电化学检测的意义和影响(A);对比标准曲线法及加标法对实际样品检测效果的影响(A);考察影响实际样品检测的主要因素(A);介绍毛细管电泳与安培检测联用系统的分离检测原理与实验方法(A);安培检测器、三电极检测和信号采集系统、毛细管电泳仪的自组装(A);探讨主要测试参数(运行缓冲液 pH 和浓度、分离电压、氧化电位、进样时间等)对电泳分离与电化学响应的影响(C);检测可口可乐中碳水化合物的含量(C)	了解固相微萃取的基本原理以及电化学测定的基本原理;掌握标准曲线的绘制及数据分析;了解毛细管电泳–安培检测联用仪的基本构造与分析原理,掌握影响电泳分离和电化学响应的主要实验参数及其优化方法,掌握对待测物进行定性定量分析的方法	4A+4C

续表

序号	知识点名称	主要内容	教学目标	参考学时
10	纳米孔道电化学单分子测量	纳米孔道单分子分析原理与方法；基于薄膜检测池制备磷脂双分子层膜并构建单个蛋白质生物纳米孔道（如 Aerolysin 纳米孔道）；利用纳米孔道单分子电化学测量仪实时记录纳米孔道电流信号；在线观察 poly（dA）$_4$ 单分子信号特征，对比单碱基差异寡居核苷酸 poly（dA）$_4$ 和 poly（dA）$_5$ 的信号差异；采用教学定制软件（如 Smart Nano Analysis）提取单分子信号特征，统计分析单分子信号阻断电流、阻断时间和间隔时间；了解各参数与待测物分子量及浓度的关系（C）	了解纳米孔道技术基本原理；掌握磷脂膜和蛋白质纳米孔道的制备技术；了解纳米孔道单分子电化学测量仪使用方法和参数设置；掌握纳米孔道电导测量方法；熟悉单分子数据的处理方法及统计绘图；理解单分子行为异质性，掌握待测物单分子水平的定性定量分析方法；了解纳米孔道电化学领域发展现状与新应用，并提出研究设想	12C
		参考总学时		36A+14B+16C

模块 2:质谱实验

序号	知识点名称	主要内容	教学目标	参考学时
1	气相色谱–质谱联用法	气质联用仪的工作原理、使用方法和注意事项（A）；气质联用仪在实际样品检测及定量中的应用（A）；固相微萃取的技术原理及操作（B）；超临界 CO_2 萃取的技术原理及操作（B）；样品前处理技术与气质联用仪的结合及其应用（C）	理解气相色谱–质谱联用技术的优点；掌握气相色谱–质谱联用仪的使用方法和注意事项；气质联用仪的基本原理、仪器结构、工作站操作；气质联用数据的三维结构，全扫描与选择离子扫描法；从零开始，建立完整的定性定量方法，分析实际生活中的样品；掌握内标工作曲线法进行定量分析；掌握不同前处理方法的对比；了解固相微萃取的操作，能够编写简单的主成分分析程序；掌握利用气相色谱–质谱联用定性鉴定挥发性混合物的方法；掌握质谱标准谱库的检索方法和有机化合物质谱图的简单解析方法	4A+4B+1C
2	液相色谱–质谱联用法	液质联用仪的工作原理、使用方法和注意事项（A）；液质联用仪在实际样品检测及定量中的应用（A）；固相微萃取技术与液质联用仪的结合及其应用（B）；液质联用仪在手性分离中的应用（C）	掌握液相色谱–质谱联用仪的结构和工作原理；了解复杂样品的前处理技术及定性定量的基本原理和方法；理解质谱多重反应监测（MRM）分析方法的基本原理；掌握手性分离的意义和方法	4A+3B+1C

续表

序号	知识点名称	主要内容	教学目标	参考学时
3	质谱仪的各组成部分和自主搭建质谱仪	自主完成质谱仪主要模块的组装,包括 EI 离子源、脉冲加速器和 MCP 检测器(B);教学质谱仪的自搭建(A);仪器性能参数的调试(B);教学质谱仪的应用及谱图解析(C)	掌握 EI 离子源、脉冲加速器和 MCP 检测器的组装方法;掌握教学质谱仪的自搭建方法;掌握仪器参数包括离子源脉冲高压、发射电流、电离能电压、电离室压,以及推斥极和偏转电极电压参数对质谱信号的影响规律;掌握利用质谱推测未知化合物结构的方法	1A+3B+4C
4	基质辅助激光解吸电离飞行时间质谱法	基质辅助激光解吸电离飞行时间质谱技术 MALDI-TOF 原理、使用方法及注意事项(A);基质辅助激光解吸电离飞行时间质谱检测糖类(B);基质辅助激光解吸电离飞行时间质谱分析蛋白和肽段(B);基质辅助激光解吸电离飞行时间质谱分析微生物(C);基于基质辅助激光解吸电离飞行时间质谱的生物质谱成像(C)	掌握高分辨基质辅助激光解吸电离飞行时间质谱仪的使用方法和注意事项;分子量的精确计算;掌握基质的选择和配置;掌握基质辅助激光解吸电离飞行时间质谱分析聚合物;基于质量指纹谱鉴定蛋白质;基于分子指纹谱鉴定微生物;质谱成像的基本原理和应用	1A+2B+4C
5	生物质谱和组学分析	基于液相色谱串级质谱的蛋白质组学分析原理(A);基于液相色谱串级质谱的细胞蛋白质分析(B);基于液相色谱串级质谱的尿液中代谢物分析(B);基于液相色谱串级质谱的细胞脂质分析(B);蛋白质、代谢物及脂质的数据分析(C)	学习液相色谱串级质谱联用仪基本原理及基于该仪器的蛋白质组学原理;学习并掌握细胞蛋白提取、定量及酶解的操作要点(包括细胞裂解、还原烷基化、蛋白定量、酶解、脱盐等步骤,该部分可由视频演示);初步了解液相色谱串级质谱分析蛋白上机操作及数据分析流程(包括搜库及统计分析);学习基于液相色谱串级质谱的代谢组学原理,掌握代谢物的提取,初步了解代谢分析上机操作及数据分析流程;学习基于液相色谱串级质谱的脂质组学原理,掌握脂质的提取,初步了解脂质分析上机操作及数据分析流程	2A+4B+4C
参考总学时				12A+16B+14C

模块 3:原子光谱实验

序号	知识点名称	主要内容	教学目标	参考学时
1	原子吸收光谱实验	原子吸收光谱原理以及影响其灵敏度、特异性和定量分析的因素(A);仪器的基本结构和使用方法(A);仪器操作(点火、进样、信号平坦后记录、数据呈现)(B);模块化的石英管电热原子吸收光谱仪搭建和使用(C);样品制备方法和标准溶液的配制和操作方法(B);制作标准工作曲线,掌握标准加入法,回收率测定;对未知样品中的元素进行浓度测定(A)	理解原子吸收原理及其应用,理解原子吸收光谱为线状光谱的原因,原子蒸气中基态原子与待测原子总数之间关系;能够运用原子吸收光谱进行定量分析及计算;能够阐述原子吸收光谱仪器的构造;能够根据待测元素选择对应元素灯及知晓共振吸收线波长,牢记安全操作仪器的要点;了解原子吸收光谱的应用范围,根据不同的样品状态进行待测溶液的配制;能够根据样品的基体复杂程度确定合适的分析方法及背景扣除方法;掌握未知样品中待测物质的计算方法,了解回收率实验的目的	3A+2B+1C
2	原子荧光光谱实验	原子荧光光谱产生原理和定量分析依据(A);原子荧光光谱仪器整机结构和核心仪器原理(A);原子荧光光谱分析的样品前处理方法,原子光谱仪器条件优化方法(B);获得检出限、精密度以及线性范围(C)	理解原子荧光光谱产生原理;将原子荧光光谱用于有毒有害元素高灵敏分析检测,能够掌握原子荧光光谱与原子吸收光谱和原子发射光谱异同;理解原子荧光光谱仪整机结构,熟悉各部件的作用,特别是国产原子荧光光谱仪能在世界领先的原因;掌握氢化物发生、气液分离至低温原子化的整个历程;掌握样品消解技术及其他样品预处理方法;掌握检出限、精密度及线性范围获得的数据处理方法	2A+1B+2C
3	原子发射光谱实验	原子发射光谱原理和定量定性分析原理(A);理解仪器的基本结构、工作原理(A)和使用方法(B);样品的预处理方法,包括消解和赶酸(C);仪器的测试条件选择、谱线选择原则、适用元素范围(A);利用内标法及标准加入法检测标准样品和未知样品(A);自行搭建模块化的微型等离子体原子发射光谱仪及其使用(C)	结合仪器,进一步理解原子发射光谱的原理及其应用;能够阐述原子发射光谱的产生原理,理解原子发射光谱线与光谱项,原子蒸气中基态原子与激发态原子之间关系;能够运用原子发射光谱进行元素定性和定量分析;能够阐述原子发射光谱仪器的构造,了解电感耦合等离子体激发源结构、特点,了解原子发射光谱进样系统和分光系统,特别是光谱直读的检测系统;能够根据原子发射谱线进行定性和定量分析;牢记安全操作仪器的要点;知道样品分析之前需要预处理成为清亮溶液,了解原子吸收光谱的应用范围	4A+1B+2C

续表

序号	知识点名称	主要内容	教学目标	参考学时
4	电感耦合等离子体质谱实验	电感耦合等离子体质谱(ICP-MS)的基本原理、定量分析原理和仪器原理和操作方法(A);样品消解方法(C);仪器测试条件的优化方法和干扰消除的方法(B);获得检出限、精密度、线性范围及待测样品中元素浓度(B)	能够阐述 ICP-MS 分析原理,能够说明 ICP-MS 的定性和定量分析基础,区分无机质谱和有机质谱的区别;能够描述 ICP-MS 整机构造,了解各部件的功能及在仪器使用过程维护的注意事项;掌握固态、悬浊样品分析前需要样品消解,侧重掌握微波消解技术;熟悉 ICP-MS 操作过程中气体开关顺序及其对分析结果和仪器安全的影响;理解干扰产生原因和掌握干扰消除的方法;能够正确评价仪器及相关方法性能并将方法用于实际样品分析	3A+2B+1C
		参考总学时		12A+6B+6C

模块 4:电子光谱实验

序号	知识点名称	主要内容	教学目标	参考学时
1	紫外-可见吸收光谱法	紫外-可见吸收光谱法的基本原理(A);紫外-可见吸收光谱仪的构造、工作原理和分类(A);紫外-可见吸收光谱仪的基本测量模式和数据采集与处理方法(A);一些有机染料和无机光学材料的吸光特性(B);紫外-可见吸收光谱法的一些特色分析应用(C);紫外-可见分光光度计的搭建和校准(C)	掌握紫外-可见吸收光谱仪的构造、工作原理和分类;掌握吸光定律和吸光度加和性在单组分、多组分定量分析中的应用;掌握光度法测定配合物的组成和稳定常数的原理和方法;理解不同电子跃迁类型吸收谱带的光谱特性;了解可见分子吸收光谱在裸眼检测和化学过程便捷跟踪中的应用;了解紫外-可见分光光度计的搭建思路和校准方法	3A+1B+2C
2	分子荧光光谱法	分析荧光光谱法的基本原理简介(A);荧光光谱仪的构造、工作原理和分类(A);分子荧光的基本测量模式和数据采集与处理方法(A);荧光量子产率和荧光偏振的测量(B);分子荧光在高灵敏定量分析和分子相互作用研究中的应用(B);新型发光材料在荧光探针设计中的应用(C)	掌握分子荧光光谱仪的构造和工作原理;掌握荧光法定量分析的基本原理和实验流程;掌握荧光光谱数据的不同采集模式和处理方法;理解荧光量子产率和荧光各向异性等光物理参数测量的意义和方法;理解分子荧光的多参数和测量模式多样化在生物分析应用中的优势;了解一些新型发光材料的发光机制、光谱特性及其在荧光传感方面的应用	3A+2B+1C

续表

序号	知识点名称	主要内容	教学目标	参考学时
3	荧光成像分析法	荧光成像的基本原理简介(A)；荧光显微镜的仪器构造和工作原理(包括宽场成像和共聚焦成像)(A)；荧光探针(B)；荧光图像中的数据处理与分析(B)；应用分析(化学成像分析、生物成像分析)(C)	掌握荧光成像的原理、仪器构造和分类；掌握荧光成像分析的实验流程、图像采集和处理方法；掌握选择、标记和验证荧光探针的方法；掌握优化荧光图像的方法；了解不同类型荧光显微镜在应用分析中的优势和荧光探针的设计原理和合成路线	2A+2B+1C
4	化学/电化学发光分析	化学发光的基本原理和分类(A)；电化学发光的基本原理和分类(A)；常见的(电)化学发光体系(A)；化学发光分析仪器构造、工作原理和操作要领(A)；化学发光仪与其他技术联用(B)；(电)化学发光的测量、数据采集与处理(C)；(电)化学发光的分析应用(C)	掌握(电)化学发光的基本原理；了解常见的(电)化学发光的体系；掌握(电)化学发光仪的基本构造与操作要领；了解流动注射技术的定义、分类及特点；理解流动注射技术/电化学工作站与化学发光分析的联用；理解发光的机理并会设计机理验证实验；了解(电)化学发光光谱的绘制方法	4A+1B+2C
		参考总学时		12A+6B+6C

模块5：振动光谱实验

序号	知识点名称	主要内容	教学目标	参考学时
1	拉曼光谱实验	拉曼散射基本原理(A)；拉曼光谱仪构造和各部件工作原理(A)；利用光学元件自主搭建拉曼光谱仪器(B)；探索样品测试条件，验证影响拉曼强度和拉曼谱峰位置的主要因素(A)；数据处理与谱图解析(A)；定性和定量分析(A)；未知物检测和鉴定(A)；物质结构参数的测量(A)；化学反应的原位监测和动力学分析(B)；表面增强等方法开展高灵敏度拉曼光谱测试分析(B)；联合拉曼光谱和其他光谱技术开展前沿科学探索(C)	理解拉曼光谱的基本原理与基本特征；掌握拉曼光谱仪的基本结构和工作原理；掌握光路调试、仪器校准方法；能够自行搭建拉曼光谱仪器；熟练掌握拉曼光谱分析过程与拉曼光谱图的解析方法；学会通过控制单一变量实验探究科学问题；掌握拉曼光谱在化学物质定性和定量分析中的应用；掌握拉曼光谱在物质结构参数和原位动力学表征中的应用；灵活运用拉曼光谱进行前沿科学问题探索	6A+3B+15C

续表

序号	知识点名称	主要内容	教学目标	参考学时
2	红外光谱实验	红外吸收基本原理(A);红外光谱仪类型、仪器构造、工作原理和红外光谱分析技术(A);通过测试几种模型分子的振(转)动频率,计算分子结构参数(B);验证影响红外吸收峰强度和频率的主要因素(A);水的红外光谱及其对红外光谱测量的影响(B);谱库与谱图解析(A);未知物检测和鉴定,从红外振动信息确定分子结构(A);样品成分的定量分析(A);红外光谱在监测化学反应过程的应用(C)	理解红外光谱的基本原理与基本特征;了解红外光谱仪的基本结构和工作原理;了解常用的几种红外测试技术;熟练掌握红外光谱分析过程与红外光谱图的解析方法;掌握红外光谱在化学物质定性和定量分析中的应用;掌握红外光谱在物质结构和动力学表征中的应用;灵活运用红外光谱进行前沿科学问题探索	6A+3B+3C
		参考总学时		12A+6B+18C

模块 6:先进表征技术实验

序号	知识点名称	主要内容	教学目标	参考学时
1	扫描电子显微镜(SEM)实验	电子与物质相互作用及其效应(A);二次电子(SE)形貌成像(A);背散射电子(BSE)形貌成像及组成对比成像(A);特征 X 射线与能谱分析(EDS)、元素分析和元素分布成像(B)	理解二次电子成像原理、背散射电子成像原理及特征 X 射线能谱分析原理;掌握 SEM 及 EDS 能谱仪基本操作(包括装样、进样、探头选择和条件、电压调节、放大倍数和分辨率调节、选区等);掌握 SEM 观察样品微观形貌及 EDS 元素定性和半定量分析方法	1A+1B
2	透射电子显微镜(TEM)实验	阿贝成像原理、透射电子成像、扫描透射电子成像 TEM 装样、进样操作(A);TEM 成像操作(工作电压与电流、合轴与消像散)、过焦–正焦与欠焦,光斑强度与放大倍数调节、寻找和确定有研究意义的样品区域、显微形貌、高分辨图像和选区电子衍射的拍摄(A);衍射成像、电子能量损失谱及 X 射线能谱成像、电子全息成像及三维重构等(B)	能够阐述透射电镜基本成像原理;能够阐述高真空度对开展电镜研究的重要意义;能够操作电镜样品杆的插拔过程;能够通过进行电镜的基本合轴、过焦–正焦与欠焦等操作,掌握其对图像衬度的影响及对样品开展正倒空间图像的拍摄要求;能够针对不同样品和研究需求,采用透射电镜中的不同成像模式和分析功能	2A+2B

续表

序号	知识点名称	主要内容	教学目标	参考学时
3	X射线衍射（XRD）实验	晶体结构基本理论和X射线衍射法的基本原理(A)；粉末X射线衍射仪的基本结构(A)；XRD射线衍射仪基本操作(A)；物相分析、定量分析、晶粒尺寸及晶格畸变分析、晶格常数精确分析(B)	能够阐述X射线衍射法的基本原理，理解晶系、点阵类型、单胞参数、布拉格方程、衍射指标、系统消光等晶体结构基本知识；能够知悉XRD仪器基本组成和对应功能；掌握XRD样品的制样技术，并利用XRD测试样品，获得高质量数据；能够阐述精准测试数据的影响因素及规律；掌握物相分析、定量分析、晶粒尺寸及晶格畸变分析、晶格常数等多种精确科学分析方法	3A+1B
4	X射线光电子能谱（XPS）实验	光电效应基本理论(A)，XPS基本方法(A)，仪器构造(A)，实验过程和数据分析(A)；XPS进样过程(B)，超高真空获得(B)；分析区域选取(B)；元素参数设定(B)；Si和O的谱峰辨识(A)，价态分析(A)，元素深度分布(B)等	能够阐述XPS原理，能够说明定性和定量分析基础，能够使用价态分析理论和深度剖析技术；了解XPS基本测试技术；通过XPS进行定性、半定量元素测定方法；能够进行XPS数据分析	2A+2B
5	核磁共振（NMR）实验	核磁共振原理：原子核自旋、Zeeman效应、磁共振现象，脉冲傅里叶NMR谱仪工作原理和基本组成(A)；谱图采集：设置实验、锁场、匀场，谱参数设定(包含谱宽、延迟时间、采样时间、采样次数等)(A)；灵敏度与采样次数的关系、分辨率与磁场均匀度的关系、双共振实验(B)；数据处理：自由衰减信号，离散傅里叶变换、基线校正、相位校正、内标和外标、校准积分值(A)，卷积(B)；指认共振峰：化学位移与分子结构的关系，自旋耦合常数与分子结构的关系，二维COSY、HSQC、HMBC谱图解析，指认或鉴定小分子有机化合物(A)；推断未知化合物结构(B)	理解核磁共振技术的基本原理；掌握NMR谱仪基本操作；掌握NMR数据处理的基本方法；掌握使用NMR谱鉴定分子结构的基本方法；掌握NMR谱推断分子结构的基本方法	4A+2B
6	扫描隧道显微镜（STM）实验	了解扫描隧道显微镜裂结原理；理解单分子器件的电学性质；掌握仪器组装和测试的基本方法(包括机箱搭建、运动控制模块的搭建、金基底的搭建和接线、金针尖的装搭和接线、滴加样品、调节参数、进行测试等)；掌握数据处理的基本方法(C)	扫描隧道显微镜裂结原理：量子隧穿效应，隧穿系数，单分子器件构筑方法和仪器工作原理；仪器的组装方法；金原子的量子电导的测试；单分子电学性能测量；AI驱动的聚类算法，识别分子特征信号与纯隧穿信号	2C
参考总学时				12A+8B+2C

模块 7：色谱实验

序号	知识点名称	主要内容	教学目标	参考学时
1	气相色谱法实验	气相色谱仪的使用方法和注意事项(A)；气相色谱仪使用条件的优化(A)；气相色谱常用样品前处理技术比较(A)；气相色谱分析方法的建立和评价(A)；气相色谱仪的维护和保养(B)；气相色谱柱的制备和应用(含填充柱和开管柱)(B)；新材料在气相色谱柱技术领域的应用(C)；静态顶空-气相色谱-质谱联用技术(C)	能够阐述流动相、固定相、保留时间、容量因子、分离度、塔板理论、速率理论等基本概念；熟悉气相色谱仪的组成和使用方法；掌握微量注射器、静态顶空、固相微萃取等进样技术；掌握用气相色谱保留值进行定性分析及归一化法、标准曲线法等进行定量分析的方法及特点；通过对食品、生物样品等提取和衍生化处理，掌握气相色谱常用样品前处理的方法；了解气相色谱柱制备技术及色谱联用分析技术的优势和特点	3A+2B+2C
2	高效液相色谱法实验	高效液相色谱仪(含薄层色谱、正向色谱、反向色谱，下同)的使用方法和注意事项(A)；高效液相色谱仪使用条件的优化(A)；高效液相色谱在食品、环境和生物等领域的应用(A)；液相色谱分析方法的建立和评价(A)；高效液相色谱仪的维护和保养(B)；液相色谱柱的制备和应用(含常规柱和毛细管柱)(B)；新材料在液相色谱柱技术领域的应用(C)	能够阐述固定相、流动相、正向色谱、反向色谱等基本概念；熟悉高效液相色谱仪的组成和使用方法，掌握六通阀等进样技术；掌握用液相色谱保留值进行定性分析及标准曲线法等进行定量分析的方法及特点；掌握液相色谱固定相的发展、类型及表征方法；了解液相色谱柱制备技术及色谱联用分析技术的优势和特点	4A+3B+2C
3	离子色谱法实验	离子色谱仪的使用方法和注意事项(A)；离子色谱仪使用条件的优化(A)；离子色谱的常规应用(A)；离子色谱分析方法的建立和评价(B)；离子色谱仪的自搭建、维护和保养(C)	能够阐述离子色谱的基本概念；熟悉离子色谱仪的组成、使用方法和搭建；掌握用保留时间进行定性分析及标准曲线法等进行定量分析的方法及特点；了解离子色谱新技术	2A+1B+1C
4	毛细管电泳实验	毛细管电泳的分析应用，内容包括毛细管区带电泳分析有机化合物的分离条件确定、毛细管电泳-安培检测分析饮料中碳水化合物的含量、毛细管电泳快速分析中药有效成分、毛细管电泳-质谱联用分析(A)；模块式毛细管电泳(电色谱)仪的制作和应用，包括毛细管电泳-安培检测联用仪的组装、基于紧凑型毛细管电泳检测器(吸收、或激光诱导荧光、或非接触电导)的毛细管电泳仪制作(B)；毛细管电泳常用检测器的制作和性能评价，吸收、激光诱导荧光、非接触电导、安培检测任选一，并根据实际条件选择分析对象(C)	能够阐述毛细管电泳(电色谱)的基本原理和基本概念；了解毛细管电泳仪的组成；掌握毛细管电泳仪的使用方法；掌握毛细管电泳分离分析主要实验参数及其优化方法；掌握毛细管电泳定性定量分析的原理和方法；掌握毛细管电泳仪的结构和各功能单元之间的联系；理解不同检测器的原理及应用范围；掌握针对不同样品选择合适检测器的基本原则；初步掌握组装毛细管电泳仪的技能；掌握与分析仪器相关的基本光学、电子学基础知识和操作技能；掌握常见检测器的结构、制作及性能评价的方法	3A+2B+1C
		参考总学时		12A+8B+6C

模块 8:计算化学实验

序号	知识点名称	主要内容	教学目标	参考学时
1	计算化学软件基础知识	Linux 入门,常见计算化学软件如Gaussian、VASP、Materials Studio、Dmol3、Ambers 等的介绍、安装(B)和基本操作(A);使用常用工具如 Materials Studio、GaussView、Chemoffice 等进行普通分子、表面结构和溶液等不同体系的建模(A);使用各类工具如 Origin、GaussView、VESTA、VMD 等实现数据的可视化(A)	了解搭建理论计算的软件环境、功能和基本操作;能够对不同体系选择合适的软件并让学生建立使用软件时查阅帮助文档的习惯,解决软件使用中的各种问题或错误;能够根据研究目的构建相应的模型;能够选择合适的图表类型来最有效地传达信息,掌握高质量的 3D 模型渲染和光影效果呈现真实的空间结构,制作动画展示动态过程等	3A+1B
2	理论方法介绍和输入卡的建立	常用理论方法,如从头算方法和密度泛函方法的介绍;针对不同研究体系结合相关理论方法建立输入卡(A)	理解从头算方法和密度泛函方法的基本原理、应用范围和优缺点;掌握根据不同的研究体系和研究目标,选择最适合的理论方法建立相应的输入卡	2A
3	几何结构优化和能量的计算分析	对不同体系进行结构优化和能量计算(A),并进一步计算分析生成焓、燃烧焓(B),溶剂化能量、分子间相互作用、表面能、表面吸附能等物理量(A)	掌握为不同体系进行系统的结构优化和能量计算,并结合上述能量进行相关物理量的计算分析;深入理解分子间作用力,如范德华力、氢键等,以及它们如何影响分子的物理和化学性质;掌握表面能、表面吸附能的计算和分析,理解材料表面的性质与其功能之间的关系;能够应用上述知识解决实际的科研或工业问题	3A+1B
4	电子结构的计算分析	对分子体系进行分子轨道、电子密度、静电势的计算及绘制、自然键轨道分析(NBO)(A);对固体(表面)等周期性体系进行态密度(DOS)的计算和分析(A);能带结构、差分电荷密度的计算和分析(B)	对于分子体系,理解分子轨道的概念,掌握用分子轨道理论来描述分子的电子结构,以及解释分子的化学反应性和稳定性;掌握电子密度、静电势和 NBO 电荷的计算,分析它们与分子的性质和反应性的关系;对于周期性体系,掌握态密度、能带结构的计算和解析,理解它们与固体的性质(如电导性、磁性等)之间的关系;掌握差分电荷密度的计算和解释,洞察物质间的相互作用或化学反应时电荷的变化和迁移;能够应用上述电子结构信息来解决实际问题	4A+1B
5	反应路径与势能面的计算分析	反应坐标、过渡态、势能面的概念和计算方法(A),并从势能面和过渡态信息计算反应速率常数(B)	理解反应坐标、过渡态和势能面的概念;能够设计和预测反应路径,掌握过渡态、反应速率常数等的计算和分析,熟悉 Eyring 方程和 Arrhenius 方程的应用;能够根据计算结果为理性设计实验提供科学依据	4A+1B

续表

序号	知识点名称	主要内容	教学目标	参考学时
6	光谱预测和分析	红外光谱(A)、拉曼光谱(A)、紫外–可见光谱(B)和核磁共振波谱的预测和分析(B)	掌握各类光谱的预测和分析,并与实验数据进行对比;同时评估计算方法的准确性,以便选择合适的方法和参数	2A+2B
7	分子动力学模拟及轨迹分析	了解分子动力学的基本概念,选择力场并设定动力学模拟参数,进行动力学积分;从分子动力学模拟轨迹中提取能量与结构的时间序列,计算相关函数、径向分布函数等,通过观察系统的能量或结构随时间的变化分析系统的稳定性、相变及反应等现象(B)	掌握分子动力学模拟的基本技能,包括系综与热浴的选择、分子力场的选择、根据微观化学过程的时间尺度设定动力学方程积分算法与模拟参数;掌握分子动力学轨迹的处理方法,包括结构与能量的动态变化、相关函数、径向分布函数等;能够从模拟中提取有关结构、热力学和动力学的信息来解释模拟结果,了解分子动力学的优越性与局限性	6B
		参考总学时		18A+12B

模块 9:人工智能辅助的化学计量学实验

序号	知识点名称	主要内容	教学目标	参考学时
1	Python 基础知识与化学数据分析	Python 简介,Python 与化学量测学关系,解释器,变量与数据类型,基本数据结构,控制流,函数,类,模块,包,环境;NumPy 软件包简介,向量、矩阵与多维数组,线性代数运算,基本统计方法;SciPy 软件包简介,优化,积分,插值,特征值,代数方程;Pandas 软件包简介,数据读取,数据清洗,数据转换,数据聚合;Matplotlib 软件包简介,常见数据可视化图表绘制;Openbabel 软件包简介,常见化学文件格式读取、写入和转换;RDKit 软件包简介,二维和三维分子操作,分子描述符和指纹计算;Scikit–learn 软件包简介,常见降维、聚类、分类及回归方法简介;PyTorch 软件包简介,常见深度神经网络模块简介;PyTorch Geometric 软件包简介,常见图神经网络模块简介(A)	了解 Python 编程语言基本语法,能够读写 Python 模块和程序;了解 NumPy、SciPy、Pandas 及 Matplotlib 的基本功能;能够基于科学计算软件包编写简单程序对化学测量数据进行分析;了解 Openbabel 和 RDKit 的基本功能;能够基于化学信息学软件包编写简单程序进行化学信息操作与计算;了解 Scikit–learn、PyTorch、PyTorch Geometric 的基本功能;能基于上述软件包缩写简单程序,利用化学数据训练深度学习与机器学习模型	4A

续表

序号	知识点名称	主要内容	教学目标	参考学时
2	化学测量数据的表示与预处理	光谱、质谱、色谱、电化学信号的向量表示，高分辨质谱数据稀疏向量表示，联用仪器、单通道成像仪器、荧光信号、二维相关谱等数据的矩阵表示，多通道成像仪器、多维联用仪器数据的张量表示；采用窗口移动平均法进行化学测量数据平滑，采用窗口移动多项式法进行化学测量数据平滑，采用惩罚最小二乘法进行化学测量数据平滑；采用改进的修正多项式法进行化学测量数据基线校正，采用自适应重加权惩罚最小二乘法进行化学测量数据基线校正，采用形态学惩罚最小二乘法进行化学测量数据基线校正；采用基于峰性质的检测方法进行化学测量数据的峰检测，采用连续小波变换方法进行化学测量数据峰检测，采用小波空间多尺度峰检测方法进行化学测量数据峰检测，采用动态时间规整方法进行化学测量数据的峰校准，采用相关性优化规整方法进行化学测量数据的峰校准，采用快速傅里叶变换交叉相关方法进行化学测量数据的峰校准，采用 XCMS 方法进行色谱保留时间校准（A）	了解化学测量数据可以表示为向量、矩阵、张量的形式；能够编写程序读取相关化学测量数据并将它们表示成相应的数据结构；了解窗口移动平均法、窗口移动多项式法、惩罚最小二乘法的原理与特点；能够根据化学测量数据特点选择对应的平滑方法进行数据平滑，提升信噪比；了解改进的修正多项式法、自适应重加权惩罚最小二乘法、形态学惩罚最小二乘法的原理与特点；能够根据化学测量数据特点选择对应的方法进行基线校正，消除基线对后续数据分析的影响；了解基于峰性质的检测方法、采用连续小波变换方法、小波空间多尺度峰检测方法的原理与特点；能够根据化学测量数据特点选择对应的方法进行峰检测，并提取检出峰值用于定性定量分析；了解动态时间规整、相关性优化规整、快速傅里叶变换交叉相关方法、XCMS 方法的原理与特点；能够根据化学测量数据特点选择对应的方法进行峰校准，消除由化学测量导致样品间差异	4A
3	分子结构的表示与处理	SMILES、InChi、CML、MOL、Mol2、XYZ、SELFIES、CIF、PDB、FASTA 等常用分子格式简介，利用 Openbabel 和 RDKit 读写上述分子格式；采用分子描述符、分子指纹、分子独热（one-hot）编码、分子图、分子标记符等方式表示分子的二维信息；采用距离几何和分子力场方法快速生成分子 3D 构象；采用笛卡儿坐标、内坐标、3D 描述符等方式表示分子的三维信息；采用分子指纹、相似度准则、相似度检索、相似度打分、相似度贡献可视化等技术进行分子相似度计算与检索；采用 SMART、全结构检索、子结构检索、3D 结构检索等技术进行分子结构检索；采用基于子结构转换、Murcko 分解、Recap、BRICS、Reaction SMILES 等技术进行分子结构的转换与反应（A）	了解常见分子格式，能够编写程序读取常见分子格式；了解常见分子的表示方法；能够编写程序实现常见分子表示，用于建模与预测；了解相似度检索、分子结构检索、分子结构转换与反应等分子的处理方法；能够编写程序实现相似度检索、分子结构检索、分子结构转换与反应；能够从结构数据库中检索出所需分子；能够编写分子结构的转换与反应程序生成所需的分子结构	4A

续表

序号	知识点名称	主要内容	教学目标	参考学时
4	化学数据集与数据库	小麦颗粒近红外光谱数据集简介、下载与读取，芒果近红外光谱数据集简介、下载与读取；SMART 保留时间数据集简介、下载与读取，NIST 保留指数数据集简介、下载与读取，CCSBase 碰撞截面数据集简介、下载与读取；常见波谱数据库（NIST MS Libraries，Massbank，MoNa，NMRShiftDB，Know It All IR，Raman 数据库）的简介与使用；常见结构数据库（PubChem，ChemEMBL，ZINC）的简介与使用；常见分子性质数据库（PubChem，HMDB）的简介与使用（A）	了解常用化学测量数据集的格式、下载方式与读取方法；能够编写程序读取常见化学测量数据集；了解常用波谱数据库、结构数据库、分子性质数据库及它们的使用方法方法；能够使用数据库提供的接口编写程序进行自动批量的查询	4A
5	面向化学数据集的多元校正与模式识别	采用 SciPy 软件包的 MATLAB 读取模块和 Pandas 软件包的 CSV 读取模块分别读取芒果近红外光谱数据集和小麦颗粒近红外光谱数据集；对近红外光谱数据集进行训练集、验证集和测试集划分，对光谱进行预处理；根据当前化学数据集的特点，选择合适的多元校正方法（MLR、PCR、PLSR）或模式识别方法（PLS–DA、Random Forests、XGBoost），利用交互检验或者验证集优化模型的超参数，使用适合的数值对模型类进行实例化，并配置模型超参数，利用训练集对模型进行训练，使用测试集评估模型的性能，如果模型的性能不理想，可能需要调整其参数或更改预处理步骤；定义准确率（Acc）和均方误差（MSE）作为模型评估指标，根据模型在训练集和验证集上的表现评估拟合程度，根据模型在测试集上的预测结果与真实结果之间的差异评估预测误差，根据模型在不同数据集上的表现来评估模型稳定性，从模型预测速度、计算资源耗用量、可解释性等角度进行模型评估，将训练和评估好的模型应用于新的数据上，进行预测（B）	掌握平滑、基线校正、求导、数据集划分等常见数据预处理方法；能够编写程序实现化学测量数据集预处理；了解多元校正方法和模式识别方法特点；能够基于 Scikit-learn 软件包实现常见多元校正方法和模式识别方法；能够实现交互检验超参数优化方法；了解数据集读取器、参数初始化、损失函数、优化器、迭代周期监控等模型训练过程中常见步骤；能够基于深度学习框架编程实现指定深度学习模型的训练函数；了解常见模型评估指标；模型拟合程度、预测误差、稳定性、预测速度、资源耗用、可解释性等模型评估方法；能够基于 Scikit-learn 编程实现指定多元校正与模式识别模型的评估；能够调用训练和评估好的模型进行批量预测	4B

续表

序号	知识点名称	主要内容	教学目标	参考学时
6	光谱的卷积神经网络定性定量模型建立	采用 SciPy 软件包的 MATLAB 读取模块和 Pandas 软件包的 CSV 读取模块分别读取芒果近红外光谱数据集和小麦颗粒近红外光谱数据集;对近红外光谱数据集进行训练集、验证集和测试集划分,对光谱进行标准化、导数等预处理;采用输入层、卷积层、池化层、展平层、全连接层搭建卷积神经网络模型,用于定性识别的分类模型采用以 softmax 为激活函数的全连接层作为其输出层,用于定量的回归模型采用以 linear 为激活函数的全连接层作为其输出层,使用学习率调度器实现动态调整学习率,使用 Bayesian 优化方法对超参数与网络架构进行优化;实现近红外光谱数据集读取器,通过数据迭代器读取指定批量大小数据,使用 he_normal 方法初始化参数,对于分类模型和回归模型分别选择交叉熵损失函数和均方误差损失函数,选择 Adam 优化器,用于梯度计算、反向传播与参数更新,计算每个迭代周期后的损失,并打印它来监控训练过程;对于分类模型和回归模型分别采用准确率(Acc)和均方误差(MSE)作为评估指标,利用训练集与验证集的 Acc~Epoch 及 MSE~Epoch 曲线评估拟合程度,利用测试集的 Acc 与 MSE 评估预测误差,利用 GradCAM 和 PFI 评估分类模型和回归模型可解释性,将最优模型与偏最小二乘模型进行比较(B)	了解近红外光谱数据集的读取方法与预处理方法;能够编写简单程序实现近红外光谱数据集读取与预处理;了解搭建卷积神经网络模型的基本模块;能够利用 PyTorch 框架编程建立常见的卷积神经网络分类模型与回归模型;能够开发方法对超参数与网络架构进行优化;了解 he_normal 方法、交叉熵损失函数、均方误差损失函数、Adam 优化器等方法的基本原理;能够基于深度学习框架编程实现光谱的卷积神经网络定性定量模型训练函数;了解 Acc、MSE、Acc~Epoch、MSE~Epoch、GradCAM、PFI 等模型评估方法;能够基于深度学习框架编程实现上述深度学习模型的评估;绘制 CNN、PLS 方法性能比较图	4B
7	分子性质的图神经网络预测模型建立	SMART 数据集下载,采用 RDKit 将分子的 InChi 转换成 SMILES,建立 SMILES~RT 的输入输出数据;剔除在色谱柱中没有保留的分子,将分子的 SMILES 编码为节点矩阵、边矩阵和邻接矩阵的图表示形式,将数据集划分为训练集、验证集和测试集;采用边条件卷积层(ECC)、全局池化层、全连接层搭建图神经网络模型,保留时间输出层采用以 linear 为激活函数的全连接层,使用学习率调度器实现动态调整学习率,使用 Wandb 对超参数与	了解保留时间数据集的读取方法与预处理方法;能够编写简单程序实现保留时间数据集读取与预处理;能够编写程序将分子 SMILES 编码为图表示;掌握搭建图神经网络模型的基本模块;能够利用 PyTorch Geometric 框架建立图神经网络模型;能够基于 Wandb 开发方法对超参数与网络架构进行优化;了解 glorot_uniform 方法、均方误差损失函数、Adam 优化器等方法的基本原理;	4B

续表

序号	知识点名称	主要内容	教学目标	参考学时
7	分子性质的图神经网络预测模型建立	网络架构进行优化;实现保留时间数据集读取器,通过数据迭代器读取指定批量大小数据,使用 glorot_uniform 方法初始化参数,选择均方误差损失函数,选择 Adam 优化器,用于梯度计算、反向传播与参数更新;使用 Wandb 监控训练过程;对于保留时间预测模型采用平均绝对误差(MAE)和均方误差(MSE)作为评估指标,利用训练集与验证集的 MSE~Epoch 曲线评估拟合程度,利用测试集的 MAE 与 MSE 评估预测误差,利用 PFI 评估变量重要性,将最优模型与 SMRT 文章中的 DLM 进行比较,将预测保留时间用于辅助结构鉴定(B)	能够基于 PyTorch Geometric 实现保留时间预测的图神经网络模型训练函数;了解 MAE、MSE、MSE~Epoch、PFI 等模型评估方法;能够编程实现上述深度学习模型的评估;绘制 ECC 与 DLM 方法性能比较图;能够预测保留时间用于过滤结构鉴定中的假阳性分子	
8	分子结构预测质谱的双向全连接神经网络模型建立	将 NIST 17 EIMS 数据库中分子结构(SDF)与质谱(MSP)导出,采用 RDKit 将 SDF 文件换成 SMILES,并计算分子的 Morgan 指纹,建立 Morgan 指纹~EIMS 的输入输出数据集;将数据集划分为训练集、验证集和测试集;采用全连接层作为双向全连接神经网络的骨干网络,加入前向预测头,实现碎片峰预测,加入反向预测头,实现中性丢失峰预测,使用学习率调度器实现动态调整学习率,使用 Wandb 对超参数与网络架构进行优化;实现 Morgan 指纹~EIMS 数据集读取器,通过数据迭代器读取指定批量大小数据,使用 glorot_uniform 方法初始化参数,选择均方误差损失函数,选择 Adam 优化器,用于梯度计算、反向传播与参数更新,使用 Wandb 监控训练过程;对于质谱预测模型,采用谱库检索 Recall@1、Recall@5 及 Recall@10 为评估指标,利用训练集与验证集的 MSE~Epoch 曲线评估拟合程度,利用测试集的 Recall@1、Recall@5 以及 Recall@10 评估质谱预测质量,预测 ChEMBL 数据库中 200 万分子的 EIMS,用于鉴定 NIST 数据库中不存在的化合物(B)	将 NIST 17 EIMS 数据库中分子结构(SDF)与质谱(MSP)导出;采用 RDKit 将 SDF 文件换成 SMILES,并计算分子的 Morgan 指纹;建立 Morgan 指纹~ EIMS 的输入输出数据集;将数据集划分为训练集、验证集和测试集;采用全连接层作为了解 EIMS 数据集的读取方法与预处理方法;能够编写简单程序实现质谱数据集导出与预处理;能够编写程序计算分子 Morgan 指纹;掌握搭建双向全连接神经网络的基本模块;能够利用 PyTorch 建立双向全连接神经网络模型;能够基于 Wandb 开发方法对超参数与网络架构进行优化;了解均方误差损失函数、Adam 优化器的基本原理;能够基于 PyTorch 实现从分子结构预测质谱的双向全连接神经网络模型训练函数;了解谱库检索 Recall@1、Recall@5 以及 Recall@10 为评估指标;能够编程实现基于相似度的质谱库检索,并且计算上述评估指标;能够编程实现 ChEMBL 数据库中分子的质谱批量预测,并且建立预测质谱数据库	4B
		参考总学时		16A+16B

模块 10：物理化学测量实验

序号	知识点名称	主要内容	教学目标	参考学时
1	饱和蒸气压测量	饱和蒸气压定义；Clausius–Clapeyron 方程；静态法和动态法测量技术；非理想气体校正；恒温槽、气压计、压力传感器、等位计、缓冲瓶、真空泵等仪器使用（A）	能用静态法/动态法测量液体的饱和蒸气压和摩尔汽化焓并阐述其基本原理；能够合理搭建和使用真空系统、常温控温系统及气压计；能够通过图解法求纯液体在所测温度范围内的平均摩尔汽化热及正常沸点，并合理分析实验结果；能够分析解决生活、生产等领域中基于饱和蒸气压的特性的应用问题	6A
2	偶极矩测量	偶极矩、极化度、介电常数等概念（A）；溶液法测量技术（A）；阿贝折射仪、密度计、精密电容测量仪的使用（A）；DFT 计算（C）	能用溶液法测量极性物质在非极性溶剂中分子偶极矩并阐述其基本原理；能用阿贝折射仪、精密电容测定仪和密度计分别测量液体的折射率、相对介电常数和密度，并阐述其工作原理；能通过 DFT 法计算分子的偶极矩，分析与实验值的差异并说明其原因	6A+1C
3	燃烧热测量	燃烧热定义；等压反应热与等容反应热的转换；温差式测量技术；雷诺校正图处理；燃烧热的应用；氧气钢瓶、压片机、氧弹式热量计的使用（A）	能用氧弹式热量计测定物质的燃烧热，阐述其工作原理；能规范使用氧气钢瓶；能用雷诺图解法校正温度改变值，分析讨论温差改变值大小与误差间的关系；能对实验内容进行拓展设计，解决实际问题	6A
4	热分析测量	热分析基本原理（A）；差热（DTA）曲线、热重（TG）曲线和示差扫描量热（DSC）曲线的图谱分析（A）；热分析测量技术的应用（A）；热分析仪的使用（A）；差热分析仪的搭建（C）	能够阐述热分析技术的工作原理；能使用热分析仪测量样品的 DTA、TG 和 DSC 曲线；能对 DTA、TG 和 DSC 图谱进行定性和定量分析，获得相关参数，推测受热过程发生的变化；能自行搭建具有实验教学功能的差热分析装置	6A+2C
5	相图测量	相平衡原理和相关概念；典型相图的绘制与分析；平衡组成分析法、热分析法（包括步冷曲线法）等测量技术；金属相图仪、热分析仪等的使用（B）	能根据系统特点选择合适方法和仪器测量相平衡相关参数，绘制相图；能根据相图进行相态动态分析；能根据相图指导产品提纯、分离等科研工作/实际生产	6B
6	胶体性质测量	胶体基础知识（A）；胶体的制备和纯化（A）；胶体电泳测量技术（A）；电动电势和粒度分布测量（C）；显微电泳仪、毛细管电泳仪和粒度分析仪的使用（C）	能够阐述胶体电泳的原理；能用凝聚法或分散法制备胶体，通过渗析或其他途径纯化胶体；能用电泳仪（显微电泳仪/毛细管电泳仪/Zeta 电位及粒度分析仪）测量胶体带电性质，并阐述其工作原理；能用粒度分析仪分析胶体的粒度并阐述其工作原理；能够结合测量结果对胶体性能进行分析和改进；能根据实际需要设计可控制备胶体	6A+2C

续表

序号	知识点名称	主要内容	教学目标	参考学时
7	固体孔结构参数测量	固体表面特点和表面吸附的原理;物理/化学吸附、比表面积、孔隙率、孔径分布、吸附等温线、吸附量等概念;Langmuir吸附等温式;BET吸附等温式;容量法测量技术;从吸附结果获得孔结构参数;比表面及孔隙分析仪的使用(A)	能用表面积及孔隙分析仪测量固体的比表面积、孔结构参数,并阐述其工作原理;能够从比表面积、孔容、孔径分布等信息剖析固体材料的结构性质,并为设计合成功能孔材料及实际拓展应用提供理论指导	6A
8	液体/固体表界面性质测量	表界面现象的原理和相关概念(表/界面张力、表面自由能、表面吸附、表面超量、表面活性物质、接触角、黏附力等)(A);Gibbs吸附等温式(A);Langmuir吸附等温式(A);Young式方程(B);最大泡压法、板法、环法测量技术(A);表面超量、界面张力、分子横截面积求算(A);表面张力仪、接触角测量仪、液体门控压力阈值仪的使用(A);智能手机和Python程序的使用(B)	能用表面张力仪(或液体门控压力阈值仪等)测量液体的表面张力、界面张力和黏附力,表征探索溶液中吸附作用;能用接触角测量仪测量接触角;能够通过表面张力测定计算表面吸附量和分子横截面积;能够通过接触角和液体表面张力的测定求算液固界面张力;能够阐述液体门控机制,使用液体门控压力阈值仪测量门控液体跨膜压强阈值;能够分析和调控介观限域孔道内流体行为	6A+6B
9	多相催化反应动力学测量	多相催化反应机理(A);催化剂活性评价(A);流动法测量技术(A);转化率、选择性、收率、反应级数、反应活化能等反应动力学参数计算(A);多相催化剂制备(C);催化剂物性表征(C);气固相催化剂活性评价装置、气相色谱仪的使用(A)	能够选用相应的装置进行多相催化剂的催化活性测试,并阐述其工作原理;能够合理处理和分析动力学数据;能够选择合适的测量仪器和技术,对催化剂进行表征;结合表征结果,进行催化剂构效分析,并提出催化剂改进方案	6A+6C
10	均相催化反应动力学测量	复杂反应机制;均相催化定义;Arrhenius方程;反应级数、速率常数、活化能等反应动力学参数计算;分光光度计的使用(A)	能够阐述复杂反应速率方程测定的原理,并能根据实验系统特征选择合适的速率测定方法;能用相关的仪器测量不同温度下反应物种浓度随时间的变化;能够根据实验数据推测反应级数,求算速率常数和反应表观活化能	6A
11	光催化反应动力学测量	光催化反应原理;可见光/紫外光催化反应;光催化降解有机污染物;光催化产氢;反应动力学参数和量子效率计算;分光光度计和光催化反应器的使用;光催化剂研制(B)	能够说明光催化反应原理及其应用领域;能用光化学反应器评价光催化降解有机污染物活性或者光催化产氢性能;能够利用分光光度法分析有机污染物溶液的浓度,并阐述其工作原理;能够分析光催化活性差异的原因,进一步设计研制光催化剂,提升光催化性能	6B

续表

序号	知识点名称	主要内容	教学目标	参考学时
12	酶催化反应动力学测量	酶催化反应的机理和术语；初始速率法、猝灭/骤停法、连续测定法等测量技术；米氏常数、速率常数等反应动力学参数计算；紫外–可见分光光度计的使用（C）	能够合理使用初始速率法、猝灭/骤停法或连续测定法测量酶催化反应动力学参数，推导复杂酶反应动力学方程，探索酶催化反应的机理；能够从测量数据求算米氏常数及各分步反应的反应速率常数；能用紫外–可见分光光度计等仪器检测反应过程浓度的变化	4C
13	化学振荡反应动力学测量	化学振荡反应原理；耗散结构、化学振荡、自催化、诱导期、振荡周期等概念；电化学测量技术；同心圆形成；活化能求算；电化学工作站的使用（C）	能够利用电动势等方法测量化学振荡反应的诱导期和活化能，阐述化学振荡反应的基本原理，以及自然界中普遍存在的非平衡非线性现象；能够对化学振荡反应机理开展研究；能够运用耗散结构相关原理去认识世界、改造世界	6C
14	非等温反应动力学测量	化学反应动力学机制；Arrhenius 方程；活化能求算；等温法和非等温法测量技术；热分析仪的使用（C）	能用热分析仪等仪器测量非等温化学反应动力学曲线；能够解析非等温反应动力学曲线，求算速率常数和活化能；能够说明等温法和非等温法测量活化能的测量原理和优缺点	3C
参考总学时				54A+18B+24C

模块 11：高分子物理实验

序号	知识点名称	主要内容	教学目标	参考学时
1	高分子一级结构（近程结构）的表征	结构单元的键接方式、结构单元的空间构型，均聚高分子、共聚高分子，线型高分子、体型高分子等基础知识；光谱法、波谱法等分析方法、仪器及其用于表征高分子物质组成结构等（A）	能够采用光谱法、波谱法等方法及其仪器，测定高分子一级结构（近程结构）的组成、结构单元的键接方式、结构单元的空间构型以及线型、体型结构等	6A
2	高分子的平均分子量及其分子量分布的表征	平均分子量及分子量分布等基础知识；黏度计、激光光散射、凝胶渗透色谱等分析方法、仪器及其用于表征高分子的平均分子量及分子量分布（A）	掌握黏度法、凝胶渗透色谱法、激光光散射法等方法及其仪器的基本原理，及其在高分子的平均分子量及分子量分布测定中的应用	6A

续表

序号	知识点名称	主要内容	教学目标	参考学时
3	高分子二级结构(远程结构)的表征	高分子的链构象、旋转异构态、刚柔性,均方末端距、均方回转半径等基础知识(A);激光光散射等分析方法、仪器及其应用(A);虚拟仿真(B)	掌握使用激光光散射法等表征高分子链构象的基本原理、测量分析方法及仪器操作技术,表征探索链构象、旋转异构态、均方回转半径与链刚柔性的关系;学会使用分子模拟方法,对不能直接研究或观测的高分子链构象、形态、尺寸等高分子链的远程结构问题进行虚拟仿真探索	3A+3B
4	高分子溶液性质的表征	高分子的溶胀和溶解,理想溶液,Flory-Huggins 理论,高分子溶液的相平衡和相分离,标度律,高分子溶液链构象及其演变,高分子在溶液中的扩散、尺寸及表面性质等基础知识(A);激光光散射、Zeta 电位仪等分析方法、仪器及其用于表征高分子溶液特性(A);表征高分子溶液特性相关应用(B)	了解聚合物溶解度参数的滴定等分析方法;掌握激光光散射法、紫外-可见吸收光谱法等的基本原理、测量分析方法及仪器操作技术,表征探索高分子溶液链构象及其演变;灵活运用激光光散射法、Zeta 电位仪、沉降法等分析方法及仪器测定高分子在溶液中的扩散、尺寸及表面电位,并表征高分子溶液特性相关应用	3A+3B
5	聚合物分子运动的表征	非缠结高分子运动学、缠结高分子运动学等基础知识(A);黏度计(A)、流变仪(B)、差示扫描量热仪(B)等分析方法、仪器及其在表征高分子运动学中的应用	能够通过黏度、流变测试等表征高分子的流体特性;了解热分析、光散射分析等的基本原理、测量分析方法及仪器操作技术,表征探索高分子运动学	4A+2B
6	高分子微相分离的表征	两亲性高分子、高分子表面活性剂,相分离、微相结构、自组装等基础知识(A);紫外-可见分光光度法、X 射线衍射、光学显微技术与超分辨成像等分析方法、仪器及其在表征相变等中的应用(A)	掌握自组装的谱学分析基本原理、测量分析方法及仪器操作技术,表征探索两亲性高分子、高分子表面活性剂、嵌段高分子等高分子自组装的原理、方法和影响因素;能够灵活运用紫外-可见分光光度法、X 射线衍射、光学显微技术与超分辨成像等方法及仪器,表征探索高分子组装动力学、微相分离形态和微相结构	6A
7	高分子凝聚态结构的表征	非晶态高分子的热转变温度,结晶性聚合物的结晶形态、结晶速度、晶胞、熔融和熔点,液晶、液晶高分子、超分子聚合物、液晶相行为,高分子共混体系的相容性等基础知识(A);差示扫描量热仪、热机械分析仪、偏光显微	掌握差示扫描量热、热机械法等的基本原理、测量分析方法及仪器操作技术,测定非晶态高分子的玻璃化转变温度、黏流温度;能够使用偏光显微镜观察聚合物的结晶形态,使用光学解偏振法测定聚合物结晶速度;掌握聚合物结晶结构的 X 射线衍射等分析	14A+2B+8C

续表

序号	知识点名称	主要内容	教学目标	参考学时
7	高分子凝聚态结构的表征	镜、X 射线衍射法等分析方法、仪器及其用于测定表征非晶态高分子(A)，结晶性聚合物的结构模型、结晶过程、结晶速度与结晶形态(A)；X 射线衍射法等方法、仪器及其用于表征高分子的取向度(C)；X 射线衍射、核磁共振波谱、电镜等分析方法、仪器及其用于表征超分子聚合物(A)；金相显微镜、热台偏光显微镜等分析方法、仪器及其用于表征液晶(C)；接触角仪、相差显微镜、热分析、力学分析等分析方法、仪器及其用于表征聚合物表面张力与界面张力(C)、表征高分子共混物的界面特性(B)或表征高分子共混物的相容性(A)	的基本原理、测量分析方法及仪器操作技术，表征探索结晶性聚合物中晶体的晶胞、结晶性聚合物的结构模型等；能够使用差示扫描量热等热分析法，表征探索结晶度；了解灵活使用 X 射线衍射法等方法及仪器表征高分子的取向度；能够使用 X 射线衍射法、核磁共振波谱法和荧光光谱法等方法，表征超分子化学中分子间作用力驱动自组装、次价键力缔合组装等形成超分子聚合物的方法、过程及机理；学会用金相显微镜、热台偏光显微镜等表征液晶聚集态形貌和相织构，初步确定相类型，测试液晶相变温区；了解接触角测定、熔体外推法等表征聚合物表面张力与界面张力；能够通过玻璃化转变温度的热分析法、动态力学分析法等，表征高分子共混物的相容性	
8	聚集诱导猝灭/发光的表征	聚集诱导猝灭、聚集诱导发光等基础知识(A)；红外光谱、核磁共振波谱、紫外–可见吸收光谱、荧光光谱等分析方法、仪器及其用于表征聚集诱导发光(C)	能够采用红外光谱、核磁共振波谱、紫外–可见吸收光谱、荧光光谱等谱学方法，表征探索聚集诱导猝灭、聚集诱导发光现象，并测定相对荧光量子效率等	6C
9	高分子材料微成型加工的表征	高分子材料成型、聚合物熔体的流动速率、3D 打印等基础知识(A)；熔融指数测定仪、流变仪等分析方法、仪器及其用于表征聚合物熔体流动指数与分子量大小及其分布的关系(A)；测定高分子熔体的流变曲线、塑化曲线和扭矩–时间曲线(A)或评价3D 打印适用性(B)	了解 3D 打印、熔融指数测定仪、流变仪等高分子材料微成型加工及表征仪器设备的基本原理；能够使用熔融指数测定仪测量热塑性聚合物熔体的流动速率的测量分析方法及仪器操作技术，表征探索聚合物熔体流动指数与分子量大小及其分布的关系；掌握使用流变仪测量高分子熔体的塑化曲线和流变曲线的测量分析方法及仪器操作技术，学会运用扭矩–时间曲线评价加入配合剂后的材料性能；能够灵活运用红外光谱、热重分析、示差扫描量热分析等分析方法及仪器，表征探索基于热挤出、光固化等的 3D 打印成型加工方法和工艺，并学会通过测定材料结构、结晶性、润湿性能等来评价 3D 打印适用性	4A+2B

续表

序号	知识点名称	主要内容	教学目标	参考学时
10	高分子材料热学性能的表征	耐热性与热稳定性、热容、热变形、热传导、燃烧性、氧指数、烟密度等基础知识；热重分析仪、差示扫描量热仪等分析方法、仪器及其用于表征高分子材料热学性能（A）	了解聚合物燃烧性的极限氧指数法、UL94 燃烧测试法等分析测试方法及仪器操作技术，测定高分子的分解温度、燃烧性、氧指数、烟密度、阻燃等，表征探索高分子阻燃剂、阻燃高分子材料等；了解使用脆化温度试验机测量高分子的低温脆化温度；能够使用热重分析仪测量高分子的分解温度，使用差示扫描量热仪测量高分子的热容；掌握维卡软化点试验、热变形温度试验、马丁耐热试验等常用的高分子热变形温度的测试方法及仪器操作技术；了解使用热膨胀系数测试仪测量高分子的线膨胀系数；学会使用热导率测定仪测量高分子的热导率	6A
11	高分子材料力学性能的表征	聚合物的形变、聚合物的拉伸行为、聚合物的屈服行为、高弹性、黏弹性等基础知识；热机械分析仪、拉力机、动态力学分析仪等分析方法、仪器及其用于表征高分子材料力学性能（A）	掌握热机械分析、拉力机等的基本原理、测量分析方法及仪器操作技术，及其在高分子材料的拉伸弹性模量、拉伸应力、拉伸应变、拉伸蠕变性能、弯曲模量、弯曲强度等力学性能表征中的应用；学会使用热机械分析方法测定温度–形变曲线；学会使用拉力机测定应–应变曲线；学会使用万能试验机和落锤冲击试验机等测试高分子材料的拉伸性冲击性能、强度和刚度等；学会使用动态力学分析仪测定聚合物在交变应力（应变）作用下的模量、内耗等力学性能随温度、频率等条件的变化行为；学会综合使用热老化试验箱、拉力机等对比分析老化前后材料力学性能；能够综合使用磨耗试验机、电子比重天平等测试分析常见硫化胶的耐磨性能，表征探索橡胶制品的配料、生胶塑炼、胶料混炼、压片、硫化等基本工艺过程与力学性能的关系	6A

续表

序号	知识点名称	主要内容	教学目标	参考学时
12	高分子材料其他性能的表征	聚合物的光学性能、聚合物的电学性能、聚合物的透气性、聚合物胶黏剂的黏结性能等基础知识（A）；高阻计、电化学工作站、电光测试仪、紫外可见吸收光谱、荧光光谱等分析方法、仪器及其用于表征高分子材料的光学性能（A）、电学性能（A）等其他性能（C）	能够使用紫外–可见分光光度计、荧光光谱仪、电光测试仪等测定信息高分子材料、能源高分子材料、光电磁功能高分子材料的吸光、发光、衍射等光学性能；能够使用高阻计、电化学工作站等测量能源高分子材料、光电磁功能高分子材料、集成电路与显示产业关键高分子材料等的电阻或电导率；了解介电谱仪等基本仪器的基本原理、测量分析方法及仪器操作技术，及其在高分子材料的相对介电常数、介质损耗因素、体积电阻率、表面电阻率、电气强度、相比漏电起痕指数等其他性能表征中的应用；了解聚合物透气性的真空法、恒压法、恒容法、气体透过率测试仪等测量方法及仪器；学会灵活使用拉力机等测量聚合物胶黏剂的黏结性能；了解聚合物吸水性、密度、灰分等其他性能的表征方法	2A+4C
参考总学时				60A+12B+18C

六、化学测量学实验课程英文摘要

1. Introduction

Chemical Measurement Experiments is an experimental course rooted at chemistry, which is based on the intersection and integration of chemistry, physics, mathematics, computer science, precision instrument, manufacturing science, information science, big data science, intelligent science and so on. It mainly covers the experiments involving instrument operation and physical property measurement in instrumental analysis, physical chemistry, polymer physics and computational chemistry. The course mainly focuses on the applied fields of chemistry, materials, information, energy, environment, life, medicine and pharmacy, and trains applied, compound or innovative talents with good practical ability to meet the strategic needs of our country to cope with the new round of scientific and technological revolution and industrial change.

2. Goals

This course is based on chemistry, emphasizes the application of knowledge, and aims to cultivate students' ability to engage in the development, manufacture and use measurement methods, instruments and equipment for measuring the chemical composition, structure and property.

The main aims are as follows:

（1）to master the common chemical measurement strategies, principles, methods and techniques, understand the generation principle of various detection signals, and strengthen the ability of obtaining, displaying and analyzing graphs and spectra.

（2）to master the basic measurement methods of atoms, molecules, chemical bonds, material structures and physical properties, understand the interaction between atoms and molecules, chemical bonds and excitation sources, and be able to comprehensively apply a variety of chemical measurement methods and instruments for specific needs.

（3）to cultivate the ability and quality to conceive new principles and develop new instrument methods, design and manufacture new instruments and equipment, and efficiently employ them for specific needs.

3. Covered Topics

Modules	List of Topics	Suggested Credit Hours
1. Electrochemistry Measurement Experiments	Electromotive Force and its Applications(6A), Ion Selective Electrode, Potentiometric Analysis and Titration (4A+2B), Electrochemistry of Some Model Systems (4A+2B), Preparation of Modified Electrodes and their Application for Electroanalysis (4A+2B), Electrochemical Instruments (2A+2B), Comprehensive Experiments for Some Important Electrodechemical Systems (6A), Microelectrodes (4A+2B), Electrochemical Immunosensors (2A+4B), Intergration of Separation Techniques with Electroanalysis (4A+4C), Nanopore Electrochemistry for Single Molecule Measurement (12C)	36A+14B+16C
2. Mass Spectrometry Experiments	Gas Chromatography-Mass Spectrometry (4A+4B+1C), Liquid Chromatography-Mass Spectrometry (4A+3B+1C), The Main Components of Mass Spectrometry, and Building Mass Spectrometry (1A+3B+4C), Matrix-Assisted Laser Desorption/Ionization Time-of-Flight Mass Spectrometry (1A+2B+4C), Biological Mass Spectrometry and Omics (2A+4B+4C)	12A+16B+14C
3. Atomic Spectrometry Experiments	Atomic Absorption Spectrometry (3A+2B+1C), Atomic Fluorescence Spectrometry (2A+1B+2C), Atomic Emission Spectrometry (4A+1B+2C), Inductively Coupled Plasma Mass Spectrometry (ICP-MS) (3A+2B+1C)	12A+6B+6C
4. Electron Spectrometry Experiments	Ultraviolet-Visible Absorption Spectroscopy (3A+1B+2C), Molecular Fluorescence Spectroscopy (3A+2B+1C), Fluorescence Imaging Analysis(2A+2B+1C), Chemiluminescence/Electrochemiluminescence Analysis (4A+1B+2C)	12A+6B+6C

Continued

Modules	List of Topics	Suggested Credit Hours
5. Vibrational Spectrometry Experiments	Raman Spectroscopy (6A+3B+15C), Infrared Spectroscopy (6A+3B+3C)	12A+6B+18C
6. Modern Characterization Techniques Experiments	Scanning Electron Microscopy (SEM) (1A+1B), Transmission Electron Microscopy (TEM) (2A+2B), X-ray Diffraction (XRD) (3A+1B), X-ray Photoelectron Spectroscopy (XPS) (2A+2B), Nuclear Magnetic Resonance (NMR) (4A+2B), Scanning Tunneling Microscopy (STM) (2C)	12A+8B+2C
7. Chromotography Experiments	Gas Chromatography (3A+2B+2C), High-Performance Liquid Chromatography (4A+3B+2C), Ion Chromatography (2A+1B+1C), Capillary Electrophoresis (3A+2B+1C)	12A+8B+6C
8. Computational Chemistry Experiments	Fundamentals of Computational Chemistry Softwares (3A+1B), Introduction to Theoretical Methods and Input Cards Construction (2A), Computational Analysis of Geometric Structures and Energies (3A+1B), Computational Analysis of Electronic Structures (4A+1B), Computational Analysis of Reaction Pathway and Potential Energy Surface (4A+1B), Spectral Prediction and Analysis (2A+2B), Molecular Dynamics Simulation and Trajectory Analysis (6B)	18A+12B
9. Artifical Intelligence Assisted Chemometrics Experiments	Python Basics and Chemical Data Analysis (4A), Representation and Preprocess of Chemical Measurement Data (4A), Representation and Manipulation of Molecular Structures (4A), Chemical Datasets and Databases (4A), Multivariate Calibration and Pattern Recognition on Chemical Datasets (4B), Qualitative and Quantitative Models for Spectra Based on Convolutional Neural Networks (4B), Prediction of Molecular Properties Using Graph Neural Networks (4B), Prediction of Mass Spectra From Molecular Structures with Bidirectional Fully Connected Neural Networks (4B)	16A+16B
10. Physical Chemistry Measurement Experiments	Vapor Pressure (6A), Dipole Moment (6A+1C), Heat of Combustion (6A), Thermal Analysis (6A+2C), Phase Diagram (6B), Colloid Properties (6A+2C), Parameter of Pore Structure (6A), Surface/Interface Properties of Liquid and Solid (6A+6B), Heterogeneous Catalytic Reaction Kinetics (6A+6C), Homogeneous Catalytic Reaction Kinetics (6A), Photocatalytic Reaction Kinetics (6B), Enzyme Catalytic Reaction Kinetics (4C), Chemical Oscillating Reaction Kinetics (6C), Non-isothermal Reaction Kinetics (3C)	54A+18B+24C

Continued

Modules	List of Topics	Suggested Credit Hours
11. Polymer Physics Measurement Experiments	Primary Structure (Short–Range Structure) of Polymers (6A), The Average Molecular Weight and Molecular Weight Distribution of Polymers (6A), Secondary Structure (Long–Range Structure) of Polymers (3A+3B), Properties of Polymer Solutions (3A+3B), Molecular Motion of Polymers (4A+2B), Microphase Separation of Polymers (6A), Condensed State Structure of Polymers (14A+2B+8C), Aggregation-Induced Quenching/Emission (6C), Microprocessing of Polymeric Materials (4A+2B), Thermal Properties of Polymeric Materials (6A), Mechanical Properties of Polymeric Materials (6A), other Properties of Polymeric Materials (2A+4C)	60A+12B+18C
Total		256A+122B+110C

Contents and Teaching Objectives of the Topics

化学生物学实验（Chemical Biology Experiments）

一、化学生物学实验课程定位

"化学生物学实验"课程定位培养化学类专业本科生对化学生物学这一新兴学科的兴趣和了解,训练学生初步掌握化学生物学研究中常用的相关技术和方法(特别是生物学方面的技术和方法),为学生提供一个深入理解和探索化学生物学领域的机会,通过实际实验和实践活动培养其实验技能和科学思维能力。通过本课程的学习,培养学生成为具备扎实实验技能和科学素养的专业人才,激发学生对交叉科学的兴趣,并为其在相关研究领域取得成功提供坚实的支持。

二、化学生物学实验课程目标

(1) 实验技能的培养:化学生物学实验课程旨在通过实验教学来培养化学专业本科生的基本生物学实验技能。学生将掌握分子生物学、生物化学和细胞生物学的基本实验技能。通过接触和使用最新的化学生物学实验技术和仪器,学习了解不同类型的具有鲜明化学生物学特色的实验策略和方法。

(2) 配合理论课程学习:本课程注重将学生在化学生物学理论课程中学习到的知识与实际化学生物学实验操作有机结合,学生将通过本实验课程的学习,夯实理论课上学习到的关键知识点,进一步加深理解通过化学手段和技术探索生命过程这一化学生物学学科发展理念,提升对实际科学问题的解决能力。

(3) 加强团队合作能力:鼓励学生间彼此合作,共同解决复杂的实验问题,有助于培养团队合作和沟通能力,为他们未来的学术研究和职业发展打下坚实的基础。同时在本实验课程中,学生将学习并遵守伦理规范和实验室安全准则,以确保实验过程的安全性和可持续性。

三、化学生物学实验课程模块

模块 1	基础分子生化实验	模块 3	前沿综合化生实验
模块 2	基础细胞生物学实验		

四、化学生物学实验课程设计思路

本课程分为基础实验和前沿实验两个部分,共 3 个模块(图 2–13)。

基础部分包括两个模块(相当于 2 学分课程),涵盖基础分子生化实验和基础细胞生物学实

图 2-13　化学生物学实验课程知识模块关系图

验。在基础分子生化实验模块,学生将学习质粒构建、细菌转化、蛋白表达纯化及蛋白质分子量质谱检测等基本的分子生物学和生化实验技术。在基础细胞生物学实验模块,学生将进行细胞培养、细胞活力检测、细胞转染、qPCR 和 Western blot 等细胞实验技术。在两个模块实验中,同时分别设计了基于两种不同类型"点击化学反应"的实验内容(2022 年诺贝尔化学奖相关),学生在掌握分子生化和细胞生物学基本实验技能的同时,还能进一步学习具有鲜明化学生物学特色的知识和实验本领。

前沿实验模块则包括参与课程建设的各高校提供的特色实验,目前涵盖非天然糖代谢标记、基于活性的蛋白质分析、蛋白相互作用捕捉、生物活性小分子靶标鉴定、蛋白酶活检测、蛋白质结构模拟和设计、核酸损伤和交联监测、金属荧光探针和金属蛋白结构稳定性测定等领域,未来还将进一步扩充和拓展。这些前沿化学生物学实验将拓展学生的实验技能和科学视野,培养学生解决复杂科学问题的能力。本课程总体设计思路是,通过基础实验培养学习和掌握基本的生物学技能,通过前沿实验拓展学生的知识和技能,激发其对化学生物学这一交叉学科的兴趣,为未来的科研和职业道路奠定坚实的基础。

五、化学生物学实验课程知识点

模块 1:基础分子生化实验

序号	知识点名称	主要内容	教学目标	参考学时
1	绿色荧光蛋白质粒构建	构建能表达绿色荧光蛋白(GFP)的质粒,使用 PCR 扩增、限制性酶切割和连接酶连接,将 GFP 基因克隆插入到质粒中,掌握 PCR、限制性酶切割、连接等方法(A)	理解分子克隆的基本原理,学习并掌握基因克隆的基本步骤	3
2	细菌转化	用钙离子处理细菌,使其处于能够吸收外源 DNA 的状态,通过热脉冲让质粒进入细菌(A)	学习并掌握细菌转化的基本步骤,理解基因如何在微生物中表达	2
3	非天然氨基酸插入	引入可以识别带有生物正交基团的非天然氨基酸 PABK 的特殊的 tRNA 和氨酰合成酶质粒,也转入细菌,并在绿色荧光蛋白待插入 PABK 的位点引入琥珀终止密码子(A)	理解蛋白质化学的基本原理,学习并掌握蛋白质工程的基本步骤,如引入非天然氨基酸、突变等	3
4	绿色荧光蛋白诱导表达	将带有生物正交炔基基团的非天然氨基酸 PABK 加入到细菌培养基,添加诱导剂(如 IPTG)来实现 GFP 的表达并进行监测和定量(A)	学习并掌握蛋白质诱导表达的基本步骤,掌握定量蛋白质表达的方法	4
5	镍柱亲和纯化	利用镍柱亲和纯化带有非天然氨基酸 PABK 插入的 GFP,对获取的蛋白质浓度进行定量(A)	理解蛋白质纯化的基本原理,学习并掌握蛋白质纯化的基本步骤	4
6	绿色荧光蛋白凝胶电泳	通过凝胶电泳 SDS-PAGE 检测和分析蛋白质的分子量和大小,用这种方法确认 GFP 的质量和纯度,检测非天然氨基酸 PABK 是否成功插入(A)	掌握凝胶电泳的基本操作和技术,理解这项技术如何用于蛋白质的分析	4
7	绿色荧光蛋白质谱检测	通过 LC-MS 质谱测定更精确的蛋白质质量,用这种方法确认 GFP 的质量和纯度,检测非天然氨基酸 PABK 是否成功插入(A)	掌握质谱的基本操作和技术,理解这项技术如何用于蛋白质的分析	4
8	绿色荧光蛋白点击化学偶联荧光基团	利用经典的铜催化的炔基叠氮点击化学反应在 GFP 蛋白质上引入荧光基团或其他功能基团(A)	了解和掌握铜催化炔基叠氮点击化学的基本原理和操作	4
9	多色荧光凝胶成像	通过多色荧光凝胶成像技术同时观察 GFP 本身的荧光和通过点击化学引入的荧光基团(A)	理解荧光成像的基本原理,掌握荧光成像的基本操作和技术	4
		参考总学时		32

模块 2:基础细胞生物学实验

序号	知识点名称	主要内容	教学目标	参考学时
1	细胞培养	学习如何培养细胞,包括细胞株的选择、培养基的配置(A)	掌握细胞培养的基本技术	2
2	细胞形态观察	学习如何通过显微镜观察细胞的形态变化,以及如何通过图像分析技术对细胞状态进行评估,如相差显微镜、荧光显微镜的使用(A)	掌握细胞形态观察的基本技术,了解细胞形态与细胞功能的关系	2
3	细胞传代	在保持细胞特性的情况下进行细胞的传代,包括传代方法的选择、细胞的接种密度等(如胰蛋白酶消化法、胶原酶消化法等)(A)	掌握细胞传代的基本技术	2
4	细胞计数	学习如何通过直接计数、间接计数等不同的方法对细胞进行计数,如血球计数板法、流式细胞仪法等(A)	掌握细胞计数的各种方法	2
5	细胞活力检测	学习如何通过不同的细胞生物学方法检测细胞的活力,如中性红法等(A)	掌握细胞活力检测的基本技术	4
6	细胞药物毒性检测	学习如何通过不同的细胞生物学方法检测药物对细胞的毒性,如 MTT 法等(A)	了解药物对细胞的毒性作用	4
7	外源基因细胞转染	学习如何将外源基因导入到细胞中,包括基因转染方法的选择、转染试剂的优化等(A)	掌握基因转染的基本技术,了解不同基因转染方法的优缺点	2
8	qPCR 转录本检测	通过 qPCR 技术检测基因的转录本水平,如引物设计、PCR 条件优化等(A)	掌握 qPCR 的基本技术,了解 qPCR 在基因表达研究中的应用	3
9	免疫印迹蛋白检测	通过免疫印迹技术检测转入基因表达蛋白质的情况,包括蛋白质组的提取、电泳、转膜、封闭、抗体孵育和化学发光显色等技术操作(A)	掌握免疫印迹的基本技术,了解免疫印迹在蛋白质研究中的应用	3
10	非天然糖代谢标记	学习如何通过非天然糖代谢标记技术对细胞进行代谢标记(A)	了解非天然糖代谢标记的基本原理和方法	3
11	无铜催化点击化学	利用经典的环张力驱动的无铜催化点击化学反应将特定荧光基团偶联到带有糖基化修饰的蛋白上,掌握无铜催化点击化学的基本原理和方法(A)	了解无铜催化点击化学在生物医学研究中的应用	3
12	细胞成像	通过成像技术观察细胞表面聚糖的荧光信号,掌握如共聚焦显微镜等成像技术(A)	掌握各种细胞成像技术的基本原理和方法,了解不同成像技术在细胞生物学研究中的应用	2
		参考总学时		32

模块 3:前沿综合化生实验

序号	知识点名称	主要内容	教学目标	参考学时
1	光交联非天然氨基酸鉴定蛋白-蛋白互作	通过在蛋白质中引入可光交联的非天然氨基酸,从而捕捉到目标蛋白与周围蛋白质间的相互作用。学习光交联捕捉蛋白-蛋白相互作用的实验设计并掌握相关实验方法(C)	掌握如何利用这项技术来研究蛋白质相互作用网络和生物大分子的结构功能关系,以及了解如何在分子生物学和化学生物学等领域应用这项技术	5
2	胶内酶切质谱样品的制备	学习蛋白质胶内酶切操作流程,包括凝胶脱色、二硫键打开和封闭、蛋白酶切及肽段提取等(C)	掌握蛋白一维电泳分离后胶内酶切质谱样品的制备方法和相关原理	5
3	质谱鉴定蛋白质	学习利用自下而上的生物大分子质谱方法鉴定蛋白质,通过质谱鉴定分析光交联法所捕获的互作蛋白(C)	了解通过生物大分子质谱鉴定蛋白质的基本原理及流程	6
4	基于活性的探针标记	利用活性小分子探针靶向丝氨酸水解酶活性中心,从而在蛋白质组中鉴定具有活性的丝氨酸水解酶(C)	了解基于活性的蛋白质分析技术(ABPP)的概念	4
5	ABPP 荧光凝胶成像	学习如何对 ABPP 标记的样品进行荧光凝胶成像,并与考马斯亮蓝染色结果对比,分析和解释 ABPP 标记实验结果(C)	通过荧光成像的方式理解并熟悉基于活性的蛋白质组分析技术的操作	4
6	同位素标记蛋白质组的定量分析	通过生物大分子质谱方法对同位素标记的蛋白质组进行定量分析,学习内容包括同位素标记蛋白质组的小分子探针标记、蛋白质甲氯沉淀及生物素-亲和素富集等(C)	了解 SILAC 标记蛋白质组的原理及应用场景,及基于定量质谱技术的 ABPP 实验所涉及的操作	8
7	淀粉酶活性和特异性	学习酶促反应的生物化学原理,以淀粉酶为例验证酶对底物的高反应性和特异性(C)	了解酶活性的定义及其反应特异性	2
8	淀粉酶的分离提取	学习从生物样本中提取淀粉酶的操作(C)	掌握淀粉酶的分离提取方法	3
9	酶活性的测定方法	通过分光光度计测定法,学习淀粉酶酶活的测定方法和米氏常数的计算(C)	掌握 α-淀粉酶和 β-淀粉酶的酶活测定方法;掌握米氏常数的测定方法;掌握分光光度计测定酶活的原理和使用方法	3
10	金属-有机框架材料	学习金属-有机框架材料(MOFs)的合成和纯化,并掌握其理化性质及其在生物领域获得应用的原理和优势(C)	了解金属-有机框架材料的生物应用,掌握其制备和纯化方法	2

续表

序号	知识点名称	主要内容	教学目标	参考学时
11	基于 MOFs 的细胞递送	学习利用金属-有机框架材料(MOFs)将蛋白质递送至细胞的操作方法及蛋白质负载效率和响应性能的分析(C)	了解蛋白质的细胞递送策略,并掌握基于化学响应框架载体的细胞递送原理和方法	3
12	细胞光动力杀伤	通过光诱导生成活性物种杀伤肿瘤细胞,学习光动力治疗的原理,包括掌握细胞活力测定方法及杀伤效率分析(C)	掌握光动力杀伤肿瘤细胞的原理和方法	3
13	神经细胞的成像	学习利用共聚焦显微镜对神经细胞进行成像,观察其结构(C)	掌握共聚焦显微镜对神经细胞成像的原理和细胞结构观察方法	2
14	神经细胞靶向功能探针	学习利用共价修饰的方式将靶向神经细胞的蛋白修饰上荧光基团,成为荧光探针(C)	掌握化学修饰制备功能探针的方法	2
15	神经细胞靶向蛋白标记	学习利用特异性靶向神经细胞的蛋白对神经细胞进行标记的方法(C)	掌握基于蛋白的细胞靶向标记技术	2
16	光引发原位聚合修饰	利用Ⅱ型光敏剂二氢卟吩 e6(Ce6)和聚合物单体 3,3'-二氨基联苯胺(DAB),通过光引发原位聚合反应形成神经细胞膜上的聚合物修饰(C)	掌握光引发原位聚合修饰的原理和方法	2
17	抗菌表型测试	利用化合物的最小抑菌浓度(MIC)测试和棋盘协同实验,研究抗菌药物的表型,并评估细菌对抗菌分子产生耐药性进化的速度(C)	了解细菌化学生物学领域的前沿研究,学习抗菌药物性能的表征原理	2
18	抗菌分子的作用机制	利用等温滴定量热法(ITC)、DNA 竞争性置换、酶活性抑制测定和细胞膜渗透性测试等技术,探究抗菌药物详细的作用机制(C)	通过全细菌层面的功能干扰实验,深入理解不同类型抗生素的作用机制	3
19	高通量抗菌分子筛选	通过基于表型和基于靶标的筛选,利用小型非抗生素药物库进行增敏抗菌表型的筛选,探索潜在的"老药新用"价值(C)	了解高通量抗菌分子筛选流程,学习抗菌表型测试方法	3
20	DNA 分子筛	使用 Nanodrop 对 DNA 链进行浓度测定,组装 DNA 分子筛并进行表征,测试 DNA 分子筛探针的响应性能(C)	掌握核酸的浓度测量方法,学习了解 DNA 自组装技术	8
21	微小核糖核酸(miRNA)	学习微小核糖核酸的基本概念,并利用 DNA 分子筛探针监测肿瘤相关成熟 miRNA(C)	了解 miRNA 背景知识、miRNA 生物成像和药物疗效评估方法	8

续表

序号	知识点名称	主要内容	教学目标	参考学时
22	硫醇类分子探针的标记和荧光成像	利用 Naph-EA-Mal 中马来酰亚胺结构能与蛋白质半胱氨酸硫醇结构发生迈克尔加成反应、反应后能释放荧光这两个特性，实现对活细胞中总巯基的荧光标记(C)	从化学层面理解硫醇类探针的工作原理，学会使用探针进行标记并利用荧光成像观测	8
23	基因编辑	利用 guideRNA 能够精确识别目标 DNA 序列、引导 Cas9 酶或其他类似的核酸酶切割特定 DNA 位点等特性，实现对特定基因的灵活编辑(C)	了解基因编辑的发展，学习基因编辑的方法	4
24	基因编辑酶的化学脱笼	利用 2-(叠氮甲基)烟酸酰基咪唑对 guide RNA 的笼化修饰以及施陶丁格还原反应造成的脱笼效果，实现对 CRISPR-Cas9 系统的"开关"调控(C)	学习 CRISPR-Cas 系统工作原理，探索如何通过化学小分子修饰 guide RNA 来调控 CRISPR-Cas 系统	4
25	化学分子诱导的核酸交联	了解化学分子诱导核酸交联产生损伤的原理及评估方式，以邻苯二酚类化合物产生活性中间体为例进行核酸损伤处理和表征(C)	掌握核酸交联的基本知识、生物学意义及其基本表征方法	4
26	单细胞电泳	通过单细胞凝胶电泳实验(又称为彗星实验)，可以观察受损的 DNA 与未受损的 DNA 在迁移速率上的差异，从而高灵敏度地检测单细胞 DNA 损伤情况(C)	掌握单细胞电泳实验的原理和用途及实验操作方法	4
27	DNA 固相合成	掌握基于寡核苷酸合成的亚磷酰胺方法，使用自动合仪合成 DNA 片段，并使用尺寸排阻色谱对其进行分离纯化，使用 Nanodrop 测定纯化后的浓度。同时，使用紫外分光光度法绘制解链曲线，从而计算解链温度(C)	掌握 DNA 化学合成方法及相关基本操作、DNA 杂交的基本原理以及 DNA 解链温度的测定方法	8
28	G-四链体 DNA 酶	学习 G-四链体的结构和功能，通过酶标仪测定酶 Hemin 与底物 G-四链体的结合解离常数(C)	了解 G-四链体的结构与功能，掌握酶标仪的使用方法以及酶与底物结合解离常数的测定方法	8
29	核酸适体	学习核酸适体的概念以及筛选原理，使用生色法测定核酸适体对凝血酶活性抑制的 IC50 以及核酸适体互补 cDNA 对抑制效果的调控作用(C)	了解核酸适体的基本信息、性质和功能；掌握核酸适体对酶活性的抑制原理及调控作用，掌握酶活性抑制的 IC50 的测定方法	8
30	核酸适体-药物偶联物	通过环张力驱动的点击化学反应合成制备核酸适体-喜树碱偶联物，并分析纯化后的偶联物在细胞中的毒性(C)	掌握核酸适体-药物偶联物设计、制备以及应用	8

续表

序号	知识点名称	主要内容	教学目标	参考学时
31	溶酶体荧光探针	学习设计并合成一类新型罗丹明 B 衍生物作为高效溶酶体标记探针,测定其荧光发射光谱,使用探针对细胞溶酶体进行标记染色和表征(C)	掌握高效溶酶体标记探针的合成及评估方法;掌握细胞溶酶体荧光染色原理和实验技能	8
	参考总学时			144

六、化学生物学实验课程英文摘要

1. Introduction

The aim of the course "Chemical Biology Experiments" is to cultivate the interest and understanding of chemistry-major undergraduate students in the emerging field of chemical biology. It aims to equip students with a basic proficiency in the commonly used techniques and methods in chemical biology research, particularly those related to biology. This course provides students with an opportunity for an in-depth exploration and understanding of the field of chemical biology through practical experiments and hands-on activities, fostering their experimental skills and scientific thinking. Through the learning experience offered by this course, students are nurtured to become professionals with a strong foundation in experimental skills and scientific literacy in the field of chemical biology. It sparks students' interest in interdisciplinary science and offers solid support for their success in relevant research fields.

2. Goals

（1）Training of Experimental Skills: The Chemical Biology Experiments course aims to develop fundamental biology lab skills in undergraduate students who major in chemistry majors through hands-on experiments. Students will acquire basic experimental skills in molecular biology, biochemistry, and cell biology. By engaging with and utilizing state-of-the-art chemical biology experimental techniques and equipments, they will also learn various distinctive experimental strategies and methods associated with chemical biology.

（2）Integration with Theoretical Coursework: This course emphasizes the integration of knowledge acquired in theoretical chemical biology courses with practical experiments. Through this course, students will solidify key concepts learned in their theoretical coursework, further deepening their understanding of the concept of exploring life processes through chemical tools and techniques in the field of chemical biology. This will enhances their ability to address real scientific problems.

（3）Strengthening Team Collaboration Skills: Students are encouraged to collaborate with their peers to collectively address complex experimental challenges. This fosters teamwork and communication skills, laying a strong foundation for their future academic research and career development. Additionally, throughout this course, students will learn and adhere to ethical guidelines and laboratory safety protocols to ensure the safety and sustainability of the experimental research.

3. Covered Topics

Modules	List of Topics	Suggested Credit Hours
1. Basic Molecular Biology and Biochemistry Experiments	Green Fluorescent Protein Plasmid Construction (3), Bacterial Transformation (2), Unnatural Amino Acid Insertion (3), Expression of Green Fluorescent Protein (4), Purification of Green Fluorescent Protein (4), Gel Electrophoresis of Green Fluorescent Protein (4), Mass Spectrometry Detection of Green Fluorescent Protein (4), Conjugation of Fluorescent Groups in Green Fluorescent Protein by Click Chemistry (4)	32
2. Basic Cell Biology Experiments	Cell Culture (2), Cell Morphological Observation (2), Cell Passaging (2), Cell Counting (2), Cell Viability Testing (4), Drug Cytotoxicity Testing (4), Transfection of Exogenous Gene into Cells (2), qPCR Transcript Detection (3), Detection of Protein Expression by Immunoblotting (3), Metabolic Glycan Labeling with Non-natural Sugars (3), Copper-Free Click Chemistry (3), Cell Imaging (2)	32
3. Integrated Chemical Biology Experiments	Capture of Protein-Protein Interactions Using Photo-Affinity Unnatural Amino Acid (5), In-gel Digestion of Protein Samples for Mass Spectrometry Detection (5), Identification of Proteins by Mass Spectrometry (6), Activity-based Probe Labeling (4), ABPP with in-gel Fluorescence (4), Quantitative Analysis of Isotopically Labeled Proteomes (8), Amylase Activity and Specificity (2), Isolation and Extraction of Amylase (3), Methods for Measuring Enzyme Activity (3), Metal−Organic Frameworks (2), Cellular Delivery of Proteins Based on MOFs (3), Killing Tumors by Photodynamic Therapy (3), Imaging of Neurons (2), Neuron-targeting Functional Probes (2), Protein-based Neuron Targeted Labeling (2), Photo-Initiated In-situ Polymerization Modifications, Antibacterial Phenotypic Testing (2), Mechanistic Study of Antibacterial Molecules (3), High-throughput Screening of Antibacterial Molecules (3), DNA Molecular Sieve (8), microRNA (8), Labeling and Imaging of Thiols by Fluorescent Probes (8), Gene Editing (4), Chemical Decaging of Gene-editing Enzymes (4), Chemically Induced Crosslinking of Nucleic Acids (4), Single-cell gel electrophoresis (4), Solid-phase DNA Synthesis (8), G-quadruplex DNA Enzyme (8), Nucleic Acid Aptamer (8), Aptamer-drug Conjugate (8), Lysosome-targeting Fluorescent Probe (8)	144
Total		208

Contents and Teaching Objectives of the Topics

第3部分

高等学校化学类专业
人才培养方案

第 3 部分介绍"化学拔尖学生培养计划 2.0 基地"获批高校化学相关专业的培养方案和教学计划(按学校代码排序),从培养目标、培养要求、毕业要求、课程设置及教学计划等方面介绍各高校化学拔尖人才培养方案,供相关高校师生参考。

— 北京大学 —

化学专业本科培养方案（2023 级）

一、培养目标

　　化学专业旨在培养基础扎实、视野开阔、能力超群、全面发展的引领型人才。学生毕业后可在化学及相关领域如生物、医药、材料、环境、能源、地学、文物保护等从事科学研究、教育教学、科技开发和管理工作。

二、培养要求

　　注重化学基础理论知识和基本实验方法的培养，注重数学和物理基础的构建，注重与物理、生命、材料、环境等学科的交叉融合。通过四年的学习，学生具有宽厚而扎实的化学知识基础，掌握化学认识世界的基本思路和方法，具有获取、分析、提炼、关联和整合信息的能力，具备自主学习能力和创新意识，具备从事科学研究的基本素养，能够在未知的领域提出问题，并拥有跨学科解决问题的能力。

三、毕业要求及授予学位类型

　　学生在学校规定的学习年限内，修完培养方案规定的内容，成绩合格，达到学校毕业要求的，准予毕业，学校颁发毕业证书；符合学士学位授予条件的，授予学士学位。

　　授予学位类型：理学学士学位。

　　毕业总学分：147 学分。

　　具体毕业要求包括：

公共基础课程：42~48 学分	公共必修：30~36 学分	选修课程：40~46 学分	专业选修课：20 学分
	通识教育课：12 学分		自主选修课：20~26 学分
专业必修课程：59 学分	专业基础课：20 学分		
	专业核心课：33 学分		
	毕业论文：6 学分		

四、课程设置

1. 公共基础课程（42~48 学分）

1-1　公共必修课（30~36 学分，大学英语不足 8 学分的，则在选修课程中补足学分）

课号	课程名称	学分	周学时	实践总学时	选课学期及说明
	大学英语	2~8			按大学英语教研室要求选课
	思想政治理论必修课	19			按马克思主义学院要求选课
	思想政治理论选择性必修课	1门			按学校要求选课
	劳动教育课			32	按学校要求选课
04831410	计算概论B	3	3	0	一上 面向理科院系。学生选"计算概论B"课程的同时,需要另选该课程的上机课"计算概论B上机"
04831650	计算概论B上机	0	2	32	一上 面向理科院系。学生选"计算概论B"课程的同时,需要另选该课程的上机课"计算概论B上机"
60730020	军事理论	2	2	0	一上
	体育系列课程	1×4	2	0	全年

1–2　通识教育课(12学分)

通识教育课程分为四个系列:Ⅰ.人类文明及其传统;Ⅱ.现代社会及其问题;Ⅲ.艺术与人文;Ⅳ.数学、自然与技术。每个系列均包含通识教育核心课、通选课两部分课程,具体课程列表详见《北京大学本科生选课手册》。

通识教育课程修读总学分为12学分。具体要求包括:

(1) 至少修读1门"通识教育核心课程"(任一系列),且在四个课程系列中每个系列至少修读2学分(通识教育核心课或通选课均可)。

(2) 原则上不允许以专业课替代通识教育课程学分。

(3) 本院系开设的通识教育课程不计入学生毕业所需的通识教育课程学分。

(4) 建议合理分配修读时间,每学期修读1门课程。

2. 专业必修课程(59学分)

2–1　专业基础课(20学分)

课号	课程名称	学分	周学时	实践总学时	选课学期
00130201	高等数学B(一)	5	5	0	一上
00130202	高等数学B(二)	5	5	0	一下
00431132	普通物理(Ⅰ)	4	4	0	一下
00431133	普通物理(Ⅱ)	4	4	0	二上
00431200	基础物理实验	2	2	60	二上

2-2　专业核心课:33 学分

课号	课程名称	学分	周学时	实践总学时	选课学期
01031100	今日化学———新生讨论班	1	1	0	一上
01030200	化学实验室安全技术	1	1	0	一上
01034310	普通化学	4	4	0	一上
01034322	普通化学实验	2	4	60	一上
01034371	有机化学(一)	3	3	0	一下
01035003	有机化学实验	3	6	90	一下
01035180	定量分析化学	2	2	0	一下
01035190	定量分析化学实验	2	4	60	一下
01034373	有机化学(二)	2	2	0	二上
01030120	结构化学 *	4	5	12	二下
01035200	物理化学(一)	3	3	0	二下
01035210	物理化学(二)	3	3	0	三上
新开课	物理化学实验	3	6	90	三上

＊可用物理学院的固体物理学(00432510)代替。

2-3　毕业论文(6 学分)

3. 选修课程(40~46 学分)

3-1　专业选修课(20 学分)

3-1-1　化学学院专业选修课(＊课程为化学专业必修,3 学分)

课号	课程名称	学分	周学时	实践总学时	选课学期
01034390	仪器分析	2	2	0	二上
01034400	仪器分析实验	2	4	60	二上
01032860	无机化学实验	2	4	60	二下
01034670	放射化学	2	2	0	三上
01034460	高分子化学	2	2	0	三上
01034450	化工基础	2	2	0	三上
01034500	生命化学基础 *	3	3	0	三上
新开课	无机化学	3	3	0	三上
01034490	材料化学	3	3	0	三下
01035250	化工制图	2	2	0	三下
01032530	高分子物理	2	2	0	三上
01034630	环境化学	2	2	0	三上

3-1-2　理学部核心课程（可以选修理学部其他学院开设的核心课程）

3-1-3　其他可选课程

提示：

（1）注意表中所列课程选修要求及其与其他课程的互斥关系。

①"力学"和"电磁学"与 2-1 中"普通物理（Ⅰ）"互斥；"光学"和"热学"与 2-1 中"普通物理（Ⅱ）"互斥。②"数学分析（Ⅰ）（Ⅱ）和（Ⅲ）"三门课程与 2-1 中"高等数学 B（一）和（二）"互斥。③"线性代数（B）"与数院核心课"高等代数（Ⅰ）和（Ⅱ）"互斥。

（2）表中低级别课程可由高级别课程替代。

课号	课程名称	学分	周学时	含实习实践学时	开课学期
00131460	线性代数（B）	4	4	0	
00132380	概率统计（B）	3	3	0	
00132301	数学分析（Ⅰ）	5	5	0	
00132302	数学分析（Ⅱ）	5	6	0	
00132304	数学分析（Ⅲ）	4	4		
00431110	力学	4	4	0	
00431141	力学	3	3	0	
00431143	电磁学	3	3	0	
00431155	电磁学	4	4	0	
00431142	热学	2	2	0	
00431154	热学	3	3	0	
00431144	光学	2	2	0	
00431156	光学	4	4		
00431151	原子物理学（与近代物理互斥）	3	3		
00431165	近代物理（与原子物理学互斥）	3	3		

3-2　自主选修课（20~26 学分）

3-2-1　化学学院自主选修课（兼容 3-1-1 中课程）

课号	课程名称	学分	周学时	实践总学时	选课学期
01035080	化学信息检索	2	2	0	二上
01035240	化学中的数学	4	4	0	二上
01034530	中级有机化学	2	2	0	二上
01035011	中级有机化学实验	2	4	60	二上
01034640	应用化学基础	2	2	0	二下
01035290	通用高分子材料———结构、性能与应用	2	2	0	二下、三下
01035310	改变世界的药物分子	1	1	0	三上
01002153	核磁共振波谱分析基础	2	2	0	三上

续表

课号	课程名称	学分	周学时	实践总学时	选课学期
01035320	化学生物学	2	2	0	三上
01034580	色谱分析	2	2	0	三上
01035330	生物大分子工程	2	2	0	三上
01035220	质谱分析	1	1	0	三上
01034610	中级分析化学	2	2	0	三上
01035380	高性能聚合物材料	2	2	0	三上、四上
01034970	计算机在化学化工中的应用	2	2	0	三上
01035370	机器学习及其在化学中的应用	2	2	0	三上、四上
01035300	纳米化学	2	2	0	三上、四上
01034800	多晶 X 射线衍射	2	2	2	三下
01035110	高等电化学	2	2	0	三下
01034990	化学开发基础	2	2	0	三下
01034710	界面化学	2	2	0	三下
01014240	量子化学	3	3	0	三下
01034960	理论与计算化学	2	2	0	三下
01034600	立体化学	2	2	0	三下
01014090	群论与化学	2	2	0	三下
01035360	软物质与硬科学:微观到宏观的中间世界	2	2	0	三下
01034650	生化分析	2	2	0	三下
01002154	生物核磁共振波谱分析	2	2	0	三下
01034980	生物物理化学	2	2	0	三下
01035150	中级无机化学	2	2	0	三下
01034551	中级物理化学	3	3	0	三下
新开课	中级物理化学实验	2	4	60	三下
01035280	化工新概念	1	1	0	暑期
01035100	表面物理化学	2	2	0	四上
01032390	材料物理	2	2	0	四上
01032580	催化化学	2	2	0	四上
01034721	辐射化学	2	2	0	四上
01030440	化学动力学选读	2	2	0	四上
01034780	胶体化学	2	2	0	四上
01033010	物理有机化学	2	2	0	四上
新开课	综合化学实验	3	6	90	四上
01035340	化学生物学实验	2	4	60	三下
	本科生科研	2~6			二下~三下

3-2-2　跨学科选修课

可以选修理学部、信息与工程科学部、人文学部、社会科学部四个学部开设的核心课程及元培学院的理科核心课程。

五、其他

1. 保送研究生要求

（1）三年级结束时应修完已开设的专业基础课和专业核心课。

（2）第 7 学期结束时在 3-1-1 所列课程中，选修学分 ≥10。

（3）达到中级课程的要求（应在第 7 学期结束时修完）：中级理论课程 ≥2 门，中级实验课程 ≥1 门（中级实验课程可用不低于 4 学分的本科生科研课程代替）。

中级理论课程包括：中级有机化学、中级物理化学、中级分析化学、中级无机化学。

中级实验课程包括：中级有机化学实验、中级物理化学实验、无机化学实验、化学生物学整合实验。

（4）毕业论文成绩与排名达到要求。

2. 荣誉学位要求

（1）前 7 个学期总平均绩点位于全院毕业本科生的前 30%。

（2）三年级结束时应修完已开设的专业基础课和专业核心课。

（3）第 7 学期结束时在 3-1-1 所列课程中，选修学分 ≥10。

（4）完成荣誉课程学习要求：在前 7 个学期，应当获得不低于 18 学分的荣誉课程学分，且平均成绩达到优秀。

荣誉课程包括：

① 中级课程：中级理论课程 ≥2 门，中级实验课程 ≥2 门（中级理论课程包括：中级有机化学、中级物理化学、中级分析化学、中级无机化学；中级实验课程包括：中级有机化学实验、中级物理化学实验、无机化学实验）。

② 其他可选课程：化学中的数学；机器学习及其在化学中的应用；量子化学；群论与化学；核磁共振波谱分析基础；立体化学；多晶 X 射线衍射；综合化学实验（创新类）。其他课程由教学委员会审核认定。

（5）完成本科生科研，成绩达到优秀。

（6）毕业论文成绩达到优秀。

3. 港澳台学生和留学生学分与选课要求

港澳台学生和留学生按照规定可以免修指定的课程，但学分要求均与其他本科生一致，应选其他课程补齐。

免修课程的替代要求如下：

（1）港澳台学生免修全校公共必修课程中的思想政治理论必修课及军事理论，须从"与中国有关的课程"列表中按要求选 21 学分替代。

（2）留学生可免修全校公共必修课程中的英语类课程、思想政治理论必修课及军事理论课。

其中,英语免修课程的学分须用其他课程(含全校任选课程)补足,免修的思想政治理论必修课及军事理论须从"与中国有关的课程"列表中按要求选 21 学分替代。

4. 其他课程方面规定

同名称课程只能选一类(门),不能重复选课。

六、化学专业课程关系图(图 3-1)

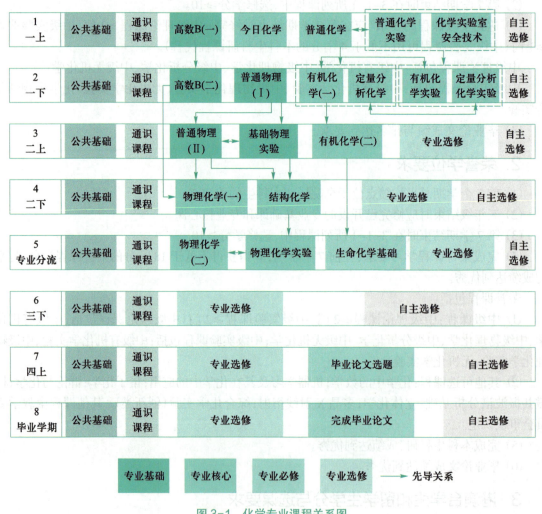

图 3-1　化学专业课程关系图

— 清华大学 —

化学专业本科培养方案(2023级)

一、培养目标

(1) 积极贯彻清华大学"三位一体""五育并举"的育人理念,围绕新时期化学人才培养的目标定位和高层次化学人才培养的需求,坚持"引领化学拔尖创新人才培养与科技创新能力提升"的使命与定位。

(2) 坚持"四个面向",培养具备在化学及相关领域取得职业成功的科学和技术素养、富有创新意识和具有国际竞争能力的拔尖人才。

(3) 培养具有批判性思维、创新精神和实践能力,可成长为行业和社会中的骨干人才;

(4) 培养具有社会责任感、家国情怀和国际视野,具备健全人格和良好职业道德的人才。

二、培养要求

(1) 运用科学和化学知识的能力;

(2) 设计和实施实验及分析和解释数据的能力;

(3) 开发创新理论与技术,找到研究与解决问题的方案;

(4) 在团队中从不同学科角度发挥作用的能力;

(5) 理解所学专业的职业责任和职业道德;

(6) 有效沟通的能力;

(7) 具有终身学习的意识和能力;

(8) 理解当代社会和科技热点问题的能力。

三、学制与学位授予

化学专业本科学制四年。授予理学学位。

按本科专业学制进行课程设置及学分分配。本科最长学习年限为所在专业学制加两年。

四、基本学分要求

本科培养总学分为155学分,其中,校级通识教育课程47学分,专业相关课程90学分,专业实践环节18学分。

五、课程设置与学分分布

1. 校级通识教育（47 学分）

（1）思想政治理论课

必修课 17 学分：

课程编号	课程名称	学分	备注
10680053	思想道德与法治	3	
10680061	形势与政策（1）	1	建议大一选修
10680081	形势与政策（2）	1	
10610193	中国近现代史纲要	3	
	马克思主义基本原理	3	
	毛泽东思想和中国特色社会主义理论体系概论	2	
10680022	习近平新时代中国特色社会主义思想概论	2	
	思政实践	2	建议大一、大二暑期选修

限选课 1 学分：

课程编号	课程名称	学分	备注
00680201	社会主义发展史（"四史"）	1	
00680221	中国共产党历史（"四史"）	1	
00680231	中华人民共和国史（"四史"）	1	
00680211	改革开放史（"四史"）	1	
00050222	生态文明十五讲	2	
00691762	当代科学中的哲学问题	2	
00050071	环境保护与可持续发展	1	
00670091	新闻中的文化	1	学生根据开课情况自主选择修读学期和课程
10691402	悦读马克思	2	
00691312	当代法国思想与文化研究	2	
10691412	孔子和鲁迅	2	
10691452	媒介史与媒介哲学	2	
01030192	教育哲学	2	
00460072	中国历史地理	2	
14700073	西方近代哲学	3	

续表

课程编号	课程名称	学分	备注
10460053	气候变化与全球发展	3	
00590062	腐败的政治经济学	2	
00600022	中美贸易争端和全球化重构	2	
00701162	西方政治制度	2	
10700043	社会学的想象力:结构、权力与转型	3	
02090051	当代国防系列讲座	1	学生根据开课情况自主选择修读学期和课程
02090091	高技术战争	1	
00590043	中国国情与发展	3	
00680042	中国政府与政治	2	
00701344	国际关系分析	4	
00701512	中国宏观经济分析	2	
10700142	现代化与全球化思想研究	2	

注:港澳台学生必修:思想道德与法治,3学分,其余课程不做要求。国际学生对以上思政课程不做要求。

(2) 体育(4学分)

第1—4学期的体育(1)—(4)为必修,每学期1学分;第5—8学期的体育专项不设学分,其中第5—6学期为限选,第7—8学期为任选。学生大三结束申请推荐免试攻读研究生需完成第1—4学期的体育必修课程并取得学分。

本科毕业必须通过学校体育部组织的游泳测试。体育课的选课、退课、游泳测试及境外交换学生的体育课程认定等请详见学生手册《清华大学本科体育课程的有关规定及要求》。

(3) 外语(一外英语学生必修8学分,一外其他语种学生必修6学分)

学生	课组	课程	课程面向	学分要求
一外英语学生	英语综合能力课组	英语综合训练(C1)	入学分级考试1级	必修4学分
		英语综合训练(C2)		
		英语阅读写作(B)	入学分级考试2级	
		英语听说交流(B)		
		英语阅读写作(A)	入学分级考试3级、4级	
		英语听说交流(A)		
	第二外语课组	详见选课手册		限选4学分
	外国语言文化课组			
	外语专项提高课组			
一外小语种学生		详见选课手册		6学分

公外课程免修、替代等详细规定见教学门户—清华大学本科生公共外语课程设置及修读管理办法。

注：国际学生要求必修 8 学分非母语语言课程，包括 4 学分专为国际生开设的汉语水平提高系列课程及 4 学分非母语公共外语课程。

（4）写作与沟通课（必修 2 学分）

课程编号	课程名称	学分
10691342	写作与沟通	2

注：国际学生可以高级汉语阅读与写作课程替代。

（5）通识选修课（限选 11 学分）

通识选修课包括人文、社科、艺术、科学四大课组，要求学生每个课组至少选修 2 学分。

注：港澳台学生必修中国文化与中国国情课程，4 学分，计入通识选修课学分。

国际学生必修中国概况课程，1 门，计入通识选修课学分。

（6）军事课程（4 学分，3 周）

课程编号	课程名称	学分
12090052	军事理论	2
12090062	军事技能	2

注：台湾学生在以上军事课程 4 学分和台湾新生集训 3 学分中选择，不少于 3 学分。国际学生必修国际新生集训课程。

2. 专业相关课程（90 学分）

（1）基础课程（27 学分）

必修课 22 学分：

课程编号	课程名称	学分	备注
10421075	微积分 B(1)	5	
10421084	微积分 B(2)	4	
10421324	线性代数	4	
10430484	大学物理 B(1)	4	
10430494	大学物理 B(2)	4	
10431134	大学物理 J(1)	4	按入学考试分级选择相应级别的课程
10431154	大学物理 J(2)	4	
10431144	大学物理 K(1)	4	
10431164	大学物理 K(2)	4	
30440121	化学现状与未来	1	

限选课 5 学分：

课程编号	课程名称	学分	备注
10421373	概率论与随机过程	3	数学类四选一 2 学分
10420252	复变函数引论	2	
10421352	常微分方程	2	
10420803	概率论与数理统计	3	
20740073	计算机程序设计基础	3	计算机类四选一 3 学分
30240233	程序设计基础	3	
20740063	数据库技术及应用	3	
34100063	程序设计基础	3	

(2) 专业主修课程(63 学分)

必修课 51 学分：

课程编号	课程名称	学分	备注
10440144	化学原理	4	
30440213	无机化学实验	3	
20440582	无机化学	2	
20440492	分析化学	2	
20440462	分析化学实验	2	
30440234	有机化学 H(1)	4	
30440304	有机化学 H(2)	4	
20440142	有机化学实验 A(1)	2	
20440242	有机化学实验 A(2)	2	
30440264	物理化学 H(1)	4	
30440324	物理化学 H(2)	4	
30440364	物理化学 H(3)	4	
20440292	物理化学实验 A(1)	2	
20440602	物理化学实验 A(2)	2	
30440104	高分子化学导论	4	
30440344	仪器分析 H	4	
40440102	仪器分析实验 A	2	

限选课 12 学分：

课程编号	课程名称	学分	备注
30440133	物理有机化学	3	
30440202	前沿材料化学	2	
30450014	生物化学原理	4	
40440032	高等无机化学	2	
40440042	分离原理与技术	2	
40440062	有机化合物谱图解析	2	
40440212	有机电子学	2	
40440232	天然产物化学	2	
40440283	化学生物学	3	
40440341	化学生物学实验	1	
40440291	纳米化学	1	
40440321	计算化学导论	1	
40440332	现代高分子化学实验	2	
40440351	计算化学实验	1	
40440363	学术研究方法（1）	3	
40440373	学术研究方法（2）	3	
40440382	微流控芯片细胞分析	2	
10450034	普通生物学	4	
10450042	普通生物学实验	2	
30440251	有机化学 H（1）基础讨论课	1	限同时选修有机化学 H（1）
30440281	有机化学 H（2）前沿讨论课	1	限同时选修有机化学 H（2）
30440271	物理化学 H（1）前沿讨论课	1	限同时选修物理化学 H（1）
30440331	物理化学 H（2）前沿讨论课	1	限同时选修物理化学 H（2）
30440371	物理化学 H（3）前沿讨论课	1	限同时选修物理化学 H（3）
40440424	学术研究实践（1）	4	
40440434	学术研究实践（2）	4	
44710013	现代化学创新思维训练（1）	3	
44710023	现代化学创新思维训练（2）	3	

3. 专业实践环节(18 学分)

(1) 夏季学期实习实践训练(6 学分,6 周)

必修课 4 学分:

课程编号	课程名称	学分	备注
21510192	电子工艺实习	2	
40440151	认识实习	1	
30440161	科学写作	1	

限选课 2 学分:

课程编号	课程名称	学分	备注
30440222	综合化学实验	2	
40440444	拔尖创新实践与能力拓展	4	

参加大学生研究训练(SRT)计划、北京市大学生科学研究与创业行动计划、国家大学生创新性实验计划等均可以获得一定的限选学分。参加海外研修,根据实际研修期限也计入相应限选学分。

(2) 科研创新与挑战(6 学分,必修)

课程编号	课程名称	学分	备注
新开课	科研创新与挑战(1)	1	大一下开设
新开课	科研创新与挑战(2)	2	大二上开设
新开课	科研创新与挑战(3)	3	大三上开设

科研创新与挑战(2)贯穿大二上下两学期,科研创新与挑战(3)贯穿大三上下两学期。

(3) 综合论文训练(6 学分,必修)

六、化学专业本科指导性教学计划

第 一 学 年

课程编号	课程名称	学分	周数	先修及其他说明
12090052	军事理论	2	3	
12090062	军事技能	2		
12530033	台湾新生集训	3	3	也可选军事课程
12530023	国际新生集训	3	3	

秋季学期

课程编号	课程名称	学分	周学时	先修及其他说明
10680053*	思想道德与法治	3	2	
10680061*	形势与政策(1)	1	1	建议大一修读
10720011*	体育(1)	1	2	
14201002*	英语(1)	2	2	
10421075*	微积分 B(1)	5	5	
10421324*	线性代数	4	4	
10440144*	化学原理	4	4	
10450034	普通生物学	4	4	
30440121	化学现状与未来	1	1	
10691342	写作与沟通	2		
	建议修读学分	23	23	

* 大类必修课。

"微积分 B(1)"可以由"微积分 A(1)"替代。

"写作与沟通"在大一秋季和春季学期均开设,可任修其一。

注:形势与政策(2)、思政选修课不排入计划,学生自主选择修读学期和修读课程。

春季学期

课程编号	课程名称	学分	周学时	先修及其他说明
10610193*	中国现代史纲要	3	3	
10720021*	体育(2)	1	1	
10640682*	英语(2)	2	2	
10421084*	微积分 B(2)	4	4	
20440582	无机化学	2	2	
30440213	无机化学实验	3	6	
30440234	有机化学 H(1)	4	4	
新开课	科研创新与挑战(1)	1	2	
10450042	普通生物学实验	2	4	
10691342	写作与沟通	2		
30440251	有机化学 H(1)基础讨论课	1		限同时选修 有机化学 H(1)
	建议修读学分	22	28	

夏季学期

课程编号	课程名称	学分	周数	先修及其他说明
40440151	认识实习	1	1周	
30440161	科学写作	1	1周	
10680092	思政实践	2		学生可选择大一或大二夏修读
	建议修读学分	2	2周	

第 二 学 年

秋季学期

课程编号	课程名称	学分	周学时	先修及其他说明
10680073	马克思主义基本原理	3	3	
14201022	英语（3）	2	2	
10720031	体育（3）	1	1	
10430484	大学物理 B（1）	4	4	按入学考试分级选择相应级别的课程
10431134	大学物理 J（1）	4	4	
10431144	大学物理 K（1）	4	4	
30440304	有机化学 H（2）	4	4	
20440142	有机化学实验 A（1）	2	4	先修有机化学 H（1）
20440492	分析化学	2	2	
20440462	分析化学实验	2	4	
30440264	物理化学 H（1）	4	4	
新开课	科研创新与挑战（2）	2	4	
40440363	学术研究方法（1）	3	3	
30440281	有机化学 H（2）前沿讨论课	1	1	限同时选修有机化学 H（2）
30440271	物理化学 H（1）前沿讨论课	1	1	限同时选修物理化学 H（1）
44710013	现代化学创新思维训练（1）	3	3	
	通识选修课			
	建议修读学分	26	30	

春季学期

课程编号	课程名称	学分	周学时	先修及其他说明
	毛泽东思想和中国特色社会主义理论体系概论	2	2	
10680022	习近平新时代中国特色社会主义思想概论	2	2	
10720041	体育(4)	1	1	
14201032	英语(4)	2	2	
10430494	大学物理 B(2)	4	4	按入学考试分级选择相应级别的课程
10431154	大学物理 J(2)	4	4	
10431164	大学物理 K(2)	4	4	
30440324	物理化学 H(2)	4	4	
20440242	有机化学实验 A(2)	2	4	先修有机化学实验 A(1)
20740073	计算机程序设计基础	3	3	
30440331	物理化学 H(2)前沿讨论课	1	1	限同时选修物理化学 H(2)
40440373	学术研究方法(2)	3	3	
44710023	现代化学创新思维训练(2)	3	3	
	通识选修课			
	建议修读学分	20	22	

夏季学期

课程编号	课程名称	学分	周数	先修及其他说明
21510192	电子工艺实习	2	2周	
	建议修读学分	2	2周	

第 三 学 年

秋季学期

课程编号	课程名称	学分	周学时	先修及其他说明
10720110	体育专项(1)			
20440292	物理化学实验 A(1)	2	4	先修物理化学 H(2)
30440364	物理化学 H(3)	4	4	
30440344	仪器分析 H	4	4	
40440242	绿色化学	2	2	

续表

课程编号	课程名称	学分	周学时	先修及其他说明
40440291	纳米化学	1	1	
40440321	计算化学导论	1	1	
40440351	计算化学实验	1	2	
新开课	科研创新与挑战(3)	3	6	
10421373	概率论与随机过程	3	3	
10421352	常微分方程	2	2	
30440371	物理化学 H(3)前沿讨论课	1	1	限同时选修物理化学 H(3)
40440424	学术研究实践(1)	4	4	
	通识选修课			
	建议修读学分	20	24	

春季学期

课程编号	课程名称	学分	周学时	先修及其他说明
10720120	体育专项(2)	—	2	
20440602	物理化学实验 A(2)	2	4	
30440104	高分子化学导论	4	4	
40440102	仪器分析实验 A	2	4	
30440133	物理有机化学	3	3	先修有机化学
40440382	微流控芯片细胞分析	2	2	
40440032	高等无机化学	2	2	先修无机化学
40440232	天然产物化学	2	2	
40440283	化学生物学	3	3	
40440434	学术研究实践(2)	4	4	
	通识选修课			
	建议修读学分	16	20	

夏季学期

课程编号	课程名称	学分	周数	先修及其他说明
30440222	综合化学实验	2	2周	
40440444	拔尖创新实践与能力拓展	4	8周	
	建议修读学分	2	2周	

第 四 学 年

秋季学期

课程编号	课程名称	学分	周学时	先修及其他说明
10720130	体育专项(3)	—	2	
40440042	分离原理与技术	2	2	
30440202	前沿材料化学	2	2	
40440212	有机电子学	2	2	
30450014	生物化学原理	4	4	
40440062	有机化合物谱图解析	2	2	
40440332	现代高分子化学实验	2	4	
40440341	化学生物学实验	1	2	
10420803	概率论与数理统计	3	3	
10420252	复变函数引论	2	2	
	通识选修课			
	建议修读学分	12	12	

春季学期

课程编号	课程名称	学分	周学时	先修及其他说明
10720140	体育专项(4)	—	2	
40440200	综合论文训练	6	30	
	合计	6	30	

— 北京航空航天大学 —

化学专业（拔尖计划）培养方案（2023级）

一、培养目标和毕业要求

1. 培养目标

立足新时代发展要求，面向国家重大战略需求和化学学科国际前沿问题，培养适应现代化建设和未来社会与科技发展需要，德、智、体、美、劳全面发展；具有扎实的数理基础、深厚的化学基础知识、全面的实践技能；具有家国情怀、独立思考、创新精神、国际视野，未来引领空天轻质高强材料化学、新能源材料化学、仿生化学等基础问题，在化学及化学与生物、能源、材料、信息、航空航天等交叉前沿领域开拓创新的化学科学家和解决"卡脖子"关键技术的拔尖人才。

2. 毕业要求

毕业生践行社会主义核心价值观，具有健康体魄与健全人格，良好的人文、科学素养，深厚的家国情怀、远大的科研志趣和坚实的数理基础，掌握过硬的化学专业知识和实践技能，具备独立从事高水平研究的科学洞察力、丰富想象力、高效执行力、卓越领导力等核心素质，致力于航空航天化学基础和前沿问题及关键技术创新研究。

学生毕业时应具有以下核心能力：

(1) 宽厚而坚实的数学、自然科学、工程基础及相关学科和工程知识的能力；

(2) 掌握从化学角度认识世界客观规律的能力；

(3) 全面的实验设计与操作能力及分析与解释实验现象、结果和数据的能力；

(4) 跟踪新理论、新知识、新技术的能力及终身学习和创新意识；

(5) 善于在未知领域提出科学问题，用逻辑思维和科学方法分析问题，揭示现象背后的本质科学问题的创新能力；

(6) 熟练的计算机应用能力及外语交流、阅读、写作的能力；

(7) 有效沟通与团队合作及项目管理与领导能力；

(8) 良好的人文社会科学素养、强烈的社会责任感和较高的思想道德。

3. 核心课程与毕业要求关联表

	毕业要求(1)	毕业要求(2)	毕业要求(3)	毕业要求(4)	毕业要求(5)	毕业要求(6)	毕业要求(7)	毕业要求(8)
化学前沿导论		√		√	√		√	√
无机化学	√	√		√	√	√		√

	毕业要求(1)	毕业要求(2)	毕业要求(3)	毕业要求(4)	毕业要求(5)	毕业要求(6)	毕业要求(7)	毕业要求(8)
有机化学	√	√		√	√	√		√
分析化学	√	√		√	√	√		√
物理化学	√	√		√	√	√		√
高分子化学	√	√		√	√	√		√
结构化学	√	√		√	√	√		√
现代分析测试技术	√	√		√	√	√		√
表面化学与化学物理	√	√		√	√	√		√
化学实验室安全技术		√	√	√			√	√
无机化学实验	√	√	√	√			√	√
有机化学实验	√	√	√	√			√	√
分析化学实验	√	√	√	√			√	√
物理化学实验	√	√	√	√			√	√
高分子化学实验	√	√					√	√
现代分析测试技术实验	√	√					√	√
创新化学实验	√	√	√	√	√		√	√
科研课堂	√	√	√	√	√		√	√
社会课堂	√	√	√	√	√	√	√	√
毕业设计	√	√	√	√	√	√	√	√

二、学制、授予学位、最低毕业学分框架表

化学(拔尖计划)专业实施本博贯通培养,基本学制 8 年,最长不超过 10 年。各阶段学制弹性、均设出口,学生可通过考核直接进入下一阶段学习,或按照学校和化学(拔尖计划)专业规定分流。

本专业各阶段指导性最低学分框架表如下。学生在学校规定的学习年限内,修完培养方案规定的内容,成绩合格,达到学校毕业要求的,准予毕业,学校颁发毕业证书;符合学位授予条件的,授予相应学位。

对于学校规定的学习年限内不能修完培养方案规定内容的偏才、怪才,经学院教学专家委员会认定学生确属化学领域的偏才、怪才,报学校批准后,可酌情准予毕业及授予相应学位。

化学（拔尖计划）专业指导性最低学分框架表

课程模块	序列	课程类别	最低学分要求		
			本科	硕士	博士
基础课程	A	数学与自然科学类	45	45	45
	B	工程基础类	4	4	4
	C	外语类	0	2	2
通修课程	D	思政类	20	23	25
		军理类	4	4	4
	E	体育类	3.5	3.5	3.5
	K	素质教育理论必修课	4.5	4.5	4.5
	H	素养教育实践必修课	2	2	2
	F/G	素质教育通识限修课	5.5	5.5	5.5
专业课程	I	核心专业类	54.5	67.5	77.5
	J	一般专业类	17	29	33
毕业最低总学分			160	190	206

注：外语类课程、思政类课程、军理类课程、体育类课程、美育课程、劳动教育课程、心理健康、国家安全、素质教育实践必修课等修读要求见相关文件，其中：

（1）劳动教育课程要求：至少选修劳动教育必修课或劳动教育模块学时总数≥32，以及参加劳动月等活动，详见每学期劳动教育课程清单。

（2）创新创业课程要求：至少选修3学分，详见每学期创新创业课程清单，修读要求见相应创新创业学分认定办法。

（3）全英文课程要求：至少选修2学分全英文课程（外语类课程除外）。

三、课程设置与学分分布表

课程模块	课程类别	课程代码	中文课程名称	总学分	总学时	理论学时	实验学时	实践学时	开课学期		课程性质及学习要求	考核方式	授课语言
									学年	学期			
基础课程	数学与自然科学类	B1A231170	数学分析（1）	7	128	96	32	0	一	秋	必修	考试	全汉语
		B1A231180	数学分析（2）	7	128	96	32	0	一	春	必修	考试	全汉语
		B1A231250	理科高等代数与空间解析几何（上）	3	48	48	0	0	一	秋	必修	考试	全汉语
		B1A231260	理科高等代数与空间解析几何（下）	3	48	48	0	0	一	春	必修	考试	全汉语
		B1A09204B	概率统计B	2	32	32	0	0	二	秋	必修	考试	全汉语
		B1A231310	基础物理学（1）	6	100	96	4	0	一	春	必修	考试	全汉语

续表

课程模块	课程类别	课程代码	中文课程名称	总学分	总学时	理论学时	实验学时	实践学时	开课学期		课程性质及学习要求	考核方式	授课语言
									学年	学期			
基础课程	数学与自然科学类	B1A232320	基础物理学(2)	6	100	96	4	0	二	秋	必修	考试	全汉语
		B1A232340	基础物理实验(1)	1	32	0	32	0	二	秋	必修	考试	全汉语
		B1A232350	基础物理实验(2)	1	32	0	32	0	二	春	必修	考试	全汉语
		B1A271210	基础化学原理	4	64	64	0	0	一	秋	必修	考试	全汉语
		B1A271230	基础化学实验	1	32	0	32	0	一	秋	必修	考查	全汉语
		B1A271220	无机元素化学	3	48	48	0	0	一	春	必修	考试	全汉语
		B1A271240	无机元素化学实验	1	32	0	32	0	一	春	必修	考查	全汉语
	工程基础类	B1B231110	高级语言程序设计	2	32	32	0	0	一	秋	必修	考试	全汉语
		B1B322070	机械工程技术训练B	2	64	0	0	64	二	春	必修	考查	全汉语
	外语类	B1C12107A	大学英语A(1)	2	32	32	0	0	一	秋	任修,博士、硕士及本科出口学生要求全国大学英语四级考试(CET-4)成绩≥425分	考试	全英文
		B1C12108A	大学英语A(2)	2	32	32	0	0	一	春		考试	全英文
		B1C12207A	大学英语A(3)	2	32	32	0	0	二	秋		考试	全英文
		B1C12208A	大学英语A(4)	2	32	32	0	0	二	春		考试	全英文
		B1C12107B	大学英语B(1)	2	32	32	0	0	一	秋		考试	全英文
		B1C12108B	大学英语B(2)	2	32	32	0	0	一	春		考试	全英文
		B1C12207B	大学英语B(3)	2	32	32	0	0	二	秋		考试	全英文
		B1C12208B	大学英语B(4)	2	32	32	0	0	二	春		考试	全英文
		12114112	学术英语(硕)	2	32	32	0	0	四至六	秋/春	博士出口学生英语(博或博免)至少2学分,硕士出口学生英语(硕或硕免)至少2学分,本科出口学生不做要求		全英文
		12114113	学术英语(硕免)	2	0	0	0	0		秋/春			全英文
		12114110	高级学术英语(博)	2	32	0	0	0		春			全英文
		12114111	高级学术英语(博免)	2	0	0	0	0		春			全英文

续表

课程模块	课程类别	课程代码	中文课程名称	总学分	总学时	理论学时	实验学时	实践学时	开课学期 学年	开课学期 学期	课程性质及学习要求	考核方式	授课语言
通修课程	思政类	B2D281050	思想道德与法治	3	48	48	0	0	一	秋	必修	考试	全汉语
		B2D281070	习近平新时代中国特色社会主义思想概论	3	48	48	0	0	一	秋	必修	考试	全汉语
		B2D281060	中国近现代史纲要	3	48	48	0	0	一	春	必修	考试	全汉语
		B2D282030	毛泽东思想和中国特色社会主义理论体系概论	3	48	48	0	0	二	秋	必修	考试	全汉语
		B2D282070	马克思主义基本原理	3	48	48	0	0	二	春	必修	考试	全汉语
		B2D281110	形势与政策(1)	0.2	8	4	0	4	一	秋	必修	考查	全汉语
		B2D281120	形势与政策(2)	0.3	8	4	0	4	一	春	必修	考查	全汉语
		B2D282110	形势与政策(3)	0.2	8	8	0	0	二	秋	必修	考查	全汉语
		B2D282120	形势与政策(4)	0.3	8	8	0	0	二	春	必修	考查	全汉语
		B2D283110	形势与政策(5)	0.2	8	8	0	0	三	秋	必修	考查	全汉语
		B2D283120	形势与政策(6)	0.3	8	8	0	0	三	春	必修	考查	全汉语
		B2D284110	形势与政策(7)	0.2	8	8	0	0	四	秋	必修	考查	全汉语
		B2D284120	形势与政策(8)	0.3	8	8	0	0	四	春	必修	考查	全汉语
		B2D280110	中国共产党历史	1	16	16	0	0	一至四	秋/春	限修,≥1学分	考试	全汉语
		B2D280120	新中国史	1	16	16	0	0	一至四	秋/春		考试	全汉语
		B2D280130	改革开放史	1	16	16	0	0	一至四	秋/春		考试	全汉语
		B2D280140	社会主义发展史	1	16	16	0	0	一至四	秋/春		考试	全汉语
		B2D284010	社会实践	2	80	0	0	80	四	秋	必修	考查	全汉语

续表

课程模块	课程类别	课程代码	中文课程名称	总学分	总学时	理论学时	实验学时	实践学时	开课学期 学年	开课学期 学期	课程性质及学习要求	考核方式	授课语言
通修课程	思政类	28111103	自然辩证法概论	1	16	16	0	0	四至六	秋/春	博士及硕士出口学生必修,本科出口学生不做要求	考试	全汉语
		28111105	新时代中国特色社会主义理论与实践	2	32	32	0	0		秋		考试	全汉语
		28111101	中国马克思主义与当代	2	32	32	0	0		春	博士出口学生必修,硕士及本科出口学生不做要求	考试	全汉语
	军理类	B2D511040	军事理论	2	36	32	0	4	二	春	必修	考试	全汉语
		B2D511030	军事技能	2	112	0	0	112	一	夏	必修	考查	全汉语
	体育类	B2E331030	体育(1)	0.5	32	32	0	0	一	秋	必修	考试	全汉语
		B2E331040	体育(2)	0.5	32	32	0	0	一	春	必修	考试	全汉语
		B2E332050	体育(3)	0.5	32	32	0	0	二	秋	必修	考试	全汉语
		B2E332060	体育(4)	0.5	32	32	0	0	二	春	必修	考试	全汉语
		B2E333070	体育(5)	0.5	16	16	0	0	三	秋	必修	考试	全汉语
		B2E333080	体育(6)	0.5	16	16	0	0	三	春	必修	考试	全汉语
		B2E334030	体质健康标准测试	0.5	0	0	0	0	四	秋	必修	考试	全汉语
	素质教育实践必修课	B2H511110	素质教育(博雅课程)(1)	0.2	16	4	0	12	一	秋	必修	考查	全汉语
		B2H511120	素质教育(博雅课程)(2)	0.3	16	4	0	12	一	春	必修	考查	全汉语
		B2H511130	素质教育(博雅课程)(3)	0.2	16	4	0	12	二	秋	必修	考查	全汉语
		B2H511140	素质教育(博雅课程)(4)	0.3	16	4	0	12	二	春	必修	考查	全汉语
		B2H511150	素质教育(博雅课程)(5)	0.2	16	4	0	12	三	秋	必修	考查	全汉语
		B2H511160	素质教育(博雅课程)(6)	0.3	16	4	0	12	三	春	必修	考查	全汉语
		B2H511170	素质教育(博雅课程)(7)	0.2	16	4	0	12	四	秋	必修	考查	全汉语
		B2H511180	素质教育(博雅课程)(8)	0.3	16	4	0	12	四	春	必修	考查	全汉语

续表

课程模块	课程类别	课程代码	中文课程名称	总学分	总学时	理论学时	实验学时	实践学时	开课学期		课程性质及学习要求	考核方式	授课语言
									学年	学期			
通修课程	素质教育理论必修课		美育类课程(至少1.5学分),各类课程见各学期开课清单	1.5					一至四	秋、春	必修		
			劳动教育课程(至少32学时),劳动教育必修课或劳动教育模块,详见每学期劳动教育课程清单		32				一至四	秋、春	必修	考查	全汉语
		B2K141010	国家安全	1	16	14	0	2	一至三	秋、春	必修	考查	全汉语
		B2K511010	心理健康(1)	0.3	6	2	0	4	一	秋	必修	考查	全汉语
		B2K511020	心理健康(2)	0.3	6	2	0	4	一	春	必修	考查	全汉语
		B2K511030	心理健康(3)	0.3	6	2	0	4	二	秋	必修	考查	全汉语
		B2K511040	心理健康(4)	0.3	6	2	0	4	二	春	必修	考查	全汉语
		B2K511050	心理健康(5)	0.2	2	2	0	0	三	秋	必修	考查	全汉语
		B2K511060	心理健康(6)	0.2	2	2	0	0	三	春	必修	考查	全汉语
		B2K511070	心理健康(7)	0.2	2	2	0	0	四	秋	必修	考查	全汉语
		B2K511080	心理健康(8)	0.2	2	2	0	0	四	春	必修	考查	全汉语
	素质教育通识限修课	B2F050110	航空航天概论A	2	32	22	10	0	一	秋	必修	考试	全汉语
		B2F270160	化学前沿导论	1	16	16	0	0	一	春	必修	考查	全汉语
		B2G270190	化学实验室安全技术	1	16	16	0	0	一	秋	必修	考试	全汉语
			素质教育通识限修课(至少1.5学分),详见每学期开课清单	1.5					一至四	秋、春	必修		
专业课程	核心专业类		核心专业必修类										
		B3I27235A	分析化学	2	32	32	0	0	二	秋	必修	考试	全汉语
		B3I27231A	有机化学Ⅰ	3	48	48	0	0	二	秋	必修	考试	全汉语
		B3I27232A	有机化学Ⅱ	3	48	48	0	0	二	春	必修	考试	全汉语
		B3I27237A	物理化学Ⅰ	3	48	48	0	0	二	春	必修	考试	全汉语
		B3I27238A	物理化学Ⅱ	3	48	48	0	0	三	秋	必修	考试	全汉语
		B3I27314A	结构化学A	4	64	64	0	0	三	秋	必修	考试	全汉语
		B3I27315A	高分子化学A	3	48	48	0	0	三	秋	必修	考试	全汉语
		B3I27243A	现代分析测试技术	3	48	48	0	0	二	春	必修	考试	全汉语
		B3I27322A	表面化学与化学物理	4	64	64	0	0	三	春	必修	考试	全汉语

续表

课程模块	课程类别	课程代码	中文课程名称	总学分	总学时	理论学时	实验学时	实践学时	开课学期 学年	开课学期 学期	课程性质及学习要求	考核方式	授课语言
专业课程	核心专业类	B3I27223A	分析化学实验A	1.5	48	0	48	0	二	秋	必修	考查	全汉语
		B3I27233A	有机化学实验I	2	64	0	64	0	二	秋	必修	考查	全汉语
		B3I27234A	有机化学实验II	1.5	48	0	48	0	二	春	必修	考查	全汉语
		B3I27239A	物理化学实验I	2	64	0	64	0	二	春	必修	考查	全汉语
		B3I27240A	物理化学实验II	1.5	48	0	48	0	三	秋	必修	考查	全汉语
		B3I27316A	高分子化学实验A	1	32	0	32	0	三	秋	必修	考查	全汉语
		B3I27313A	现代分析测试技术实验	2	64	0	64	0	三	秋	必修	考查	全汉语
		B3J275110	科研课堂	2	32	0	0	32	二	秋/春	必修	考查	全汉语
		B3I27358A	社会课堂(生产实习)	5	320	0	0	320	三	夏	必修	考查	全汉语
		B3I27484A	毕业设计	8	640	0	0	640	四	春	必修	考查	全汉语
		硕博基础核心课											
		B3J27337B	高等无机化学	3	48	48	0	0		秋		考试	全汉语
		B3J27356B	高等有机化学	3	48	48	0	0		秋		考查	全汉语
		27112304	高等物理化学	3	48	48	0	0		秋		考试	全汉语
		27112301	合成与制备化学	3	48	48	0	0	三至六	秋	博士出口学生至少9学分,硕士出口学生至少6学分,本科出口学生任修	考查	全汉语
		27112302	表面与界面化学	3	48	48	0	0		春		考试	全汉语
		27112303	化学反应动力学	3	48	48	0	0		春		考查	全汉语
		27112401	量子化学	3	48	48	0	0		秋		考查	全汉语
		27112402	现代仪器分析	3	48	48	0	0		秋		考查	全汉语

续表

课程模块	课程类别	课程代码	中文课程名称	总学分	总学时	理论学时	实验学时	实践学时	开课学期		课程性质及学习要求	考核方式	授课语言
									学年	学期			
专业课程	核心专业类					硕博专业核心课							
		27113201	纳米材料化学	2	32	32	0	0	三至六	秋	博士及硕士出口学生必修，本科出口学生任修	考查	全汉语
		27116101	化学合成及表征	2	32	32	0	0		春		考查	全汉语
		27116102	拉曼光谱综合实验	1	16	16	0	0		春		考查	全汉语
						硕博综合实践与培养环节							
		117201	开题报告（硕）	1	0				四至五	秋/春	硕士出口学生必修，博士出口学生不做要求		
		117202	学术报告（硕）	1	0				四至五	秋/春			
		117101	开题报告（博）	1	0				六至七	秋/春	博士出口学生必修，硕士出口学生不做要求		
		117104	资格考试	1	0				六至七	春			
		116301	社会实践	1	0				五至八	秋/春			
		研究学分	学生每学期提交进展报告；导师综合打分后折算学分	≥6	0				五至八		博士出口学生必修，硕士出口学生不做要求		
	一般专业类					科研素养							
		27114301	科学写作与报告	2	32	32	0	0	四至六	秋	博士及硕士出口学生必修，本科出口学生任修	考查	英汉双语
		B3J27354B	创新化学实验	2	64	0	64	0	三	春	必修	考查	全汉语
		B3J27364A	化学专业英语	2	32	32	0	0	三	春	本科出口学生任修	考查	英汉双语
		B3J27347B	纳米材料与表征技术	2	32	32	0	0	三	春		考查	英汉双语

续表

课程模块	课程类别	课程代码	中文课程名称	总学分	总学时	理论学时	实验学时	实践学时	开课学期 学年	开课学期 学期	课程性质及学习要求	考核方式	授课语言
专业课程	一般专业类					特色前沿类——仿生智能界面化学类							
		27113202	仿生智能界面材料	2	32	32	0	0		秋	博士及硕士出口学生必修,本科出口学生任修	考查	全汉语
		B3J27439B	仿生材料化学	2	32	32	0	0	三至六	秋	本科出口学生任修	考查	全汉语
		B3J273681	软物质科学导论	2	32	32	0	0		秋		考查	全英文
		B3J27338B	胶体与界面化学	2	32	32	0	0		春		考试	全汉语
						特色前沿类——空天材料化学类							
		B3I013280	航空航天结构材料	3	48	48	0	0		春	本科出口学生任修	考试	全汉语
		B1B052040	材料力学 B	2.5	40	32	8	0		春		考试	全汉语
		B3J27363A	高分子物理 A	3	48	48	0	0	三至六	春		考试	全汉语
		B3J27351B	复合材料	2	32	32	0	0		秋		考试	全汉语
		B3J27441B	高分子材料成型加工	2	32	32	0	0		秋		考查	全汉语
						特色前沿类——能源化学与器件类							
		B3J27342B	电化学原理	2	32	32	0	0		春	本科出口学生任修	考查	全汉语
		B3J27353B	光电高分子材料与应用	2	32	32	0	0		秋		考查	全汉语
		B3J27343B	工业催化基础	2	32	32	0	0	三至六	秋		考试	全汉语
		B3J27336B	化工原理	3	48	48	0	0		春		考试	全汉语
		27113203	功能高分子材料	2	32	32	0	0		秋		考查	全汉语
						学科交叉类——计算机交叉							
		B3J27367B	计算化学	3	64	32	32	0		春	本科出口学生任修	考试	全汉语
		B3J27352B	分子模拟	2	32	32	0	0	三至六	春		考查	全汉语
		B3J27462B	化学程序设计	2.5	48	32	16	0		秋		考查	全汉语

课程模块	课程类别	课程代码	中文课程名称	总学分	总学时	理论学时	实验学时	实践学时	开课学期 学年	开课学期 学期	课程性质及学习要求	考核方式	授课语言
		学科交叉类——物理交叉											
		B3I193430	固体物理(1)	3	48	48	0	0		春	本科出口学生任修	考试	全汉语
		B3J27346B	物理有机化学	2	32	32	0	0	三至六	秋		考查	英汉双语
		B3J27469B	柔性半导体器件物理	2	32	32	0	0		秋		考查	英汉双语
		学科交叉类——生物交叉											
		B3I27311A	生物化学	3	48	48	0	0		秋		考试	全汉语
		B3I27320A	分子生物学	2	32	32	0	0		秋		考试	全汉语
		B3I27310A	化学生物学	2	32	32	0	0		春		考查	全汉语
		B3I27312B	生物化学实验	1	32	0	32	0	三至六	秋	本科出口学生任修	考查	全汉语
		B3I27321A	分子生物学实验	1	32	0	32	0		秋		考查	全汉语
		B3J27350A	化学生物学综合实验	1	32	0	32	0		春		考查	全汉语
		本硕博贯通其他专业课											
专业课程	一般专业类	27113204	热化学分析方法	2	32	32	0	0		秋		考查	全汉语
		27113205	电源导论	2	32	32	0	0		秋		考查	全汉语
		27113206	仿生材料学	2	32	32	0	0		秋		考查	全汉语
		27113027	能源化学	3	48	48	0	0		秋		考查	全汉语
		27113208	有机化学前沿与进展	3	48	48	0	0		秋	博士出口学生至少10学分,硕士出口学生至少7学分,本科出口学生任修	考查	全汉语
		27113210	聚合物纳米复合材料	2	32	32	0	0	三至六	秋		考查	全汉语
		27113211	现代复合材料	2	32	32	0	0		秋		考查	全汉语
		27113214	先进显示材料	2	32	32	0	0		秋		考查	全汉语
		27113215	电子显微学	2	32	32	0	0		秋		考查	全汉语
		27113216	有机波谱学	2	32	32	0	0		秋		考查	全汉语
		27113220	材料的原子尺度分析	2	32	32	0	0		秋		考查	全汉语
			跨学院并跨一级学科的学科理论或专业理论课						四至六	秋、春	博士出口学生任修4学分,硕士出口学生任修3学分,本科出口学生任修2学分		

四、核心课程先修逻辑关系图（图 3-2）

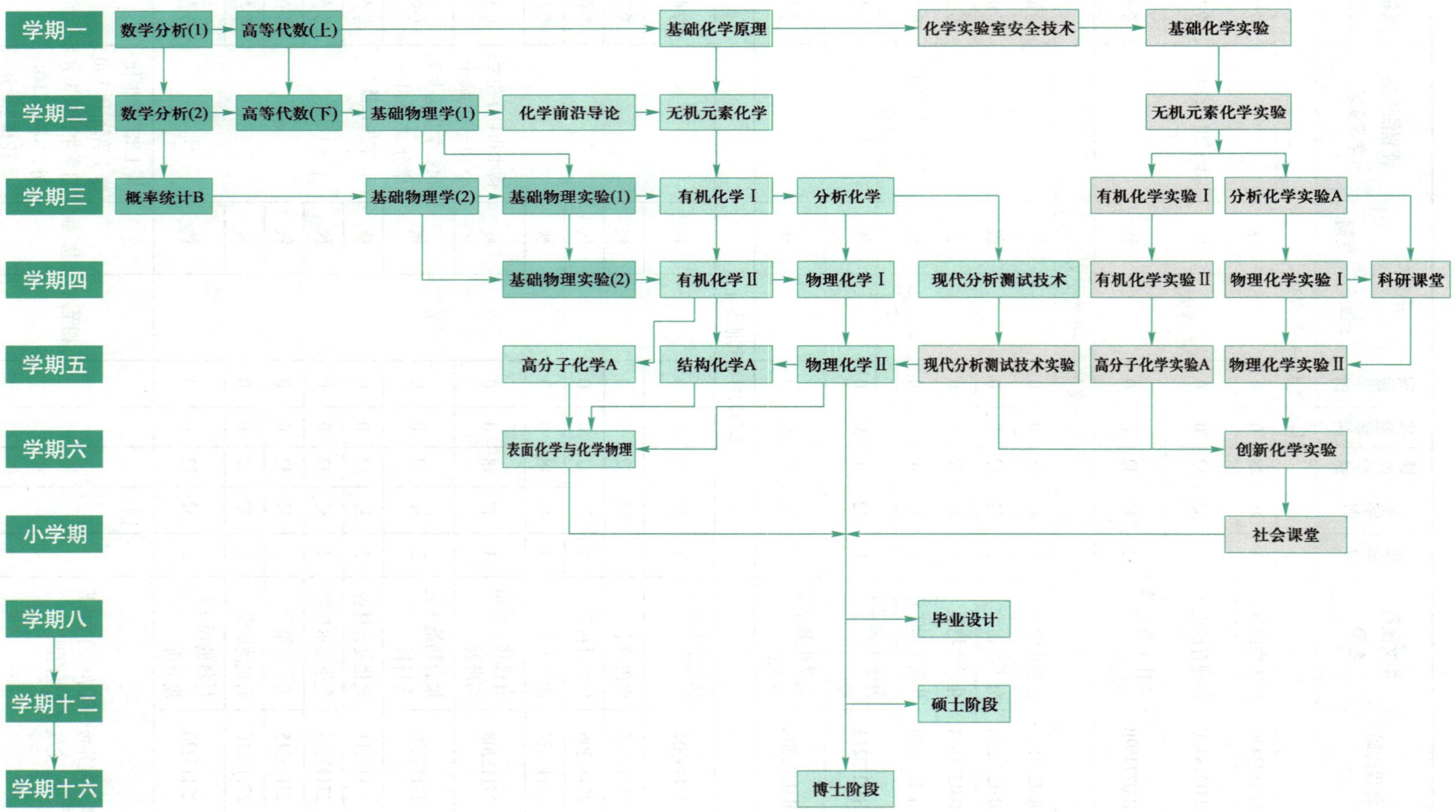

图 3-2　核心课程先修逻辑关系图

— 北京化工大学 —

化学专业（拔尖计划）培养方案（2022级）

一、培养目标及毕业要求

1. 培养目标

化学拔尖学生培养基地（化学拔尖计划）旨在全面落实立德树人根本任务，秉持"宏德博学，化育天工"的北京化工大学校训和"强基笃实，交叉融通"的成才理念，培养德、智、体、美、劳全面发展，具有家国情怀和使命担当，知行合一，人文和科学素养深厚，学科基础知识宽厚扎实，自主学习能力突出、理工融合意识强烈、对化学有强烈的学科志趣，勇于创新，敢于实践，具有长远发展潜力和学科研究能力、国际视野宽阔、沟通和领导能力卓越，有志于在化学及相关学科领域继续深造，聚焦未来科学前沿、国家重大需求和社会经济发展趋势，在化学及相关学科交叉领域中从事基础研究与探索，能够在国际化科技竞争中脱颖而出，成为科学领跑世界和科技强国主力军的创新性拔尖人才。

本专业学生在毕业后，经过持续性学习和深造，不断充实和丰富实践经验，毕业20年后能够成为化学相关领域基础研究的国际一流知名学者、领军人物和拔尖人才，预期能够达到以下目标：

（1）坚定的科学理想：具有科技强国的远大志向，强烈的社会责任感和良好的道德风貌，有志成为化学及相关领域内的拔尖人才和民族栋梁之材。

（2）超强的学习能力：能够形成适合自身特点的有效学习方法，充分利用各种资源进行自主学习，爱学习、会学习和乐学习。养成终身学习的意识，具备自主学习和知识整合能力。学以致用，用以致学，学用结合。

（3）优秀的创新潜质：敢于面向未来，与时俱进，开拓创新。勇于挑战未知和难题，具有广阔的国际视野和创新思维，具备在化学及其相关领域从事研究工作的专业能力和科研潜质。

（4）良好的研究潜力：理解科学精神，具备质疑和批判性思维，具有提出、分析和解决问题的科学探究能力，形成优秀的科学素养。

（5）健康的身心素质：拥有健康的体魄和自信乐观的心态，客观面对困难与挫折，意志坚定，百折不挠，保证身心健康发展和持久的工作热情。

2. 毕业要求

知识要求：

（1）化学基础理论知识：系统扎实地掌握化学基础知识、基本理论，洞察化学的发展历史、学科前沿和发展趋势。

（2）实验基本操作与技能：理解实验实践在化学学科中的地位，掌握化学实验的基本知识和技能。

（3）学科基础知识及相关学科知识：掌握数学、物理学、生物学和信息科学等基础知识，了解化工、生命、材料、能源、资源与环境等相关领域的关键基础知识。

（4）化学科学研究方法：理解化学的学科特点及其在自然科学与工程技术领域中的关键地位，掌握化学研究的基本方法和手段，具备发现化学及相关学科新现象、新规律，提出新方法和建立新理论的初步能力。

（5）人文社科等相关知识：了解和掌握人文社会科学、军事理论和身心健康等相关基础知识。

能力要求：

（6）科研创新能力：掌握化学研究的基本方法和手段，具备发现、辨析、质疑、评价化学及相关领域现象和问题、提出新方法和建立新理论的初步能力，富有开拓创新精神，具有优秀的批判性思维和创新潜质。能够理解化学及相关学科领域中的前沿科学问题，具备基本的原创性科研能力，能发现新的科学问题，并能根据所学，正确有效表达。

（7）解决复杂问题能力：学以致用，具备有效开展问题调研的能力，能够对化学及相关领域中的复杂问题进行分析、归纳和综合，并提出相应对策或解决方案。

（8）自主学习能力：具有适应科学技术和经济社会发展的终身学习意识和自主学习能力，抱有持久强烈的学科深造意愿。了解化学相关领域的学科前沿、发展趋势和最新动态，实现个人职业的可持续发展。

（9）表达、交流与组织能力：熟练掌握一门外语，具备学术表达、写作和交流能力。具有宽广的国际视野，密切关注国际科技、经济和社会发展动态，积极参与国际交流与合作。在跨文化背景下，能够与国内国际同行、社会公众进行有效深入的沟通和交流。具有团队组织和领导能力，保障科学研究工作高效开展。

（10）信息技术应用能力：能够有效利用现代网络信息技术，获取、甄别、分析和运用化学及相关学科的前沿信息，恰当应用现代信息技术手段和工具解决实际问题。

素质要求：

（11）公民素质与社会责任：具有正确的人生观、价值观和世界观，具有家国情怀、人文情怀和世界胸怀。了解国情社情民情，践行社会主义核心价值观。具有人文底蕴、社会责任感和团队协作精神，适应科学和社会发展，能够在个人职业实践中理解并遵守职业道德规范、社会和科学伦理。具有安全意识、环保意识和可持续发展理念。

（12）科学文化素养：具有科学精神，理解科学技术、经济建设与社会发展之间的密切关系，掌握科学的世界观和方法论，理解当代世界科技与经济社会发展趋势与前沿，掌握认识世界、改造世界和保护世界的基本思路和方法。

（13）身体与心理素质：具有良好的生活习惯、健康的体魄和良好的心理素质。

二、知识体系的基本框架

专业知识、能力与素质体系一览表

知识体系	知识领域		核心知识单元
公共基础知识与素质	人文社会科学		习近平新时代中国特色社会主义思想概论(3.0)、国家安全教育(1.0)、"四史"模块(1.0)、中国近现代史纲要(3.0)、毛泽东思想和中国特色社会主义理论体系概论(3.0)、马克思主义基本原理(3.0)、思想道德与法治(3.0)
	外语		大学英语(8.0)、专业英语(2.0)
	计算机与信息技术		大学计算机(0.0)、C语言程序设计(2.0)
	体育		体育(4.0)
	身心健康教育		军事理论(2.0)、大学生身心健康(1.0)、形势与政策(2.0)
学科基础知识与能力	数学与物理科学		数学分析A(12.0)、线性代数C(4.0)、概率论与数理统计A(3.5)、大学物理A(10.0)
	无机化学		无机化学原理(4.0)、无机元素化学(3.0)
	有机化学		有机化学(7.0)
	分析化学		分析化学(2.0)、仪器分析(4.0)
	物理化学		物理化学(7.0)、中级物理化学(3.0)
	结构化学		结构化学(4.5)
	专业导论		化学学科导论(1.0)、绿色大化工学科前沿(1.0)
	化工基础知识		化工原理(3.0)
	安全与环保类		化学实验安全与环保(1.5)
学习能力	跨学科基础	数学类	常微分方程(4.0)、复变函数与积分变换(4.0)、数学模型(2.0)、实变函数(3.0)、最优化方法(3.5)、数值分析(3.5)、偏微分方程及数值解(4.0)、抽象代数(3.0)、微分几何(3.5)、泛函分析(3.0)
		物理力学类	量子力学(4.0)、电磁场与电磁波(3.5)、统计物理(2.0)、固体物理(3.0)、半导体物理(2.0)、数学物理方法(2.5)、固态电子与光电子(3.0)、激光原理(3.0)、理论力学(3.5)、材料力学(4.5)、机械原理(3.5)、机器人导论(2.0)
		电子信息类	信号与系统(3.5)、电路原理(3.0)、数字电子技术(3.5)、模拟电子技术(3.5)、微机原理及接口技术(3.0)、数据结构(3.0)、数据库原理(3.5)、离散数学(4.0)、数字逻辑(2.5)、编译原理(3.5)、操作系统原理(3.5)、人工智能基础(3.0)、机器学习(3.0)、神经网络与深度学习(3.0)、模式识别基础(3.0)
		生物类	细胞生物学与细胞工程(3.0)、分子生物学与基因工程(3.0)、微生物学(3.5)、生物信息学(2.0)、免疫学(2.0)、解剖生理学(2.0)
		材料类	超分子材料(1.5)
		经济学类	微观经济学(3.0)、宏观经济学(2.0)、计量经济学(2.5)

续表

知识体系	知识领域		核心知识单元
专业知识与能力	专业知识	专业方向	中级无机化学(3.0)、材料化学(2.0)、催化化学(2.0)、计算化学(2.5)、配位化学(2.0)、中级有机化学(3.0)、有机合成(3.0)、无机合成化学(2.0)、杂环与药物化学(2.0)、高分子化学(2.0)、电化学(2.0)、能源物理化学(2.0)、应用界面化学(2.0)、生物化学基础(2.0)、化学生物学基础(2.0)、生化分析(2.0)、绿色化学(2.0)、环境化学(2.0)、分离科学与技术(2.0)、近代仪器分析进展(2.0)、有机波谱分析(2.0)、固体材料表征方法(2.0)、碳基能源化学(2.0)、能源材料化学(2.0)、化学实验设计(2.0)
	学科研究		专业英语(2.0)、文献信息检索与应用(1.5)、化学文献检索(1.0)、科技论文写作(1.0)、科研调研与项目申报(2.0)、化学学科研讨(Ⅰ)(0.5)、化学学科研讨(Ⅱ)(0.5)、化学学科研讨(Ⅲ)(1.0)
	前沿研讨		理论化学和分子模拟前沿(2.0)、分子影像学前沿技术(2.0)、有机合成新策略(2.0)、核酸化学与材料(2.0)
	硕士进阶	化学类	高等物理化学(3.0)、高等有机化学(3.0)、有机立体化学(2.0)、量子化学(2.0)、晶体化学(3.0)、X 射线晶体结构分析(2.0)、化学与生物传感技术(2.0)、胶体与界面化学(2.5)、高等药物化学(2.0)、大气化学与物理(2.0)、环境催化(2.5)、高分子化学进展(2.5)
		材料类	材料物理(2.0)、材料结构与性能(3.0)、聚合物的结构与性能(3.0)、高分子物理进展(2.0)、软物质功能材料(2.0)
		生物类	细胞生物学与培养工程(2.5)、合成生物学(2.5)、酶学与生物催化(2.5)、分子诊断学(1.5)、生命软物质(2.0)
		信息类	人工智能原理(2.0)、深度学习(2.0)、数据挖掘与应用(2.0)
		物理类	凝聚态理论(2.0)、固体理论(2.0)、场论(2.5)、固体光谱学(2.0)
		数学力学类	弹性力学(2.5)、高等流体力学(2.5)、统计热力学(2.0)、拓扑学(4.0)、群论(2.5)、图论(3.0)
		其他	软物质科学原理与应用(2.0)、自然辩证法概论(1.0)
实践环节	实验类		大学物理实验(2.0)、无机化学实验 A(1.5)、分析化学实验 A(2.0)、有机化学实验 A(3.0)、物理化学实验 A(2.5)、仪器分析实验(2.0)、化工原理实验(0.5)、化学类专业基础实验(1.0)、专业方向综合实验(4.0)、化学兴趣实验(0.5)
	实习实践类		应用软件实践(1.0)、科研训练实践(Ⅰ)(2.0)、科研训练实践(Ⅱ)(2.0)、科研训练实践(Ⅲ)(2.0)、国际化访学(2.0)
	毕业环节		毕业论文(设计)(8.0)
	军事实践		军事技能(2.0)
素质教育	素质教育课程		写作与沟通(1.0)、领导力(1.0)、批判性思维与创新(1.0)、书法审美与技法(1.0)、高效阅读(1.0)、美育(1.0)、化学与创新(1.0)、新生研讨课(1.0)、国际化课程(1.0)
	素质教育实践		美育实践(1.0)、劳动与社会实践(2.0)、创新创业(2.0)

三、专业核心课程

无机化学原理（CHM11601T，64学时）、无机元素化学（CHM11402T，48学时）、分析化学（CHM32200T，32学时）、有机化学（Ⅰ）（CHM23500T，56学时）、有机化学（Ⅱ）（CHM23501T，56学时）、仪器分析（CHM22601T，64学时）、物理化学（Ⅰ）（CHM34500T，56学时）、物理化学（Ⅱ）（CHM34501T，56学时）、中级物理化学（（CHMT24401T，48学时）、结构化学（CHM24701C，72学时）、化工原理（CHE21501E，48学时）。

四、总学分及其分配

专业名称	必修学分				选修学分												总学分
									素质教育								
									课程					实践			
	公共基础课程	专业基础	跨学科基础*	实践环节课程	公共基础课程	专业课程	前沿研讨	硕士进阶*	限选	美育	核心或高端素质**	就业创业	创新创业	美育	创新创业	劳动教育	
化学（拔尖计划）专业	62.5	42.0	≥6.0	43.0	3.0	6.0	4.0	≥4.0	2.0	1.0	2.0	1.0	1.0	1.0	2.0	2.0	172.5

* 跨学科基础课程是要求学生在所列不同学科本科专业核心课程中选择不少于6.0学分的课程，硕士进阶课程是要求学生在所列不同学科硕士专业课程中选择不少于4.0学分的课程，两类课程通过后，所获学分为荣誉学分，毕业时颁发荣誉学分证书，不计入毕业总学分。

** 2.0学分的核心或高端素质课程在"写作与沟通""领导力""批判性思维与创新""书法审美与技法"和"高效阅读"五门课中限定选修。

五、学制（修业年限）

学制为4年，弹性学习年限3~6年。

六、授予学位

本专业学生在毕业环节和其余课程的平均学分绩点均达到2.0后授予理学学士学位。

七、专业培养计划

表一　宏德书院(化学拔尖基地班)课程计划总表(年级:2022)

课程类别	课程性质	学分	课程代码	课程名称	学分	总学时	授课学时	实验学时	上机学时	实践学时	修读学期	考核方式
公共基础课	必修	66（理论62.5实践3.5）	CSE17001C	大学计算机	0.0	24	12	0	12	0	1	考查
			MXI17202T	思想道德与法治	2.0	32	32	0	0	0	1	考试
			MXI19001P	思想道德与法治实践	1.0	16	16	0	0	0	1	考查
			MXI14401E	习近平新时代中国特色社会主义思想概论	3.0	48	48	0	0	0	1	考查
			MXI12400E	中国近现代史纲要	3.0	48	32	0	0	16	2	考试
			MXI10011T	国家安全教育	1.0	16	16	0	0	0	2	考查
			MXI21400E	马克思主义基本原理	3.0	48	32	0	0	16	4	考试
			MXI13401T	毛泽东思想和中国特色社会主义理论体系概论	3.0	48	48	0	0	0	5	考试
			MXI42H01E	形势与政策(Ⅰ)	0.5	32	16	0	0	16	1,2	考查
			MXI42H02E	形势与政策(Ⅱ)	0.5	32	16	0	0	16	4,5	考查
			MXI42H03E	形势与政策(Ⅲ)	0.5	32	16	0	0	16	7,8	考查
			MXI42H04E	形势与政策(Ⅳ)	0.5	32	16	0	0	16	10,11	考查
			PHE10200T	军事理论	2.0	36	24	0	0	12	1	考查
			HSS18000T	大学生身心健康	1.0	18	12	0	0	6	2	考查
			PHE10001T	体育(Ⅰ)	1.0	32	32	0	0	0	1	考查
			PHE10002T	体育(Ⅱ)	1.0	32	32	0	0	0	2	考查
			PHE20000T	体育(Ⅲ)	1.0	32	32	0	0	0	4	考查
			PHE20001T	体育(Ⅳ)	1.0	32	32	0	0	0	5	考查
			CSE14204C	C语言程序设计	2.0	40	24	0	16	0	4	考查
			ENG11220T	大学英语1	2.0	32	32	0	0	0	1	考试
			ENG11221T	大学英语2	2.0	32	32	0	0	0	2	考试
			ENG11222T	大学英语3	2.0	32	32	0	0	0	4	考试
			ENG11223T	大学英语4	2.0	32	32	0	0	0	5	考试
			MAT10A01T	数学分析A(Ⅰ)	6.0	96	96	0	0	0	1	考试
			MAT10601T	线性代数C	4.0	64	64	0	0	0	1	考试
			MAT10A02T	数学分析A(Ⅱ)	6.0	96	96	0	0	0	2	考试
			MAT10501T	概率论与数理统计A	3.5	56	56	0	0	0	4	考试
			PHY11802T	大学物理A(Ⅰ)	5.0	80	80	0	0	0	2	考试
			PHY11801T	大学物理A(Ⅱ)	5.0	80	80	0	0	0	4	考试
			MUL11001C	文献信息检索与应用	1.5	24	16	0	8	0	3	考查

续表

课程类别	课程性质	学分	课程代码	课程名称	学分	总学时	授课学时	实验学时	上机学时	实践学时	修读学期	考核方式
公共基础课	选修	四史模块限选1.0	MXI10007T	社会主义道路探索史	1.0	16	16	0	0	0	1	考查
			MXI10009T	中国共产党的光辉历程和伟大成就	1.0	16	16	0	0	0	1	考查
			MXI10006T	中国共产党与改革开放	1.0	16	16	0	0	0	2	考查
			MXI10010T	中国共产党人的精神谱系	1.0	16	16	0	0	0	2	考查
			MXI10008T	社会主义五百年	1.0	16	16	0	0	0	2	考查
		2.0	MUL11003T	绿色大化工学科前沿	1.0	16	16	0	0	0	1	考查
			CSE24101C	Python语言程序设计	1.5	32	16	0	16	0	2	考查
			CHM11004L	化学兴趣实验	0.5	16	0	16	0	0	3	考查
			MAT40200T	数学模型	2.0	32	32	0	0	0	5	考查
			EEE34202E	机器人导论	2.0	32	24	0	8	0	5	考查
			BUS13201T	大数据导论	2.0	32	32	0	0	0	5	考查
			BIO37200T	生物信息学	2.0	32	32	0	0	0	7	考查
专业课	必修	44（理论42实践2.0）	CHM16001T	化学学科导论	1.0	16	16	0	0	0	1	考查
			CHM11601T	无机化学原理	4.0	64	64	0	0	0	1	考试
			CHM32200T	分析化学	2.0	32	32	0	0	0	2	考试
			CHM16001E	化学学科研讨（Ⅰ）	0.5	16	0	0	0	16	3	考查
			CHM11102E	化学实验安全与环保	1.5	24	20	0	0	4	4	考查
			CHM23500T	有机化学（Ⅰ）	3.5	56	56	0	0	0	4	考试
			CHM11402T	无机元素化学	3.0	48	48	0	0	0	5	考试
			CHM23501T	有机化学（Ⅱ）	3.5	56	56	0	0	0	5	考试
			CHM34500T	物理化学（Ⅰ）	3.5	56	56	0	0	0	5	考试
			CHM26002E	化学学科研讨（Ⅱ）	0.5	16	0	0	0	16	6	考查
			CHM34501T	物理化学（Ⅱ）	3.5	56	56	0	0	0	7	考试
			CHM22601T	仪器分析	4.0	64	64	0	0	0	7	考试
			CHM24701C	结构化学	4.5	72	68	0	4	0	8	考试
			CHM24401T	中级物理化学	3.0	48	48	0	0	0	8	考试
			CHE21400E	化工原理	3.0	48	48	0	0	0	8	考试
			CHM26001E	化学学科研讨（Ⅲ）	1.0	32	0	0	0	32	10	考查
			CHM10203T	科研调研与项目申请	2.0	32	32	0	0	0	10	考查
	限选	4.0	CHM23206T	高分子化学	2.0	32	32	0	0	0	7	考查
			CHM31400T	中级无机化学	3.0	48	48	0	0	0	7	考查
			CHM34401T	中级有机化学	3.0	48	48	0	0	0	7	考查
			CHM44300C	计算化学	2.5	56	24	0	32	0	7	考查

课程类别	课程性质	学分	课程代码	课程名称	学分	总学时	授课学时	实验学时	上机学时	实践学时	修读学期	考核方式
专业课	限选	4.0	BIO11200T	生物化学基础	2.0	32	32	0	0	0	7	考查
			CHM44200T	催化化学	2.0	32	32	0	0	0	7	考查
			CHM26209T	电化学	2.0	32	32	0	0	0	8	考查
			CHM45204T	应用界面化学	2.0	32	32	0	0	0	7	考查
	任选	2.0	CHM30001T	化学文献检索	1.0	16	16	0	0	0	4	考查
			CHM2E200T	专业英语	2.0	32	32	0	0	0	5	考查
			CHM30200T	化学实验设计	2.0	32	32	0	0	0	8	考查
			CHM40000T	科技论文写作	1.0	16	16	0	0	0	8	考查
			CHM31206T	能源物理化学	2.0	32	32	0	0	0	8	考查
			CHM26207T	碳基能源化学	2.0	32	32	0	0	0	7	考查
			CHM26205T	能源材料化学	2.0	32	32	0	0	0	7	考查
			CHM21203T	化学能源器件	2.0	32	32	0	0	0	7	考查
			CHM20203T	化学生物学基础	2.0	32	32	0	0	0	8	考查
			CHM36401T	太阳能转化与利用	3.0	48	48	0	0	0	8	考查
			CHM42200T	复杂物质剖析	2.0	32	32	0	0	0	8	考查
			ENV37201T	环境分析	2.0	32	32	0	0	0	8	考查
			CHM42201T	近代仪器分析进展	2.0	32	32	0	0	0	8	考查
			CHM32204T	生化分析	2.0	32	32	0	0	0	8	考查
			CHM21204T	无机合成化学	2.0	32	32	0	0	0	8	考查
			CHM43202T	金属有机化学	2.0	32	32	0	0	0	8	考查
			CHM41200T	配位化学	2.0	32	32	0	0	0	8	考查
			CHM26211T	插层化学	2.0	32	32	0	0	0	8	考查
			MSE43200T	固体材料表征方法	2.0	32	32	0	0	0	8	考查
			CHM32203T	有机波谱解析	2.0	32	32	0	0	0	8	考查
			CHM45400T	有机合成	3.0	48	48	0	0	0	8	考查
			CHM43201T	杂环与药物化学	2.0	32	32	0	0	0	8	考查
			CHE35200T	分离科学与技术	2.0	32	32	0	0	0	8	考查
			CHM20000T	化学信息学	1.0	16	16	0	0	0	8	考查
			CHM40201T	绿色化学	2.0	32	32	0	0	0	10	考查
			ENV22201T	环境化学	2.0	32	32	0	0	0	7	考查
			MSE24200T	材料化学	2.0	32	32	0	0	0	7	考查
			MSE20200T	材料导论	2.0	32	32	0	0	0	10	考查

续表

课程类别	课程性质	学分	课程代码	课程名称	学分	总学时	授课学时	实验学时	上机学时	实践学时	修读学期	考核方式
前沿研讨	选修	4.0	CHM11202T	分子影像学前沿技术	2.0	32	32	0	0	0	10	考查
			CHM10202T	理论化学与分子模拟前沿	2.0	32	32	0	0	0	10	考查
			CHM13202T	核酸化学与材料	2.0	32	32	0	0	0	10	考查
			CHM13203T	有机合成新策略	2.0	32	32	0	0	0	10	考查
硕士进阶	选修	≥4.0		化学类(13门)	详见表九							
				材料类(6门)	详见表九							
				生物类(5门)	详见表九							
				信息类(3门)	详见表九							
				物理类(4门)	详见表九							
				数学力学类(6门)	详见表九							
				其他(2门)	详见表九							
实践环节	必修	37.5	PHE19200P	军事技能	2.0	2周	0	0	0	2周	1	考查
			CHM11104L	无机化学实验A	1.5	48	0	48	0	0	1	考查
			PHY11000L	大学物理实验(Ⅰ)	1.0	32	0	32	0	0	2	考查
			CHM12201L	分析化学实验A	2.0	64	2	62	0	0	2	考查
			PHY11001L	大学物理实验(Ⅱ)	1.0	32	0	32	0	0	4	考查
			CHM13100L	有机化学实验A(Ⅰ)	1.5	48	2	46	0	0	4	考查
			CHM13101L	有机化学实验A(Ⅱ)	1.5	48	0	48	0	0	5	考查
			CHM23001L	化学类专业基础实验	1.0	32	0	32	0	0	5	考查
			CHM45204L	专业方向综合实验(Ⅰ)	2.0	64	0	64	0	0	7	考查
			CHM14100L	物理化学实验A(Ⅰ)	1.5	48	0	48	0	0	7	考查
			CHM14000L	物理化学实验A(Ⅱ)	1.0	32	0	32	0	0	7	考查
			CHM12101L	仪器分析实验(Ⅰ)	1.5	48	0	48	0	0	7	考查
			CHM45205L	专业方向综合实验(Ⅱ)	2.0	64	0	64	0	0	8	考查
			CHE21005L	化工原理实验	0.5	16	0	16	0	0	8	考查
			CHM39101P	应用软件实践	1.0	1周	0	0	0	1周	9	考查
			CHM12002L	仪器分析实验(Ⅱ)	0.5	16	0	16	0	0	10	考查
			CHM19202P	科研训练与实践(Ⅰ)	2.0	64	0	0	0	64	1~3	考查
			CHM19203P	科研训练与实践(Ⅱ)	2.0	64	0	0	0	64	4~6	考查
			CHM19204P	科研训练与实践(Ⅲ)	2.0	64	0	0	0	64	7~9	考查
			CHM19201P	国际化访学	2.0	8周	0	0	0	8周	暑期	考查
			CHM49902P	毕业设计(论文)	8.0	36周	0	0	0	36周	10,11	考查

续表

课程类别	课程性质	学分	课程代码	课程名称	学分	总学时	授课学时	实验学时	上机学时	实践学时	修读学期	考核方式
跨学科基础	限选，荣誉课程	≥6.0	MAT24600T	常微分方程	4.0	64	64	0	0	0	秋	考试
			MAT23401T	复变函数与积分变换	3.0	48	48	0	0	0	春	考查
			MAT36501T	数值分析	3.5	56	56	0	0	0	春	考试
			MAT34600T	偏微分方程及数值解	4.0	64	64	0	0	0	秋	考试
			MAT34300T	数学物理方法	2.5	40	40	0	0	0	秋	考查
			MAT41400T	抽象代数	3.0	48	48	0	0	0	秋	考试
			MAT42500T	微分几何	3.5	56	56	0	0	0	春	考试
			MAT43401T	实变函数	3.0	48	48	0	0	0	秋	考试
			MAT43402T	泛函分析	3.0	48	48	0	0	0	春	考试
			MAT47501T	最优化方法	3.5	56	56	0	0	0	春	考试
			PHY45801T	量子力学	4.0	64	64	0	0	0	秋	考试
			PHY34400T	固体物理	3.0	48	48	0	0	0	春	考试
			PHY45401T	统计物理	2.0	32	32	0	0	0	春	考试
			PHY43200T	半导体物理	2.0	32	32	0	0	0	春	考试
			PHY33601T	电磁场与电磁波	3.5	56	56	0	0	0	秋	考试
			PHY44400T	固态电子与光电子	3.0	48	48	0	0	0	春	考试
			PHY32400T	激光原理	3.0	48	48	0	0	0	春	考试
			MEE22500T	理论力学	3.5	56	56	0	0	0	秋	考试
			MEE22700E	材料力学	4.5	72	66	6	0	0	春	考试
			MEE24500E	机械原理	3.5	56	50	6	0	0	春	考试
			EEE33500D	信号与系统	3.5	56	48	4	4	0	春	考试
			EEE11401T	电路原理	3.0	48	48	0	0	0	秋	考试
			EEE21503T	模拟电子技术	3.5	56	56	0	0	0	秋	考试
			EEE21410T	数字电子技术	3.0	48	48	0	0	0	春	考试
			CSD35400D	微机原理与接口技术	3.0	56	40	8	8	0	秋	考试
			CSE32503C	操作系统原理	4.0	64	48	0	16	0	春	考试
			EEE37402T	机器学习	3.0	48	48	0	0	0	秋	考试
			MAT21601T	离散数学	4.0	64	64	0	0	0	秋	考试
			EEE37405T	人工智能基础	3.0	48	48	0	0	0	秋	考试
			EEE37403T	模式识别基础	3.0	48	48	0	0	0	秋	考试
			EEE11303T	数字逻辑	2.5	40	32	8	0	0	春	考查
			EEE37404T	神经网络与深度学习	3.0	48	48	0	0	0	春	考试
			CSE32603C	编译原理	3.5	56	48	0	8	0	春	考试

续表

课程类别	课程性质	学分	课程代码	课程名称	学分	总学时	授课学时	实验学时	上机学时	实践学时	修读学期	考核方式
跨学科基础	限选,荣誉课程	≥6.0	CSE37500C	数据库原理	3.5	56	48	0	8	0	秋	考试
			CSE21400T	数据结构	3.0	48	48	0	0	0	秋	考试
			PSE21500T	高分子物理	3.5	56	56	0	0	0	秋	考试
			BIO32402T	分子生物学与基因工程	3.0	48	48	0	0	0	秋	考试
			BIO33401T	细胞生物学与细胞工程	3.0	48	48	0	0	0	春	考查
			BIO33500T	微生物学	3.5	56	56	0	0	0	春	考试
			BIO36200T	免疫学	2.0	32	32	0	0	0	秋	考查
			BME21600E	解剖生理学	2.0	32	32	0	0	0	春	考查
			ECO11300T	微观经济学	2.5	40	40	0	0	0	春	考试
			ECO12200T	宏观经济学	2.0	32	32	0	0	0	秋	考试
			ECO33300T	计量经济学	2.5	40	40	0	0	0	春	考查
素质教育	课程	7.0	HSS11014G	写作与沟通	1.0	24	24	0	0	0	1,2	考查
			HSS12011G	领导力	1.0	24	24	0	0	0	1,2	考查
			IEE10030G	批判性思维与创新	1.0	24	24	0	0	0	1,2	考查
			HSS19005G	书法审美与技法	1.0	24	24	0	0	0	1,2	考查
			HSS10056G	高效阅读	1.0	24	24	0	0	0	1,2	考查
			限选	新生研讨课课程组	1.0						1	考查
			限选	国际化课程课程组	1.0						3	考查
				美育	1.0						3,6	考查
				创新创业教育课程 *	1.0						4	考查
			HSS10001E	大学生就业与创业指导	1.0	18	12	6	0	0	8	考查
	实践	5.0		美育实践	1.0							考查
				创新创业实践 **	2.0							考查
			HSS39001P	劳动与社会实践	2.0	4周	0	0	0	4周	7	考查

*限选2学分（对应 HSS11014G、HSS12011G、IEE10030G、HSS19005G、HSS10056G）

* 含化学与创新。

** 含化学创新科研实践训练,大学生创新性实验计划项目。

表二　英语能力

课程代码	课程名称	学分	学时	学期
ENG11220T	大学英语 1	2.0	32	1
ENG11221T	大学英语 2	2.0	32	2

续表

课程代码	课程名称	学分	学时	学期
ENG11222T	大学英语 3	2.0	32	4
ENG11223T	大学英语 4	2.0	32	5
CHM2E200T	专业英语	2.0	32	5
CHM19201P	国际化访学	2.0	8 周	大二/大三暑期

表三　计算机能力

课程代码	课程名称	学分	学时	开课学期
CSE17001C	大学计算机	0.0	24	0
CSE24101C	Python 语言程序设计	1.5	32	2
CSE14204C	C 语言程序设计	2.0	40	4
CHM44300C	计算化学	2.5	56	7
CHM39101P	应用软件实践	1.0	1 周	9

表四　数 学 基 础

课程代码	课程名称	学分	学时	开课学期
MAT10A01T	数学分析 A（Ⅰ）	6.0	96	1
MAT10601T	线性代数 C	4.0	64	1
MAT10A02T	数学分析 A（Ⅱ）	6.0	96	2
MAT10501T	概率论与数理统计 A	3.5	56	4

表五　工 程 基 础

课程代码	课程名称	学分	学时	开课学期
CHE21400E	化工原理	3.0	48	8
CHE21005L	化工原理实验	0.5	16	8
CHM39101P	应用软件实践	1.0	1 周	9

表六　跨学科基础

课程代码	课程名称	学分	学时	开课学期
MAT24600T	常微分方程	4.0	64	秋
MAT23401T	复变函数与积分变换	3.0	48	春
MAT36501T	数值分析	3.5	56	春
MAT34600T	偏微分方程及数值解	4.0	64	秋

续表

课程代码	课程名称	学分	学时	开课学期
MAT34300T	数学物理方法	2.5	40	秋
MAT41400T	抽象代数	3.0	48	秋
MAT42500T	微分几何	3.5	56	春
MAT43401T	实变函数	3.0	48	秋
MAT43402T	泛函分析	3.0	48	春
MAT47501T	最优化方法	3.5	56	春
PHY45801T	量子力学	4.0	64	秋
PHY34400T	固体物理	3.0	48	春
PHY45401T	统计物理	2.0	32	春
PHY43200T	半导体物理	2.0	32	春
PHY33601T	电磁场与电磁波	3.5	56	秋
PHY44400T	固态电子与光电子	3.0	48	春
PHY32400T	激光原理	3.0	48	春
MEE22500T	理论力学	3.5	56	秋
MEE22700E	材料力学	4.5	72	春
MEE24500E	机械原理	3.5	56	春
EEE33500D	信号与系统	3.5	56	春
EEE11401T	电路原理	3.0	48	秋
EEE21503T	模拟电子技术	3.5	56	秋
EEE21504T	数字电子技术	3.5	56	春
CSD35400D	微机原理与接口技术	3.0	56	秋
CSE32503C	操作系统原理	4.0	64	春
MAT21601T	离散数学	4.0	64	秋
EEE37402T	机器学习	3.0	48	秋
EEE37405T	人工智能基础	3.0	48	秋
EEE37403T	模式识别基础	3.0	48	秋
EEE11303T	数字逻辑	2.5	40	春
EEE37404T	神经网络与深度学习	3.0	48	春
CSE32603C	编译原理	3.5	56	春
CSE37500C	数据库原理	3.5	56	秋
CSE21400T	数据结构	3.0	48	秋
CSE24101C	Python 语言程序设计	1.5	32	春
PSE21500T	高分子物理	3.5	56	秋

续表

课程代码	课程名称	学分	学时	开课学期
BIO32402T	分子生物学与基因工程	3.0	48	秋
BIO33401T	细胞生物学与细胞工程	3.0	48	春
BIO33500T	微生物学	3.5	56	春
BIO36200T	免疫学	2.0	32	秋
BIO37200T	生物信息学	2.0	32	秋
BME21600E	解剖生理学	2.0	32	春
ECO11300T	微观经济学	2.5	40	春
ECO12200T	宏观经济学	2.0	32	秋
ECO33300T	计量经济学	2.5	40	春

表七 专业模块

	课程名称	学分	学时	开课学期
入门	化学学科导论	1.0	16	1
	绿色大化工学科前沿	1.0	16	1
	化学兴趣实验	0.5	16	3
	化学实验设计	2.0	32	8
中级进阶	中级无机化学	3.0	48	7
	计算化学	2.5	56	7
	催化化学	2.0	32	7
	应用界面化学	2.0	32	7
	中级有机化学	3.0	48	7
	高分子化学	2.0	32	7
	生物化学基础	2.0	32	7
	电化学	2.0	32	8
	理论化学与分子模拟前沿	2.0	32	10
材料能源方向	材料化学	2.0	32	7
	能源材料化学	2.0	32	7
	碳基能源化学	2.0	32	7
	化学能源器件	2.0	32	7
	配位化学	2.0	32	8
	金属有机化学	2.0	32	8
	无机合成化学	2.0	32	8
	插层化学	2.0	32	8

续表

	课程名称	学分	学时	开课学期
材料能源方向	固体材料表征方法	2.0	32	8
	能源物理化学	2.0	32	8
	太阳能转化与利用化学	3.0	48	8
有机生物方向	有机合成	3.0	48	8
	杂环与药物化学	2.0	32	8
	有机波谱解析	2.0	32	8
	化学生物学基础	2.0	32	8
	有机合成新策略	2.0	32	10
	核酸化学与材料	2.0	32	10
分析化学方向	化学信息学	1.0	16	8
	近代仪器分析进展	2.0	32	8
	复杂物质剖析	2.0	32	8
	分离科学与技术	2.0	32	8
	环境分析	2.0	32	8
	生化分析	2.0	32	8
	分子影像学前沿技术	2.0	32	10
其他	环境化学	2.0	32	7
	绿色化学	2.0	32	10

表八　学　科　研　究

课程名称	学分	学时	开课学期	课程名称	学分	学时	开课学期
文献信息检索与应用	1.5	24	3	化学学科研讨(Ⅱ)	0.5	16	6
化学文献检索	1.0	16	4	科研调研与项目申报	2.0	32	10
专业英语	2.0	32	5	化学学科研讨(Ⅲ)	1.0	32	10
化学学科研讨(Ⅰ)	0.5	16	3	科研训练与实践(Ⅰ)	2.0	64	1~3
国际化访学	2.0	8周	大二/大三暑期	科研训练与实践(Ⅱ)	2.0	64	4~6
科技论文写作	1.0	16	8	科研训练与实践(Ⅲ)	2.0	64	7~9

表九　硕　士　进　阶

	课程代码	课程名称	学分	学时	开课学期及学院
化学类	ACh503	高等物理化学	3.0	48	秋/化学学院
	Chem502	高等有机化学	3.0	48	秋/化学学院
	Chem545	X射线晶体结构分析	2.0	32	秋/化学学院

续表

	课程代码	课程名称	学分	学时	开课学期及学院
化学类	Chem526	化学与生物传感技术	2.0	32	秋/化学学院
	Chem509	胶体与界面化学	2.5	40	秋/化学学院
	Med51901	高等药物化学	2.0	32	秋/生命科学与技术学院
	ChE562	分子模拟方法	2.5	40	秋/化学工程学院
	Env572	大气化学与物理	2.0	32	秋/化学工程学院
	Cat515	环境催化	2.5	40	秋/化学工程学院
	Chem51704	有机立体化学	2.0	32	春/化学学院
	Chem506	量子化学	2.0	32	春/化学学院
	Chem505	晶体化学	3.0	48	春/化学学院
	PSE503	高分子化学进展	2.5	40	春/材料科学与工程学院
材料类	MSE501/MSE501e	材料物理	2.0	32	春/材料科学与工程学院
	MSE507	材料结构与性能	3.0	48	秋/材料科学与工程学院
	MSE505	聚合物结构与性能	3.0	48	秋/材料科学与工程学院
	PSE504	高分子物理进展	2.0	32	秋/材料科学与工程学院
	Sms52002	软物质功能材料	2.0	32	秋/高精尖中心
	PSE52101	超分子材料	2.0	32	秋/材料科学与工程学院
生物类	Bio514	细胞生物学与培养工程	2.5	40	秋/生命科学与技术学院
	Med514	合成生物学	2.5	40	春/生命科学与技术学院
	Bio521	酶学与生物催化	2.5	40	春/生命科学与技术学院
	Med515	分子诊断学	1.5	24	春/生命科学与技术学院
	Sms52003	生命软物质	2.0	32	秋/高精尖中心
信息类	Comp579	人工智能原理	2.0	32	春/信息科学与技术学院
	Comp51801	深度学习	2.0	32	秋/信息科学与技术学院
	Comp510	数据挖掘与应用	2.0	32	春/信息科学与技术学院
物理类	Phys512	凝聚态理论	2.0	32	秋/数理学院
	Phys51903	固体理论	2.5	40	秋/数理学院
	Phys554	场论	2.5	40	秋/数理学院
	Phys560	固体光谱学	2.0	32	春/数理学院
数学力学类	Mech51909	弹性力学	2.5	40	春/机电工程学院
	Mech51911	高等流体力学	2.5	40	秋/机电工程学院
	Chem507	统计热力学	2.0	32	春/化学学院
	Math531	拓扑学	4.0	64	秋/数理学院
	Phys51902	群论	2.5	40	秋/数理学院
	Math538	图论	3.0	48	秋/数理学院
其他	Sms52001	软物质科学原理与应用	2.0	32	秋/高精尖中心
	HSS501	自然辩证法概论	1.0	18	秋/马克思主义学院

八、宏德书院化学基地班课程关系图（图 3-3）

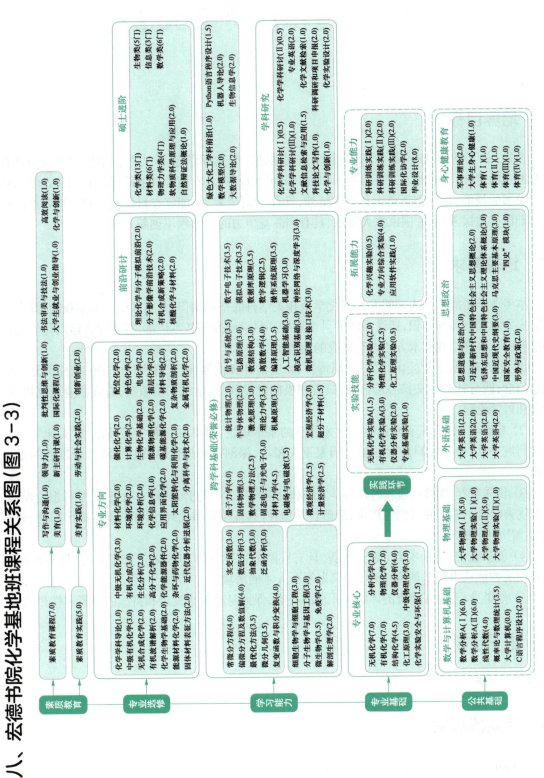

图 3-3　宏德书院化学基地班课程关系图

化学专业培养方案(2023级)

一、培养目标

遵循"拓宽基础、加强融合、尊重个性、追求卓越"的指导思想,致力于把学生培养成为具有浓厚的家国情怀、优秀的人文科学素养和良好的道德风貌,具有宽厚扎实的化学和相关理学基础知识及实验技能,富有创新意识和开拓精神,具有"四有"素养,能够在科研院所和企事业单位从事基础研究与探索,服务国家重大需求、具有国际竞争力的科学领军创新人才。

二、培养要求

本专业学生能够深入理解并掌握化学及相关学科的基础知识、基本理论和基本技能,具有一定的人文和社会科学知识,接受系统的科学思维和科学研究的基本训练,具备综合运用化学及相关学科的基本理论和技术方法进行研究的能力。

(1) 远大理想:爱党爱国,具有家国情怀、人文情怀和世界胸怀,有实现中华民族伟大复兴的理想信念;践行社会主义核心价值观,具有积极的世界观、人生观和价值观;遵守职业道德规范、社会和科学伦理。

(2) 扎实学识:熟练掌握化学及相关理学的基本理论、基本知识和实验技能;掌握化学学科科学研究方法,熟悉学科前沿领域和国家重大需求,深刻理解现代科技对经济社会发展的重要作用。

(3) 优秀素养:能够适应新时代科学发展和社会经济发展趋势,科研志向坚定、学科志趣强烈,具有优秀的科学素养和批判性思维;理解科学精神,具备质疑和批判性思维;具有提出问题、分析问题、解决问题的能力。

(4) 创新精神:勇于实践、敢于创新,具有广阔的国际视野和跨文化交流能力,具备在化学及其相关领域从事科学研究工作,并成为领军人才的潜质。

(5) 健康身心:拥有健康的体魄和积极的心态,保证身心健康发展和持续的科研工作热情。

三、主干学科

0703 化学。

四、专业核心课

普通化学、无机化学(Ⅰ,Ⅱ)、有机化学(Ⅰ,Ⅱ)、物理化学(Ⅰ,Ⅱ)、化学分析、普通化学实验、化学基础实验（Ⅰ,Ⅱ）、仪器分析、高分子化学与物理、化学合成实验（Ⅰ,Ⅱ）、结构化学、化学测量与计算实验（Ⅰ,Ⅱ）、化学工程基础。

五、毕业要求

在学校规定的学习年限内,修满培养方案各个模块规定的课程,成绩合格,且总学分达到专业的毕业要求,准予毕业,学校颁发毕业证书;符合学士学位授予条件的,授予学士学位。

六、学制

学制四年。

七、授予学位及毕业总学分

授予学位:理学学士学位;
毕业总学分:160。

八、课程结构及学分要求

课程模块	课程性质	课程类别	要求及学分
通识课程	通识必修课	思想政治理论类	17学分,包括思想政治理论课6门
		体育与健康类	4学分,包括女子形体(1)/男子健身健美(1)、3门体育自选项课程(3)
		军事理论与军事技能	4学分,包括军事理论(2)、军事技能(2)
		大学外语类	8学分,大学外语(8)
		教师素养类	6学分,包括"教育学"(2)、"教育心理学"(2)、"现代教育技术"(1)、"中国教育改革与发展"(1)
	通识选修课	家国情怀与价值理想	1学分,至少修读1门"四史"选择性必修课(1)
		艺术鉴赏与审美体验	2学分
		数理基础与科学素养	5学分,必修程序设计基础(Python/C++)(3),选修2学分
		社会发展与公民责任	3学分,包括心理健康课程(2)、国家安全教育课程(1)
		经典研读与文化传承	2学分
	小计		52
专业课程	专业必修课	专业基础课	39
		专业核心课	42
	专业选修课Ⅰ	专业方向课	6

续表

课程模块	课程性质	课程类别	要求及学分	
专业课程	自由选修课	个性化发展课	0	
	实践环节	劳动教育	1	9
		学术训练与实践	2	
		专业实习与社会调查	2	
		毕业论文（设计）	4	
	小计		96	
拔尖创新人才	专业选修课Ⅱ	专业拓展课	12	
	小计		12	
总计			160	

九、各学期指导性修读学分分布表

课程模块	各学期指导性修读学分数							
	大一上	大一下	大二上	大二下	大三上	大三下	大四上	大四下
通识课程	14.25	10.25	4.25	6.25	12.25	3.25	0.25	0.25
专业课程	12	16	22	17	9	13	4	4
拔尖创新人才	0	0	0	3	4	5	0	0
小计	26.25	26.25	26.25	26.25	25.25	21.25	4.25	4.25

十、教学计划表

1. 通识课程

课程类别		课程编号	课程名称	学分	开课学期和周学时								总学时		考核方式	
					第一学年		第二学年		第三学年		第四学年		理论	实践	考试	考查
					1	2	3	4	5	6	7	8				
通识必修课	思想政治理论类	GEN01101	思想道德与法治	3		2+2							32	32	√	
		GEN01102	中国近现代史纲要	3	2+2								32	32	√	
		GEN01103	马克思主义基本原理	3			2+2						32	32	√	

续表

课程类别		课程编号	课程名称	学分	开课学期和周学时								总学时		考核方式	
					第一学年		第二学年		第三学年		第四学年		理论	实践	考试	考查
					1	2	3	4	5	6	7	8				
通识必修课	思想政治理论类	GEN01112	毛泽东思想和中国特色社会主义理论体系概论	3				2+2					32	32	√	
		GEN01113	习近平新时代中国特色社会主义思想概论	3					3				48		√	
		GEN09001	形势与政策	2	0.25	0.25	0.25	0.25	0.25	0.25	0.25	0.25	40	88	√	√
	体育与健康类	GEN01201/GEN01202	女子形体/男子健身健美	1	√	√	√	√	√	√			16	16	√	
		GEN01203–GEN01250	三自选项课程	3	√	√	√	√	√	√			48	48		√
	军事理论与军事技能	GEN01108	军事理论	2		2							32	4	√	
		GEN01109	军事技能	2	2									112		√
	大学外语类	GEN02122	通用英语进阶	2	2								32		√	
		GEN02125	学术英语写作	2	2								32		√	
		GEN02126	学术英语听说	2		2							32		√	
		GEN02127	研究用途英语	2		2							32		√	
	教师素养类	GEN06120	教育学	2	√	√	√	√					32		√	
		GEN06121	教育心理学	2	√	√	√	√					32		√	
		GEN06122	现代教育技术	1	√	√	√	√					16		√	
		GEN06123	中国教育改革与发展	1	√	√	√	√					16		√	
通识选修课	家国情怀与价值理想	GEN01114–GEN01117	"四史"选择性必修课	1					√	√	√	√	16			√

续表

课程类别		课程编号	课程名称	学分	开课学期和周学时								总学时		考核方式	
					第一学年		第二学年		第三学年		第四学年		理论	实践	考试	考查
					1	2	3	4	5	6	7	8				
通识选修课	艺术鉴赏与审美体验		该模块课程	2			√	√	√	√	√	√	32			√
	数理基础与科学素养	GEN04237/GEN04239	算法与程序设计（Python/C++）	3	√								32	32	√	
			该模块课程	2			√	√	√	√	√	√		32	√	√
	社会发展与公民责任	GEN06124	大学心理Ⅰ	1	2								16			√
		GEN06125	大学心理Ⅱ	1		2							16			√
		GEN06706	国家安全导论	1	√	√	√	√	√				16			√
	经典研读与文化传承		该模块课程	2			√	√	√	√	√			32	√	√
小计				52												

2. 专业课程

课程类别		课程编号	课程名称	学分	开课学期和周学时								总学时		考核方式	
					第一学年		第二学年		第三学年		第四学年		理论	实践	考试	考查
					1	2	3	4	5	6	7	8				
专业必修课	专业基础课	CHE01001	普通化学	3	3								48		√	
		CHE01002	普通化学实验	2	4									64	√	
		MAT01009	一元微积分	6	6								96		√	

续表

课程类别		课程编号	课程名称	学分	开课学期和周学时								总学时		考核方式	
					第一学年		第二学年		第三学年		第四学年		理论	实践	考试	考查
					1	2	3	4	5	6	7	8				
专业必修课	专业基础课	MAT01010	多元微积分与线性代数	6		6							96		√	
		PHY01001	大学物理 AI	5		5							80		√	
		PHY01005	大学物理实验 A	2		4								64	√	
		CHE01003	化学基础实验 I	2		4								64	√	
		STA01801	统计学导论 A	4				3+2					48	32	√	
		PHY02006	大学物理 AII	5			5						80		√	
		MAT12003	常微分方程	4			4						64		√	
	专业核心课	CHE11001	无机化学 I	2		2							32		√	
		CHE12002	有机化学 IA(双语)	3			3						48		√	
		CHE12003	物理化学 I	3			3						48		√	
		CHE12004	无机化学 II	2			2						32		√	
		CHE12005	化学分析	3			3						48		√	
		CHE12006	化学基础实验 II	2			4							64	√	
		CHE12008	有机化学 IIA(双语)	3				3					48		√	
		CHE12009	物理化学 II	3				3					48		√	
		CHE12010	仪器分析	3				3					48		√	
		CHE12011	化学测量与计算实验 I	2				4						64	√	

续表

课程类别		课程编号	课程名称	学分	开课学期和周学时								总学时		考核方式	
					第一学年		第二学年		第三学年		第四学年		理论	实践	考试	考查
					1	2	3	4	5	6	7	8				
专业必修课	专业核心课	CHE12012	化学合成实验Ⅰ	2				4						64	√	
		CHE13007	高分子化学与物理	4				4					64		√	
		CHE13008	结构化学	3					3				48		√	
		CHE13009	化学合成实验Ⅱ	2					4					64	√	
		CHE13010	化学测量与计算实验Ⅱ	2						4				64	√	
		CHE13011	化学工程基础	3						3			48		√	
专业选修课Ⅰ	专业方向课	CHE23001	化学专业英语	2					2				32		√	
		CHE23002	药物化学	3					3				48		√	
		CHE23003	纳米化学基础	2					2				32		√	
		CHE23004	有机合成	2					2				32		√	
		CHE23005	中级无机化学 *	3						3			48		√	
		CHE23006	化学信息学	2						2			32			√
		CHE23007	绿色化学	2						2			32		√	
		CHE23008	化学史	3						3			48		√	
		CHE23017	材料化学 *	3						3			48		√	
自由选修																
实践环节		EDU30001	大学生劳动教育	0.5	√								8	24		√
		TLO30801	劳动教育实践活动	0.5	√											

续表

课程类别	课程编号	课程名称	学分	开课学期和周学时								总学时		考核方式	
				第一学年		第二学年		第三学年		第四学年		理论	实践	考试	考查
				1	2	3	4	5	6	7	8				
实践环节	CHE34001	科研训练与创新创业	2			√	√	√	√	√	√		64		√
	CHE31001	专业实习与社会调查	2							√			64		√
	CHE32001	毕业论文（设计）	4								√		128		√
小计			96												

3. 拔尖创新人才模块

课程类别		课程编号	课程名称	学分	开课学期和周学时								总学时		考核方式	
					第一学年		第二学年		第三学年		第四学年		理论	实践	考试	考查
					1	2	3	4	5	6	7	8				
专业选修课Ⅱ	专业拓展课	CHE22002	分子生物化学*	3					3				48		√	
		CHE23009	化学综合设计实验	4						8				128		√
		CHE23010	化工分离技术	2						2			32		√	
		CHE23012	高分子成型工艺学	2						2			32		√	
		CHE23013	功能高分子	2						2			32		√	
		CHE23014	放射性药物与分子影像	2						2			32		√	
		CHE23015	中级物理化学	3							3		48		√	
		CHE23016	现代分析化学	3							3		48		√	
		CHE23018	谱学原理基础*	3							3		48		√	
小计				12												

十一、修读要求

1. 通识课程

(1)"家国情怀与价值理想"模块,学生须修读 1 学分,必须含"四史"选择性必修课 1 学分。

(2)"艺术鉴赏与审美体验"模块,学生须修读 2 学分,必须含大学美育课程 2 学分。

(3)"数理基础与科学素养"模块,学生至少修读大学计算机 3 学分,该课程体系结构为"0+3+2":"0"是入门模块,学生入校参加分级考试,合格者免修"信息处理技术",不合格者修读 2 课时"信息处理技术",不计学分,成绩单体现"合格/不合格"。"3"是基础模块,化学专业从算法与程序设计(Python)和算法与程序设计(C++)2 门课程中选 1 门。

(4)"社会发展与公民责任"模块,学生须修读 3 学分,含心理课程 2 学分、国家安全教育课程 1 学分。

(5)"经典研读与文化传承"模块,学生任意选修 2 学分。

2. 专业课程

(1)专业选修课 I 和专业选修课 II 中标注"*"的课程为限定选修。

(2)实践环节课程,学生须修读 9 学分:含劳动教育相关课程 1 学分、学术训练与实践 2 学分、专业实习与社会调查 2 学分、毕业论文 4 学分。详见化学学院本科生"学术训练与创新"学分认定条例及第二课堂培养方案有关说明。

(3)鼓励修读数学 I 组、数学 II 组中不少于 12 学分的课程,可抵"一元微积分"和"多元微积分与线性代数"学分;物理相关课程以此类推。

(4)如参加英语类语言国家的科研训练或暑期学校,可免修"化学专业外语",并且能抵相应学分。

(5)如果转入化学专业,其他专业(例如生命科学、资源环境等专业)的"无机(与分析)化学"等同于化学专业的"无机化学 I",不必重修"无机化学 I"。

(6)建议选修研究生课程,并计入学分。如果继续攻读本校、本专业研究生,相应学分将计入研究生阶段的学分,无须重复修读。

十二、课程修读学期分布图

第 1 学期	第 2 学期	第 3 学期	第 4 学期	第 5 学期	第 6 学期	第 7 学期	第 8 学期
中国近现代史纲要(3)	思想道德与法治(3)	马克思主义基本原理(3)	毛泽东思想和中国特色社会主义理论体系概论(3)	习近平新时代中国特色社会主义思想概论(3)			
形势与政策 1(0.25)	形势与政策 2(0.25)	形势与政策 3(0.25)	形势与政策 4(0.25)	形势与政策 5(0.25)	形势与政策 6(0.25)	形势与政策 7(0.25)	形势与政策 8(0.25)

续表

第1学期	第2学期	第3学期	第4学期	第5学期	第6学期	第7学期	第8学期
军事技能(2)	军事理论(2)	"四史"选择性必修课(1)					
女子形体/男子健身健美(1)+三自选项课程(1学分×3门课)							
通用英语进阶(2)	博雅英语听说(2)						
思辨英语读写(2)	研究用途英语(2)						
教师素养类课程(6)							
算法与程序设计(3)	经典研读与文化传承(2)、艺术鉴赏与审美体验(2)、社会发展与公民责任(3)						
大学心理Ⅰ(1)	大学心理Ⅱ(2)	国家安全导论(1)					
一元微积分(6)	多元微积分和线性代数(6)	大学物理AⅡ(5)	统计学导论A(4)	高分子化学与物理(4)	化学测量与计算实验Ⅱ(2)		
普通化学(3)	大学物理AⅠ(5)	常微分方程(4)	有机化学ⅡA双语(3)	结构化学(3)	化学工程基础(3)		
普通化学实验(2)	大学物理实验A(2)	有机化学ⅠA双语(3)	物理化学Ⅱ(3)	化学合成实验Ⅱ(2)	中级无机化学(3)		
	化学基础实验Ⅰ(2)	物理化学Ⅰ(3)	仪器分析(3)		材料化学(3)		
	无机化学Ⅰ(2)	无机化学Ⅱ(2)	化学测量与计算实验Ⅰ(2)		谱学原理基础(3)		
		化学分析(3)	化学合成实验Ⅰ(2)				
		化学基础实验Ⅱ(2)	分子生物化学(3)				
专业必修课(专业核心课)　专业选修课Ⅰ(专业方向课)(48)							
专业选修课Ⅱ(专业拓展课)(12)							
实践环节(9)其中的"劳动教育相关课程"建议在第1学期修读							

化学专业（伯苓版）培养方案（2023 级）

一、培养目标

　　本专业面向未来化学及相关领域的人才需求,致力于培养具有化学及相关交叉跨领域创新研究、技术开发、专业教育、战略运营与管理等潜质的化学专业型或复合型拔尖人才。具有社会责任感、家国情怀和南开"公能"特色,良好的科技和人文底蕴,全面发展的基本素质。掌握现代化学相关的基础理论知识、实践技术和现代方法,熟悉化学及相关领域的新进展。具备持续自主学习、综合思辨、敢于实践、发现和解决复杂问题的能力,拥有较强创新意识、合作精神和国际视野。在此基础上,按照国家基础学科拔尖学生培养计划要求,培养造就具有家国情怀、全球视野、追求学术理想、勇攀科学高峰的化学及相关领域未来领军人才,为建设世界科学文化中心、加快建设社会主义现代化强国、实现中华民族伟大复兴的中国梦提供强大的人才支撑。

二、毕业要求

　　(1) 基本素养:具有良好的人文底蕴、道德修养、科学素养、体能和心理素质。能主动参与或组织创新、创业、社会实践,具有一定团队合作和组织协调能力,能够准确有效进行口头和文字的沟通和表达。

　　(2) 社会责任:具有家国情怀、文化自信、南开"公能"特色、社会责任感和使命感,自觉担当社会责任,践行主流价值观。

　　(3) 专业支撑:掌握支撑化学专业培养的语言、数学、物理学、计算机科学等相关的扎实基础知识和实验方法。熟练应用相关的基本原理,理解、识别、表达、分析复杂的化学理论和技术问题。

　　(4) 专业能力:掌握现代化学的基本知识体系和实践手段,理解化学认识世界的基本思路和研究方法。充分认识化学作为物质基础学科在现代社会中的重要性和潜在的发展作用。能够基于科学原理和方法,完成从文献查阅、实验设计、操作观察、数据解析到结论合理分析和总结的研究性实践过程。

　　(5) 创新意识:能够理论联系现实,关注专业前沿动态。有持续自主学习的自觉,在综合思辨中拓宽视野,发现问题,善于交流,敢于实践,探索解决与化学相关的复杂现实问题,培育创新意识、合作精神、国际视野和跨文化交流。

　　(6) 现代技术:了解化学及相关领域的新进展和新业态,掌握互联网和计算机在解决化学问题中的基本应用,了解人工智能与化学交叉的新趋势。

　　(7) 职业规范:能够辩证的思考和评价化学在贡献支撑社会的同时,理解并遵守职业道德和安全规范,履职尽责,推动生态文明进程。

三、学制及学位授予

学制：4年。

授予学位：理学学士学位。

四、专业核心课程

化学概论、无机化学实验2-1、有机化学2-1、分析化学实验、有机化学2-2、有机化学实验2-1、定量化学分析、物理化学2-1、结构化学、有机化学实验2-2、物理化学实验2-1、高分子化学、仪器分析、物理化学2-2、仪器分析实验、物理化学实验2-2、无机化学实验2-2、无机化学、综合化学实验2-1。

五、主要实践环节

1. 必修实践环节

大学物理实验（2学分）、军事技能训练（2学分）、体育（4学分）、公能实践（2学分）、无机化学实验2-1（2学分）、分析化学实验（2学分）、有机化学实验2-1（2学分）、有机化学实验2-2（2学分）、物理化学实验2-1（2学分）、物理化学实验2-2（2学分）、无机化学实验2-2（1学分）、仪器分析实验（2学分）、综合化学实验2-1（2.5学分）、毕业论文（6学分）。

2. 选修实践环节

实践教学（1学分）、综合化学实验2-2（1学分）、创新研究与训练（1学分）。

六、教学计划

通识必修课：61学分，通识选修课：14学分，专业必修课：51.5学分，专业选修课：23.5学分。

类别			课程代码	课程名称	学分	开课学期	建议修读学期	是否必修	开课院系	备注
通识必修课	理想与信念教育类		IPTD0024	1 思想道德与法治	2.5	1		是	马克思主义基础理论教学部	
			UPRC0001	2 新生研讨课	1	1		是	教务部	
			IPTD0012	3 公能实践	2	1,2,3,4,5,6	1,2,3,4,5,6	是	马克思主义基础理论教学部	
			IPTD0016	4 形势与政策	2	1,2,3,4,5,6,7,8	1,2,3,4,5,6,7,8	是	马克思主义基础理论教学部	
			IPTD0025	5 马克思主义基本原理	2.5	2		是	马克思主义基础理论教学部	

续表

类别		课程代码	课程名称	学分	开课学期	建议修读学期	是否必修	开课院系	备注
通识必修课	理想与信念教育类	IPTD0013	6 中国近现代史纲要	2.5	3	3	是	马克思主义基础理论教学部	
		IPTD0023	7 毛泽东思想和中国特色社会主义理论体系概论	2.5	4		是	马克思主义基础理论教学部	
		IPTD0026	8 习近平新时代中国特色社会主义思想概论	3	5		是	马克思主义基础理论教学部	
	军事体育与健康类	MHEC0003	9 大学生心理健康	2	2		是	心理健康教育中心	
		MITD0005	10 军事技能训练	2	2	2	是	军事教研室	
			体育		4				
	外语能力类	ENTD0023	11 语言、文化及交流 2-1	2	1		是	公共英语教学部	
		ENTD0063	12 英语综合技能	2	1		是	公共英语教学部	
		ENTD0024	13 语言、文化及交流 2-2	2	2		是	公共英语教学部	
		ENTD0017	14 高级英语综合技能 2-1	2	3		是	公共英语教学部	
		ENTD0010	15 高级英语综合技能 2-2	2	4		是	公共英语教学部	
	信息技术基础类	COTD0016	16 C++ 程序设计基础	3	1	1	是	公共计算机基础教学部	
	人文基础类	LITE0244	17 大学语文	2	3		是	文学院	人文基础与"四史"选修模块（多选一）
		ECON0340	18 经济学原理	2	5		否	经济学院	
		HIST0242	19 史学通论	2	5		否	历史学院	
		IPTD0022	20 四史专题	2	5		否	马克思主义基础理论教学部	
		LAWS0120	21 法学概论	2	5		否	法学院	
		PHIL0141	22 哲学导论	2	5		否	哲学院	

续表

类别		课程代码	课程名称	学分	开课学期	建议修读学期	是否必修	开课院系	备注
通识必修课	数理基础类	AMTD0031	23 高等数学（B类）Ⅰ	4	1	1	是	高等数学教学部	
		AMTD0032	24 高等数学（B类）Ⅱ	4	2	2	是	高等数学教学部	
		CPTD0003	25 大学物理学基础Ⅱ	2	2	2	是	大学物理及实验	
		CPTD0004	26 大学物理学基础Ⅰ	2	2	2	是	大学物理及实验	
		CPTD0001	27 大学物理学基础Ⅳ	2	3	3	是	大学物理及实验	
		CPTD0002	28 大学物理学基础Ⅲ	2	3	3	是	大学物理及实验	
		CPTD0007	29 大学基础物理实验	2	3	3	是	大学物理及实验	
通识选修课			公能素质和服务中国	0					
			艺术审美与文化思辨	2					
			科学精神与健康生活	0					
			社会发展与国家治理	0					
			工程素养与未来科技	0					
			世界文明与国际视野	0					
专业必修课		CHEM0031	30 无机化学实验2-1	2	1		是	化学学院	
		CHEM0203	31 有机化学2-1	2	1		是	化学学院	
		CHEM0231	32 化学概论	3	1		是	化学学院	
		CHEM0101	33 毕业论文	6	8		是	化学学院	
		CHEM0025	34 分析化学实验	2	2		是	化学学院	
		CHEM0123	35 有机化学2-2	4	2		是	化学学院	
		CHEM0124	36 有机化学实验2-1	2	2		是	化学学院	
		CHEM0176	37 定量化学分析	2	2		是	化学学院	
		CHEM0214	38 有机化学实验2-2	2	3		是	化学学院	

续表

类别	课程代码	课程名称	学分	开课学期	建议修读学期	是否必修	开课院系	备注
专业必修课	CHEM0215	39 物理化学实验 2-1	2	3		是	化学学院	
	CHEM0227	40 结构化学	3	3		是	化学学院	
	CHEM0229	41 物理化学 2-1	3.5	3		是	化学学院	
	CHEM0158	42 高分子化学	2	4		是	化学学院	
	CHEM0212	43 物理化学实验 2-2	2	4		是	化学学院	
	CHEM0216	44 无机化学实验 2-2	1	4		是	化学学院	
	CHEM0228	45 物理化学 2-2	2.5	4		是	化学学院	
	CHEM0234	46 仪器分析	3	4		是	化学学院	
	CHEM0236	47 无机化学	3	4		是	化学学院	
	CHEM0237	48 仪器分析实验	2	4		是	化学学院	
	CHEM0154	49 综合化学实验 2-1	2.5	5		是	化学学院	
专业选修课	CHEM0272	50 海外科研实习	2	7		是	化学学院	
	CHEM0284	51 绿色化学	2	7		否	化学学院	
	CHEM0285	52 天然产物化学	2	7		否	化学学院	
	CHEM0287	53 生物医用材料导论	2	7		否	化学学院	
	CHEM0288	54 聚合物现代光谱技术	2	7		否	化学学院	
	CHEM0296	55 计算化学实验	2	7		否	化学学院	
	CHEM0297	56 纳米生物分析化学	3	7		否	化学学院	
	CHEM0298	57 高分子材料的物理原理	2	7		否	化学学院	
	CHEM0089	58 化学专业英语	2	2		否	化学学院	
	CHEM0039	59 创新研究与训练	1	4		否	化学学院	
	CHEM0126	60 高等有机化学	3	4		否	化学学院	
	CHEM0206	61 绿色化学基础	2	4		否	化学学院	

续表

类别	课程代码	课程名称	学分	开课学期	建议修读学期	是否必修	开课院系	备注
专业选修课	CHEM0217	62 化学软件开发	2	4		否	化学学院	
	CHEM0024	63 化学信息与模拟	2	5		否	化学学院	
	CHEM0030	64 化学信息学	3	5		否	化学学院	
	CHEM0035	65 高分子材料导论	2	5		否	化学学院	
	CHEM0048	66 胶体与表面化学	2	5		否	化学学院	
	CHEM0058	67 化工基础实验	1	5		否	化学学院	
	CHEM0059	68 化工基础	2	5		否	化学学院	
	CHEM0111	69 电分析化学	2	5		否	化学学院	
	CHEM0152	70 生物无机化学	2	5		否	化学学院	
	CHEM0186	71 分子识别与组装	2	5		否	化学学院	
	CHEM0211	72 数理统计	3	5		否	化学学院	
	CHEM0220	73 应用计算化学	2	5		否	化学学院	
	CHEM0230	74 能源催化材料	2	5		否	化学学院	
	CHEM0239	75 现代有机合成	2	5		否	化学学院	
	CHEM0240	76 质谱	2	5		否	化学学院	
	CHEM0275	77 农药生物学	2	5		否	化学学院	
	CHEM0276	78 有机合成化学	2	5		否	化学学院	
	CHEM0277	79 金属有机化学	2	5		否	化学学院	
	CHEM0278	80 软物质材料导论	2	5		否	化学学院	
	CHEM0279	81 英语中的科学交流	2	5		否	化学学院	
	CHEM0280	82 计算材料科学	2	5		否	化学学院	
	CHEM0281	83 有机电子材料与器件	2	5		否	化学学院	
	CHEM0282	84 聚合物胶体	2	5		否	化学学院	
	CHEM0283	85 柔性智能材料	2	5		否	化学学院	

续表

类别	课程代码	课程名称	学分	开课学期	建议修读学期	是否必修	开课院系	备注
专业选修课	CHEM0286	86 物理有机化学	3	5		否	化学学院	
	CHEM0294	87 有机光电材料	2	5	5	否	化学学院	
	CHEM0306	88 物理有机化学	2	5		否	化学学院	
	CHEM0308	89 智能高分子纤维	2	5		否	化学学院	
	MATE0026	90 自组装材料	2	5		否	材料科学与工程学院	
	CHEM0036	91 现代分离分析方法	2	6		否	化学学院	
	CHEM0038	92 多孔材料化学	2	6		否	化学学院	
	CHEM0046	93 计算化学基础	2	6		否	化学学院	
	CHEM0047	94 质量保证导论	2	6		否	化学学院	
	CHEM0067	95 理论与计算化学的基础与前沿	2	6		否	化学学院	
	CHEM0072	96 化学生物学导论	2	6		否	化学学院	
	CHEM0078	97 计算机化学基础	2	6		否	化学学院	
	CHEM0103	98 催化反应原理	3	6		否	化学学院	
	CHEM0109	99 高分子物理	3	6		否	化学学院	
	CHEM0115	100 生物分析化学	2	6		否	化学学院	
	CHEM0117	101 综合化学实验 2-2	1	6		否	化学学院	
	CHEM0160	102 原子光谱分析法概论	2	6		否	化学学院	
	CHEM0166	103 工程制图	2	6		否	化学学院	
	CHEM0180	104 功能配合物化学	2	6		否	化学学院	
	CHEM0223	105 生命科学和现代医药	2	6		否	化学学院	
	CHEM0224	106 金属有机化学	2	6		否	化学学院	
	CHEM0225	107 化学创新思维	2	6		否	化学学院	
	CHEM0271	108 有机结构分析	2	6	6	否	化学学院	
	CHEM0289	109 计算化学导论	2	6		否	化学学院	

续表

类别	课程代码	课程名称	学分	开课学期	建议修读学期	是否必修	开课院系	备注
专业选修课	CHEM0291	110 功能高分子	3.5	6		否	化学学院	
	CHEM0293	111 复杂天然产物的全合成和药物化学	2	6		否	化学学院	
	CHEM0295	112 元素有机化学	2	6		否	化学学院	
	CHEM0304	113 药物化学	2	6		否	化学学院	
	CHEM0307	114 稀土化学	2	6		否	化学学院	
	CHEM0004	115 实践教学	1	7		否	化学学院	指定选修
	CHEM0019	116 改变世界的化学	2	3		否	化学学院	
	CHEM0188	117 量子化学	2	5		否	化学学院	
	CHEM0043	118 材料化学	2	6		否	化学学院	
	CHEM0098	119 生物化学	2	6		否	化学学院	
	CHEM0274	120 物质科学与可持续发展导论	2	1		否	化学学院	
	CHEM0273	121 当代化学前沿	2	2		否	化学学院	
	CHEM0120	122 线性代数	4	3		否	化学学院	
	CHEM0310	123 有机结构分析(全英文)	2	7		否	化学学院	全英文模块
	CHEM0311	124 Contemporary Polymer Chemistry	2	7		否	化学学院	
	CHEM0313	125 化学反应动力学(全英文)	2	7		否	化学学院	
	CHEM0156	126 药物分析中的分离技术	2	6		否	化学学院	全英文模块
	CHEM0305	127 有机化合物结构鉴定	2	6		否	化学学院	
	CHEM0314	128 高等分析化学(全英文)	3	6		否	化学学院	
总学分			150					

注:16理论学时计1学分,实验、上机等32学时计1学分;集中实践1周计1学分。(特殊课程除外。)

应用化学专业（拔尖班）培养方案（2022级）

一、培养目标

面向国家重大战略需求和世界科技前沿，以大师言传身教引领、科技精英赋能，创新一流人才培养模式，构建跨学科课程体系，构筑跨学科学习与研究的化学拔尖学生培养机制，提升多学科知识交叉与创新能力，培养具有家国情怀、全球视野和学术领导力的国际一流化学家与科技领军人才。

二、毕业要求

(1) 思政品德：具备家国情怀、天大品格、强烈的社会责任感与时代使命感，为中华民族谋复兴。

(2) 知识结构：具有扎实的数理功底和完备的化学基础知识体系，并且具有化工、材料、药学等相关学科专业知识储备。

(3) 能力素质：具备缜密的逻辑能力和创新思维，具备结合实际分析问题、综合融汇、辩证批判能力和领导团队解决问题、面向未来再学习的能力。

(4) 志趣理想：志存高远，立志成为国际一流化学家，引领化学未来，支撑化工、材料、药学等工程科学发展。

(5) 交叉融合：依托化学中心科学的作用，具备融合化工、材料、药学的知识体系，能够推动能源、环境、微电子、精密仪器、生命健康、高端装备等工程领域的交叉、融合创新。

(6) 国际视野：了解国际科技动态，具备全球学术视野，认识国际政治经济形势，了解与国家重大科学需求密切相关的化学学科国际前沿与全球格局。

三、主干学科

化学及应用化学。

四、核心课程

无机化学、分析化学、有机化学、物理化学、现代仪器分析、生物化学、高分子化学、物质结构。

五、相近专业

化学、材料化学、药物化学、能源化学、环境化学、生物化学。

六、毕业学分要求

分类	课程代码	课程名称	学分	必修学分	选修学分	总课时	授课课时	上机课时	实验课时	实践课时	实践周数	1	2	3	4	5	6	7	8	是否必修	开课院系	备注
数学	2100004	1 高等数学2A	6			96	96	0	0	0	0	√								必修	数学学院	
	2100005	2 高等数学2B	5			80	80	0	0	0	0		√							必修	数学学院	
	2100558	3 线性代数及其应用	3.5			56	56	0	0	0	0			√						必修	数学学院	
		学分小计	14.5	14.5	0							6	5	3.5								
物理学	2100097	4 大学物理2A	4			64	64	0	0	0	0		√							必修	理学院	
	2100098	5 大学物理2B	3			48	48	0	0	0	0			√						必修	理学院	
	2100346	6 物理实验A	1			27	3	0	24	0	0			√						必修	理学院	
	2100347	7 物理实验B	1			27	0	0	27	0	0				√					必修	理学院	
		学分小计	9	9	0								4	4	1							
计算机	2160279	8 大学计算机基础1	0			48	28	20	0	0	0	√								必修	智能与计算学部	
	2440121	9 Python程序设计及应用	2.5			48	32	16	0	0	0				√					必修	智能与计算学部	
		学分小计	2.5	2.5	0										2.5							

续表

分类	课程代码	课程名称	学分	必修学分	选修学分	总课时 总课时	授课课时	上机课时	实验课时	实践课时	实践周数	建议修读学期 1	2	3	4	5	6	7	8	是否必修	开课院系	备注
学科基础	2100632	10 无机化学GA	3			48	48	0	0	0	0	√								必修	理学院	
	2100633	11 无机化学实验GA	1			25	0	0	25	0	0	√								必修	理学院	
	2100636	12 实验室安全技术	1			16	16	0	0	0	0	√								必修	理学院	
	2105007	13 无机化学GB	3			48	48	0	0	0	0		√							必修	理学院	
	2105008	14 无机化学实验GB	1			45	0	0	45	0	0		√							必修	理学院	
		学分小计	9	9	0							5	4									
专业核心	2100596	15 分析化学	2			32	32	0	0	0	0		√							必修	理学院	
	2100638	16 化学分析实验G	0.5			24	0	0	24	0	0		√							必修	理学院	
	2100647	17 有机化学GA	4			64	64	0	0	0	0			√						必修	理学院	
	2100667	18 有机化学实验G	3			96	0	0	96	0	0			√						必修	理学院	
	2100648	19 有机化学GB	4			64	64	0	0	0	0				√					必修	理学院	
	2100655	20 物理化学实验GA	1			30	2	0	28	0	0				√					必修	理学院	
	2100670	21 现代仪器分析GA(全英文)	2			32	32	0	0	0	0				√					必修	理学院	

续表

分类	课程代码	课程名称	学分	必修学分	选修学分	总课时	授课课时	上机课时	实验课时	实践课时	实践周数	1	2	3	4	5	6	7	8	是否必修	开课院系	备注
专业核心	2105051	物理化学A	3.5			56	56	0	0	0	0				√					必修	理学院	
	2100519	生物化学	4			64	64	0	0	0	0					√				必修	理学院	
	2100586	高分子化学	2			32	32	0	0	0	0					√				必修	理学院	
	2100656	物理化学实验GB	1			28	0	0	28	0	0					√				必修	理学院	
	2100671	现代仪器分析GB(全英文)	2			32	32	0	0	0	0					√				必修	理学院	
	2100678	现代仪器分析实验G	1			32	0	0	32	0	0					√				必修	理学院	
	2105050	物理化学B	4			64	64	0	0	0	0					√				必修	理学院	
	2100588	物质结构	4			64	64	0	0	0	0						√			必修	理学院	
学分小计			38	38	0								2.5	7	10.5	14	4						
专业选修 能源与催化方向	2010856	工程制图基础4	2			32	28	4	0	0	0			√						选修	机械工程学院	
	2100574	专业前沿讲座	1			16	16	0	0	0	0			√						选修	理学院	暑期学期
	2100464	化学的今天和诺贝尔奖评价	1			16	16	0	0	0	0				√					选修	理学院	

续表

分类	课程代码	课程名称	学分	必修学分	选修学分	总课时	授课课时	上机课时	实验课时	实践课时	实践周数	1	2	3	4	5	6	7	8	是否必修	开课院系	备注
能源与催化方向（专业选修）	2100674	33 科技英语（全英文）	3			48	48	0	0	0	0				✓					必修	理学院	必修
	2070419	34 化工流体流动与传热	3.5			56	56	0	0	0	0					✓				选修	化工学院	
	2100189	35 高等有机化学	2			32	32	0	0	0	0					✓				选修	理学院	
	2100587	36 高分子物理	2			32	32	0	0	0	0					✓				选修	理学院	
	2105023	37 计算化学基础：分子模拟	2			32	20	12	0	0						✓				选修	理学院	
	2070231	38 化工技术基础实验	1			32	0	0	32	0	0						✓			选修	化工学院	
	2070458	39 工业催化剂的失活与再生	2			32	32	0	0	0	0						✓			选修	化工学院	
	2070459	40 催化科学与进展	2			32	32	0	0	0	0						✓			选修	化工学院	
	2070575	41 能源与环境过程中的催化原理导论	2			32	32	0	0	0	0						✓			选修	化工学院	
	2070576	42 新能源利用技术	2			32	32	0	0	0	0						✓			选修	化工学院	

续表

分类	课程代码	课程名称	学分	必修学分	选修学分	总课时	授课课时	上机课时	实验课时	实践课时	实践周数	1	2	3	4	5	6	7	8	是否必修	开课院系	备注
专业选修（能源与催化方向）	2070779	43 高等催化作用原理	3			48	48	0	0	0							√			选修	化工学院	
	2070805	44 电极过程动力学	4			64	64	0	0	0							√			选修	化工学院	
	2080422	45 功能碳材料	2			32	32	0	0	0	0						√			选修	材料科学与工程学院	
	2100384	46 表面化学	2			32	32	0	0	0	0						√			选修	理学院	
	2100631	47 有机光电子学	2			32	28	0	4	0	0						√			选修	理学院	
	2100650	48 材料化学导论	2			32	32	0	0	0	0						√			选修	理学院	
	2100682	49 材料物理与化学（纳米科学入门）	3			48	48	0	0	0	0						√			选修	理学院	
	2105021	50 工业化学基础	2			32	32	0	0	0	0						√			选修	理学院	
		应修学分	20	0	20																	
药物与生物化学方向	2010856	51 工程制图基础4	2			32	28	4	0	0	0			√						选修	机械工程学院	
	2100574	52 专业前沿讲座	1			16	16	0	0	0	0			√						选修	理学院	暑期学期
	2070364	53 药学基础	2			32	32	0	0	0	0				√					选修	化工学院	

续表

分类	课程代码	课程名称	学分	必修学分	选修学分	总课时	授课课时	上机课时	实验课时	实践课时	实践周数	1	2	3	4	5	6	7	8	是否必修	开课院系	备注
药物与生物化学方向 专业选修	2100464	54 化学的今天和诺贝尔奖评价	1			16	16	0	0	0	0				√					选修	理学院	
	2100674	55 科技英语(全英文)	3			48	48	0	0	0	0				√					必修	理学院	必修
	2070733	56 生物信息学	2			32	32	0	0	0	0					√				选修	化工学院	
	2070746	57 生物伦理与安全	2			32	32	0	0	0	0					√				选修	化工学院	
	2100189	58 高等有机化学	2			32	32	0	0	0	0					√				选修	理学院	
	2100587	59 高分子物理	2			32	32	0	0	0	0					√				选修	理学院	
	2105023	60 计算化学基础:分子模拟	2			32	20	12	0	0	0					√				选修	理学院	
	2130232	61 生物药物	2			32	32	0	0	0	0					√				选修	药物科学与技术学院	
	2070371	62 新药设计与开发	2			32	32	0	0	0	0						√			选修	化工学院	
	2070527	63 化学制药工艺学	2			32	32	0	0	0	0						√			选修	化工学院	
	2080441	64 生物材料	1.5			24	24	0	0	0	0						√			选修	材料科学与工程学院	

续表

分类	课程代码	课程名称	学分	必修学分	选修学分	总课时						建议修读学期								是否必修	开课院系	备注
						总课时	授课课时	上机课时	实验课时	实践课时	实践周数	1	2	3	4	5	6	7	8			
专业选修（药物与生物化学方向）	2100384	65 表面化学	2			32	32	0	0	0	0						✓			选修	理学院	
	2100650	66 材料化学导论	2			32	32	0	0	0	0						✓			选修	理学院	
	2100682	67 材料物理与化学（纳米科学入门）	3			48	48	0	0	0							✓			选修	理学院	
	2105019	68 精细有机合成化学	2			32	32	0	0	0	0						✓			选修	理学院	
	2105021	69 工业化学基础	2			32	32	0	0	0	0						✓			选修	理学院	
	2130241	70 合理性药物设计	2			32	32	0	0	0							✓			选修	药物科学与技术学院	
	2105020	71 金属有机化学	2			32	32	0	0	0	0							✓		选修	理学院	
		应修学分	20	0	20																	
专业选修（有机光电化学方向）	2100574	72 专业前沿讲座	1			16	16	0	0	0	0			✓						选修	理学院	暑期学期
	2100674	73 科技英语（全英文）	3			48	48	0	0	0	0				✓					必修	理学院	必修
	2020468	74 光电传感器应用技术	3			48	38	0	10	0	0					✓				选修	精密仪器与光电子工程学院	

续表

分类	课程代码	课程名称	学分	必修学分	选修学分	总课时						建议修读学期								是否必修	开课院系	备注
						总课时	授课课时	上机课时	实验课时	实践课时	实践周数	1	2	3	4	5	6	7	8			
有机光电化学方向 专业选修	2020474	75 光电子学导论(双语)	2			32	32	0	0	0	0					√				选修	精密仪器与光电子工程学院	
	2020664	76 神经工程学导论	2			32	32	0	0	0	0					√				选修	精密仪器与光电子工程学院	
	2080345	77 光电材料与器件	2			32	32	0	0	0	0					√				选修	材料科学与工程学院	
	2100587	78 高分子物理	2			32	32	0	0	0						√				选修	理学院	
	2420006	79 有机电子材料与器件:基础与前沿	2			32	32	0	0	0						√				选修	分子聚集态科学研究院	
	2460011	80 智能医学电子技术	2			32	32	0	0	0						√				选修	天津大学医学部	
	2460020	81 智能人机交互技术	2			32	32	0	0	0						√				选修	天津大学医学部	
	2070716	82 光电高分子材料的结构与性能	2			32	32	0	0	0	0						√			选修	化工学院	

分类	课程代码	课程名称	学分	必修学分	选修学分	总课时 总课时	授课课时	上机课时	实验课时	实践课时	实践周数	建议修读学期 1	2	3	4	5	6	7	8	是否必修	开课院系	备注
专业选修 有机光电化学方向	2080421	83 有机光电功能材料	2			32	32	0	0	0	0						√			选修	材料科学与工程学院	
	2100384	84 表面化学	2			32	32	0	0	0	0						√			选修	理学院	
	2100631	85 有机光电子学	2			32	28	0	4	0	0						√			选修	理学院	
	2100650	86 材料化学导论	2			32	32	0	0	0	0						√			选修	理学院	
	2105019	87 精细有机合成化学	2			32	32	0	0	0							√			选修	理学院	
	2105030	88 超分子化学	2			32	32	0	0	0							√			选修	理学院	
	2105035	89 光电化学的理论与实践	2			32	32	0	0	0							√			选修	理学院	
	2105055	90 柔性电子的化学基础	2			32	32	0	0	0							√			选修	理学院	
	2105056	91 新型发光材料	2			32	32	0	0	0							√			选修	理学院	
	2420003	92 微纳加工技术及其在有机光电器件中的应用	2			32	32	0	0	0							√			选修	分子聚集态科学研究院	
应修学分			20	0	20																	

续表

分类	课程代码	课程名称	学分	必修学分	选修学分	总课时	授课课时	上机课时	实验课时	实践课时	实践周数	1	2	3	4	5	6	7	8	是否必修	开课院系	备注
化学测量与成像修方向（专业选修）	2100574	93 专业前沿讲座	1			16	16	0	0	0	0			√						选修	理学院	暑期学期
	2100674	94 科技英语（全英文）	3			48	48	0	0	0	0				√					必修	理学院	必修
	2070297	95 药物分析	2			32	32	0	0	0	0					√				选修	化工学院	
	2070733	96 生物信息学	2			32	32	0	0	0	0					√				选修	化工学院	
	2100189	97 高等有机化学	2			32	32	0	0	0	0					√				选修	理学院	
	2100587	98 高分子物理	2			32	32	0	0	0	0					√				选修	理学院	
	2105023	99 计算化学基础:分子模拟	2			32	20	12	0	0	0					√				选修	理学院	
	2130234	100 纳米微粒生物传感	2			32	32	0	0	0	0					√				选修	药物科学与技术学院	
	2130256	101 化学发光分析技术及其在药物分析中的应用	2			32	32	0	0	0						√				选修	药物科学与技术学院	
	2420002	102 聚集诱导发光:颠覆传统思维的新视界	2			32	32	0	0	0	0					√				选修	分子聚集态科学研究院	

续表

分类	课程代码	课程名称	学分	必修学分	选修学分	总课时						建议修读学期								是否必修	开课院系	备注
						总课时	授课课时	上机课时	实验课时	实践课时	实践周数	1	2	3	4	5	6	7	8			
专业选修 化学测量与成像方向	2460005	103 医学成像基础	2			32	28	0	0	4						√				选修	天津大学医学部	
	2020582	104 单分子测量技术	1			16	16	0	0	0	0						√			选修	精密仪器与光电子工程学院	
	2020725	105 拉曼荧光光谱基础及应用	1			16	14	0	2	0	0						√			选修	精密仪器与光电子工程学院	
	2070496	106 高等结构分析与表征	2			32	32	0	0	0	0						√			选修	化工学院	
	2100384	107 表面化学	2			32	32	0	0	0	0						√			选修	理学院	
	2100581	108 现代光学检测技术与图像处理	1			16	10	0	6	0	0						√			选修	理学院	
	2100650	109 材料化学导论	2			32	32	0	0	0	0						√			选修	理学院	
	2100682	110 材料物理与化学(纳米科学入门)	3			48	48	0	0	0	0						√			选修	理学院	
	2105030	111 超分子化学	2			32	32	0	0	0	0						√			选修	理学院	

续表

分类	课程代码	课程名称	学分	必修学分	选修学分	总课时	授课课时	上机课时	实验课时	实践课时	实践周数	1	2	3	4	5	6	7	8	是否必修	开课院系	备注
专业选修 化学测量与成像方向	2105033	112 分子动态科学	2			32	32	0	0	0								√			选修	理学院	
	2105035	113 光电化学的理论与实践	2			32	32	0	0	0								√			选修	理学院	
		应修学分	20	0	20																		
		应修学分	20	0	20																		
课程设计	2100601	114 化学专业课程设计与实验	3			96	0	0	96	0	0					√					必修	理学院	暑期学期
	2105027	115 化学研究训练 I	2.5			80	0	0	80	0							√				必修	理学院	
	2105044	116 化学研究训练 II	3			96	0	0	48	48								√			必修	理学院	
		学分小计	8.5	8.5	0											3	2.5	3					
实习	2100215	117 计算机实习	1			0	0	40	0	0	1					√					必修	理学院	暑期学期
	2100289	118 综合化学实验	1			40	0	0	40	0	1					√					必修	理学院	暑期学期
		学分小计	2	2	0											2							
学生创新实践计划 (PSIP)	5240108	119 创新实践计划	2	2		0	0	0	0	0	0					2					必修	教务处	
		学分小计	2	2	0											2							

续表

分类	课程代码	课程名称	学分	必修学分	选修学分	总课时：总课时	总课时：授课课时	总课时：上机课时	总课时：实验课时	总课时：实践课时	总课时：实践周数	建议修读学期：1	2	3	4	5	6	7	8	是否必修	开课院系	备注
毕业设计（论文）	2100566	120 毕业设计（论文）	12			0	0	0	0	0	16								√	必修	理学院	
	学分小计		12	12	0														12			
思想政治理论	5100055	121 思想道德修养与法律基础	3			48	48	0	0	0	0	√								必修	马克思主义学院	
	2210015	122 中国近现代史纲要	3			48	48	0	0	0	0		√							必修	马克思主义学院	
	2111140	123 马克思主义基本原理	3			64	48	0	16	0	0			√						必修	马克思主义学院	
	2210114	124 毛泽东思想和中国特色社会主义理论体系概论	3			48	48	0	0	0					√					必修	马克思主义学院	
	2210106	125 习近平新时代中国特色社会主义思想概论	3			48	48	0	0	0						√				必修	马克思主义学院	
	5100054	126 形势与政策	2			64	8	0	0	56	0	√							√	必修	学生工作部	
	学分小计		17	18	0							5	3	3	3	3			2			

续表

分类	课程代码	课程名称	学分	必修学分	选修学分	总课时	授课课时	上机课时	实验课时	实践课时	实践周数	1	2	3	4	5	6	7	8	是否必修	开课院系	备注
外语	2111292	127 大学英语 1	2			32	32	0	0	0	0	√								必修	外国语言与文学学院	
	2111293	128 大学英语 2	2			32	32	0	0	0	0		√							必修	外国语言与文学学院	
	2111294	129 大学英语 3	2			32	32	0	0	0	0			√						必修	外国语言与文学学院	
	2111295	130 大学英语 4	2			32	32	0	0	0	0				√					必修	外国语言与文学学院	
		学分小计	8	8	0																	
文化素质教育必修	1140001	131 法制安全教育	0.5			8	8	0	0	0	0	2	2	2	2					必修	保卫处	
	5100075	132 大学生心理健康（上）	1			16	10	0	0	6	0	√								必修	学生工作部	
	5240100	133 诚信教育	1			16	16	0	0	0	0	√								必修	教务处	
	5100059	134 职业生涯规划	1			19	16	0	0	3	0		√							必修	学生工作部	
	5100076	135 大学生心理健康（下）	1			16	10	0	0	6	0		√							必修	学生工作部	
	5100060	136 择业指导	1			19	16	0	0	3	0					√				必修	学生工作部	
		学分小计	5.5	5.5	0							2.5	2			1						

续表

分类	课程代码	课程名称	学分	必修学分	选修学分	总课时	授课课时	上机课时	实验课时	实践课时	实践周数	1	2	3	4	5	6	7	8	是否必修	开课院系	备注
体育	2310001	137 体育 A	1			32	32	0	0	0	0	✓								必修	体育部	
	4010005	138 体育锻炼 1	0			0	0	0	0	0	0	✓								必修	体育部	
	2310002	139 体育 B	1			32	32	0	0	0	0		✓							必修	体育部	
	4010006	140 体育锻炼 2	0			0	0	0	0	0	0		✓							必修	体育部	
	2310003	141 体育 C	1			32	32	0	0	0	0			✓						必修	体育部	
	4010007	142 体育锻炼 3	0			0	0	0	0	0	0			✓						必修	体育部	
	2310004	143 体育 D	1			32	32	0	0	0	0				✓					必修	体育部	
	4010008	144 体育锻炼 4	0			0	0	0	0	0	0				✓					必修	体育部	
	4010009	145 体育锻炼 5	0			0	0	0	0	0	0					✓				必修	体育部	
	4010010	146 体育锻炼 6	0			0	0	0	0	0	0						✓			必修	体育部	
	4010011	147 体育锻炼 7	0			0	0	0	0	0	0							✓		必修	体育部	
		学分小计	4	4	0																		
军事	5100078	148 集中军事训练	2			0	0	0	0	0	3	✓								必修	学生工作部	
	5100057	149 军事理论 1	2			32	32	0	0	0	0	1	1	1	1					必修	学生工作部	
		学分小计	4	4	0	8	8	0	0	0	0											
健康教育	4080001	150 健康教育	0.5	0.5	0	8	8	0	0	0	0	2	2							必修	校医院	
		学分小计	0.5	0.5	0						0.5											

续表

分类	课程代码	课程名称	学分	必修学分	选修学分	总课时						建议修读学期								是否必修	开课院系	备注
						总课时	授课课时	上机课时	实验课时	实践课时	实践周数	1	2	3	4	5	6	7	8			
文化素质选修		文化素质选修—艺术与美学	0	0	0																	5 类课程共计不少于 8 学分，每类课程最多计 2 学分。8 学分中必须包含 1 门"四史"课程
		文化素质选修—新工科创新	0	0	0																	
		文化素质选修—社会与哲学	0	0	0																	
		文化素质选修—思维培养与沟通表达	0	0	0																	
		文化素质选修—自然科学	0	0	0																	
		学分小计	8	0	8							8										
		总计	164.5	136.5	28							24	25.5	20.5	20	25	6.5	3	14			

— 大连理工大学 —

应用化学（理学、张大煜化学基础科学班）本科生培养方案（2023级）

一、培养目标

1. 培养定位

本专业旨在培养适应现代社会发展，满足国家建设需要，具有高尚的道德品质、宽厚扎实的知识基础功底、突出的科研能力潜质、优秀的综合素质和开阔的国际视野，富有创新精神与合作意识的高素质化学类精英人才。利用一流研究型大学和化学一流学科及国家重点实验室等优质资源，培养具有人文素养和创新精神，具备应用化学宽厚理论知识基础，掌握现代化学前沿技术，具有在化学领域从事科学研究、教学工作、技术管理等工作的能力的创新人才，能够成为德智体美劳全面发展的社会主义事业高水平建设者和高度可靠接班人。

2. 培养目标

（1）具有扎实的数学、物理基础，掌握化学学科的基本理论，具有较强的实验技能，具有较宽广的专业化学知识面。具有宽厚的自然科学基础和前沿技术领域的知识。

（2）掌握系统的化学科学研究方法，具有熟练的英语交流能力和突出的科研工作潜质，具备较强的从事化学基础研究的能力。具有综合应用化学专业知识、使用化学实验工具与现代化学实验技术，分析解决关于化学实验的设计、操作、应用等方面复杂问题的能力，具有实践创新能力。

（3）具有健全的人格、良好的人文素养和高度的社会责任感。

（4）具有较强的团队精神、国际视野和沟通能力，具有不断学习和适应发展的能力。

二、毕业要求

（1）具有正确的核心价值观及爱国主义精神；具有较好的人文社会科学素养，较强的社会责任感和良好的职业道德。

（2）了解与本专业相关的法律、法规，熟悉环境保护和可持续发展等方面的方针、政策和法律、法规，能正确认识化学对于自然和社会的影响。

（3）掌握从事本领域工作所需的数学、物理学和生物学等自然科学知识，能将基础学科中的各门知识和不同方法进行交汇，具备从基础出发、解决化学研究中遇到的学科交叉问题的能力。

（4）掌握宽厚的化学基础知识、基本理论，了解本专业的前沿发展现状和趋势，具有较强的综合运用化学科学理论和技术手段分析并解决实际问题的能力和从事化学科学研究的能力。

（5）掌握化学科学研究方法，化学实验技能熟练，具有敏锐的观察力、较强的逻辑分析能力、动手能力和创新意识。

（6）熟练掌握计算机技术，具有通过计算机获取和处理化学信息的能力。

（7）具有通过文献检索、资料查询及运用现代信息技术获取相关信息的能力，以及较强的归纳总结能力和自学能力。

（8）受到应用研究的初步训练，初步了解化学产品开发和应用基本过程及其对推动社会进步所起到的巨大作用。

（9）具有一定的组织管理能力、较强的表达能力和人际交往能力；能熟练利用英语进行学术交流，具有开阔的国际视野和跨文化交流、竞争与合作的能力，以及团队合作和领导能力。

（10）具有终身学习的能力和持续发展的潜质。

（11）价值观：树立和践行社会主义核心价值观，能够阐释正确的价值观对科学研究和社会实践活动的影响。

三、培养目标与毕业要求关系矩阵

	培养目标(1)	培养目标(2)	培养目标(3)	培养目标(4)
毕业要求(1)				●
毕业要求(2)			●	
毕业要求(3)	●	●		
毕业要求(4)	●	●		
毕业要求(5)	●	●		
毕业要求(6)	●			●
毕业要求(7)	●	●		
毕业要求(8)		●		●
毕业要求(9)			●	●
毕业要求(10)			●	●
毕业要求(11)			●	●

四、毕业学分要求

课程体系		学分要求		
		必修	选修	合计
公共基础与通识课程	思想政治类	16(+2)		72
	军事体育类	8		
	通识类		6	
	外语类	8		
	数学与自然科学类	34		

续表

课程体系		学分要求		
		必修	选修	合计
大类、专业基础类与专业类课程	计算机类	3		48
	学科与大类基础课程	4		
	专业基础课程	30		
	专业方向选修模块课程		11	
	本研衔接选修课程			
专业实践与毕业设计(论文)	专业实验、实习、实训、课程设计	26		38
	毕业设计(论文)	12		
创新创业教育	创新创业教育课程		2	2
	大学生创新创业计划项目			
第二课堂(不计入总学分)	健康教育	0.5		
	大学生心理健康教育	2		
	社会实践	1		
	国家安全教育	1		
	劳动教育	2		
	讲座、社团活动		1.5(课外)	
专创融合荣誉课程(不计入总学分)	创新创业实践类荣誉证书课程		15(课外)	
大学先修课程(不计入总学分)	大学先修课程		3	
合计		141	19	160

五、授予学位

理学学士学位。

六、主干学科

一级学科:化学。
二级学科:无机化学、分析化学、有机化学、物理化学、高分子化学与物理。

七、专业核心课程

无机化学、分析化学、有机化学、物理化学、结构化学、仪器分析、化学实验类课程、化学研究训练等。

八、专业课程体系及教学计划

课程类别	课程编号	课程名称	课程属性	课内学分	授课	实验	上机	实践设计	课外学分	课外学时	1-1	1-2	1-3	2-1	2-2	2-3	3-1	3-2	3-3	4-1	4-2	学分要求
思想政治类	1000032520070	思想道德与法治	必修	2.5	40						•											必修 16 (+2) 学分
	1000032520080	中国近现代史纲要	必修	2.5	40							•										
	1000032520090	马克思主义基本原理	必修	3	48									•								
	1000032520150	毛泽东思想和中国特色社会主义理论体系概论	必修	3	48										•							
	1000032520140	习近平新时代中国特色社会主义思想概论	必修	3	48												•					
	1000032520120	形势与政策 [a]	必修	2	32						•	•		•	•		•	•				
	1000032520130	思想政治理论课社会实践	必修	2	8			40										•	•			
军事	1000032220010	军事理论	必修	2	32						•											必修 8 学分
	1000032220020	军训	必修	2				2~3 周			•											
体育类	—	体育-基础	必修	1				32				•										
	—	体育-专项	必修	2				64						•	•							
	—	体育-竞赛	必修	1				32						•	•		•	•				
通识类	—	通识课程	选修	6													•	•		•	•	选修 6 学分

续表

课程类别	课程编号	课程名称	课程属性	课内学分	授课	实验	上机	实践	设计	课外学分	课外学时	1-1	1-2	1-3	2-1	2-2	2-3	3-1	3-2	3-3	4-1	4-2	学分要求
公共基础与通识课程　外语类	100031020170	大学英语1-批判性阅读	必修	2	32							●											必修 8学分
	100031020150	大学英语2-应用性写作	必修	2	32							●											
	100031020160	大学英语3-说服性演讲	必修	2	32								●											
	100031020090	大学英语4-论辩性写作	必修	2	32								●											
数学与自然科学类	100031120033	数学分析B1	必修	5	80							●											必修 34学分
	100031120044	数学分析B2	必修	6	96								●											
	100031120110	线性代数与解析几何	必修	3.5	56		8					●											
	100031120140	概率与统计A	必修	3	48		8							●									
	100031240020	力学B	必修	2.5	40										●								
	100031230031	热学B	必修	2	32								●										
	100031230040	电磁学	必修	3.5	56										●								
	100031230051	原子物理学B	必修	3	48											●							
	100031230060	光学	必修	3.5	56								●										
	100031220040	大学物理实验1	必修	1	4	24									●								
	100031220050	大学物理实验2	必修	1		24										●							
计算机类 大类	100051710010	大学计算机	必修	1	16						24	●											必修 3学分
	100051710030	Python语言程序设计	必修	2	24		12						●										

续表

课程类别	课程编号	课程名称	课程属性	课内学分	课内学时 授课	课内学时 实验	课内学时 上机	课内学时 设计	课外 学分	课外 学时	1-1	1-2	1-3	2-1	2-2	2-3	3-1	3-2	3-3	4-1	4-2	学分要求
学科与大类基础课程	100036130020	化学前沿	必修	1.5	24										●							必修4学分
专业基础课程	100030134500	化学工程基础	必修	2.5	32	12											●					必修30学分
	100030131010	无机化学A1	必修	3	48						●											
	100030131002	无机化学A2	必修	3	48							●										
	100030141020	分析化学A	必修	2	32									●								
	100030146290	仪器分析A	必修	4	64											●						
	100030146590	有机化学A1	必修	3.5	56									●								
	100030143200	有机化学A2	必修	3.5	56										●							
	100030146390	物理化学A1	必修	3	48											●						
	100030144200	物理化学A2	必修	4	64												●					
	100030141230	结构化学A	必修	4	64										●							
本研衔接选修课程b	200036130010	高等无机化学	选修	3	48												●					选修11学分，其中本研衔接选修课程不少于8学分
	200036130020	化学类专业英语	选修	2	32										●							
	2010240692	金属有机化学	选修	2	32												●					
	2010230641	表面化学	选修	2	32												●			●		
	2010230651	量子化学	选修	3	48													●				
	2010230041	现代分离分析技术	选修	3	48													●		●		
	2010240741	配位化学	选修	2	32													●				
	2010230022	合成化学(双语授课)	选修	2	32													●				
	2010230691	无机固态化学	选修	2	32													●				
	2010240731	现代有机合成化学	选修	2	32													●			●	

专业基础类与专业类课程

续表

课程类别	课程编号	课程名称	课程属性	课内学分	授课	实验	上机	设计	课外学分	课外学时	1-1	1-2	1-3	2-1	2-2	2-3	3-1	3-2	3-3	4-1	4-2	学分要求
专业基础类与专业类课程（专业方向选修模块课程）	100051720021	程序设计基础B	选修	3	32		24								●							选修11学分，其中本研衔接选修课接续选修课程不少于8学分
	100031230070	数学物理方法1	选修	2	32									●								
	100031230080	数学物理方法2	选修	3	48									●								
	100031241040	热力学与统计物理	选修	4	64												●					
	100031241030	量子力学	选修	4	64										●							
	100031241101	固体物理B	选修	3	48													●				
	100033740620	半导体材料与器件	选修	2	32												●					
	100034040030	细胞生物学	选修	2.5	40													●				
	100034030040	生物化学B	选修	2	32								●									
	100030146540	化学生物学	选修	2	32												●					
	100034040023	基因工程原理(双语)	选修	2.5	40															●		
	100034030160	生物物理学(双语)	选修	2	32													●				
	100030141280	中级无机化学	选修	2	32												●					
	100030141350	有机立体化学	选修	2	32													●				
	100030146510	有机波谱解析	选修	2	32													●				
	100030143600	高等有机化学	选修	2	32													●				
	100030146530	精细有机合成原理	选修	2	32													●				
	100030141440	化学计量学	选修	2	32												●					

续表

课程类别	课程编号	课程名称	课程属性	课内学分	课内学时 授课	课内学时 实践环节 实验	课内学时 实践环节 上机	课内学时 实践环节 设计	课外 学分	课外 学时	1-1	1-2	1-3	2-1	2-2	2-3	3-1	3-2	3-3	4-1	4-2	学分要求
专业基础类与专业类课程　专业方向选修模块课程	100030141430	化学信息学	选修	2	32												●					选修11学分，其中本研衔接选修课程不少于8学分
	100030146330	电化学	选修	3	48													●				
	100030144600	纳米界面化学	选修	3	48															●		
	100030146580	催化原理	选修	2	32												●					
	100030146560	能源化工	选修	2	32												●					
	100030144500	计算化学	选修	1.5	24													●				
	100030146570	绿色化学	选修	2	32													●				
	100036151900	可持续化学与化工	选修	2	32												●					
	100030141385	高分子化学与物理	选修	3	48												●					
	100036130010	手性化学	选修	2	32															●		
专业实践与毕业设计(论文)　专业实验、实习、实训、课程设计	100030131100	无机化学实验A1	必修	1		24					●											必修38学分
	100030131101	无机化学实验A2	必修	1.5		36						●										
	100030142111	分析化学实验A	必修	3		72								●								
	100030141570	有机化学实验A1	必修	1.5		36								●								
	100030141580	有机化学实验A2	必修	1		24																
	100030141600	物理化学实验A1	必修	1		24									●							
	100030141610	物理化学实验A2	必修	1		24									●							
	100030141470	高等物理化学实验	必修	3		72															●		

续表

课程类别	课程编号	课程名称	课程属性	课内学分	授课	实验	上机	实践	设计	课外学分	课外学时	1-1	1-2	1-3	2-1	2-2	2-3	3-1	3-2	3-3	4-1	4-2	学分要求
专业实验、实习、实训、课程设计	100030141640	仪器分析实验	必修	3		72												●					必修38学分
	100030120080	有机合成实验A1	必修	2		48													●				
	100030120090	有机合成实验A2	必修	2		48															●		
	100030141480	无机合成实验	必修	2		48													●				
	100036140030	化学研究训练A1	必修	2				48									●						
	100036140010	化学研究训练A2	必修	2				48												●			
毕业设计（论文）	100036140020	毕业论文	必修	12					12周													●	
创新创业教育[e]		创新创业教育课程	选修	2										●	●	●	●	●	●	●	●	●	选修2学分
	100012520010	大学生创新创业训练计划	选修	2				48						●	●	●	●	●	●	●	●	●	
第二课堂[d]	100011360010	健康教育	必修	0.5	8							●											必修8学分
	100010660020	大学生心理健康教育	必修	2	32								●										
	100011260030	社会实践	必修	1				1周							●	●	●	●	●	●	●	●	
		国家安全教育	必修	1	16							●											
	100011360021	劳动教育[f]　劳动1（社区、宿舍劳动）　劳动1-1	必修	0.5				12															
	100011360022	劳动1-2	必修	0.5				12								●							
	100011360023	劳动1-3	必修	0.5				12											●				

续表

课程类别	课程编号	课程名称		课程属性	课内学分	授课	实验	上机	实践	设计	课外学分	课外学时	1-1	1-2	1-3	2-1	2-2	2-3	3-1	3-2	3-3	4-1	4-2	学分要求
第二课堂[d]	100011260020	劳动教育 劳动2	劳动2（后勤）	选修	0.5					12					•		•	•			•	•		•	•	必修 8学分
	100011260020		劳动2（校外）	选修	0.5					12					•		•	•			•	•		•	•	
	100011260020		劳动2（校园）	选修	0.5					12					•		•	•			•	•		•	•	
	100011260040	讲座		选修							0.5															
	100010660030	社团活动		选修							1															
专创融合 荣誉课程[e]	100030170420	化工工艺与装备		选修							2	32									•				修满 15学分可得 创新 创业 实践 类荣誉证书，不计入毕业总学分
	100030170370	化工制图		选修							2	32								•					
	100030170410	SP3D 与三维工厂设计		选修							2	32							•	•					
	100030170460	化工智能过程导论		选修							1	16							•						
	100030170160	智能分子工程导论		选修							0.5	8							•						
	100030170340	智能材料概论		选修							1	16							•						
	100030170320	生物医用材料		选修							2	32								•					
	100030170690	光电催化原理及应用		选修							2	32								•					
	100030170150	有机分子激发态光化学		选修							1.5	24							•						
	100030170110	可穿戴智能传感器件		选修							2	32								•					
	100030170350	纳米材料基础		选修							2	32								•					
	100030170360	材料结构与表征方法		选修							2	32								•					
	100030170670	原位光谱表征与应用		选修							2	32								•					
	100030170750	光响应功能分子材料		选修							2	32								•					

续表

课程类别	课程编号	课程名称	课程属性	课内学分	课内学时					课外		建议修读学期											学分要求
					授课	实践环节				学分	学时	一年级			二年级			三年级			四年级		
						实验	上机	实践	设计			1-1	1-2	1-3	2-1	2-2	2-3	3-1	3-2	3-3	4-1	4-2	
		建议每学期修读学分										23	25.5	4	24	23	2	21.5	14	2	9	12	160

a. "形势与政策"课程由马克思主义学院统一组织一组课程开课,纳入学校教学计划。按照在校学习期间开课不断线的要求,一二学年完成理论教学,三学年完成实践教学。前三学年每学年都有成绩考核,四学年上下学期登录学生最终考核成绩。《形势与政策学习手册》参与教学管理和平时考核,学生要按照课程要求完成每学年规定的教学任务。每学期课程安排由马克思主义学院负责组织、通知。

b. 学生自主选择修读,获得学分可计入"专业方向选修模块课程"学分,也可不计入毕业总学分。

c. 本模块中,学生从"创新创业教育课程一览表"中选修一门创新创业类课程获得2学分,或参加"大学生创新创业训练计划",项目通过后,可获得2学分,本模块至少选修2学分。

d. 第二课堂教学环节共8学分,内容包括劳动教育,纳入学生"专业方向选修"学分。不计入毕业总学分。

劳动教育,必修,2学分;健康教育,必修,0.5学分;大学生心理健康教育,必修,1学分;国家安全教育,必修,1学分;社会实践,2学分;讲座:讲座(含两组学习),社团活动,选修,1.5学分。不计入毕业总学分,但需完成相应的课程学分方可毕业,课程成绩载入学籍成绩单。

e. 专创融合的项目式实践课程主要面向与专业相关的学科竞赛、专业能力大赛等获得学分。

(1)专创融合荣誉课程学分总计22学分,课程学分的获得由任课教师评定:P(通过)和F(不通过)。

(2)免收学分学费,修满15学分后,可获得学校颁发的创新创业荣誉类证书。

(3)可通过与主修专业相关的学科竞赛、专业能力大赛的获奖成绩来转换专创荣誉课程学分。

科创竞赛获奖可替换课程学分对应表

等级及对应学分	特等奖	一等奖	二等奖	三等奖
国家级	4	3	2	1
省级	3	2	1	0
市级	2	1	1	0
校级	1	1	0	0

与主修专业相关的科创竞赛列表

序号	国家级比赛（依据 2019 全国普通高校学科竞赛排行榜）	辽宁省比赛（依据 2020 辽宁省普通高等学校本科大学生创新创业赛项目一览表）
1	中国"互联网+"大学生创新创业大赛	辽宁省"互联网+"大学生创新创业大赛
2	"挑战杯"全国大学生课外学术科技作品竞赛	辽宁省大学生创新方法大赛
3	"挑战杯"中国大学生创业计划大赛	辽宁省 iCAN 创新创业大赛
4	全国大学生数学建模竞赛	辽宁省普通高等学校本科大学生物理实验竞赛
5	全国大学生化学实验邀请赛	辽宁省普通高等学校本科大学生化工设计创新创业竞赛
6	全国大学生化工设计竞赛	辽宁省大学生化学实验创新设计竞赛
7	全国大学生创新创业训练计划年会展示	辽宁省大学生数学建模竞赛

f. 劳动课程作为必修课程，2 学分，分为劳动 1、劳动 2。

(1) 劳动 1（社区、宿舍劳动）作为基本日常生活劳动，分为劳动 1-1、1-2、1-3，大一到大三全年开课，是必选基础模块，每学年下学期（春季学期）选课并获得成绩，每学年 0.5 学分，三年共计 1.5 学分。

(2) 劳动 2（包括后勤劳动、校外劳动、校园劳动）作为服务性和生产性劳动，是选修模块，大一到大四贯通开课，学生任选一个项目课程即可，记为 0.5 学分，可重复参与但不重复获得学分。

(3) 学生在本科期间获得必选模块 1.5 学分和选修模块 0.5 学分共计 2 学分方可取得毕业资格。

九、课程体系拓扑图（先修关系）（图3-4）

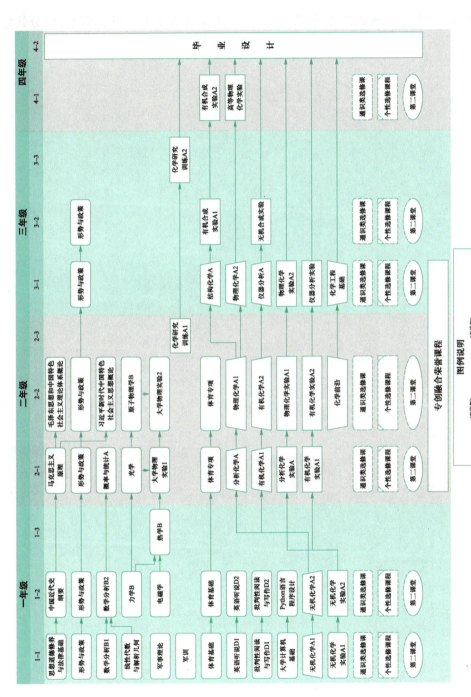

图3-4　课程体系拓扑图（先修关系）

十、课程修读要求

　　本专业第一学年进行通识教育,从第二学年开始专业课程学习。四年修读总学分数为 160 学分。

化学专业（唐敖庆班）本科培养方案（2023级）

一、培养目标

以"厚基础、强能力、会创新"为育人目标，培养数理基础扎实，具有批判性思维、逻辑思维、创新性思维和较强的国际化交流能力。富有团队意识、责任意识和担当意识，有宽广的视野、长远发展潜力、使命感和社会责任感的从事科学研究和创新研发等理科大师级学科人才。

善于利用化学知识解决本领域及交叉领域复杂问题。学生毕业后能在化学及其相关的材料、医药、环境、能源和电子等领域，从事科学研究、教学、应用开发和管理等工作。本研贯通培养，毕业生几年内能够达到以下目标：

（1）具有强烈的社会责任感，坚守职业规范、社会和科学伦理。

（2）具有在化学、能源化学、化学生物等领域，综合运用所学科学理论知识和手段解决复杂问题的能力，能够运用现代信息技术快速获取前沿信息。

（3）能够熟练进行科学研究项目研发的能力。

（4）具有优异的团队组织、沟通能力和领导能力，能够组织和协作进行化学相关研究项目的申请。

（5）有开阔的视野，具备洞察化学发展前沿的能力。

二、培养要求

学生在掌握必要的数学和物理学等相关学科基础知识，掌握化学基本原理和扎实的实验操作技能的基础上，从二年级、三年级开始系统全面学习化学核心理论课、实验课，学科交叉与前沿课程。四年级时能够在自主灵活选修前沿和交叉课程的同时，全面进入科研实验室开展科研实践创新活动，进行科学研究的思维与方法训练。为下一步研究生阶段的学习和研究奠定坚实基础。

毕业生应达到以下要求：

（1）通识类知识：掌握必要的数学、物理、计算机与信息技术等领域知识，能够获取、处理和运用化学及相关学科信息，熟练掌握英语的阅读、写作等。

（2）学科基础知识：掌握无机化学、分析化学、仪器分析、有机化学、物理化学、结构化学、高分子化学和高分子物理等基础知识和基本理论。

（3）专业理论知识：掌握生物化学、胶体化学、理论化学的发展历史、学科前沿和发展趋势及相关理论。

(4) 专业实践知识：通过化学基础实验、综合化学实验和高分子科学实验、生物化学类实验课程的学习，熟练掌握化学基本实验操作技能，掌握化学研究或化学生物学相关研究领域的基本方法和手段，具备独立发现、提出、分析和解决化学及相关学科问题的能力。

(5) 交叉学科知识：通过生物化学、化学生物学、光电化学等课程的学习了解与化学相关交叉学科如生命、电子、医学、材料等的基础知识与前沿知识。

(6) 团队和合作精神：具有较强的学习、表达、交流、协调能力及团队合作能力。

(7) 安全环保意识：具有安全意识、环保意识和可持续发展理念。

(8) 自主和终身学习能力：具备自主学习和自我发展的能力，能够适应未来科学技术和经济社会的发展。

三、主干学科及核心课程

主干学科：化学。

核心课程：化学原理、分析化学 T、无机元素化学、物理化学 TI–Ⅱ、有机化学 TI–Ⅱ、结构化学 T、仪器分析(含实验)TI–Ⅱ、高分子化学、高分子物理 B 等。

主要实践课程：实验安全教育、课外创新培养计划、毕业论文。

主要实验课程：无机材料制备与应用实验 I–Ⅱ、有机合成实验 I–Ⅱ、物理化学实验 T、高分子综合实验等。

四、修业年限

一般为四年(五年)。

五、学位授予

理学学士学位。

六、毕业合格标准

(1) 具有良好的思想道德素质、身体素质和社会适应能力，符合学校规定的德育、体育、美育和劳动教育标准。

(2) 通过培养方案规定的全部教学环节，达到本专业各环节要求的总学分 157 学分，其中课程教学为 108 学分，占比 69%，实践教学环节为 49 学分，占比 31%。同时完成课外创新培养计划 8 学分。

七、化学专业(唐敖庆班)指导性教学计划及其进程表

1. 通识教育课程(68.5学分)

课程性质	课程编码	课程名称	总学分	实践学分	实践学时	总学时	修读学期	考核性质	备注
通识教育课必修课	251000	思想道德与法治(拔尖)	4.5	2	48	88	1	考试	+在线课程+形势与政策教育+实践
	251010	中国近现代史纲要(拔尖)	4.5	1	24	80	2	考试	+在线课程+四史专题(选修)(必选)+实践
	251011	马克思主义基本原理(拔尖)	4.5	2	48	88	3	考试	+在线课程+形势与政策教育+实践
	251012	毛泽东思想和中国特色社会主义理论体系概论与习近平新时代中国特色社会主义思想概论(拔尖)	5.5	1	24	96	4	考试	+在线课程+实践
	911001-4	体育Ⅰ-Ⅳ	4		0	128	1-4	考查	
	901001	军事理论	2		0	32	2	考查	
	992001	劳动教育	2	0.5	14	32	2-3	考查	
	162001-162004	大学英语AⅠ-AⅣ	8			128	1/2/3/4	考试	能力提升工作坊:16学时
	931101	微积分AⅠ	3.5	0.5	16	72	1	考试	
	931102	微积分AⅡ	3.5	0.5	16	72	2	考试	
	931103	微积分AⅢ	3	0.5	16	64	3	考试	
	931201	线性代数A	2.5	0.5	16	56	3	考试	
	321020-21	普通物理Ⅰ-Ⅱ	6			96	2-3	考试	
	323001	普通物理实验Ⅰ	2	2	48	48	3	考查	
	922001	人工智能基础	3	1	24	56	1	考试	三选一,线上线下融合
	922007	Python程序设计基础	3	1	24	56	2	考试	
	922010	MATLAB程序设计	3	1	24	56	3	考试	
		小计	58.5	11.5	294	1136			
通识教育课选修课		大学生就业创业指导	2			32	2、6	考查	限选
		大学生心理健康	2			32	1	考查	限选
		艺术鉴赏与审美体验(Ⅴ)	2			32		考查	限选音乐欣赏与实践(2学分)
		社会文明与科学使命	2			32	3/4	考查	限选

续表

课程性质	课程编码	课程名称	总学分	实践学分	实践学时	总学时	修读学期	考核性质	备注
通识教育课选修课	10	哲学智慧与品判思维（Ⅰ）、文化理解与历史传承（Ⅱ）、当代中国与公民责任（Ⅲ）、全球视野与文明交流（Ⅳ）、科学精神与创新创造（Ⅵ）、生态环境与生命关怀（Ⅶ）、人际沟通与合作精神（Ⅷ）	2			32		考查	7大类跨学科任选2学分
		小计	10			160			
通识教育课小计			68.5	11.5	294	1296			

注：根据学生入学英语水平，分为免修级、A级、B级、C级、预备级五个级别，按级别分英语教学班。

大学英语常规课程的级别及选课和计分方式

级别	通用英语必修课			英语类必选课				备注
	学习时长	大学英语AⅢ	大学英语AⅣ	学术英语	留学英语	高级英语视听说	小语种	
C级	4学期	√	√		√√			能力提升工作坊：16学时
B级	3学期	90	√		√√			
A级	2学期	90	90		√√			
免试级	2学期	90	90		√√			

2. 学科基础课程（52.5学分）

课程性质	课程编码	课程名称	总学分	实践学分	实践学时	总学时	修读学期	考核性质	备注
学科基础课程	123092	实验室安全教育及技能训练	1	1	24	24	1	考试	
	331101	化学贡献与挑战	1	0	0	16	1	考查	
	331102	化学与交叉学科	1	0	0	16	1	考查	
	121122	化学原理	3	0	0	48	1	考试	习题+24
	121105	分析化学T	2.5	0	0	40	1	考试	习题+25
	123124	无机材料制备与应用实验Ⅰ	2.5	2.5	60	60	1	考查+考试	

续表

课程性质	课程编码	课程名称	总学分	实践学分	实践学时	总学时	修读学期	考核性质	备注
学科基础课程	121024	无机元素化学	3	0	0	48	2	考试	习题+24
	121123	物理化学TⅠ	3	0	0	48	2	考试	习题+24
	123125	无机材料制备与应用实验Ⅱ	3	3	72	72	2	考查+考试	
	121124	物理化学TⅡ	3	0	0	48	3	考试	习题+24
	121106	有机化学TⅠ	3	0	0	48	3	考试	习题+24
	121108	结构化学T	3	0	0	48	3	考试	习题+24
	123126	有机合成实验Ⅰ	4	4	96	96	3	考查+考试	
	121107	有机化学TⅡ	3	0	0	48	4	考试	习题+24
	122116	仪器分析(含实验)TⅠ	4	1	24	72	4	考试	习题+24
	121113	化学信息学T	2	0	0	32	4	考试	
	123127	有机合成实验Ⅱ	4	4	96	96	4	考查+考试	
	123107	物理化学实验T	2.5	2.5	60	60	4	考查+考试	
	122117	仪器分析(含实验)TⅡ	4	1	24	72	5	考试	习题+24
	小计		52.5	19	456	992			

3. 专业教育课程（28学分）

（1）专业教育必修课程（18学分）

课程性质	课程编码	课程名称	总学分	实践学分	实践学时	总学时	修读学期	考核性质	备注
专业教育必修课	121041	高分子化学	3	0	0	48	4	考试	
	121069	高分子物理B	3	0	0	48	5	考试	
	121103	化学自组装前沿	1.5	0	0	24	5	考试	
	123128	高分子综合实验	2.5	2.5	60	60	7	考查+考试	
	123903	毕业论文T	8	8	320	320	8	考查	
	小计		18	10.5	380	500			

(2) 专业教育选修课程（本研贯通选修课）（10 学分）

课程性质	课程编码	课程名称	总学分	实践学分	实践学时	总学时	修读学期	考核性质	备注
专业教育选修课（本研贯通选修课）	122097	科学实践课	5.5	4	96	120	3、5	考试	至少选修10学分，带＊为本研贯通模块课程
	121073	计算程序及数学算法在化学中的应用（双语）	4	0	0	64	4	考试	
	121075	计算生物学	3	0	0	48	4	考试	
	121077	生物化学（双语）	3	0	0	48	4	考试	
	121086	化学生物学进展	2.5	0	0	40	5	考试	
	121031	配位化学	2	0	0	32	5	考试	
	121070	有机合成化学	2	0	0	32	5	考试	
	121089	量子化学	3	0	0	48	5	考试	
	121023	无机材料化学（双语）	2	0	0	32	6	考试	
	121027	超分子化学（双语）	2	0	0	32	6	考试	
	121088	统计力学与分子模拟基础	3.5	0	0	56	5	考试	
	121202	Academic English for Chemistry	2	0	0	32	6、8	考试	
	121061	材料表征方法理论与实践＊	3	0	0	48	6、8	考查	
	121082	论文写作指导I＊	1	0	0	16	6、8	考试	
	121034	催化化学＊	2	0	0	32	6	考试	
	123129	化学生物学实验	2.5	2.5	60	60	6	考查+考试	
	123024	高阶合成实验	2	2	48	48	7	考查+考试	
	121035	光电化学＊	2	0	0	32	6	考试	
	121062	材料计算–用于光学和电子＊	1	0	0	16	7	考试	
	122083	计算化学理论与实践	2.5	1.5	36	52	7	考试	
		小计	50.5	10	240	888			

4. 跨学科拓展选修课程（6 学分）

课程性质	课程编码	课程名称	总学分	实践学分	实践学时	总学时	修读学期	考核性质	备注
跨专业选修课	131074	生物学概论	2	0	0	32	3	考试	要求学生在本专业课程之外的非通识教育课程中至少修读6学分
	931013	概率论与数理统计A	3	0	0	54	4	考试	
	131002	生物化学AI	3	0	0	48	4	考试	
	133094	生物化学实验	3	3	84	84	5	考查	
	131010	细胞生物学A	4	0	0	64	5	考试	
		小计	15	3	84	282			

续表

课程性质	课程编码	课程名称	总学分	实践学分	实践学时	总学时	修读学期	考核性质	备注
跨学科拓展选修课程至少6学分,可在数学、化学、生物科学、计算机科学与技术、哲学、考古学、中国语言文学、理论经济学等基地的专业教育课程中选择									

共同教育环节安排表

课程编码	环节名称	学分	周数	修读学期	备注
	入学教育	0	1	1	
	毕业教育	0	1	8	
J13002	军事训练	2	3	1	
合计		2	5		

化学专业(唐敖庆班)学时、学分分配表

纵向结构	学时	占比/%	学分	占比/%	横向结构	学时	占比/%	学分	占比/%
通识教育课程	1344	43	70.5	45	必修课	2676	87	131	83
学科基础课程	992	33	52.5	33					
专业教育课程	660	21	28	18	选修课	416	13	26	17
跨学科拓展课程	96	3	6	4					
小计	3092	100	157	100	小计	3092	100	157	100

化学学院本科课外创新培养方案计划表

序号	一级分类	二级分类	三级分类	有效计分名次	学分赋值办法	单项成果得分上限	本类成果得分上限
1	1 社会实践活动	1.1 假期社会实践	1.1.1 实践报告	5	一次实践、一份报告,最高3学分,各级别由学院赋值,按角色、级别赋值,一项报告团队得分合计不得超过总分值	3	5
2			1.1.2 先进个人	1	省级以上2学分,市级1.5学分,校级1学分	2	2
3			1.1.3 先进团队	10	校级及以上先进团队10学分/团队,团队负责人分配	10	2
4		1.2 其他社会实践	1.2.1 志愿者活动	1	1学分不低于60小时	2	2
5			1.2.2 专业社会实践	1	1学分不低于40小时	2	2

续表

序号	一级分类	二级分类	三级分类	有效计分名次	学分赋值办法	单项成果得分上限	本类成果得分上限
6	2 科研实践活动	2.1 科研论文	2.1.1 学术论文	5	SCI—8 学分/篇,学分按文章作者自然排序计算(第一作者或通讯作者 3 学分,第二作者 2 学分,其他作者 1 学分); EI—6 学分/篇,学分按文章作者自然排序计算(第一作者或通讯作者 2 学分,其他作者 1 学分); 核心期刊—4 学分/篇,学分按文章作者自然排序计算(第一作者或通讯作者 1.5 学分,其他作者 0.5 学分); 非核心期刊—2 学分/篇,学分按文章作者自然排序计算(第一作者或通讯作者 1 学分,其他作者 0.5 学分); 会议论文—0.5 学分/篇	8	无
7		2.2 自主科研训练	2.2.1 科研训练	3	独立完成一部分工作,并提交相应报告;或自拟科研项目,完成所有研究过程,撰写研究报告者 2 学分	2	6
8			2.2.2 实践成果展示	1	1 次 1 学分	1	4
9			2.2.3 教学资料建设	2	1 套 0.5 学分	0.5	2
10	3 创新创业实践活动	3.1 专利成果	3.1.1 发明专利	6	授权专利—6 学分/项,学分按项目人员自然排序计算(第一作者 3 学分,第二作者 1 学分,其他作者 0.5 学分);实审阶段—4 学分/项,学分按项目人员自然排序计算(第一作者 1.5 学分,其他作者 0.5 学分)	6	无
11			3.1.2 实用新型专利	3	授权专利—3 学分/项,学分按项目人员自然排序计算(第一作者 2 学分,其他作者 0.5 学分)	3	无
12			3.1.3 外观设计专利	2	授权专利—2 学分/项,学分按项目人员自然排序计算(第一作者 1.5 学分,其他作者 0.5 学分)	2	无
13		3.2 软件成果	3.2.1 软件著作权	5	团队成员得分总和限 4 学分以内,按项目人员自然排序计算(第一作者 2 学分,其他作者 0.5 学分)	4	无
14		3.3 创新创业训练	3.3.1 大学生创新创业训练	5	参照《吉林大学本科课外培养计划实施细则》	14	5
15			3.3.2 学科竞赛	5	参照《吉林大学本科课外培养计划实施细则》	7	无
16			3.3.3 开放性创新实验	3	按《开放性创新实验管理办法》赋值,每个实验 1 学分	1	6

续表

序号	一级分类	二级分类	三级分类	有效计分名次	学分赋值办法	单项成果得分上限	本类成果得分上限
17	3 创新创业实践活动	3.3 创新创业训练	3.3.4 课程选做实验	3	按学院相关课程大纲确定	6	4
18			3.3.5 课外虚拟仿真实验	1	每个 0.2 学分	0.2	1
19		3.4 创业实践	3.4.1 创业实践	5	独立完成创业项目—3 学分;团队创业项目主要负责人 1 学分,参与人 0.5 学分	3	3
20	4 校园文化活动	4.1 文体比赛	4.1.1 文体比赛	100	参加校级及以上活动—1 学分/人/次,院级活动 0.5 学分/人/次	100	2
21		4.2 文体活动	4.2.1 文体活动	100	1 学分不低于 50 小时	100	2
22		4.3 学习交流活动	4.3.1 学习交流活动	1	每次计 0.1 学分	0.1	3
23		4.4 读书报告	4.4.1 读书报告	1	每篇计 0.1 学分	0.1	1
24		4.5 文字、文艺作品	4.5.1 文字、文艺作品	1	公开发表,每篇 0.2 学分	0.2	1
25	5 职业技能提升	5.1 非专业外语类水平考试	5.1.1 大学外语等级考试	1	第一外语六级 1 学分;第二外语四级 3 学分,六级 4 学分	4	6
26			5.1.2 全国英语等级考试	1	PETS3,2 学分,PETS4,3 学分,PETS5,4 学分	4	4
27			5.1.3 托福考试	1	80 以上 1 学分、90 以上 2 学分、100 以上 3 学分(以最高得分记学分)	3	3
28			5.1.4 雅思考试	1	6 分 1 学分、7 分 2 学分、8 分 3 学分(以最高得分记学分)	3	3
29			5.1.5GRE 考试	1	数学 160、语文 145、写作 3 加 1 学分;数学 165、语文 150、写作 3.5 加 2 学分;数学 168、语文 153、写作 4 加 3 学分;	3	3
30			5.1.6 俄罗斯国家俄语考试	1	获得证书 2 学分	2	2
31		5.2 专业外语类水平考试	5.2.1 西班牙语专业考试	1	获得 B2 及以上成绩 2 学分	2	2
32			5.2.2 俄语专业考试	1	获得证书 2 学分	2	2
33			5.2.3 日语专业考试	1	获得证书 2 学分	2	2
34			5.2.4 朝鲜语专业考试	1	获得证书 2 学分	2	2

续表

序号	一级分类	二级分类	三级分类	有效计分名次	学分赋值办法	单项成果得分上限	本类成果得分上限
35		5.3 非专业类计算机等级考试	5.3.1 全国计算机等级考试	1	一级 1 学分,二级 2 学分,三级 3 学分,四级 4 学分	4	4
36	5 职业技能提升	5.4 专业类计算机等级考试	5.4.1 全国计算机软件水平考试	1	初级 1 学分,中级 2 学分,高级 3 学分	3	5
37		5.5 汉语水平考试	5.5.1 普通话考试	1	获得 2 乙以上证书 1 学分	1	1
38		5.6 专业技能考试或职业资格考试	5.6.1 专业技能考试或职业资格考试	1	每获得 1 项资格证书 2 学分	3	5
39	6 专业拓展	6.1 辅修二学位	6.1.1 辅修二学位	1	修满学分并符合毕业资格 4 学分	4	4
40	7 交流访学	7.1 国外短期交流访学	7.1.1 国外短期交流访学	1	每一周为 0.25 学分,不足 1 周算一周,不足 2 周算一周,以此类推,每周按 5 个工作日核算	2	2
41		7.2 国内短期交流访学	7.2.1 国内短期交流访学	1	每一周为 0.25 学分,不足 1 周算一周,不足 2 周算一周,以此类推,每周按 5 个工作日核算	1	1
42	8 其他专业活动	8.1 其他专业活动	8.1.1 其他专业活动	1	包括除本专业以外的其他专业活动	2	2

化学（及能源化学）专业"2+X"教学培养方案（2022级）

一、培养目标及培养要求

本专业以化学学科发展趋势为导向，以服务国家重大战略需求为牵引，培养德智体美劳全面发展，具有宽广的人文、社会和自然科学基础理论和基础知识，具有扎实的化学专业基础、良好的科学素养和创新意识，能从事化学科学基础研究和多元发展的综合型人才。

要求学生掌握必要的数学、物理、生物等学科基本知识，具有较高的外语水平和信息技术应用能力，系统地掌握化学及相关学科的基本理论、基础知识和实验技能；了解化学学科发展和前沿动态，掌握基本的科学研究方法，鼓励学生在多层次和多学科交叉领域中参与基础研究和应用研究，提高发现问题、提出问题、分析和解决实际问题的能力。

二、毕业要求及授予学位类型

本专业学生毕业时须满足通识教育课程（含通识教育核心课程和专项教育课程）48学分、专业培养课程73学分（其中毕业论文6学分）和多元发展路径课程的修读要求，总学分不低于157学分（含实践学分不低于39学分，含美育学分不少于2学分，并至少参与一项艺术实践活动，劳动教育不少于32学时，并满足劳动周教育要求），达到学位要求者授予理学学士学位。

三、课程设置

1. 通识教育课程（48学分）

通识教育课程包括通识教育核心课程和专项教育课程。

（1）通识教育核心课程

要求修读26学分，含思想政治理论课18学分，七大模块课程8学分（每模块最多修读1门课程，选修第五模块"科学探索与技术创新"的课程不计入七大模块8学分中），课程设置详见核心课程七大模块和化学（及能源化学）专业修读建议。

（2）专项教育课程

要求修读22学分，课程设置详见专项教育课程列表和化学（及能源化学）专业修读建议。

2. 专业培养课程（73学分）

专业培养课程包括大类基础课程和专业核心教育课程。

（1）大类基础课程

要求修读自然科学类基础课程 29 学分，课程设置详见大类基础课程列表和化学（及能源化学）专业修读建议。

（2）专业核心教育课程

要求修读 44 学分（可修读荣誉课程替代对应的普通课程），课程设置如下：

课程名称	课程代码	学分	周学时	含实践学分	含美育学分	含劳动教育总学时	开课学期	备注
物理化学 A I	CHEM130012	3	3				3	
物理化学 A II	CHEM130013	3	3				4	
物理化学 A III	CHEM130014	3	3				5	
分析化学 A I	CHEM130001	2	2				3	
分析化学 A II	CHEM130002	2	2				4	
物理化学实验（上）	CHEM130104	2	3	2		4	5	
物理化学实验（下）	CHEM130105	2	3	2		4	6	
仪器分析实验	CHEM130107	2	3	2		4	4	
无机化学	CHEM130016	3	3				5、6	
有机化学 A I	CHEM130067	4	4				3	
有机化学 A II	CHEM130068	2	2				4	
无机化学和化学分析实验 I	CHEM130003	2	3	2		4	3	
无机化学和化学分析实验 II	CHEM130004	2	3	2		4	3	
合成化学实验（上）	CHEM130010	2	3	2		4	4	
合成化学实验（下）	CHEM130011	2	3	2		4	5	
高分子化学 B	MACR130009	2	2	0.5			5	
毕业论文	CHEM130018	6		6		8	8	

3. 多元发展路径课程

多元发展包括专业进阶（含荣誉项目）、跨学科发展（含辅修学士学位项目）和创新创业等不同路径。要求学生在院系专业导师指导下选择 1 条发展路径，按路径要求修读课程。

（1）专业进阶路径

修读化学专业的学生，要求在专业进阶课程中修满 36 学分，其中专业进阶 I 修读至少（含）20 学分，专业进阶 IV 修读至少（含）16 学分；或专业进阶 II 修读至少（含）20 学分，专业进阶 IV 修读至少（含）16 学分。

修读能源化学专业的学生，要求在专业进阶课程中修满 36 学分，其中专业进阶 III 修读至少（含）20 学分，专业进阶 IV 修读至少（含）16 学分。

因修读荣誉课程而超出专业核心教育课程学分要求的，超出的学分可替代专业进阶 IV 课程的学分。完成专业进阶路径修读要求的学生，可以向化学系申请推免资格。

专业进阶模块课程设置如下：

	课程名称	课程代码	学分	周学时	含实践学分	含美育学分	含劳动教育总学时	开课学期	备注
专业进阶I：化学进阶	化工原理	CHEM130045	2	2				5	必修
	谱学导论	CHEM130015	3	3				4	
	生产实习	CHEM130017	1		1			7	
	高等无机化学（H）	CHEM130093h	4	4	1			7	必选1门
	高等有机化学（H）	CHEM130095h	4	4	1			7	
	量子化学原理及应用（H）	CHEM130096h	4	4	1			5	
	专业进阶IV课程								需修读部分专业进阶IV课程，以满足化学进阶20学分的修读要求
专业进阶II：应用化学进阶	化工原理	CHEM130045	2	2				5	必修
	谱学导论	CHEM130015	3	3				4	
	生产实习	CHEM130017	1		1			7	
	化工原理实验	CHEM130042	2	3	2			春	
	应用化学实验	CHEM130043	2	3	2			秋	
	化学反应工程	CHEM130044	2	2				春	
	应用化学专题	CHEM130046	2	2				秋	
	化工制图	CHEM130047	2	2				秋	
	高等无机化学（H）	CHEM130093h	4	4	1			7	必选1门
	高等有机化学（H）	CHEM130095h	4	4	1			7	
	量子化学原理及应用（H）	CHEM130096h	4	4	1			5	
专业进阶III：能源化学进阶	化工原理	CHEM130045	2	2				5	必修
	谱学导论	CHEM130015	3	3				4	
	生产实习	CHEM130017	1		1			7	
	高能化学电源	CHEM130100	2	2				6	
	光电化学	CHEM130101	2	2				5	
	碳簇化学	CHEM130102	2	2				5	
	现代化学专题（能源化学）	CHEM130081	1	1				5	

续表

课程名称		课程代码	学分	周学时	含实践学分	含美育学分	含劳动教育总学时	开课学期	备注
专业进阶Ⅲ：能源化学进阶	高等无机化学（H）	CHEM130093h	4	4	1			7	必选 1 门
	高等有机化学（H）	CHEM130095h	4	4	1			7	
	量子化学原理及应用（H）	CHEM130096h	4	4	1			5	
	专业进阶Ⅳ课程								需修读部分专业进阶Ⅳ课程，以满足能源化学进阶 20 学分的修读要求
专业进阶Ⅳ	化学信息学	CHEM130019	2	2				秋	在满足专业进阶Ⅰ、Ⅱ或Ⅲ的学分修读要求之上，需另外修读本模块课程 16 学分
	综合化学实验Ⅰ	CHEM130024	2	3	2		4	春	
	综合化学实验Ⅱ	CHEM130025	2	3	2		4	秋	
	无机合成化学	CHEM130026	2	2				春	
	近代分析化学	CHEM130027	2	2				春	
	胶体化学	CHEM130029	2	2				春	
	有机合成及反应机理	CHEM130031	2	2				秋	
	环境化学 B	CHEM130035	2	2				秋	
	精细有机化学	CHEM130037	2	2				春秋	
	数理统计方法在化学中的应用	CHEM130038	2	2				春	
	计算化学	CHEM130039	2	2				秋	
	化学专业英语	CHEM130040	2	2				春	
	新型无机材料	CHEM130041	2	2				春	
	化工原理实验	CHEM130042	2	3	2		4	春	
	应用化学实验	CHEM130043	2	3	2		4	秋	
	化学反应工程	CHEM130044	2	2				春	
	工业化学	CHEM130046	2	2				春	
	化工制图	CHEM130047	2	2				秋	
	应用化学专题	CHEM130048	2	2				秋	
	光电功能材料	CHEM130053	2	2				秋	
	质谱学新技术的研究和应用	CHEM130060	2	2				秋	

续表

课程名称	课程代码	学分	周学时	含实践学分	含美育学分	含劳动教育总学时	开课学期	备注
专业进阶 IV	分子组装与分子器件	CHEM130061	2	2				春秋	
	溶胶–凝胶化学及实验	CHEM130062	2	2	1			春秋	
	配位化学	CHEM130066	2	2				秋	
	有机化学选论	CHEM130069	2	2				春	
	纳米材料与功能器件	CHEM130070	2	2				春	
	药物化学	CHEM130073	2	2				春	
	天然产物全合成赏析	CHEM130074	2	2				春	
	有机结构的探秘和解析	CHEM130075	2	2				春	
	元素化学	CHEM130076	2	2				秋	
	金属有机化学的研究方法和策略	CHEM130077	2	2				春秋	
	现代化学专题（能源化学）	CHEM130081	1	1				春秋	
	现代化学专题（元素有机与无机）	CHEM130087	1	1				春秋	
	化学生物学基础	CHEM130092	2	2				春	
	高等无机化学（H）	CHEM130093h	4	4	1			7	
	高等结构分析	CHEM130094	3	3	1			春	
	高等有机化学（H）	CHEM130095h	4	4	1			7	
	量子化学原理及应用（H）	CHEM130096h	4	4	1			5	
	生命中的化学	CHEM130097	2	2				春秋	
	微流控生命分析	CHEM130098	2	2				春秋	
	探究性有机合成化学实验	CHEM130099	2	3	2		4	春秋	
	高能化学电源	CHEM130100	2	2				春	
	光电化学	CHEM130101	2	2				秋	
	碳簇化学	CHEM130102	2	2				秋	

续表

	课程名称	课程代码	学分	周学时	含实践学分	含美育学分	含劳动教育总学时	开课学期	备注
专业进阶 Ⅳ	探究性仪器分析实验	CHEM130103	2	3	2		4	春秋	
	药物杂环化学	CHEM130106	2	2	0.5			秋	
	生物化学 B	BIOL130063	3	3				秋	
	生物化学 A（上）	BIOL130005	3	3				4	
	生物化学 A（下）	BIOL130188	2	3				5	
	线 性 代 数（理工类）	MATH120020	3	3				秋	
	热力学与统计物理Ⅰ	PHYS130113	4	4+1	0.8			4	
	数学物理方法 A	PHYS130006	4	4+1	0.8			4	

（2）荣誉项目路径

荣誉项目课程设置和修读要求请见化学系本科"荣誉项目"实施方案。请访问复旦大学教务处网站获取，或咨询化学系教务。荣誉项目路径优先获得化学系推免资格。

（3）跨学科发展路径

修满 36 学分。可选两种路径：①要求修读 1 个本专业（化学或能源化学）开设的专业进阶模块课程（专业进阶Ⅰ、专业进阶Ⅱ或专业进阶Ⅲ）以及 1 个非本专业开设的专业学程或跨学科学程。学分不足部分可在全校所有本科生课程中任意选修。②要求修读 2 个非本专业开设的专业学程或跨学科学程。若学分不足，需要修读化学系开设的"谱学导论"，其余可用任意选修学分补足。

申请推免资格的条件：完成跨学科发展路径①，且修读的 1 个学程属于自然科学大类，方可向化学系申请推免资格。

学程课程详见教务处学程项目网页，请访问复旦大学教务处网站获取，或咨询化学系教务。完成学程修读要求的学生可获得相应的学程证书。

（4）辅修学士学位路径

至少修读 1 个本专业（化学或能源化学）进阶模块（专业进阶Ⅰ、专业进阶Ⅱ或专业进阶Ⅲ）和 1 个外院系开设的辅修学士学位项目。

辅修学士学位项目课程设置详见教务处辅修学士学位项目网页，请访问复旦大学教务处网站获取，或咨询化学系教务。完成辅修学士学位项目修读要求，且达到学校毕业和学位授予要求的学生可获得相应的辅修学士学位证书。

完成辅修学士学位路径，且辅修专业为自然科学大类的学生，可向化学系申请推免资格。

（5）创新创业路径

修满 36 学分。要求修读 1 个创新创业学院开设的创新创业学程，以及 1 个非本专业开设的专业学程或跨学科学程。学分不足部分可在全校所有本科生课程中任意选修。完成创新创业路径的学生,不能向化学系申请推免资格。创新创业学程课程详见教务处学程项目网页,请访问复旦大学教务处网站获取,或咨询化学系教务。

(6) 其他

多元发展路径中,专业进阶课程模块和辅修学士学位项目可以冲抵学程,专业培养和多元发展路径共享的课程只计算一次学分。

学生完成1个本专业(化学或能源化学)开设的专业进阶课程模块(专业进阶Ⅰ、专业进阶Ⅱ或专业进阶Ⅲ)和1个非本专业开设的自然科学类学程,且修满36学分(学分不足部分可在全校所有本科生课程中任意选修),可以向化学系申请推免资格。

— 同济大学 —

化学专业（基础学科拔尖学生培养基地）培养方案（2023级）

一、培养目标

面向国际化学学科前沿和国家重大战略需求，以材料、能源、环境和生命等领域中关键化学科学问题为导向，依托高水平科研平台，以学科交叉、大师引领、本博贯通、追踪前沿和国际合作等方式，培养具有中国情怀、国际视野、崇高人生理想、坚实专业基础、优秀创新意识和高度社会责任感，堪当民族复兴大任，引领未来的化学交叉学科战略科学家和行业领军人才。

二、学制与授予学位

四年制本科，本专业所授学位为理学学士学位。

三、基本学分要求

课程类型		学分（如内含实践学时，请加括号注明对应学分数）	比例（括号内数字为实践学时占比情况）
通识教育课程	通识必修课	24	14.77%
	通识选修课	8	4.92%
公共基础课程		33.5（2.5）	20.62%（1.54%）
专业教育课程	专业基础课	29	17.85%
	专业必修课	4	2.46%
	专业选修课	15	9.23%
实践环节课程[包含教学实验、课程设计、实习（认识实习、课程教学实习、生产实习、专业实习、毕业实习等）、企业实践、毕业设计（论文）、军训、创新创业能力拓展项目等]		47	28.92%
个性化课程（包括其他专业类的课程、跨专业交叉课程等，由学生自主选择修读、使用和认定。各专业可向学生推荐本专业之外的个性课程修读建议）		2	1.23%
合计毕业学分		162.5	100%

四、毕业要求

本专业学生通过通识教育课程、公共基础课程、专业教育课程、实践环节课程、个性化课程和课外活动等教学过程的系统化培养，具备坚实的基础理论知识和专业知识和优秀的创新意识，成为引领未来的化学交叉学科战略科学家和行业领军人才，具体包括：

（1）践行社会主义核心价值观，具有高尚的道德情操、坚定的理想信念和高度的社会责任感，遵守职业道德和职业规范。

（2）具备坚实的自然科学基础理论知识，掌握化学专业基础知识、基本理论、基本技能和化学研究的基本方法和手段。

（3）具备优秀的创新意识和实践能力，能够追踪化学学科前沿和发展趋势，深入了解生命、材料、能源、环境等交叉学科的基础知识，能够在化学及相关领域从事科研、技术、教育、管理等工作。

（4）具有较强的获取、归纳、分析、总结和应用信息的能力，善于综合运用化学及交叉学科基本理论和方法分析和解决学科相关领域实际问题。

（5）具备良好的语言文字应用能力，具有自觉规范使用国家通用语言文字的意识、自觉传承弘扬中华优秀语言文化的意识，具有良好的口语表达、书面写作、汉字书写能力，良好的人文和科学素养，优秀的英语听说读写能力，具备中国情怀、国际视野和跨文化交流能力。

（6）具有优秀的沟通和团队能力，能够在多学科背景下胜任领导者角色。

（7）具有终身学习与自主学习的意识与能力，充分适应未来科学和社会的发展和挑战。

（8）具有健康的体魄、良好的心理素质、优秀的职业素养和高度的社会责任感。

五、主干学科

化学。

六、核心课程

无机化学、分析化学、仪器分析、有机化学、物理化学、结构化学

七、教学安排一览表

基础学科拔尖班（化学）四年制教学安排一览表

课程编号	课程名称	考试/查	学分	学时	上机时数	实验时数	各学期周课内学时分配									
							一	二	三	四	五	六	七	八	九	十
一、通识教育课程（必修32学分）																
通识必修课（必修24学分）																
540099	形势与政策（1）	查	0.5	17			1									
540100	形势与政策（2）	查	0.5	17				1								

续表

课程编号	课程名称	考试/查	学分	学时	上机时数	实验时数	各学期周课内学时分配									
							一	二	三	四	五	六	七	八	九	十
540101	形势与政策(3)	查	0.5	17					1							
540102	形势与政策(4)	查	0.5	17						1						
540039	中国近现代史纲要	试	3	51			3									
540112	思想道德与法治	试	3	51				3								
50002950029	毛泽东思想和中国特色社会主义理论体系概论	试	3	51						3						
540111	马克思主义基本原理	试	3	51					3							
50002950030	习近平新时代中国特色社会主义思想概论	查	3	51									3			
360029	军事理论	查	2	34			2									
320001	体育(1)	查	1	34			2									
320002	体育(2)	查	1	34				2								
320003	体育(3)	查	1	34					2							
320004	体育(4)	查	1	34						2						
320005	体育(5)	查	0.5	34							2					
320006	体育(6)	查	0.5	34								2				
320007	体育(7)	查	0	34									2			
320008	体育(8)	查	0	34										2		
002137	社会实践	查	0	32				2								

通识选修课(必修8学分)

二、公共基础课程(必修33.5学分)

50002440012	大学计算机	查	1	17			1									
100531	Python 程序设计	查	2.5	51	17			3								
122137	高等数学 A(上)	试	6	102			6									
122138	高等数学 A(下)	试	6	102				6								
124001	普通物理 A(上)	试	4	68				4								
124002	普通物理 A(下)	试	3	51				3								
50002810002	大学物理实验(上)	查	1	34		34	2									

续表

课程编号	课程名称	考试/查	学分	学时	上机时数	实验时数	各学期周课内学时分配									
							一	二	三	四	五	六	七	八	九	十
50002810003	大学物理实验(下)	查	1	34		34		2								
122010	线性代数 B	试	3	51					3							
110279	大学英语(A)1	查	2	34			2									
110280	大学英语(A)2	查	2	34				2								
110178	大学英语(A)3	查	2	34					2							

三、专业教育课程(必修48学分)

专业基础课(必修29学分)

课程编号	课程名称	考试/查	学分	学时	上机时数	实验时数	各学期周课内学时分配									
							一	二	三	四	五	六	七	八	九	十
123333	化学前沿导论课	查	1	17			1									
004008	无机化学(上)(荣)	试	3	51			3									
004009	无机化学(下)(荣)	试	3	51				3								
004010	分析化学(荣)	试	2	34				2								
004011	仪器分析(荣)	试	3	51					3							
004012	有机化学(上)(荣)	试	3	51					3							
004013	有机化学(下)(荣)	试	3	51						3						
004014	物理化学(上)(荣)	试	4	68						4						
004015	物理化学(下)(荣)	试	3	51							3					
50005890005	结构化学(荣)	试	4	68								4				

专业必修课(必修4学分)

课程编号	课程名称	考试/查	学分	学时	上机时数	实验时数	各学期周课内学时分配									
							一	二	三	四	五	六	七	八	九	十
123284	化学信息学	查	2	34							2					
123287	波谱解析	试	2	34							2					

专业选修课(选修15学分)

课程编号	课程名称	考试/查	学分	学时	上机时数	实验时数	各学期周课内学时分配									
							一	二	三	四	五	六	七	八	九	十
123155	现代配位化学	查	2	34									2			
123055	有机合成路线设计	查	2	34								2				
123057	催化化学	查	2	34									2			
123248	分析化学进展	查	2	34								2				
123328	SolidWorks—工程制图	查	3	51							3					
123051	环境化学	查	2	34								2				

续表

课程编号	课程名称	考试/查	学分	学时	上机时数	实验时数	各学期周课内学时分配									
							一	二	三	四	五	六	七	八	九	十
123290	能源化学	查	2	34							2					
123163	绿色化学概论	查	2	34									2			
123325	材料化学概论	查	2	34									2			
123062	高分子化学	查	2	34								2				
170300	生物化学	试	2	34									2			
123164	化学生物学	查	2	34								2				
四、实践环节（必修 47 学分）																
360002	军训	查	2	2 周			暑期									
123297	化学化工安全技术	查	1	17							1					
123294	化学化工文献检索	查	2	34							2					
123237	无机化学实验（上）	查	1.5	51		51	3									
123304	无机化学实验（下）	查	1.5	51		51			3							
123317	分析化学实验	查	1	34		34	2									
123318	仪器分析实验	查	2	68		68						4				
123280	有机化学实验（1）	查	1.5	51		51			3							
123031	有机化学实验（2）	查	1.5	51		51				3						
123282	物理化学实验（1）	查	2	68		68				4						
123283	物理化学实验（2）	查	2	68		68					4					
123286	化学专业英语	查	2	34				2								
123220	化学工程基础	查	3	51							3					
004006	化学实验技能综合训练	查	3	102								6				
123038	化工原理实验	查	1	34							2					
007028	创新创业能力拓展项目	查	2	2 周								2 周				
123073	化工实习	查	2	2 周								暑期				

续表

课程编号	课程名称	考试/查	学分	学时	上机时数	实验时数	各学期周课内学时分配									
							一	二	三	四	五	六	七	八	九	十
123256	毕业论文(化学)	查	16	16周										16周		
五、个性化课程(修满2学分)																
123331	化学中的数学方法	试	2	34					2							
072373	大学语文与写作	查	2	34						2						

八、有关说明

至少选修8学分的通识教育课程,建议在低年级完成;通识教育课程包括人文经典与审美素养、工程能力与创新思维、社会发展与国际视野、科学探索与生命关怀四大课程模块,在通识选修课学分修满之前,每位学生每个模块最多选修两门课程;鼓励选修中国传统文化类相关的课程。

至少选修一门精品类通识选修课(精品类通识选修课包括校级核心通识课程、同济烙印课程、长青系列课程、交叉融通课程、校级精品通识课程),建议在一年级完成。

体美劳全人教育课程,包括体育、美育、劳育课程及军训课程,均为必修课程,致力于"全人"培养,构建德智体美劳全面发展的育人体系。(1)体育:每位学生必须修满"4+1+N"体育课程的学时学分,掌握1~2项健身运动技能,且将体质健康测试达到《国家学生体质健康标准》作为毕业要求。(2)美育:每位学生必须修读美育类线上课程"大学美育"(课程编号50002850001,0.5学分,17学时)及1门美育类线下实践课程。线下实践课程可通过选读人文经典与审美素养、工程能力与创新思维、社会发展与国际视野、科学探索与生命关怀四大通识教育课程模块中经认定的具有美学体验性质的课程,或通过认定文艺展演、艺术竞赛等多种途径完成。(3)劳育:每位学生必须修读劳育类课程"社会实践"(课程编号002137,0学分,32学时),其中8学时"劳动教育"线上理论课程、24学时线下实践环节。需在1~6学期内完成。(4)心理健康:根据《高等学校学生心理健康教育指导纲要》,学生须修读大学生心理健康课程。可通过选读四大通识教育课程模块中经认定的"心理学"类课程,或通过认定融于新生研讨课、体美劳课程的方式完成。

创新创业能力拓展项目:2学分,必修,以认定方式取得学分,依据《本科生创新创业成果记录及课程认定实施细则》实施。

个性课程至少选修2学分。

学生亦可按照"本研互选"操作,选修未列入本方案的本研贯通课程。选修后不计入总学分,可认定为研究生阶段对应课程和学分。

退出机制:若学生不适应化学拔尖班培养方案的学习,经学生本人申请,学院审核同意后可退出至应用化学专业普通班学习。

九、课程体系知识结构图（图 3-5）

	第一学期	第二学期	第三学期	第四学期	第五学期	第六学期	第七学期	第八学期
通识教育课程	形势与政策	形势与政策	形势与政策	形势与政策				
	体育	体育	体育	体育	体育	体育	体育	体育
	社会实践							
	大学美育							
	中国近代史纲要	思想道德与法治	马克思主义基本原理	毛泽东思想和中国特色社会主义理论体系概论		习近平新时代中国特色社会主义思想概论		
	军事理论							
	通识选修课							
公共基础课程	大学英语A	大学英语A	大学英语A					
	大学计算机	Python程序设计						
	高等数学A(上)	高等数学A(下)						
	普通物理A(上)	普通物理A(下)						
	大学物理实验(上)	大学物理实验(下)	线性代数B					
专业教育课程	化学前沿导论课	分析化学(荣)		仪器分析(荣)		基础		
	无机化学(上)(荣)	无机化学(下)(荣)	有机化学(上)(荣)	有机化学(下)(荣)		结构化学(荣)		
				物理化学(上)(荣)	物理化学(下)(荣)			
				必修	化学信息学			
					波谱分析			
				选修	有机合成路线设计	分析化学进展	现代配位化学	
				Solidworks-工程制图		环境化学	催化化学	
					能源化学	高分子化学	绿色化学概论	
						化学生物学	材料化学概论	
							生物化学	
							本研贯通课程	
实践环节	无机化学实验(上)	无机化学实验(下)	化学专业英语	物理化学实验(1)	物理化学实验(2)	化学实验技能综合训练		毕业论文(化学)
		分析化学实验	有机化学实验(1)	有机化学实验(2)	仪器分析实验	化工原理实验		
		军训(暑期)	化学化工安全技术		化学工程基础	化工实习(暑期)		
			化学化工文献检索					
			创新创业能力拓展项目					
个性化课程				大学语文与写作	化学中的数学方法			

图 3-5　课程体系知识结构图

化学专业(致远荣誉计划)培养方案(2023级)

一、培养目标

化学专业(致远荣誉计划)(简称化学方向)旨在通过构建"好奇心＋使命"双驱动的化学拔尖人才培养体系,立足国情,面向化学学科发展前沿,将具有发展潜力的优秀学生造就为既掌握坚实的数理计算机基础、扎实的化学理论知识和实践技能,又融会贯通化学交叉学科,更具有家国情怀、批判性思维能力、知识整合能力、沟通协作能力、多元文化理解的创新型化学学科领袖人才。

化学专业(致远荣誉计划)具体目标是毕业生要达到国际一流大学化学学科前5%学生的水准;毕业后5~10年内,多数在国际一流大学或研究机构从事化学相关科学研究和教学;毕业后10~20年内,若干人成为化学科学领域国际学术大师。

二、培养原则

(1) 落实"价值引领、知识探究、能力建设、人格养成"四位一体的育人理念。
(2) 适应社会对创新拔尖人才的需求,集中教学资源培养优秀学生。
(3) 继承交大的教学传统和文化,强调扎实的数理基础和学科交叉能力。
(4) 遵循教学规律和认知规律,强调个性化培养模式。
(5) 积极开展研究型交互型教学,培养学生的批判思维能力和创新能力。

三、规范与要求(作为选择课程和教育教学活动的依据)

1. 价值引领

1.1 坚定理想信念,践行社会主义核心价值观。
1.2 厚植家国情怀,担当中华民族伟大复兴重任。
1.3 追求科学真理,培养化学思维,树立运用化学规律改变世界、创造美好未来的远大目标。
1.4 立足化学、化工学科基础创新,面向国家需求,矢志成为国家栋梁。

2. 知识探究

2.1 文学、历史、哲学、艺术等的基本知识——要求学生在基础教育所达到的知识水平上实现进一步的提升。

2.2　社会科学学科的研究方法入门知识——借助某一个学科的某些片段,通过短暂的学术探索,让学生接触到这个学科的研究方法,而不是要学生学习经过简化的、较为完整的学科概论或常识。

2.3　数学和物理的基础知识——这些知识是化学学科发展的基础,也是学习化学知识的前提,同时有助于学生提高科学研究的基本素养。

2.4　全面的化学基础知识,包括四大化学:无机化学、有机化学、物理化学和分析化学的理论知识和实验方法。在掌握基础知识的同时培养学生的分析和逻辑思维能力。

2.5　学生自主选择与基础化学相关的若干领域,包括材料科学、高分子科学、环境科学、能源科学和生物科学等核心知识。

3. 能力建设

3.1　清晰思考和用语言文字准确表达的能力。

3.2　发现、分析和解决问题的能力。

3.3　批判性思考和创造性工作的能力。

3.4　与不同类型的人合作共事的能力。

3.5　对文学艺术作品的初步审美能力。

3.6　至少一种外语的应用能力。

3.7　终身学习的能力。

3.8　组织管理能力。

4. 人格养成

4.1　志存高远、意志坚强——以传承文明、探求真理、振兴中华、造福人类为己任,矢志不渝。

4.2　刻苦务实、精勤进取——脚踏实地,不慕虚名;勤奋努力,追求卓越。

4.3　身心和谐、视野开阔——具有良好的身体和心理素质;具有对多元文化的包容心态和宽阔的国际化视野。

4.4　思维敏捷、乐于创新——勤于思考,善于钻研,对于推陈出新怀有浓厚的兴趣,富有探索精神并渴望解决问题。

四、课程体系构成

按照课程的专业相关程度,化学方向的课程分为通识教育课程、军事技能训练、专业教育课程及个性化教育课程。

课程按照教学形式分为理论教学、实践教学和研究体验式教学。

化学方向要求的总学分为至少179学分。其中通识教育课程及军事技能训练(42学分)、专业教育课程中的基础类、专业核心、专业实验和专业综合训练(109学分)为必修课程,专业选修和个性化教育(28学分)是选修课程。

通识教育课程说明

致远学院化学方向的通识教育课程按要求统一安排执行,共计40学分,包含思想道德与法治、中国近现代史纲要、习近平新时代中国特色社会主义思想概论、毛泽东思想和中国特色社会主义理论体系概论、马克思主义基本原理、军事理论、体育、大学英语等课程。

大学英语(1)、(2)、(3)、(4)、(5)为五门课程,每门课程 3 学分,48 学时,总学分必需修满 6 学分。一级和二级的同学需在第二学期参加学校组织的"水平考试",通过水平考或达到社会英语考试相应分数线的学生第三学期可以不再修读相应英语课程;未通过的学生,则必须继续修读第三学期的大学英语相应课程。三级和四级同学只需在前两个学期修读通过相应系列对应的两门英语课程。修读"大学英语"课程超过 6 学分的学分一律计入任选课,算作个性化教育学分。

通识核心课程要求修满 8 学分,其中:人文科学、社会科学、自然科学 3 个模块中至少选 2 个模块且各至少 2 学分;艺术修养模块至少选修 2 学分;学术写作与规范 2 学分(必修)。

专业教育课程说明

致远学院化学方向的专业教育课程主要分为基础类课程、专业核心课程、专业限选课程及专业选修课程。

(1) 基础类课程包括数学、物理学等课程共计 43 学分。这是致远学院的特色之一,重数理基础。

(2) 专业核心课程主要是四大化学:"无机化学""有机化学""物理化学""分析化学",是化学专业的核心课程,专为致远学院开设课程,聘任优秀教师,采用国内外先进教材。共计 38 学分。

(3) 专业实验课程是和基础类课程、专业核心课程配套的实验课程。实际上课时间为学时的 2~3 倍。共计 15 学分。

(4) 专业综合训练。从二年级开始双向互选确定课题方向和导师,完成学业并在确定的课题组里进行本科生科研工作、其中包括至少一项 PRP 或大学生创新实验研究课题,包括毕业论文。共计 13 学分。

(5) 专业选修课是和国际先进教学体制接轨,体现个性化教育理念,为学生提供 25 学分的专业选修课,需在化学模块里选修至少 12 学分。要求选修的课程具有连续性和系统性,一般选择 1~2 个专业教学模块。

个性化教育课程说明

个性化教育模块课程共计 3 学分,学生可以选修各类学校认可的各种理论教学或实践教学课程,包括通识或专业选修课程、PRP 等课外科技、学科竞赛和实践创新项目。

体质健康教育

每学年对学生的体质健康水平进行测试考核,在第 7 学期计入成绩大表。

五、资格、学制、学分和学位

(1) 组织资格考察,没有通过资格考察的同学转出致远荣誉计划。

(2) 基本学制为 4 年。因各种原因延期最多不超过 6 年。

(3) 第一专业总学分不少于 179 学分。其中必修课程和限制性选修课程至少 176 学分,其余的至少 3 学分为任意选修。游泳技能达标测试合格。

(4) 致远荣誉计划其他专业辅修"化学"学分要求,专业必修课"物理化学"和"有机化学"(19 学分)及配套的实验课程(7 学分),共计 26 学分。

(5) 符合条件者授予理学学士学位。

六、课程设置一览表

各类课程学分设置简表

课程分类		学分
通识教育		40
军事技能训练		2
专业教育	基础类	43
	专业核心	38
	专业实验	15
	专业综合训练	13
	专业选修	25
个性化教育		3

1. 通识教育课程（要求最低学分：40 学分）

（1）公共课程类（要求最低学分：32 学分）

① 必修课程（要求最低学分：26 学分）

须修满全部。

课程代码	课程名称	学分	总学时	理论学时	实践学时	年级	推荐学期	课程性质
KE1201	体育（1）	1.0	32	0	32	一	1	必修
PSY1201	大学生心理健康	1.0	16	16	0	一	1	必修
MARX1205	形势与政策	0.5	8	8	0	一	1	必修
MARX1208	思想道德与法治	3.0	48	48	0	一	1	必修
MARX1202	中国近现代史纲要	3.0	48	48	0	一	2	必修
MIL1201	军事理论	2.0	32	32	0	一	2	必修
KE1202	体育（2）	1.0	32	0	32	一	2	必修
MARX1206	新时代社会认知实践	2.0	32	4	28	一	2	必修
MARX1219	习近平新时代中国特色社会主义思想概论	3.0	48	40	8	二	1	必修
KE2201	体育（3）	1.0	32	0	32	二	1	必修
MARX1203	毛泽东思想和中国特色社会主义理论体系概论	3.0	48	48	0	二	2	必修
KE2202	体育（4）	1.0	32	0	32	二	2	必修
MARX1204	马克思主义基本原理	3.0	48	48	0	三	1	必修
	总计	24.5	456	292	164			

② 英语选修课程(要求最低学分:6学分)

英语选修课程。全部修业期间需修满6学分,且需达到学校英语培养目标基本要求,多修读学分计入个性化。

课程代码	课程名称	学分	总学时	理论学时	实践学时	年级	推荐学期	课程性质
FL2201	大学英语(2)	3.0	48	48	0	一	1	限选
FL3201	大学英语(3)	3.0	48	48	0	一	1	限选
FL4201	大学英语(4)	3.0	48	48	0	一	1	限选
FL1201	大学英语(1)	3.0	48	48	0	一	1	限选
FL5201	大学英语(5)	3.0	48	48	0	一	2	限选
总计		15.0	240	240	0			

(2) 通识教育核心课程(要求最低学分:8学分)

最低须修满8学分。院系通识教育核心课程为必修;另外,须在人文科学、社会科学、自然科学3个模块中至少选2个模块且各至少选修2学分;艺术修养模块至少选修2学分。

① 院系通识教育核心课程(要求最低学分:2学分)

必修。

课程代码	课程名称	学分	总学时	理论学时	实践学时	年级	推荐学期	课程性质
CHN1350	学术写作与规范	2.0	48	48	0	一	2	通识核心课程
总计		2.0	48	48	0			

② 人文科学

在人文科学、社会科学、自然科学3个模块中至少选2个模块。

见课程组,在人文科学(2022,致远)中选择。

③ 社会科学

在人文科学、社会科学、自然科学3个模块中至少选2个模块。

见课程组,在社会科学(致远)中选择。

④ 自然科学

在人文科学、社会科学、自然科学3个模块中至少选2个模块。

见课程组,在自然科学(致远)中选择。

⑤ 艺术修养(要求最低学分:2学分)

见课程组,在艺术修养(2022,致远)中选择。

2. 专业教育课程(要求最低学分:106学分)

(1) 基础类课程(要求最低学分:43学分)

必修课程(要求最低学分:43学分)

须修满全部。

课程代码	课程名称	学分	总学时	理论学时	实践学时	年级	推荐学期	课程性质
MATH1205H	线性代数（荣誉）	5.0	80	80	0	一	1	必修
MATH1607H	数学分析（荣誉）I	6.0	96	96	0	一	1	必修
CHEM1214	分析化学(1)	2.0	32	32	0	一	1	必修
CHEM1212	无机化学	4.0	64	64	0	一	1	必修
MATH1608H	数学分析（荣誉）II	4.0	64	64	0	一	2	必修
PHY1201H	物理学引论（荣誉）I	5.0	80	80	0	一	2	必修
MATH1206H	数理方法（荣誉）	3.0	48	48	0	二	1	必修
PHY1202H	物理学引论（荣誉）II	5.0	80	80	0	二	1	必修
BIO1261	生物学导论（B类）	3.0	48	48	0	二	2	必修
MATH1207	概率统计	3.0	48	48	0	二	2	必修
	总计	40.0	640	640	0			

(2) 专业类课程（要求最低学分：63学分）

① 必修课程（要求最低学分：38学分）

须修满全部。

课程代码	课程名称	学分	总学时	理论学时	实践学时	年级	推荐学期	课程性质
CHEM1210	化学前沿	2.0	32	32	0	一	2	必修
CHEM2205	有机化学(1)	4.0	64	64	0	一	2	必修
CHEM3202	有机化学(2)	4.0	64	64	0	二	1	必修
CHEM2206	学子论坛	2.0	32	32	0	二	1	必修
CHEM3403	物理化学(1)	4.0	64	64	0	二	1	必修
CHEM3404	物理化学(2)	4.0	64	64	0	二	2	必修
CHEM4409	分析化学(2)	3.0	48	48	0	二	2	必修
CHEM2252	中级无机化学	4.0	64	64	0	二	2	必修
CHEM4451	物理化学(3)	4.0	64	64	0	三		必修
CHEM1220	Python编程及数据科学基础	3.0	48	48	0	三	1	必修
	总计	34.0	544	544	0			

② 专业选修课程（要求最低学分：25学分）

至少修25学分，其中限选专业选修课模块修读不少于12学分，模块课程包括无机合成、固体化学、有机合成、金属有机、化学生物学基础、现代电化学、现代分析方法、胶体与表面、高分子化学、高分子物理、高分子流变学、化工原理基础。

课程代码	课程名称	学分	总学时	理论学时	实践学时	年级	推荐学期	课程性质
CHEM2908	光伏基础	2.0	32	32	0	二	3	限选
CHEM4423	有机合成	3.0	48	48	0	三	1	限选
CHEM4416	现代电化学	2.0	32	32	0	三	1	限选
CHEM5503	物理有机化学	2.0	32	32	0	三	1	限选
CHEM5550	配位化学	2.0	32	32	0	三	1	限选
CHEM4421	高分子物理	2.0	32	32	0	三	1	限选
CHEM5405	现代分析方法	2.0	32	32	0	三	1	限选
CHEM4420	高分子化学	2.0	32	32	0	三	1	限选
CHEM5506	固体化学	2.0	32	32	0	三	1	限选
CHEM4405	无机合成	2.0	32	32	0	三	1	限选
CHEM4705	高分子流变学	2.0	32	32	0	三	1	限选
CHEM5502	金属有机化学	2.0	32	32	0	三	1	限选
CHEM4551	化工原理基础	2.0	32	32	0	三	2	限选
CHEM4413	胶体与表面	2.0	32	32	0	三	2	限选
CHEM3550	理论与计算化学	2.0	32	32	0	三	2	限选
CHEM4550	化学生物学基础	2.0	32	32	0	三	2	限选
ENVR4225	环境材料	2.0	32	32	0	四	1	限选
MSE4439	复合材料设计原理	2.0	32	32	0	四	1	限选
MSE4449	复合材料制备科学	3.0	48	48	0	四	1	限选
CENG4505	分离工程	2.0	32	32	0	四	1	限选
	总计	42.0	672	672	0			

3. 专业实践类课程(要求最低学分:30 学分)

(1) 实验课程(要求最低学分:15 学分)
　须修满全部。

课程代码	课程名称	学分	总学时	理论学时	实践学时	年级	推荐学期	课程性质
CHEM1309	无机与分析化学实验(拔尖-强基)	2.0	64	0	64	一	1	必修
PHY1225	物理学实验(1)	1.5	26	0	26	一	2	必修

续表

课程代码	课程名称	学分	总学时	理论学时	实践学时	年级	推荐学期	课程性质
CHEM2304	有机化学实验(1)	2.0	64	0	64	二	1	必修
PHY1226	物理学实验(2)	1.5	24	0	24	二	1	必修
CHEM2207	物理化学实验(拔尖)	2.0	64	0	64	二	2	必修
CHEM3308	有机化学实验(2)	1.5	48	48	0	二	2	必修
CHEM3352	中级无机化学实验	1.5	48	0	48	二	3	必修
CHEM4350	仪器分析实验	1.5	48	48	0	三	1	必修
CHEM4508	计算化学理论与实践	1.5	48	48	0	三	1	必修
	总计	15.0	434	144	290			

(2) 军事技能训练(要求最低学分:2 学分)

须修满全部。

课程代码	课程名称	学分	总学时	理论学时	实践学时	年级	推荐学期	课程性质
MIL1202	军训	2.0	112	0	112	一	1	必修
	总计	2.0	112	0	112			

(3) 专业综合训练课程(要求最低学分:13 学分)

须修满全部。

课程代码	课程名称	学分	总学时	理论学时	实践学时	年级	推荐学期	课程性质
CHEM3650	科研能力培养(1)	1.0	16	0	16	二	1	必修
CHEN3651	科研能力培养(2)	1.0	32	32	0	二	2	必修
CHEM4610	科研能力培养(3)	2.0	64	64	0	三	1	必修
CHEM4611	科研能力培养(4)	2.0	64	0	64	三	2	必修
CHEM5650	科研能力培养(5)	2.0	64	64	0	四	1	必修
CHEM4650	毕业设计(论文)(化学)(A 类)	5.0	160	160	0	四	2	必修
	总计	13.0	400	320	80			

4. 个性化教育课程(要求最低学分:3 学分)

全部修业期间须修满 3 学分。除本专业培养方案中通识教育课程、专业教育课程、实践教育课程三个模块要求学分之外的所有学分均可计入。

课程代码	课程名称	学分	总学时	理论学时	实践学时	年级	推荐学期	课程性质
ZYH1301	前沿探索实验课程	1.0	16	0	16	一	1	限选
CHN1351	传统文化学习与体验	1.0	16	16	0	一	3	限选
CHN1352	英文写作（进阶班）	2.0	32	32	0	一	3	限选
ZYH4001	致远学术报告	1.0	16	16	0	四	2	必修
总计		5.0	80	64	16			

化学拔尖学生培养基地培养方案
（2023 级）

一、培养目标

"化学拔尖学生培养基地"依托化学与分子工程学院和化学一级学科开展人才培养,由院士领衔,汇集多名国内外学术大师和杰出学者,以化学为基础,理工融合,世界水平、中国特色,培育具有宽厚扎实的数理化基础和化学专业知识,卓越的科学素养和人文素质的研究型创新人才,未来能够胜任化学、生物、材料、环境、医药等领域的科研工作,跻身国际一流的科学家队伍,有望成为世界一流的学科引领者。

学生在毕业 5 年左右应达到如下目标:

（1）具有人文底蕴和家国情怀,崇尚科学精神,遵守职业道德规范,能够自觉践行社会主义核心价值观,有服务国家、服务人民的意识。

（2）具有科学的世界观和方法论,能够胜任化学、生物、材料、环境等领域新产品、新技术的研发,适应团队工作环境,展现个人能力和价值,并与业界及社会大众进行有效沟通交流。

（3）具有优秀的科学素质和科学精神,能够结合国民经济需求和产业发展,进行化学及相关领域的研究工作,有敏锐的洞察力,能够基于化学、物理学等自然学科的科学原理,调研和分析复杂的科学问题并创造性地设计有效的解决方案,对研究结果进行准确的分析和解释。

（4）能在终身学习、专业发展、竞争能力和领导能力上表现出担当和进步,能够通过终身学习适应职业发展,在化学及相关领域保持卓越的职场竞争力。

二、毕业要求

毕业要求	毕业要求指标点分解与说明
（1）人文素养:具有坚定正确的政治方向、良好的思想品德和健全的人格,热爱祖国,热爱人民,拥护中国共产党的领导;具有科学精神、人文修养、职业素养、社会责任感和积极向上的人生态度,了解国情社情民情,践行社会主义核心价值观	（1.1）具有坚定正确的政治方向、良好的思想品德和健全的人格,热爱祖国,热爱人民,拥护中国共产党的领导
	（1.2）具有正确的价值观和一定的社会责任感,了解中国国情,理解个人与社会的关系,了解国情社情民情,践行社会主义核心价值观
	（1.3）具有实事求是的科学精神、高尚的职业素养和积极向上的人生态度,能够严格遵守职业道德和规范

续表

毕业要求	毕业要求指标点分解与说明
(2) 基础知识：掌握系统的基础知识和专业知识，掌握必备的研究方法，了解本专业及相关领域最新动态和发展趋势	(2.1) 掌握化学、数学及物理等学科的理论知识，了解化学的不同分支学科间的关联性及其发展的最新动态和趋势
	(2.2) 能够使用化学相关学术语言正确表述化学、材料、生物、环境等领域的科学问题，提出正确的分析和解决方案
	(2.3) 掌握化学、数理等学科的基本实践技能和方法，针对化学及相关领域研究或探讨的问题，设计实验方法和路线并完成有效的验证
(3) 问题分析：具备较强的实验和实践能力。能够使用现代实验设备进行观测、测试和分析，具有在实践中发现、认识和解决问题的能力	(3.1) 能够正确使用无机、有机、分析、物理化学基础理论知识，科学地分析、认识大自然现象，认识化学学科在现代生活中的重要性
	(3.2) 能够利用所学的科学原理设计实验开展研究，能够使用现代实验设备进行观测、测试和分析，具有在实践中发现、认识和解决问题的能力，并通过信息提炼、关联和整合进行合理的分析，得到科学的结论
	(3.3) 能够结合专业知识正确表达项目的研究方案并实施，在化学及相关领域的研究或设计中体现创新意识和综合考虑安全、健康、法律法规、文化及环境等制约因素
(4) 使用现代工具：具有逻辑思维能力和批判性思维精神。能够发现、辨析、质疑、评价本专业及相关领域现象和问题，表达个人见解	(4.1) 具有较熟练运用计算机的能力，会利用计算机解决化学研究和产品开发中的问题，熟练运用各种现代媒体技术获取科学信息
	(4.2) 能够合理选用专业软件、先进仪器等现代工具针对化学品制备、性能、结构进行预测、分析并作出正确的判断
	(4.3) 能够正确表达个人见解，具备发现、辨析、质疑、评价化学及相关领域现象和问题的能力
(5) 综合创新：具有专业综合能力和创新能力。能够对本学科以及交叉学科领域问题进行综合分析和研究，创造性地构建和表达科学的解决方案	(5.1) 能够基于本学科和跨学科的科学原理采用科学方法完成实验设计、数据解析，并通过信息综合得到合理有效的结论
	(5.2) 能够针对本学科和跨学科，包括生物学，环境学，材料学等领域中的复杂问题，使用化学原理进行有效合理的推理和判断，并创造性地提出相应对策或解决方案
(6) 信息处理：具有信息获取与数据分析的能力，具有应用信息技术解决本专业实际问题的能力	(6.1) 能熟练运用各种现代媒体技术获取相关领域各种信息，包括国内外最新科学研究进展及成果
	(6.2) 能够熟练掌握一门外语，能熟练阅读和理解外文专业资料
	(6.3) 能通过文献调查和研究，综合分析、解决理论或实际问题
(7) 沟通：具有良好的沟通表达能力。能够通过口头和书面表达方式与同行、社会公众进行有效沟通，传播相关专业知识	(7.1) 掌握沟通表达的方法和技巧，并能够围绕化学相关专业问题顺畅地进行口头和书面沟通
	(7.2) 了解化学及相关学科国内外发展趋势并能与业界同行及社会公众进行有效沟通
	(7.3) 能够就复杂问题与业界同行或社会公众进行有效沟通，包括撰写报告和设计文稿、陈述发言或回应指令
(8) 个人和团队：具有良好的团队合作能力。能够与团队成员和谐相处，协作共事，并作为成员或领导者在团队活动中发挥积极作用	(8.1) 具有团队合作精神和创新领导力，与团队成员和谐相处，协作共事
	(8.2) 能够在多学科背景下的团队中承担个体、团队成员及负责人的角色，具有合作精神和协调、沟通的能力
	(8.3) 具备团队组织与项目规划能力，能够综合团队成员的意见，并作出合理决策

续表

毕业要求	毕业要求指标点分解与说明
(9) 国际视野:具有国际视野和国际交流能力。了解国际动态,关注全球性问题,尊重世界不同文化的差异性和多样性	(9.1) 具有一定的外语应用能力以及跨文化背景下的沟通交流能力
	(9.2) 能够理解不同国家文化的差异性,了解国际学术前沿,关注全球重大问题,积极参与国际交流与合作
(10) 终身学习:具有终身学习意识和自我管理、自主学习能力,能够通过不断学习,适应社会和个人可持续发展	(10.1) 具有自主学习并适应发展的意识,及时了解化学相关行业的发展动态
	(10.2) 具备适应终身学习的知识基础,掌握自主学习的方法,了解拓展知识和能力的途径,以及通过学习不断适应社会和行业发展的能力
(11) 安全环保意识:具有安全意识、环保意识和可持续发展意识	(11.1) 具有安全意识,能够理解并严格执行实验室安全管理制度,了解危险品的性能、保管方法及处理方式
	(11.2) 能够基于绿色化学的理念,根据生态环境保护和可持续发展的原则进行产品开发与研究方法的设计,获得科学可行的方案

三、依托学科

化学学科。

四、专业核心课程

无机化学、仪器分析、物理化学、结构化学、生物化学、谱学导论、高等有机化学、专业实验。

五、学制与学位

学制四年,理学学士学位。

六、学分要求

本专业学生在学期间最低要求完成培养方案规定的 152 学分,其中,通识类课程最低 37 学分,学科基础类课程 65.5 学分,专业类课程最低 46.5 学分,创新创业类课程最低 3 学分。上述学分数分布情况如下:

数学与自然科学类:25/152=16.5%

专业基础及专业类:56/152=36.8%

实践与毕业论文:41/152=27.0%

人文社会科学类:30/152=19.7%

学生修满学分并达到《大学生体质健康标准》、通过"大学计算机基础"水平考试,方可毕业。获准毕业并通过华东理工大学"大学英语"学位考试,且符合学位授予要求者,授予理学学士学位和基地班荣誉证书。

七、课程体系

课程模块	课程类别		课程性质	课程门数	建议学分	开设学期
通识课程 （37 学分）	通识必修	思政类	必修	8	17	1~5
		军事类	必修	2	2	1~2
		体育类	必修	4	4	1~4
		大学英语	必修	1	6	1~4
	通识专项 （最低 7 学分）	心理健康与职业发展综合素养课程	选修	自选	2	1~8
		美育课程与实践	选修	自选	2	1~8
		劳育课程与实践	选修	自选	2	1~8
		通识专项特色课程	选修	1	1	1~8
	通识选修	人文科学类（"四史教育"模块）	选修	1	最低 1	1~8
学科基础课程 （65.5 学分）		数学基础类	必修	3	16	1~4
		物理基础类	必修	2	9	2~4
		信息科学基础类	必修	2	4.5	1~2
		化学基础（含实践）	必修	10	32	1~4
		工程基础（含实践）	必修	3	5	5~7
专业教育课程 （最低 46.5 学分）	专业必修 （21.5 学分）	化学专业类	必修	4	11.5	4~7
		交叉拓展类	必修	2	4	4~7
		专业实验	必修	1	6	5~6
	专业选修 （最低 10 学分）	材料、合成化学方向	选修	5 门可选	建议 6	5~6
		催化、能源化学方向	选修	4 门可选		5~6
		胶体、生物化学方向	选修	4 门可选		5~6
		理论、计算化学方向	选修	3 门可选		5~6
		跨学科选修	选修	校内自选	建议 4	3~7
	创新前沿 （15 学分）	科学研究方法	必修	1	0	6
		科训	必修	1	7	7
		毕业论文	必修	1	8	8
		化学研究进展	必修	1	0	7
		通海讲堂 *	必修	1	0	3~6
创新创业教育课程 （最低 3 学分）		创新类课程	选修	自选	最低 1	1~6
		创业类课程	必修	自选	最低 1	4
		创新创业实践	选修	自选	最低 1	1~8

＊建议每学期听讲座 4 次以上。

八、课程关系导图（图 3-6）

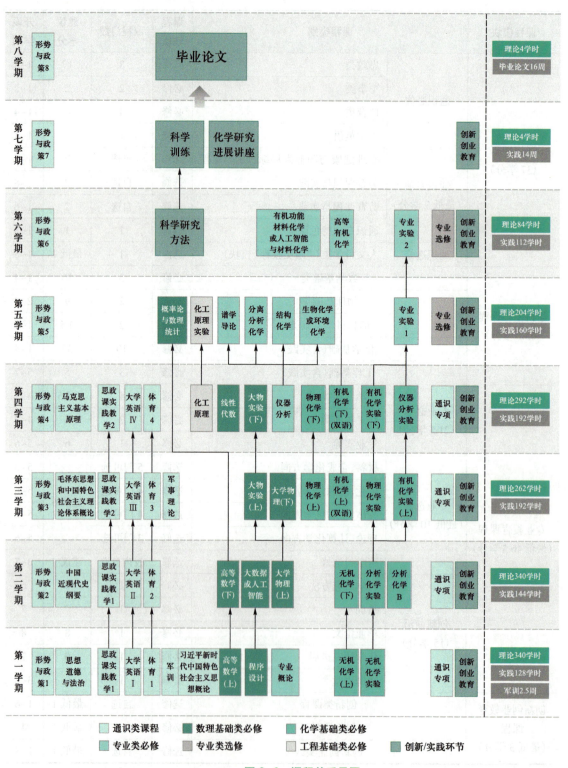

图 3-6 课程关系导图

九、课程设置

课程模块	课程类别	课程编号	课程名称	课程性质	考核方式	总学分	总学时	理论学时	实践学时	开课学期
通识教育课程 (37学分)	思政类 (17学分)	69243012	习近平新时代中国特色社会主义思想概论	必修	考试	3	48	48	0	1
		79142010	思想道德与法治	必修	考试	2.5	40	40	0	1
		79141010	中国近现代史纲要	必修	考试	2.5	40	40	0	2
		79140010	马克思主义基本原理	必修	考试	2.5	40	40	0	4
		79139010	毛泽东思想和中国特色社会主义理论体系概论	必修	考查	2.5	40	40	0	3
		16138008	形势与政策	必修	考查	2	32	32	0	1~8
		79144004	思政课实践教学(1)	必修	考查	1	32	0	32	1~2
		79143004	思政课实践教学(2)	必修	考查	1	32	0	32	3~4
	军体类 (6学分)	11034004	军事理论	必修	考试	1	18	18		3
		13957004	军训	必修	考查	1	2.5周		2.5周	1
		12427004	体育(1)	必修	考查	1	32		32	1
		12428004	体育(2)	必修	考查	1	32		32	2
		12429004	体育(3)	必修	考查	1	32		32	3
		12430004	体育(4)	必修	考查	1	32		32	4
	英语类 * (6学分)	13913008	大学英语I	必修	考试	2	32	32		1
		13914008	大学英语II	必修	考试	2	32	32		2
		13916008	大学英语III	必修	考试	2	32	32		3
		13917000	大学英语IV	必修	考试	0	32	32		4
	通识选修 (最低1学分)	要求所有学生必须在人文科学类的"四史教育"模块中选读1门课程								

续表

课程模块	课程类别	课程编号	课程名称	课程性质	考核方式	总学分	总学时	理论学时	实践学时	开课学期
通识教育课程（37 学分）	通识专项（7 学分）		通识教育专项课程中包括心理健康与职业发展综合素养课程（含第二课堂）、劳育专项课程与实践、美育专项课程与实践。其中，"大学生心理健康教育"（2 学分）课程为必修课，美育专项课程与实践要求最低修满 2 学分，劳育专项课程与实践要求最低修满 2 学分，通识专项特色课程要求必选"企业 EHS 风险管理基础"							
	数学基础类（16 学分）	18594020	高等数学（上）	必修	考试	5	80+24	80	24	1
		18589024	高等数学（下）	必修	考试	6	96+24	96	24	2
		18581008	线性代数	必修	考试	2	32	32		4
		18577012	概率论与数理统计	必修	考试	3	48	48		5
	物理基础类（9 学分）	18646012	大学物理（上）	必修	考试	3	48	48		2
		18641016	大学物理（下）	必修	考试	4	64	64		3
		11147004	大学物理实验（上）	必修	考查	1	32		32	3
		11148004	大学物理实验（下）	必修	考查	1	32		32	4
学科基础教育课程（65.5 学分）	信息科学基础（4.5 学分）	46118010	Python 程序设计	必修（2 选 1）	考试	2.5	48	32	16	1
		12832010	C 程序设计	（2 选 1）	考试	2.5	48	32	16	1
		16385008	大数据分析及可视化	必修	考试	2	40	24	16	2
		36944008	人工智能技术与应用	（2 选 1）	考查	2	40	24	16	2
	化学基础类（32 学分）	10591016	无机化学（上）	必修	考试	4	64	64		1
		10592008	无机化学（下）	必修	考试	2	32	32		2
		18452008	分析化学 B	必修	考试	2	32	32		2
		10610012	仪器分析	必修	考试	3	48	48		4
		10622016	有机化学（上）（双语）	必修	考试	4	64	64		3

续表

课程模块	课程类别	课程编号	课程名称	课程性质	考核方式	总学分	总学时	理论学时	实践学时	开课学期
学科基础教育课程（65.5学分）	化学基础类（32学分）	10626008	有机化学（下）（双语）	必修	考试	2	32	32		4
		10596012	物理化学（上）	必修	考试	3	48	48		3
		10598012	物理化学（下）	必修	考试	3	48	48		4
		10594008	无机化学实验	必修	考试	2	64		64	1
		10533006	分析化学实验	必修	考查	1.5	48		48	2
		37280004	仪器分析实验	必修	考查	1	32		32	4
		15946006	有机化学实验（上）	必修	考查	1.5	48		48	3
		15945006	有机化学实验（下）	必修	考查	1.5	48		48	4
		15888006	物理化学实验	必修	考试	1.5	48		48	3
	工程基础类（4学分）	10401012	化工原理	必修	考试	3	48	48		4
		10410004	化工原理实验	必修	考查	1	32		32	5
专业教育课程（46.5学分） 专业必修（36.5学分）	化学专业类（11.5学分）	13912002	专业概论	必修	考查	0.5	8	8		1
		10570012	谱学导论	必修	考试	3	48	48		5
		10531008	分离分析化学	必修	考试	2	32	32		5
		10553012	结构化学	必修	考试	3	48	48		5
		79277012	高等有机化学（双语）	必修	考试	3	48	48		6
	交叉拓展类（4学分）	12329008	生物化学	必修	考试	2	32	32		5
		14674008	环境化学（英）	2选1	考试	2	32	32		5
		16411008	有机功能材料化学	必修	考试	2	32	32		6

续表

课程模块	课程类别	课程编号	课程名称	课程性质	考核方式	总学分	总学时	理论学时	实践学时	开课学期
专业教育课程（46.5学分） 专业必修（36.5学分）	专业实验类（6学分）	14314014	化学专业实验1	必修	考查	3.5	112		112	5
		14313010	化学专业实验2	必修	考查	2.5	80		80	6
		14639000	科学研究方法	必修	考查	0	32		32	6
	创新前沿类（15学分）	49177028	科训,科研实践	必修	考查	7	14周		14周	7
		49174032	毕业论文	必修	考查	8	16周		16周	8
	讲座：第1~6学期，每学期要参加通海讲堂四次以上;第7学期,要参加学院组织的化学研究进展系列讲座									
专业选修（最低10学分）	材料、合成方向	61410008	功能材料结构与性能	选修	考查	2	32	32		6
		10541008	高分子材料基础	选修	考查	2	32	32		5
		10628008	有机化学反应机理	选修	考查	2	32	32		6
		10617008	有机合成化学	选修	考查	2	32	32		6
	催化、能源方向	10644008	光化学原理与应用	选修	考查	2	32	32		5
		14293008	电化学原理与储能技术（英）	选修	考查	2	32	32		5
		10643008	光催化导论	选修	考查	2	32	32		5
		14398008	绿色化学与催化	选修	考查	2	32	32		6
	胶体、生物化学	10586008	糖化学基础	选修	考查	2	32	32		5
		10554008	界面与胶体化学	选修	考查	2	32	32		6
		10516008	Chemistry and Mankind	选修	考查	2	32	32		5
		10587008	天然产物化学	选修	考查	2	32	32		6
	理论、计算方向	14308008	统计力学与分子模拟	选修	考查	2	32	32		5
		14354008	催化与固体材料模拟	选修	考查	2	32	32		6
		14289008	量子化学与计算化学	选修	考查	2	32	32		6
	跨学科选修	导师定制	跨学院,跨平台课程	选修	考试/考查	4				3~7

续表

课程模块	课程类别	课程编号	课程名称	课程性质	考核方式	总学分	总学时	理论学时	实践学时	开课学期
	创新类课程（最低 1 学分 **）	87616004	贯通式案例先导课	选修	考查	1	16	16	0	1~8
		60644004	科学思维与科学方法概论	选修	考查	1	16	16	0	
		16541008	创新设计学（创新城市认知）	选修	考查	2	32	32	0	
		19319006	人工智能导论与基础算法实训	选修	考查	1.5	32	16	16	
		20053006	机器视觉算法实训	选修	考查	1.5	32	16	16	
		60645006	基于开源硬件平台的智能感知实训	选修	考查	1.5	40	8	32	
		20047002	机电创新实验	选修	考查	0.5	16	0	16	
		17873004	国际遗传工程机器人竞赛与合成生物技术	选修	考查	1	16	16	0	
		79811004	二氧化碳绿色转化技术	选修	考查	1	16	16	0	
		79560004	清洁能源与储能技术前沿研究进展	选修	考查	1	16	16	0	
创新创业教育课程（3 学分）	创业类课程（最低 1 学分）	12738004	创业基础	必修	考试	1	16	16	0	
		87533004	大学生创新创业实务	必修	考查	1	16	16	0	3
		11354004	创业沟通	必修	考试	1	16	16	0	
		87426004	创新创业实战	必修	考查	1	16	16	0	
	创新创业实践（最低 1 学分 ****）		创新创业实践包含含贯通式实践项目、大学生创新创业训练计划、学科竞赛、双创竞赛、智能创新类实训项目以及其他经教务处认定的创新实践活动，要求最低修满 1 学分							1~8

* "大学英语"采取分层次教学模式，新生入学即参加大学英语分层考试。毕业前通过大学英语学位水平以考试或同等水平认定者，方可毕业，具体参照"大学英语"课程教学实施方案。

** 创新类课程每学年适时微调增补，请以当学年实际开放选课的课程为准。其中，"贯通式案例先导课"在学校多层次信息化平台选课。

**** 应届本科毕业生申请免试攻读研究生必须修满 2 个创新实践学分。

十、按学期课程安排

学期	课程模块	课程名称	课程性质	学分	总学时	理论学时	实践学时
第一学期	通识教育课程	思想道德与法治	必修	2.5	40	40	0
		习近平新时代中国特色社会主义思想概论	必修	3	48	0	16
		形势与政策	必修	0.25	4	4	
		军训	必修	1	2.5 周		2.5 周
		体育(1)	必修	1	32		32
		大学生心理健康教育	必修	2	32	32	
		思政课实践教学(1)	必修	0.5	16		16
		大学英语Ⅰ	必修	2	32	32	
	学科基础教育课程	高等数学(上)	必修	5	80	80	
		无机化学(上)	必修	4	64	64	
		无机化学实验	必修	2	64		64
	专业教育课程	专业概论	必修	0.5	8	8	
	信息科学基础	Python 程序设计	必修 (2选1)	2.5	48	32	16
		C 程序设计					
	创新创业教育课程	自选					
	本学期合计必修 26.25 学分,建议修读 2 学分通识专项课程						
第二学期	通识教育课程	中国近现代史纲要	必修	2.5	40	40	
		形势与政策	必修	0.25	4	4	
		体育(2)	必修	1	32		32
		思政课实践教学(1)	必修	0.5	16		16
		大学英语Ⅱ	必修	2	32	32	
	学科基础教育课程	高等数学(下)	必修	6	80	80	
		大学物理(上)	必修	3	48	48	
		无机化学(下)	必修	2	32	32	
		分析化学 B	必修	2	32	32	
		分析化学实验	必修	1.5	48		48

续表

学期	课程模块	课程名称	课程性质	学分	总学时	理论学时	实践学时
第二学期	信息科学基础	大数据分析及可视化	必修（2选1）	2	40	24	16
		人工智能技术与应用					
	创新创业教育课程	自选	自选				
	本学期合计必修22.75学分，建议修读2学分通识专项课程						
第三学期	通识教育	毛泽东思想和中国特色社会主义理论体系概论	必修	2.5	40	40	
		形势与政策	必修	0.25	4	4	
		体育(3)	必修	1	32		32
		大学英语Ⅲ	必修	2	32	32	
		思政课实践教学(2)	必修	0.5	16		16
		军事理论	必修	1	18	18	
	学科基础	大学物理(下)	必修	4	64	64	
		大学物理实验(上)	必修	1	32		32
		有机化学(上)(双语)	必修	4	64	64	
		物理化学(上)	必修	3	48	48	
		有机化学实验(上)	必修	1.5	48		48
		物理化学实验	必修	1.5	48		48
	本学期合计必修22.25学分，建议修读2学分通识专项课程						
第四学期	通识教育	形势与政策	必修	0.25	4	4	
		马克思主义基本原理	必修	2.5	40	40	
		体育(4)	必修	1	32		32
		思政课实践教学(2)	必修	0.5	16		16
		大学英语Ⅳ	必修	0	32	32	
	学科基础	大学物理实验(下)	必修	1	32		32
		线性代数	必修	2	32	32	
		有机化学(下)(双语)	必修	2	32	32	
		物理化学(下)	必修	3	48	48	
		化工原理	必修	3	48	48	
		仪器分析实验	必修	1	32		32
		有机化学实验(下)	必修	1.5	48		48
		仪器分析	必修	3	48	48	

续表

学期	课程模块	课程名称	课程性质	学分	总学时	理论学时	实践学时
第四学期	创业类课程	创业基础	必修（4选1）	1	16	16	0
		大学生创新创业实务		1	16	16	0
		创业沟通		1	16	16	0
		创新创业实战		1	16	16	0
本学期合计必修 21.75 学分，建议参加创新活动							
第五学期	通识教育	形势与政策	必修	0.25	4	4	
	学科基础	化工原理实验	必修	1	32		32
		概率论与数理统计	必修	3	48	48	
	专业教育	结构化学	必修	3	48	48	
		谱学导论	必修	3	48	48	
		分离分析化学	必修	2	32	32	
		生物化学	必修（2选1）	2	32	32	
		环境化学（英）					
		化学专业实验 1	必修	3.5	112		112
本学期合计必修 17.75 学分，建议修读 4 学分专业选修课程							
第六学期	通识教育	形势与政策	必修	0.25	4	4	
	专业教育	高等有机化学（双语）	必修	3	48	48	
		有机功能材料化学	必修	2	32	32	
		化学专业实验 2	必修	2.5	80		80
		科学研究方法	必修	0	32		32
本学期合计必修 7.75 学分，建议修读 4~6 学分专业选修课程							
第七学期	通识教育	形势与政策	必修	0.25	4	4	
	专业教育	科训	必修	7	14 周		14 周
		化学研究进展讲座	必修	0	32	32	
本学期合计必修 7.25 学分，建议修读 3~4 学分跨学科选修，选择科训、讲座环节							
第八学期	通识教育	形势与政策	必修	0.25	4	4	
	专业教育	毕业论文	必修	8	16 周		16 周
本学期合计必修 8.25 学分							

十一、课程设置与毕业要求的关系矩阵

课程名称	毕业要求									
	人文素养	基础知识	问题分析	使用现代工具	综合创新	信息处理	沟通	个人和团队	国际视野	终身学习
思想道德与法治	H									
中国近现代史纲要	H									
毛泽东思想和中国特色社会主义理论体系概论	H								M	
马克思主义基本原理	H									M
习近平新时代中国特色社会主义思想概论	H								L	
中国文化导论	H						L			
形势与政策	H								L	
军事理论	M								L	
军训	M							M		
大学生心理健康								H		
工程创新与智能实践	H		M					L		
创新创业类课程				M	H			M	M	
大学英语	H							M	H	
体育	M							L		
计算机程序设计类			H			H				M
专业概论	H		M							H
高等数学		H		M						L
线性代数				M						
大学物理		M		M						
大学物理实验			H		M					
化工原理	L	M		M						
化工原理实验	L		M					M		
无机化学		H			M					
*有机化学（双语）		H			M					
*物理化学		H			M					

续表

课程名称	毕业要求									
	人文素养	基础知识	问题分析	使用现代工具	综合创新	信息处理	沟通	个人和团队	国际视野	终身学习
*分析化学 B	L	H			M					
生物化学		H								M
*结构化学		H								
*高等有机化学(双语)		H		M						
概率论与数理统计		H								M
*仪器分析			H	H						
*谱学导论			H	M						
*分离分析化学			H							
无机化学实验		M		M						
分析化学实验		M	M							
物理化学实验			H			M				
*有机化学实验		M	M							
*专业实验		M	H			H				
企业 EHS 风险管理基础								M		H
科学研究方法			H		M	H				
化学研究进展讲座									H	H
通海讲座									H	H
科训			H	H	M	M				
大创			H	M	H	H		H		
毕业论文			H		H	H	M		M	
创业类课程							M	H		

注:(1) H 表示高度相关;M 表示中等相关;L 表示弱相关。

(2) 课程名称前加"*"者为核心课程。

化学专业（拔尖班）培养方案（2023级）

一、培养目标

华东师范大学化学拔尖学生培养基地以科技、人才强国的国家发展战略为培养宗旨，贯彻落实党和国家的教育方针及立德树人的根本任务，面向化学学科发展前沿，依托华东师范大学化学与分子工程学院优质的教育、科研资源及学校卓越学院拔尖基地学科门类齐全、优势互补的特点，增强与生物、物理、信息等学科的交叉融合，培养具有远大科学理想、深厚教育情怀、强烈使命担当、扎实化学基础、出色实践能力、开阔国际视野、突出批判思维和卓越创新能力的未来化学及交叉领域的领军人才。毕业生5年左右的职业发展预期如下：

（1）具备崇高的理想信念和强烈的家国情怀，能够在所从事的科研工作中自觉践行社会主义核心价值观和求实创新的科学精神。

（2）具备宽厚扎实的化学和相关学科基础知识及实验技能，很强的知识整合能力，能够在工作中熟练解决化学及相关领域的科研问题。

（3）具有良好的专业素养、研究意识和能力，善于发现问题、反思问题，能够在科研工作中形成自己的研究特色。

（4）责任感强，组织、管理能力出色；善于沟通与合作，国际学术交流能力强。

（5）具备终身学习的习惯和持续发展的意识，能紧跟化学学科的发展趋势和前沿动态，不断更新知识、拓展能力。

二、毕业要求

（1）［明德乐群］ 具有坚定的理想信念、高尚的品德修为和强烈的社会责任感；具有实事求是、勤奋创新的科学精神；具有勇攀学科高峰、为民族复兴奉献的事业心和使命感。

（2）［基础扎实］ 具备深厚的化学、数理基础知识和熟练的实验技能，能够对化学及交叉学科领域的问题进行综合分析和研究。

（3）［反思探究］ 具有批判性和创造性思维，逻辑思维和形象思维，具有很好的基础科学研究能力，能够对化学及交叉学科领域进行综合分析和研究，构建和表达科学的解决方法，开展原创性研究。

（4）［持续发展］ 具有自主、终身学习的意识和能力，能紧跟化学学科的发展趋势和前沿动态，持续进行高水平的知识和技术创新。

（5）［国际视野］　具有宽阔的国际视野和良好的国际交流能力，能够洞察化学学科前沿与热点科学问题，能够独立地参与国际学术交流和研究计划。

（6）［身心健康］　具有敏锐的洞察力和觉醒力；具有良好的运动习惯和审美素养；具有优秀的沟通表达、团队合作和统筹协调能力。

毕业要求的指标点分解

毕业要求	毕业要求指标点
(1) ［明德乐群］	(1-1)明晰中国国情及国内外局势，高度认同并践行社会主义核心价值观
	(1-2)厚植人文素养，培养科学精神，认识科学与社会、文化的关系及意义，践行勤奋创新的科学理念
	(1-3)具有实事求是、勤奋创新的科学精神，攀登学科高峰的勇气和毅力，为民族复兴奉献的事业心和使命感
(2) ［基础扎实］	(2-1)扎实掌握化学专业的基本理论、知识和实验技能，具有优秀的化学学科知识整合能力和实践技能
	(2-2)具有良好的数理基础，并能融合化学与数学、物理、材料、生物、环境、人文学科的知识，跨学科进行知识整合
	(2-3)掌握化学学科的基本研究思想和探索方式，具有开展化学研究工作的能力
	(2-4)运用互联网、媒体、书籍和专业数据库等手段和方法获取化学相关知识，并运用其分析解决化学研究相关问题
(3) ［反思探究］	(3-1)明确反思研究的价值，可以独立思考判断，自主分析解决化学及交叉学科领域的科学问题
	(3-2)强化创新意识和批判性思维，养成反思的习惯
	(3-3)全程参与科研训练，能够独立选题并设计研究方案，开展原创性研究
(4) ［持续发展］	(4-1)强化自主学习的意识和能力，主动适应社会、化学及相关学科的发展
	(4-2)密切关注化学学科的前沿动态，不断更新知识、拓展能力，持续进行高水平的知识和技术创新
(5) ［国际视野］	(5-1)熟练运用外语进行跨文化交流和书面表达，能够独立地参与国际学术交流和研究计划，能与国际学者顺畅交流
	(5-2)熟悉化学研究领域的国际发展趋势和研究热点，并借鉴学习，开展科学研究训练与实习
	(5-3)全程参与科研训练，能够独立选题并设计研究方案，开展原创性研究
(6) ［身心健康］	(6-1)有敏锐的洞察力和觉醒力，能够保持积极向上的状态，应对压力和管理自己
	(6-2)具有良好的运动习惯，具备审美能力和素养
	(6-3)组织、协调和指挥团队开展工作，做好自己承担的角色，并能与其他成员协同合作

三、毕业要求与培养目标关系矩阵

毕业要求	培养目标				
	目标 1	目标 2	目标 3	目标 4	目标 5
明德乐群	√			√	
基础扎实	√	√	√		√
反思探究		√	√		√
持续发展			√		√
国际视野				√	
身心健康				√	

四、课程体系学分构成及修读建议

1. 课程体系学分设置

（1）总学分：146 学分。

（2）公共必修课程 36 学分，占 24.66%。

（3）通识教育课程 8 学分，占 5.48%。

（4）学科基础课程 20 学分，占 13.70%。

（5）专业教育课程 82 学分，占 56.16%。

此外，实践（实验）42.5 学分，总学时 1454。

2. 修读要求

（1）总学分：146 学分，建议学生在一、二年级每学期选课不超过 32 学分，不低于 25 学分，在进入四年级之前完成除专业实习和毕业论文外的培养计划要求的所有课程。

（2）在通识教育模块，着重补足培养学生的逻辑思维和形象思维，要求修读理性、科学与发展 2 学分和文化审美与诠释 2 学分。

（3）要求修读培养计划表内的相关课程，并通过考核获得相应成绩和学分。在自主选修模块，跨学科课程鼓励修读物理、生物、电子、材料等专业的核心课程，完成相应的修读要求并获得相应成绩和学分；本研贯通课程指的是拔尖班学生大三后可在导师指导下提前修读研究生阶段的课程，完成相应修读要求，可同时认定为本科、研究生阶段学分。

（4）要求修读 4 学分的师生共研课程：修读课程为科研训练系列课程和科研实习课程。科研训练课程要求学生在第二至六学期中分三个学期，在不同学科领域的教师实验室进行蹲组科研训练，实行轮转，通过流动组会、学术研讨、总结报告等形式，四年之内至少主持一项科创项目。推动基地学生对化学学科领域的深度认识，增加学生与学科导师的深度接触，开拓学术视野，提升学术能力。

（5）要求完成 2 学分的劳动与创造课程,获取途径通过修读专业必修课程"科研训练";或者也可以由学生完成 2 学分创新创业学分冲抵。

（6）完成培养计划表规定的学分课程要求及养成教育方案达标要求,方能毕业。

（7）学生毕业时的体质健康测试成绩和等级,按毕业学年体质健康测试总分的 50% 与其他学年总分平均得分的 50% 之和进行评定,评定成绩达不到 50 分者按结业或肄业处理。

（8）学制:四年;最长修读年限:6 年(含休学);学位:学士学位。

五、专业核心课程

课程代码	课程名称	学分
CHEM0031131059	化学原理 A	3
CHEM0031131814	化学原理实验	2
CHEM0031131039	无机化学 A	3
CHEM0031131817	无机化学实验	2
CHEM0031131040	分析化学 A（Ⅰ）	2
CHEM0031131062	分析化学实验（Ⅰ）	2
CHEM0031131042	有机化学 A（Ⅰ）	3
CHEM0031131801	有机化学实验（Ⅰ）	2
CHEM0031131041	分析化学 A（Ⅱ）	2
CHEM0031131064	分析化学实验（Ⅱ）	2
CHEM0031131045	有机化学 A（Ⅱ）	3
CHEM0031131802	有机化学实验（Ⅱ）	2
CHEM0031131065	物质结构 A	3
CHEM0031131050	物理化学 A（Ⅰ）	3
CHEM0031131810	物理化学实验（Ⅰ）	2
CHEM0031131054	物理化学 A（Ⅱ）	3
CHEM0031131803	物理化学实验（Ⅱ）	2
CHEM0031131049	高分子化学 A	3
CHEM0031131815	高分子化学实验	2
CHEM0031131804	化学工程基础（含实验）	3

六、培养计划表

类别		课程名称	学分	开课学期 1	2	3	4	5	6	7	8	暑期短学期 1	2	3	总学时 理论	实践实验	合计
公共必修课程		英语类	6														
		计算机类	5														
		思政类	17														
		体育类	4														
		军事理论	2														
		心理健康	2														
		学分要求	36														
通识教育课程	人类思维与学科史论	人类思维与学科史论	1														
		学分要求	1														
	经典阅读课程	伟大的智慧	1														
		学分要求	1														
	核心课程	理性、科学与发展	2														
		实践、技术与创新															
		思辨、推理与判断															
		文化、审美与诠释	2														
		传统、社会与价值															
		伦理、教育与沟通															
		学分要求	4														

续表

类别			课程名称	学分	开课学期								暑期短学期			总学时		
					1	2	3	4	5	6	7	8	1	2	3	理论	实践实验	合计
通识教育课程	分布式课程		科学技术系列															
			社会人文系列															
			文艺体育系列															
			教育心理系列															
	学分要求			8														
学科基础课程	学科基础课		大学物理B（一）	3		√										54		54
			大学物理B（二）	3			√									54		54
			大学物理实验B	1			√										36	36
			高等数学A（一）（拔尖班）	5	√											72	36	108
			高等数学A（二）（拔尖班）	5		√										72	36	108
			线性代数A	3			√									72		72
	学分要求			20														
专业教育课程	专业必修		化学实验室安全	1	√											18		18
			与化学相关的法律法规知识简介	1	√											18		18
			化学原理A	3	√											54		54
			化学原理实验	2	√												72	72
			无机化学A	3		√										54		54
			无机化学实验	2		√											72	72

续表

类别		课程名称	学分	开课学期								暑期短学期			总学时		
				1	2	3	4	5	6	7	8	1	2	3	理论	实践实验	合计
专业教育课程	专业必修	分析化学A（I）	2		√										36		36
		分析化学实验（I）	2			√										64	64
		有机化学A（I）	3			√									54		54
		有机化学实验（I）	2			√										72	72
		分析化学A（II）	2			√									36		36
		分析化学实验（II）	2				√									68	68
		有机化学A（II）	3				√								54		54
		有机化学实验（II）	2				√									72	72
		物质结构A	3				√								54		54
		物理化学A（I）	3					√							54		54
		物理化学实验（I）	2					√								56	56
		高分子化学A	3					√							54		54
		高分子化学实验	2					√								72	72
		综合实验	2						√							72	72
		物理化学A（II）	3						√						54		54
		物理化学实验（II）	2						√							60	60
		化学工程基础综合实验	3						√						45	18	63
		科研训练（I、II、III）	3									√	√	√		108	108
		科研实习	3							√						108	108
		毕业论文	4								√					144	144
		学分要求	63														

续表

类别			课程名称	学分	开课学期								暑期短学期			总学时		
					1	2	3	4	5	6	7	8	1	2	3	理论	实践实验	合计
专业教育课程	专业进阶	无机化学类	环境化学	2		√										36		36
			配位化学	3				√								54		54
			纳米科学与技术	1			√									18		18
		有机化学类	有机化学前沿	2					√							36		36
			生活中的有机化学	2				√								36		36
			物理有机化学选论	2					√							36		36
			药物合成——从实验室到工业化	2					√							36		36
			有机合成	2					√							36		36
			化学生物学	2					√							36		36
			药物化学	2						√						36		36
			生物学导论	2						√						36		36
			超分子自组装	2						√						36		36
		分析化学类	分析化学前沿	2					√							36		36
			生化分析	2					√							36		36
			物质分析技术	2				√								36		36
			电化学和光电化学技术	2				√								36		36
			谱学	2				√								32	4	36

续表

类别		课程名称	学分	1	2	3	4	5	6	7	8	暑1	暑2	暑3	理论	实践实验	合计
专业教育课程·专业进阶	物理化学类	分子计算机模拟与应用	2					√								36	36
		应用电化学	2						√						36		36
		催化化学	2						√						36		36
		胶体化学	2						√						36		36
	高分子化学类	高分子物理	2						√						36		36
		功能高分子	2						√						36		36
		高分子物理实验	2						√							72	72
		分子机器和超分子功能材料	2				√								36		36
		精细化学品合成与应用	2				√								36		36
	综合类	专业英语	2			√									36		36
		化学文献检索与科技论文写作	2		√										36		36
		科研绘图	2					√							36		36
	实验类	中级无机化学实验	2					√								72	72
		有机合成实验	2					√								72	72
		计算化学实验	1					√							18		18
		高分子物理实验	2						√						72		72
	学分要求		11														
自主修读		本研贯通	0														
		跨学科	4														
		全程总计	146														

七、养成教育方案

活动模块	活动系列	参与要求	达标要求
思想素质	新生入学教育	必选	参加
	毕业生离校教育	必选	参加
	主题班会、团日活动	必选	参加，每学年至少 8 次
	团校/党校/卓越领袖训练营	任选	参加并结业
志愿服务	实验室安全小卫士	必选	每学年至少参加一次
	化学实践站相关志愿活动	任选	参加，大学期间需满足累计时长要求
	其他科普活动志愿者	任选	
	公益活动志愿者	任选	
	学术活动志愿者	任选	
社会实践	寒暑假社会实践	任选	参加，并提交 1 份总结报告
	挂职锻炼	任选	
心理健康	心理健康测试	必选	参加
	心理健康月	必选	参加，大学期间至少一次
体育运动	体育俱乐部活动	必选	参加
	运动会等各类比赛	任选	大学期间至少参加一次
	定向越野、迷你马拉松	任选	
美育实践	校史剧观演	任选	大学期间至少 4 次，修读艺术系列通识课程后可不做要求
	传统文化、民俗文化赏析	任选	
	艺术鉴赏与体验课程	任选	
	"寻美"系列活动	任选	
	校、院级学生艺术团	任选	
全球胜任力	学术前沿报告	必选	每学年参加学院组织的学术报告不少于 4 次
	与境外高校的 2+2 联合培养项目	任选	大学期间至少获得 2 学分
	境外参加 1 个月以上的毕业设计、科研实习等交流项目	任选	
	国际学术会议	任选	
	其他各类境外交流活动	任选	

续表

活动模块	活动系列	参与要求	达标要求
全球胜任力	光华讲堂、学者沙龙	任选	大学期间至少参加 2 次
	境外交流分享会	任选	
	中外学子交流活动	任选	
生涯发展	师生交流活动	必选	每学年至少参加 2 次
	"影子科学家"活动	任选	大学期间至少参加 1 次。修读相关通识课程后可不做要求
	生涯规划指导服务	任选	
人文科学素养	"与书的约会"阅读活动	必选	8 次活动,1 份报告,40 本经典书目
	青年化学社等科普活动	任选	大学期间至少参加一次
	志远 TED	任选	
创新创业	科创工作坊	任选	参加
	化学嘉年华科技文化节	任选	
	"挑战杯"竞赛	任选	
	"互联网+"大学生创新创业大赛	任选	
	全国大学生创新创业年会	任选	
	全国大学生化学实验竞赛	任选	
	全国高等师范院校化学实验邀请赛	任选	
	全国大学生化学实验创新设计竞赛	任选	
	上海大学生化学实验竞赛	任选	
	上海大学生毕业论文交流会	任选	
	其他双创(学科)竞赛	任选	
	创新创业训练计划	任选	
学生自主设计、参与		任选	根据活动内容经书院或学院审核后予以认定

八、课程设置、养成教育方案与毕业要求的关系矩阵

根据教学计划表中各门课程的教学目标与学生能力达成的相关度,设置如下关系矩阵。用符号表示相关度:H–高度相关;M–中等相关。

课程名称	毕业要求																
	1-1	1-2	1-3	2-1	2-2	2-3	2-4	3-1	3-2	3-3	4-1	4-2	5-1	5-2	6-1	6-2	6-3
英语类	H										M		H	H			
计算机类		H					H				M						
思政类	H		M					M									
体育类															M	H	M
军事理论	H	M	M														
人类思维与学科史论	H		H						H		M						
伟大的智慧		H	M								M						
理性、科学与发展			M						H		M						
实践、技术与创新			M				H				M						
思辨、推理与判断									H		M	M					
文化、审美与诠释		H			M											M	
传统、社会与价值	H		M				H										
伦理、教育与沟通	M	H															H
科学技术系列	M				H					M							
社会人文系列		M			H					M							
文艺体育系列					H					M					M	H	M
教育心理系列		M			H					M					H		
高等数学 A（一、二）					H					M							
线性代数 A					H					M							
大学物理 B（一、二）					H			M		M							
大学物理实验				H						M	M						
化学实验室安全		H															

续表

课程名称	1-1	1-2	1-3	2-1	2-2	2-3	2-4	3-1	3-2	3-3	4-1	4-2	5-1	5-2	6-1	6-2	6-3
与化学相关的法律法规知识简介		H						M			M						
化学原理A				H		H	M	H	M		M	M	H	M			
化学原理实验				H		H	M	M	H		M	M		M			
无机化学A				H		H	M	H	M		M	H	H	M			
无机化学实验				H		H	M	H	H		M	M		M			
分析化学A(I)				H		H	M	H	M		M	H	H	M			
分析化学实验(I)				H		H	M	M	H		M	H		M			
有机化学A(I)				H		H	M	H	M		M	H	H	M			
有机化学实验(I)				H		H	M	H	H		M	H		M			
分析化学A(II)				H		H	M	H	M		M	H	H	M			
分析化学实验(II)				H		H	M	H	H		M	H		M			
有机化学A(II)				H		H	M	H	M		M	M	H	M			
有机化学实验(II)				H		H	M	H	H		M	M		M			
物质结构A				H		H	M	H	M		M	H	H	M			
物理化学A(I)				H		H	M	H	H		M	M	H	M			
物理化学实验(I)				H		H	M	M	H		M	H		M			
高分子化学A				H		H	M	M	M		M	M	H	M			
高分子化学实验				H		H	M	M	H		M	M		M			
物理化学A(II)				H		H	M	H	M		M	H	H	M			
物理化学实验(II)				H		H	M	M	M		M	H		M			
化学工程基础含实验				H		H	M	M			M	M		M			M

续表

课程名称	1-1	1-2	1-3	2-1	2-2	2-3	2-4	3-1	3-2	3-3	4-1	4-2	5-1	5-2	6-1	6-2	6-3
科研训练Ⅰ	H			H		H	M	M	H	H	M	M	H	M			M
科研训练Ⅱ	M			H		H	M	M	H	H	M	M	H	M			M
科研训练Ⅲ	M			H		H	M	M	H	H	M	M	H	M			M
科研实习	H			H		H	M										H
毕业论文	H			H		H	M	M	H	M	M	M	H	M			H
思想素质		H	M														
志愿服务		H	M														H
社会实践		H	M								M						H
心理健康					M	M									H		
体育运动		M						M				M	H		M	H	M
美育实践						M	H		H	H					M	H	M
全球胜任力	M	M									H		H	H			
创新创业	M	H	M								H	M					
人文科学素养	M										H	M					
生涯发展		M										M		M			

化学专业（拔尖计划）培养方案（2024 级）

一、培养目标

秉承戴安邦先生"化学教育既传授知识和技术,更训练科学方法和思维,还培养科学精神和品德"的全面科学教育思想,遵循"科研创新能力培养贯穿人才培养全过程"的教育理念,以"夯实基础、提升能力、体现前沿、引导创新"为指导方针,通过开放式教学体系提升学生的认知、学习和创新能力,培养致力于世界科技前沿、服务于国家战略需求和产业发展需要的具有创新精神和实干能力的化学行业的未来领军人才。

化学专业(拔尖计划)培养的毕业生应具有高度的社会责任感、良好的科学和文化素养,掌握化学基础知识、基本理论和基本技能,具有创新意识和实践能力,能够在化学及相关学科领域从事科学研究、技术开发、教育教学、创新创业等工作。

毕业生去向主要是在国内外著名高校和科研院所继续攻读研究生,从事化学及化学与生命、材料交叉学科研究工作,也可在化学、材料、医药、环境、能源和分析检验等领域和行业的企业事业单位和行政部门从事研究、开发和管理工作。

二、毕业要求

化学专业(拔尖计划)培养的学生应较系统扎实地掌握化学基础知识、基本理论和基本技能,同时还需掌握必要的数学和物理学等相关学科的基本内容,能够在化学、化学工程、生命科学、材料科学、能源科学、环境科学、药学和医学等学科领域开展工作,具有学科视野开阔、行业适应面宽和工作能力强等突出特点。本专业毕业生应达到以下要求:

(1) 通识类知识:具有人文精神和国际视野。拥有人文社会科学、体育、艺术等通识类基础知识和基础素养;掌握一门计算机语言,具有必要的编程技能,能够获取、处理和运用化学及相关学科信息;掌握一门外语。

(2) 学科基础知识:掌握本专业所需的数学和物理学(包括实验)等相关学科的基本内容,具有使用数学和物理知识解决化学问题的能力。

(3) 专业理论知识:掌握化学基础知识和基本理论,具备发现、提出、分析和解决化学及相关学科问题的能力。了解化学的发展历史、学科前沿和发展趋势。

(4) 专业实践知识:具有创新意识和实践能力,掌握化学实验基本技能。初步掌握化学研究或化学品设计、开发、检验、生产等的基本方法和手段。

(5) 交叉学科知识:初步掌握化学工程、生命科学、材料科学、能源科学、环境科学、信息科学、药学、医学等相关学科的基本知识。

(6) 团队合作精神:具有较强的表达、交流、协调能力及团队合作能力。

（7）安全环保意识：具有安全意识、环保意识和可持续发展理念。

（8）自主和终身学习能力：初步具备自主学习和自我发展的能力，能够适应未来科学技术和经济社会的发展。

三、学制、总学分与学位授予

本专业学制四年。应修总学分为 150 学分。具体的学分分布详见所选的培养方案。

学生在学校规定的学习年限内，修完本专业教育教学计划规定的课程，获得规定的学分，达到教育部规定的《大学生体质健康标准》综合考评等级，准予毕业。符合学士学位授予要求者，授予理学学士学位。

四、成果导向关系矩阵

毕业要求	课程	项目
通识类知识	德育课程；悦读经典；科学之光；体育课程；美育课程；劳育课程；计算机程序语言；大学英语；军事理论和技能	
学科基础知识	微积分Ⅰ；微积分Ⅱ；线性代数；大学物理	学科竞赛
专业理论知识	化学原理；有机化学；高等物理化学；仪器分析；高分子导论；专业选修课；本研贯通课	以项目为载体的课程；学科竞赛
专业实践知识	化学实验基础；化学合成与表征；化学原理与测量；化学功能分子实验	全国大学生化学实验邀请赛；上海大学生化学实验竞赛；江苏省大学生化学化工实验竞赛；全国大学生化工实验大赛；化学实验创新设计竞赛
交叉学科知识	生物化学；分子生物学；化学生物学导论；材料化学；全校其他专业开放选修课	iGEM
团队合作精神		iGEM；以项目为载体的课程
安全环保意识	化学实验安全与规范；化工工艺安全及实践	江苏省大学生化学化工实验竞赛；全国大学生化工实验大赛
自主和终身学习能力	毕业论文	

五、课程体系

1. 通识通修课程

课程类别	课程号	课程名称	学分	学期	性质	理论/实践	备注	说明
通识课程	学生毕业前应获得至少14学分。其中,"悦读经典计划""科学之光"育人项目至少各选修1学分,美育应选修2学分,劳育应选修2学分(含劳动教育课程1学分、劳动教育实践1学分)。其他通识必修学分要求按照国家相关规定执行。							
通修课程/思政课	00000080A	形势与政策		1-1	通修	理论		
	00000100	思想道德与法治	3	1-1	通修	理论		
	00000080B	形势与政策		1-2	通修	理论		
	00000110	马克思主义基本原理	3	1-2	通修	理论		
	00000041	中国近现代史纲要	3	2-1	通修	理论		
	00000080C	形势与政策		2-1	通修	理论		
	00000030A	毛泽东思想和中国特色社会主义理论体系概论(理论部分)	3	2-2	通修	理论		
	00000080D	形势与政策		2-2	通修	理论		
	00000130B	毛泽东思想和中国特色社会主义理论体系概论(实践部分)	2	2-2	通修	实践		
	00000080E	形势与政策		3-1	通修	理论		
	00000090	习近平新时代中国特色社会主义思想概论	2	3-1	通修	理论		
	00000080F	形势与政策		3-2	通修	理论		
	00000080G	形势与政策		4-1	通修	理论		
	00000080H	形势与政策		4-2	通修	理论		
通修课程/军事课	00050030	军事技能训练	2	1-1	通修	实践		
	00050010	军事理论	2	1-2	通修	理论		
通修课程/数学分析 & 微积分	该课程模块共有2个课程子模块:【微积分】【数学分析】,需最少完成子模块数:1							
【微积分】	11100140A	微积分Ⅰ(第一层次)	5	1-1	通修	理论		
	11100140B	微积分Ⅱ(第一层次)	5	1-2	通修	理论		
【数学分析】	11000010A	数学分析	5	1-1	通修	理论		
	11000010B	数学分析	5	1-2	通修	理论		

续表

课程类别	课程号	课程名称	学分	学期	性质	理论/实践	备注	说明
通修课程/高等代数 & 线性代数	该课程模块共有 2 个课程子模块：【高等代数】【线性代数】，需最少完成子模块数：1							
【高等代数】	11000020A	高等代数	4	1-1	通修	理论		
	11000020B	高等代数	4	1-2	通修	理论		
【线性代数】	11100140C	线性代数（第一层次）	3	1-1	通修	理论		
通修课程/英语课	00020010A	大学英语（一）	4	1-1	通修	理论		
	00020010B	大学英语（二）	4	1-2	通修	理论		
通修课程/体育课	00040010A	体育（一）	1	1-1	通修	实践		
	00040010B	体育（二）	1	1-2	通修	实践		
	00040010C	体育（三）	1	2-1	通修	实践		
	00040010D	体育（四）	1	2-2	通修	实践		
通修课程/计算机	22000010	程序设计基础	3	1-1	通修	理论 + 实践		

2. 学科专业课程

课程类别	课程号	课程名称	学分	学期	性质	理论/实践	备注	说明
学科基础课程	12000010A	大学物理实验（一）	2	1-1	平台	实验	准入	
	13010260	化学实验基础	2	1-1	平台	实验	准入	
	13000190	化学合成与表征 I	3	1-2	平台	实验	准出	
	13030240A	化学原理	4	1-2	平台	理论	准出	
	24020010A	大学物理（上）	4	1-2	平台	理论	准出	
	13030240B	化学原理	4	2-1	平台	理论	准出	
	24020010B	大学物理（下）	4	2-1	平台	理论	准出	
专业核心课程/科学实践	13000270	科学实践 I	1	3-2	核心	实践	准出项目制课程	最少修读门数：1
	13000280	科学实践 II	2	3-2	核心	实践	准出项目制课程	

续表

课程类别	课程号	课程名称	学分	学期	性质	理论/实践	备注	说明
专业核心课程/ 其他专业 核心课程	13000200	化学合成与表征Ⅱ	3	2-1	核心	实验	准出	
	13000230	化学原理与测量Ⅱ	2.5	2-1	核心	实验	准出	
	13010050A	有机化学（一）	3	2-1	核心	理论	准出	
	13000210	化学原理与测量Ⅰ	2.5	2-2	核心	实验	准出	
	13000220	化学合成与表征Ⅲ	1.5	2-2	核心	实验	准出	
	13010050B	有机化学（二）	3	2-2	核心	理论	准出	
	13030080A	高等物理化学Ⅰ	3	2-2	核心	理论	准出	
	13010030	仪器分析	4	3-1	核心	理论	准出	
	13010290T	化学功能分子实验	3	3-1	核心	实验	准出	
	13030080B	高等物理化学Ⅱ	3	3-1	核心	理论	准出	
	13030100	高分子导论	2	3-1	核心	理论	准出	
	13010280	化学原理与测量Ⅲ	1.5	3-2	核心	实验	准出	

3. 多元发展课程

课程类别	课程号	课程名称	学分	学期	性质	理论/实践	备注	说明
专业选修课程/ A类专业选 修课 【理论课模块】	13030210	化学文献与科学方法	2	2-2	选修	理论		最少修读 门数:4
	13030480	有机合成	2	3-1	选修	理论		
	13020020	化工原理	3	3-2	选修	理论		
	13030320	近代仪器分析法	4	3-2	选修	理论		
	13030490	高等无机化学	3	3-2	选修	理论		
	13030500	高分子结构与性能	2	3-2	选修	理论		
	13031120	材料化学	3	3-2	选修	理论		
	13030650	谱学基础	3	4-1	选修	理论	本研贯通	
专业选修课程/ B类选修课	13030720	化学生物学	2	4-1	选修	理论	本研贯通	
	13030940	量子化学	3	4-1	选修	理论	本研贯通	
	13030950	合成化学概要	2	4-1	选修	理论	本研贯通	
	13030960	多组分高分子材料	2	4-1	选修	理论	本研贯通	
	13030970	能源材料化学	2	4-1	选修	理论	本研贯通	
	13030980	化学实验安全与规范	1	4-1	选修	理论	本研贯通	

课程类别	课程号	课程名称	学分	学期	性质	理论/实践	备注	说明
专业选修课程/C类选修课	13030880	统计热力学	2	3-2	选修	理论	本研贯通	
	13030590	电分析化学基础	3	4-2	选修	理论	本研贯通	
	13030740	高分子表征	3	4-2	选修	理论	本研贯通	
	13030830	理论与物理有机化学	3	4-2	选修	理论	本研贯通	
	13030850	配位化学	2	4-2	选修	理论	本研贯通	
	13030990	现代有机合成化学	3	4-2	选修	理论	本研贯通	
	13031000	现代高分子化学	2	4-2	选修	理论	本研贯通	
	13031010	现代高分子物理	2	4-2	选修	理论	本研贯通	
	13031030	现代分离科学	2	4-2	选修	理论	本研贯通	
	13031080	糖科学基础	2	4-2	选修	理论	本研贯通	
	13031090	化学生物学方法和技术	2	4-2	选修	理论	本研贯通	
	13031130	表面科学原理与技术	3	4-2	选修	理论	本研贯通	
专业选修课程/D类选修课	24000010	名师导学	2	1-2	选修	理论		
	13010200	化学生物学导论	2	3-1	选修	理论		
	13030040	等离子化学	2	3-1	选修	理论		
	13030060	分离科学	2	3-1	选修	理论		
	13030090	先进高分子制造	2	3-1	选修	理论		
	13030270	胶体与界面化学	2	3-1	选修	理论		
	13030860	流动化学导论	3	3-1	选修	理论		
	13010270T	化学生物学综合实验	4	3-2	选修	实验		
	13020030	化工基础实验	1	3-2	选修	实验		
	13030020	波谱分析	3	3-2	选修	理论		
	13030110	高分子化学	2	3-2	选修	理论		
	13030190	化学化工行业就业创业指导	1	3-2	选修	理论	本研贯通	
	13030290	结晶化学	2	3-2	选修	理论		
	13030510	催化化学	2	3-2	选修	理论		

续表

课程类别	课程号	课程名称	学分	学期	性质	理论/实践	备注	说明
专业选修课程/ D类选修课	13030530	先进高分子材料	2	3-2	选修	理论		
	13030540	分子识别与分析	2	3-2	选修	理论		
	13030840	计算机与化学	2	3-2	选修	理论+ 实践		
	13020080	化工工艺安全及实践	4	3-暑	选修	理论+ 实践		
	13030560	有机化学现代进展	2	4-1	选修	理论		
跨专业选修 课程	14140032	大学生物学	3	1-1	选修	理论		
	12000010B	大学物理实验（二）	2	1-2	选修	实验		
	24020041	基础学科前沿研究	1	1-暑 2-暑	选修	理论		
	24020060	交叉学科前沿进展	1	1-暑 2-暑	选修	理论		
	14010032	生物化学	4	2-2	选修	理论		
	14140020	分子生物学	2	3-1	选修	理论		
公共选修课程		可选修全校公共选修课程						

4. 毕业论文/设计

课程类别	课程号	课程名称	学分	学期	性质	理论/实践	备注	说明
毕业论文/设计	13000010	毕业论文	4	4-1,4-2	核心	实践	准出	

六、专业准入准出

1. 专业准入实施方案

按照《南京大学全日制本科生大类培养分流实施方案》《南京大学全日制本科生专业准入实施方案》执行。

2. 专业准出实施方案

本科阶段修业年限四年。其中部分学生在六年内达到总学分要求可予以毕业。学生毕业时要求总学分达到150分。其中通识通修课程、学科专业课程中的必修课程需达到合格、专业选修课程和跨专业选修课程需要达到规定的学分数。

七、课程结构拓扑图(图 3-7)

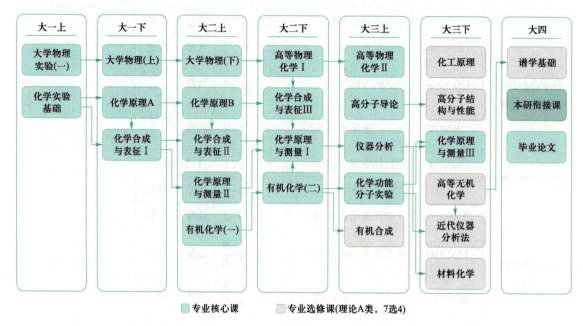

图 3-7 课程结构拓扑图

化学专业（求是科学班）培养方案（2023级）

一、培养目标

培养具有扎实基础理论、娴熟实验技能、宽广学科视野的，拥有批判性思维、创新性意识、国际性竞争能力的，以天下为己任的学术领袖和行业精英。

二、毕业要求

根据培养目标和化学学科特点，按照学校要求设置"通识课程—专业课程—个性课程"三阶段课程体系的化学专业培养计划。通过三阶段的学习和实践，毕业生应拥有以下知识（K）、能力（A）和素质（Q）：

(1) 人格健全，身心健康，服务社会。
(2) 恪守求是精神，具有创新意识。
(3) 掌握数学、物理、计算机基础知识。
(4) 能从分子视角认知世界，谙熟分子结构和性质相互关系，理解分子行为和功能。
(5) 拥有分子设计、制备和组装的实验和践行能力。
(6) 应用现代分析仪器和化学软件揭示分子结构、性质和反应过程。
(7) 拥有自主获取知识、自主学习的能力。
(8) 初步具备开展科研活动的兴趣和能力。
(9) 初步具备中、英文口头表达和撰写科学文件的能力。
(10) 崇尚团队协作精神，拥有一定的团队驾驭能力。

三、专业核心课程

分析化学Ⅰ、分析化学Ⅱ、无机和分析化学实验、无机化学、物理化学Ⅰ、物理化学Ⅱ、物理化学Ⅲ、物理化学实验、仪器分析实验、有机化学Ⅰ、有机化学Ⅱ、有机化学Ⅲ、有机化学实验。

四、推荐学制、最低毕业学分与授予学位

推荐学制：4年；最低毕业学分：150＋7.5＋6＋8；授予学位：理学学士学位。

五、课程设置与学分分布

1. 通识课程（76 学分）

（1）思政类（18.5 学分）

① 必修课程（17 学分）

课程号	课程名称	学分	周学时	建议学年学期
371E0010	形势与政策Ⅰ	1.0	0.0-2.0*	一（秋冬）+一（春夏）
551E0070	思想道德与法治	3.0	2.0-2.0	一（秋冬）
551E0020	中国近现代史纲要	3.0	3.0-0.0	一（春夏）
551R0050	马克思主义基本原理（H）	3.0	3.0-0.0	二（秋冬）/二（春夏）
551E0110	习近平新时代中国特色社会主义思想概论	3.0	2.0-2.0	三（秋冬）/三（春夏）
551E0120	毛泽东思想和中国特色社会主义理论体系概论	3.0	3.0-0.0	三（秋冬）/三（春夏）
371E0020	形势与政策Ⅱ	+1.0	0.0-2.0	四（春夏）

＊表示理论课周学时与实践课周学时。后同。

② 选修课程（1.5 学分）

课程号	课程名称	学分	周学时	建议学年学期
011E0010	中国改革开放史	1.5	1.5-0.0	二（秋）/二（冬）/二（春）/二（夏）
041E0010	新中国史	1.5	1.5-0.0	二（秋）/二（冬）/二（春）/二（夏）
551E0080	中国共产党历史	1.5	1.5-0.0	二（秋）/二（冬）/二（春）/二（夏）
551E0090	社会主义发展史	1.5	1.5-0.0	二（秋）/二（冬）/二（春）/二（夏）

（2）军体类（10.5 学分）

体育Ⅰ、Ⅱ、Ⅲ、Ⅳ、Ⅴ、Ⅵ为必修课程，要求在前 3 年内修读；四年级修读体育Ⅶ——体测与锻炼（五年制在五年级修读体育Ⅷ——体测与锻炼）。详细修读办法参见《浙江大学 2019 级本科生体育课程修读办法》。学院单独开设游泳课程，作为学生大一学年体育必修课程，学生可选择一秋冬或一春夏学期修读，也可通过考核申请免修。同时单独开设水上运动（481Z0041、481Z0042、481Z0043、481Z0044）、形体舞蹈（（481Z0051、481Z0052、481Z0053、481Z0054））、素质拓展（481Z0011、481Z0012、481Z0013、481Z0014）三个系列课程供学生选修；连续修读完任一课程的Ⅰ、Ⅱ，可获得浙江大学体育技能中级证书，连续修读完任一课程的Ⅰ、Ⅱ、Ⅲ、Ⅳ，可获得浙江大学体育技能高级证书。

课程号	课程名称	学分	周学时	建议学年学期
03110021	军训	2.0	2.0	一(秋)
481E0030	体育Ⅰ	1.0	0.0–2.0	一(秋冬)
481E0040	体育Ⅱ	1.0	0.0–2.0	一(春夏)
031E0011	军事理论	2.0	2.0–0.0	二(秋冬)/二(春夏)
481E0050	体育Ⅲ	1.0	0.0–2.0	二(秋冬)
481E0060	体育Ⅳ	1.0	0.0–2.0	二(春夏)
481E0070	体育Ⅴ	1.0	0.0–2.0	三(秋冬)
481E0080	体育Ⅵ	1.0	0.0–2.0	三(春夏)
481E0090	体育Ⅶ——体测与锻炼	0.5	0.0–1.0	四(秋冬)/四(春夏)

(3) 外语类(7学分)

外语类课程最低修读要求为6+1学分,其中6学分为外语类课程选修学分,+1为"英语水平测试"或小语种水平测试必修学分。学校建议一年级学生的课程修读计划是"大学英语Ⅲ"和"大学英语Ⅳ",并根据新生入学分级考试或高考英语成绩预置相应级别的"大学英语"课程,学生也可根据自己的兴趣爱好修读其他外语类课程(课程号带"F"的课程);二年级起学生可申请学校"英语水平测试"或小语种水平测试。详细修读办法参见《浙江大学本科生"外语类"课程修读管理办法》(2018年4月修订)(浙大本发〔2018〕14号)。

① 必修课程(1学分)

课程号	课程名称	学分	周学时	建议学年学期
051F0600	英语水平测试	1.0	0.0–2.0	二(秋)

② 选修课程(6学分)

修读以下课程或其他外语类课程(课程号带"F"的课程)。

课程号	课程名称	学分	周学时	建议学年学期
051F0020	大学英语Ⅲ	3.0	2.0–2.0	一(秋冬)
051F0030	大学英语Ⅳ	3.0	2.0–2.0	一(秋冬)/一(春夏)

(4) 计算机类(3学分)

在下列课程中选择一门修读。

课程号	课程名称	学分	周学时	建议学年学期
211G0200	Python 程序设计	3.0	2.0–2.0	一(春夏)
211G0220	Java 程序设计	3.0	2.0–2.0	一(春夏)
211G0280	C 程序设计基础	3.0	2.0–2.0	一(春夏)

（5）自然科学通识类（29.5 学分）

课程号	课程名称	学分	周学时	建议学年学期
771T0070	普通化学（甲）	3.0	3.0–0.0	一（秋冬）
771T0080	普通化学实验（甲）	2.0	0.0–4.0	一（秋冬）
821R0070	微积分 I（H）	5.0	4.0–2.0	一（秋冬）
061R0060	普通物理学 I（H）	4.0	4.0–0.0	一（春夏）
061Z0090	普通物理学实验 I	1.5	0.0–3.0	一（春夏）
821R0080	微积分 II（H）	5.0	4.0–2.0	一（春夏）
061R0070	普通物理学 II（H）	4.0	4.0–0.0	二（秋冬）
061Z0100	普通物理学实验 II	1.5	0.0–3.0	二（秋冬）
821T0190	线性代数（甲）	3.5	3.0–1.0	二（秋冬）

（6）创新创业类（1.5 学分）

要求在创新创业类通识课程中选修 1 门（课程代码含 P 的课程）。鼓励有兴趣的同学在完成创新创业类通识课程修读的基础上，进一步选修创新创业类专业课程（培养方案中标注"△"的课程）。

（7）通识选修课程（6 学分）

通识选修课程下设"中华传统""世界文明""当代社会""文艺审美""科技创新""生命探索"及"博雅技艺"6+1 类。每一类均包含通识核心课程和普通通识选修课程。满足以下三点修读要求后，在通识选修课程中自行选择修读其余学分，若第①项所修课程同时也属于第②或③项，则该课程也可同时满足第②或③项要求。

① 至少修读通识核心课程 1 门；

② 至少修读"博雅技艺"课程 1 门；

③ 理工农医学生在"中华传统""世界文明""当代社会""文艺审美"四类中至少修读 2 门。

（8）美育类（1 门）

美育类要求 1 学分，为认定型学分。学生修读通识选修课程中的"文艺审美"类课程、"博雅技艺"类中艺术类课程以及艺术类专业课程，可认定该学分。

（9）劳育类（1 门）

劳育类要求 1 学分，为认定型学分。学生修读学校设置的公共劳动平台课程或院系开设的专业实践劳动课程，可认定该学分。

2. 专业课程（71 学分）

（1）专业必修课程（38 学分）

以下课程必修：

课程号	课程名称	学分	周学时	建议学年学期
77120220	无机和分析化学实验	3.0	0.0–6.0	一(春夏)
77120260	无机化学	4.0	4.0–0.0	一(春夏)
771Q0013	分析化学Ⅰ	2.0	2.0–0.0	一(春夏)
771Q0014	有机化学Ⅰ	2.0	2.0–0.0	二(秋)
061Q0019	有机化学实验	3.0	0.0–6.0	二(秋冬)
771Q0001	结构与谱学Ⅰ	2.0	2.0–0.0	二(冬)
771Q0015	有机化学Ⅱ	2.0	2.0–0.0	二(冬)
771Q0002	结构与谱学Ⅱ	2.0	2.0–0.0	二(春)
771Q0016	有机化学Ⅲ	2.0	2.0–0.0	二(春)
061Q0026	分析化学Ⅱ	3.0	3.0–0.0	二(春夏)
77120240	仪器分析实验	2.0	0.0–4.0	二(春夏)
061Q0022	物理化学Ⅰ	2.0	2.0–0.0	二(夏)
771Q0003	结构与谱学Ⅲ	2.0	2.0–0.0	二(夏)
061Q0023	物理化学Ⅱ	2.0	2.0–0.0	三(秋)
77120230	物理化学实验	3.0	0.0–6.0	三(秋冬)
061Q0024	物理化学Ⅲ	2.0	2.0–0.0	三(冬)

(2) 专业选修课程(21学分)

在以下课程中选修。

① 在以下课程中选修2门(6学分)

课程号	课程名称	学分	周学时	建议学年学期
77120250	探索性化学实验	3.0	0.0–6.0	二(春夏)
771Q0009	有机合成实验	3.0	0.0–6.0	三(秋冬)
811C0080	化工原理及实验	3.5	3.0–1.0	三(秋冬)
06123510	化学生物学实验	3.0	0.0–6.0	三(春夏)

② 至少在以下2个模块中选修(15学分)

A. 高等有机化学模块

课程号	课程名称	学分	周学时	建议学年学期
06195120	有机合成	3.0	3.0–0.0	三(秋)
77190071	金属有机化学	3.0	3.0–0.0	三(秋冬)
77120160	有机波谱分析	3.0	3.0–0.0	三(冬)
77190081	物理有机化学	3.0	3.0–0.0	三(春)

B. 高等物理化学模块

课程号	课程名称	学分	周学时	建议学年学期
77120050	光化学	3.0	3.0–0.0	三(春)
77190190	电化学	3.0	3.0–0.0	三(春)
77120100	催化化学	3.0	3.0–0.0	三(夏)
77190240	固体与表面化学	3.0	3.0–0.0	三(夏)
77120070	量子化学	3.5	3.0–1.0	四(秋)
77120060	统计热力学	3.0	3.0–0.0	四(冬)

C. 高等分析化学模块

课程号	课程名称	学分	周学时	建议学年学期
77120080	生物分析化学	3.0	3.0–0.0	三(春)
77120120	色谱分析	3.0	3.0–0.0	四(秋冬)

D. 高等无机化学模块

课程号	课程名称	学分	周学时	建议学年学期
06195060	配位化学	3.0	3.0–0.0	三(秋)
77120140	材料化学△	3.0	3.0–0.0	三(冬)
77190250	生物无机化学	3.0	3.0–0.0	四(秋冬)

(3) 实践教学环节(4 学分)

课程号	课程名称	学分	周学时	建议学年学期
77120110	现代化学方法论	2.0	1.0–2.0	一(秋)
77188060	化学专业技能强化训练	1.0	+1	一(短)
77120150	卓越化学计划科研实训	3.0	+3	三(春夏)
77120270	化学前沿专题研讨	2.0	+2	四(秋冬)

(4) 毕业论文(设计)(8 学分)

课程号	课程名称	学分	周学时	建议学年学期
77189010	毕业论文	8.0	+10	四(春夏)

3. 个性修读课程(8 学分)

个性修读课程学分是学校为学生设置的自主发展学分。学生可利用个性修读课程学分, 自主选择修读感兴趣的本科课程(通识选修课程认定不得多于 2 学分)、研究生课程或经认定的境内、外交流的课程。学生需至少修读 1 门由其他学院开设的课程类别为"专业课"或"专业基础课程"且不在本专业培养方案内的课程。

推荐课程：

课程号	课程名称	学分	周学时	建议学年学期
77190270	结构与谱学Ⅰ研讨课	0.5	0.0–1.0	二(冬)
77190020	物理化学习题研讨Ⅰ	0.5	0.0–1.0	二(夏)
77120130	分析科学前沿	3.0	3.0–0.0	三(秋)
77190030	物理化学习题研讨Ⅱ	0.5	0.0–1.0	三(秋)
77120180	绿色化学	2.0	2.0–0.0	三(冬)
77190040	物理化学习题研讨Ⅲ	0.5	0.0–1.0	三(冬)
77120170	化学信息学	3.0	3.0–0.0	三(春夏)
77190100	超分子化学	3.0	3.0–0.0	四(秋冬)
77190260	新能源化学	3.0	3.0–0.0	四(秋冬)

4. 第二课堂(+4 学分)

5. 第三课堂(+2 学分)

6. 第四课堂(+2 学分)

中国科学技术大学

卢嘉锡化学科技英才班培养方案（2023 级）

一、培养目标

卢嘉锡化学科技英才班将发挥中国科学技术大学在基础教学和优质生源方面的优势,充分利用中国科学院化学研究所、上海有机化学研究所、大连化学物理研究所等"所系结合"单位在专业课程教学和科学研究实践环节的条件,培养化学科学及相应化学工程应用领域优秀人才,探索校所结合、科教结合的人才培养新模式,为国家培养具有深厚理论基础和优秀专业知识的战略人才。

二、组织和管理模式

卢嘉锡化学科技英才班的行政管理依托原行政班级进行。前两学年按照学院统一学习计划完成基础课程学习,第三学年选择专业方向。学生按照所选方向的培养方案修读课程,同时还要完成增设的学科基础课程内容,参加学校和学院所组织的各类课程、专题研讨班、专家学术讲座及其他活动。

三、入选和滚动模式

(1) 卢嘉锡化学科技英才班按年招生,除高考入学直接招收外,每届高考新生入学时可自主报名参加卢嘉锡化学科技英才班。学院依据入学摸底考试成绩与面试成绩按从高到低顺序录取部分学生。

(2) 入选学生人数规模根据教务处的指导意见动态调整,每年将遴选不超过 30 名学生进入卢嘉锡化学科技英才班。

(3) 在每学期结束至下学期开学前两周内,对班级进行动态调整:

① 卢嘉锡化学科技英才班学生可选择主动退出,不能达到卢嘉锡化学科技英才班最低学业 GPA 要求的学生将被动退出,对于主动申请退出卢嘉锡化学科技英才班的学生,原则上不再考虑其重新加入卢嘉锡化学科技英才班的申请。

② 普通班优秀学生经学术班主任面试通过后可申请进入卢嘉锡化学科技英才班学习。

③ 第二学年结束后,原则上不再接受学生加入卢嘉锡化学科技英才班的申请。

(4) 卢嘉锡化学科技英才班学生选拔、年度分流及补充工作由化学与材料科学学院卢嘉锡化学科技英才班管理委员会负责实施,由中国科学技术大学教务部门监督审核。

四、专业、方向设置

第三学年,卢嘉锡化学科技英才班学生(强基班学生除外)可自主选择化学与材料科学学院的专业及方向进行修读,化学与材料科学学院的专业与方向详细设置见下表。

专业	方向	专业	方向
化学	化学物理	化学	分析化学
	物理化学		应用化学
	化学物理仪器	材料物理	材料物理
	化学生物学	材料化学	材料化学
	无机化学	高分子材料与工程	高分子化学与物理
	有机化学		高分子材料

五、学制、授予学位及毕业要求

学制:标准学制 4 年,弹性学习年限 3~6 年。

授予学位:理学学士学位。

毕业要求:总学分修满 166 学分,并通过毕业论文答辩。

课程设置分类及学分比例表:

分类	学分	比例(以 166 为基数)
校定通修课程	75.5	45%
专业基础课程	52	31%
专业核心课程	按照所选方向的课程选修≥30.5	≈18%
专业选修课程		
自由选修课程		
毕业论文	8	5%
合计	166+	

六、修读课程要求

卢嘉锡化学科技英才班学生除需完成所选专业方向的主修专业培养计划要求,还需完成学科拓展课程的修读要求。

卢嘉锡化学科技英才班学科拓展课程(6 学分)

课程类别	课程名称	学时	学分	开课学期	建议年级
专业选修(选 6)	无机化学Ⅱ(H)	40	2	秋	3
	化学生物学(H)	40	2	秋	3
	固体物理Ⅰ(H)	40	2	春	3
	能源化学	40	2	秋	3
	材料物性	60	3	秋	4
	环境化学	40	2	春	3
	分离科学与技术	40	2	秋	3
	高分子生物材料	40	2	秋	3
	应用量子化学	40	2	春	3
	金属有机化学导论	40	2	春	3
学分小计			21		

注:必须选修不在主修专业培养计划内的课程。

卢嘉锡化学科技英才班单独开班课程

课程类别	课程名称	学时	学分	开课学期	建议年级
校定通修	力学 A	80	4	秋	1
	电磁学 A	80	4	春	1
专业基础	化学原理 A	80	4	秋	1
	无机化学Ⅰ	40	2	春	1
	物理化学Ⅰ(英)	80	4	秋	2
	有机化学(A1)(英)	80	4	秋	2
	分析化学Ⅰ	40	2	秋	2
	物理化学Ⅱ(英)	60	3	春	2

七、主要基础课程关系结构图(图3-8)

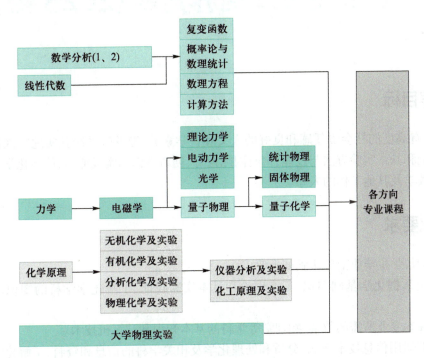

图 3-8　主要基础课程关系结构图

八、科研实践要求

(1) 卢嘉锡化学科技英才班学生需至少满足以下一项科研实践活动：

① 主持一项"大学生创新创业训练计划"或"大学生研究计划"。

② 参与本科生国际交流访问项目(≥6个月)。

③ 参加全国大学生化学实验创新设计大赛并获得赛区一等奖及以上荣誉。

④ 参加"挑战杯"中国大学生创业计划大赛或"挑战杯"全国大学生课外学术科技作品大赛并获得省级赛区一等奖及以上荣誉。

⑤ 参加其他经学校/学院认定的科研实践项目或大学生 A 类赛事并获得相应奖励与荣誉。

(2) 学术活动：

① 卢嘉锡化学科技英才班学生在大三、大四期间需参加至少6次"郭永怀"讲坛或"郭永怀"学术讲座,并撰写相应的学术报告总结发给教学秘书及学术班主任备案。

② 化学与材料科学学院每年组织卢嘉锡化学科技英才班学生前往中国科学院各研究所参观交流。

<h1 style="text-align:center">— 厦门大学 —</h1>

<h1 style="text-align:center">化学专业本科培养方案(2023级)</h1>

一、培养目标

　　培养具有高度的社会责任感和良好的人文和科学素养,能够较系统扎实地掌握化学基础知识、基本理论和基本实验方法与技能,富有国际视野、创新意识和实践能力,能在化学及相关领域从事科研、教学及其他工作的人才。

二、毕业要求

　　通过学习,学生毕业前应达到如下要求:

　　(1) 系统掌握化学基础知识、基本理论和基本实验技能,了解化学学科的知识体系和发展趋势。

　　(2) 掌握本专业所需的数学、物理学等学科的基本知识和计算机技术。

　　(3) 能够运用信息技术获取、分析和处理化学及相关学科的信息和资料,了解化学学科研究前沿、应用前景及化学相关产业的发展状况。

　　(4) 能够综合运用化学及相关学科的基本原理和方法,对本专业领域复杂问题进行综合分析和研究,包括设计实验、对实验现象进行观察、记录、分析,并得到合理有效的结论。

　　(5) 具有一定的国际视野和跨文化沟通交流能力,能够与国内外同行和社会公众就化学及相关领域的现象和问题进行有效的沟通和交流。

　　(6) 具有团队意识,能够与团队成员和谐相处,协作共事,并作为成员或领导者在团队活动中发挥积极作用。

　　(7) 具有自主学习能力和终身学习意识,具有一定的创新和实践能力,能够通过不断学习适应社会和个人可持续发展。

　　(8) 热爱祖国,具有人文素养、科学精神和社会责任感,具有环保意识和可持续发展理念。了解化学及相关学科领域的政策和法律,遵守学术道德、职业道德和职业规范。

三、学制

　　四年。

四、授予学位类型

　　理学学士学位。

五、毕业学分和修读要求

1. 毕业学分

课程模块		必修		选修	合计	占总学分比例	备注
		门数	学分	学分			
公共基本课程		17	46	0	46	28.9%	
学科通修课程	大类共同课程	6	24	0	24	57.2%	
	大类基础课程	15	42	0	42		
专业课程	专业必修课程	10	17	0	17		
	其他（毕业论文等）	2	8	0	8		
通识教育课程		2	3	10	13	13.8%	
任选课程			0	9	9		
总学分			140	19	159		

其中：

类别	学分	比例
选修学分（≥25%）	19	11.9%
实践教学学分(学时)（人文社科类专业≥15%，理工医学类专业≥25%）	51	32.1%
以下由工科专业填写		
数学与自然科学类课程学分（≥15%）		
工程基础类课程、专业基础类课程与专业类课程学分（≥30%）		
工程实践与毕业设计(论文)学分（≥20%）		
人文社会科学类通识教育课程学分（≥15%）		

2. 修读要求

教学计划按"强化基础、注重能力、面向前沿、提高素质、因材施教、分流培养"原则设计。

化学专业学生在学期间必须至少修满教学计划规定的 159 学分方能毕业。其中公共基本课程 46 学分，学科通修课程至少 66 学分，专业课程 25 学分，通识教育课程 13 学分，以及任选课程 9 学分。其中通识教育课程须修满公共艺术课程 2 个学分方能毕业。

另外，在学期间须累计参加学术讲座不少于 30 次。学生需完成不少于 32 学时的劳动教育课程。学生需按照《国家学生体质健康标准(2014 年修订)》进行体质测试。根据《标准》规定，学生毕业时测试成绩达不到 50 分者按结业或肄业处理。

二年级夏季学期，化学类学生根据个人意愿和成绩要求实行专业分流培养（可选择专业有化学专业、化学生物学专业、能源化学专业、化学测量学与技术专业）。

二年级夏季学期，化学专业学生还可选择研究型和复合型人才培养模式。希望将来从事化学类学术研究或教育事业的，可选择研究型人才培养模式（保研的学生必须选择此类型）；毕业后拟走择业、创业道路的，可以选择复合型人才培养模式。不同培养模式的学生应选择不同模块内的专业或方向性课程，但须学习相同的公共基本课程、通识教育课程和学科通修课程。

选择研究型人才培养模式的学生，须修满课程设置中的专业课程化学模块 17 学分并选修化学或与化学相关的课程 9 学分（可从任选课中选择）。

选择复合型人才培养模式的学生，须修读专业课程及任选课程中至少 13 学分，与跨学科课程不超过 13 学分。跨学科课程可以不受院系限制，学生根据今后择业、创业需要，在全校范围内任意选择。

拔尖计划模块："拔尖计划"项目面向兴趣浓、勇攀科学高峰且有志从事化学或相关学科研究的优秀本科生。项目配备一流师资，提供一流的学习条件，在毕业前进行荣誉称号认定。有意申报拔尖计划荣誉称号的学生需在拔尖计划模块课程中修满至少 10 学分（须包含至少 4 学分研讨课）。

毕业论文为必修，生产实习、科研训练、社会实践必须 3 选 1。

创新实践学分不低于 2 学分。

夏季学期一般不安排理论必修课。一、二年级学生除可选修全校性选修课外，还可选择具有研究性、探索性的研讨课和实验课，介绍学科前沿、交叉学科知识等的选修课，以及学院各研究所举办的学术研究讲座或创新创业训练。

有志于继续深造的学生可提前修读研究生课程，所修研究生课程可以冲抵任选课程学分要求。

建议学生应了解四年内任意选修课程的总体设置情况，根据自己的兴趣和精力把选修课的学习合理地分布在不同的学期。

3. 专业大类分流说明

学生入学第一学年按大类培养，在一年级夏季学期，根据学生个人意愿和成绩要求实行大类分流。大类分流以一年级第一学期课程成绩作为分流依据，包含高等数学、无机化学（一）及其实验课考试成绩等，具体详见"化学类（含化学化工材料类）大类招生的学生选择专业暂行办法"。

六、课程设置

1. 公共基本课程（最低必修学分数：46；最低选修学分数：0）

课程号	课程名称	修读形式	学分	总学时	理论教学学时	实验教学学时	实践教学学时	开课学年	开课学期	备注
180340000002	中国近现代史纲要	必修	3	48	32		16	一	1	
210340000001	思想道德与法治	必修	3	48	32		16	一	1	

续表

课程号	课程名称	修读形式	学分	总学时	理论教学学时	实验教学学时	实践教学学时	开课学年	开课学期	备注
130010010054	大学语文	必修	2	32				一	1	
190200000015	军事技能	必修	2	3周				一	1	军训
130200000010	军事理论	必修	2	32	32	0	0	一	2	
U10303500002	大学生心理健康	必修	2	48	16		32	一	2	
130130060002	计算机应用基础	必修	1	32	16	16		一	2	
130130060003/200130140006	程序设计基础(C语言、Python)	必修	2	48	32	16	0	二	1	
U10301600004	"四史"专题研究	必修	2	32	16		16	二	1	
130220000212	体育	必修	4	128						第一学期必修1学分,其余学分在以后学期内修完;游泳1学分为必修。
180340000010	形势与政策	必修	2	64	64					8学时/学期*8学期,8学期考核均合格则课程成绩登记为合格。
130020040007	大学英语	必修	8	256	128		128			
U10301600005	新时代中国特色社会主义劳动教育	必修	2	48	16		32			具体事宜另行通知
U10301600006	毛泽东思想和中国特色社会主义理论体系概论	必修	3	48	32		16	二	1	
U10301600007	习近平新时代中国特色社会主义思想概论	必修	3	48	32		16	二	2	
210340000002	马克思主义基本原理	必修	3	48	32		16	三	1	
150100010010	创新实践	必修	2	80				三	2	
合计			46	1040						

2. 学科通修课程（最低必修学分数：66；最低选修学分数：0）

课程号	课程名称	修读形式	学分	总学时	理论教学学时	实验教学学时	实践教学学时	开课学年	开课学期	备注
140080030001	微积分Ⅰ-1	必修	5	80	80	0	0	一	1	大类共同课程
150100010004	无机化学（一）	必修	4	64	64	0	0	一	1	大类共同课程
U10302100372	中心科学实验Ⅰ	必修	4	128	0	128	0	一	1	大类共同课程
130100010127	分析化学（一）	必修	3	48	48	0	0	一	1和2	大类基础课程（化学类）
140080030011	线性代数Ⅱ	必修	2	32	32	0	0	一	1	大类共同课程
140080030002	微积分Ⅰ-2	必修	6	96	96	0	0	一	2	大类共同课程
130090010009	大学物理B（上）	必修	3	48	48	0	0	一	2	大类共同课程
150100010006	无机化学（二）	必修	2	32	32	0	0	一	2	大类基础课程（化学类）
130100010042	结构化学	必修	4	64	64	0	0	一	2	大类基础课程（化学类）
U10302100379	中心科学实验Ⅱ（B）	必修	2	64	0	64	0	一	2	大类基础课程（化学类）
130090010055	大学物理B（下）	必修	4	64	64	0	0	二	1	大类基础课程
130090010085	大学物理实验	必修	2	64	0	64	0	二	1	大类基础课程
130100010030	有机化学（一）	必修	3	48	48	0	0	二	1	大类基础课程（化学类），双语教学课程
130100010081	物理化学（一）	必修	3	48	48	0	0	二	1	大类基础课程（化学类），双语教学课程
130100010031	有机化学（二）	必修	3	48	48	0	0	二	2	大类基础课程（化学类），双语教学课程
130100010133	物理化学（二）	必修	3	48	48	0	0	二	2	大类基础课程（化学类），双语教学课程
140100010001	基础化学实验（二）——有机化学实验	必修	2	66	0	66	0	二	1	大类基础课程（化学类）
140100010002	基础化学实验（二）——有机化学实验	必修	2	66	0	66	0	二	2	大类基础课程（化学类）
130100010094	基础化学实验（三）——物理化学实验	必修	3	96	0	96	0	二	2	大类基础课程（化学类）
130100010129	分析化学（二）	必修	4	64	64	0	0	三	1	大类基础课程（化学类），仪器分析
130100010096	基础化学实验（三）——仪器分析实验	必修	2	64	0	64	0	三	1	大类基础课程（化学类）
合计			66	1332						

3. 通识教育课程(最低必修学分数:3;最低选修学分数:10)

课程号	课程名称	修读形式	学分	总学时	理论教学学时	实验教学学时	实践教学学时	开课学年	开课学期	备注
U10302100376	新生研讨课	必修	2	32	32	0	0	一	1	
130100010102	化学实验安全与环保	必修	1	16	16	0	0	一	1	
	跨学科基本课程	选修	10	160						可修读单独开设的跨学科基本课程或其他专业大类的专业课程。其中2学分必须修读公共艺术课程模块。
	合计		13	208						

4. 专业课程(最低必修学分数:25;最低选修学分数:0)

课程号	课程名称	修读形式	学分	总学时	理论教学学时	实验教学学时	实践教学学时	开课学年	开课学期	备注
130100010058	统计热力学初步	必修	1	20	20	0	0	二	3	化学模块
130100010074	化学信息学	必修	2	32	32	0	0	三	1	化学模块
130100010066	综合化学实验(一)	必修	1	36	0	36	0	三	1	化学模块
130100020026	化学工程基础	必修	2	32	32	0	0	三	1	化学模块、跨学科课程
130100020045	化工基础实验	必修	1	32	0	32	0	三	1	化学模块、跨学科课程
130100010033	高分子化学B	必修	2	32	32	0	0	三	1	化学模块
130100010003	中级无机化学	必修	2	32	32	0	0	三	2	化学模块
200100010003	综合化学实验(二)	必修	1	36	0	36	0	三	2	化学模块
130100010041	谱学基础	必修	2	32	32	0	0	四	1	化学模块
200100010004	综合化学实验(三)	必修	3	96	0	96	0	四	1	化学模块
130100010103	社会实践	必修	2	80				三	3	三选一
130100010131	生产实习	必修	2	80				三	3	
150100010009	科研训练	必修	2	80				三	3	
130100010126	毕业论文(设计)	必修	6	16周(640)				四	2	
	合计		29	1260						

5. 任选课程(最低必修学分数:0;最低选修学分数:9)

课程号	课程名称	修读形式	学分	总学时	理论教学学时	实验教学学时	实践教学学时	开课学年	开课学期	备注
130100010095	无机化学(二)研讨课	选修	1	16	16	0	0	不限	2	拔尖计划模块
130100010130	分析化学(一)研讨课	选修	1	16	16	0	0	不限	3	拔尖计划模块
130100010014	今日化学(四)	选修	1	20	20	0	0	不限	3	拔尖计划模块
130100010055	有机化学(一)研讨课	选修	1	16	16	0	0	不限	1	拔尖计划模块、双语教学课程
130100010045	物理化学(一)研讨课	选修	1	16	16	0	0	不限	1	拔尖计划模块、双语教学课程
130100010089	有机化学(二)研讨课	选修	1	16	16	0	0	不限	2	拔尖计划模块、双语教学课程
130100010087	物理化学(二)研讨课	选修	1	16	16	0	0	不限	2	拔尖计划模块、双语教学课程
U10302100390	生物化学与分子生物学	选修	4	64	64	0	0	不限	1	化学生物学模块
130100010001	生物化学实验A	选修	3	96	0	96	0	不限	1	化学生物学模块
170100130001	化学生物信息学	选修	2	32	32	0	0	不限	1	化学生物学模块
130110010019	细胞生物学B	选修	2	32	32	0	0	不限	2	化学生物学模块、跨学科课程
130110010047	微生物学B	选修	3	48	48	0	0	不限	2	化学生物学模块、跨学科课程
130100130004	化学生物学综合实验	选修	3	96	0	96	0	不限	2	化学生物学模块
130100130006	化学生物学	选修	3	48	48	0	0	不限	1	化学生物学模块
130100010112	能源化学导(综)论	选修	1	16	16	0	0	不限	1	能源化学模块
160050040001	全球能源市场经济	选修	1	16	16	0	0	不限	1	能源化学模块
170100010003	能源材料基础	选修	2	32	32	0	0	不限	1	能源化学模块
U10302100360	能源材料设计和工业制备	选修	2	32	32	0	0	不限	1	能源化学模块
130100010109	能源化学工程基础	选修	1	16	16	0	0	不限	1	能源化学模块、跨学科课程
170100010001	碳资源化学	选修	3	48	48	0	0	不限	1	能源化学模块
140100010008	能源系统工程	选修	1	16	16	0	0	不限	1	能源化学模块、跨学科课程

续表

课程号	课程名称	修读形式	学分	总学时	理论教学学时	实验教学学时	实践教学学时	开课学年	开课学期	备注
130100010113	电化学能源	选修	2	32	32	0	0	不限	2	能源化学模块
130100010104	能源化学综合实验	选修	2	64	0	64	0	不限	2	能源化学模块
140100010007	高等能源化学	选修	3	48	48	0	0	不限	1	能源化学模块
130100010111	太阳能转化	选修	2	32	32	0	0	不限	1	能源化学模块
130100010018	计算机在化学中的应用	选修	1.5	32	32	0	0	不限	1	双语教学课程
130100010017	化学英语	选修	2	32	32	0	0	不限	2	双语教学课程
130100010007	今日化学(一)	选修	0.5	10	10	0	0	不限	3	
130100010029	无机化学新兴领域简介	选修	0.5	10	10	0	0	不限	3	
130100010075	无机化学课外实践	选修	1	30	0	30	0	不限	3	
130130020047	电子技术实验B(模拟电路部分、数字电路部分)	选修	1.5	48	0	48	0	不限	2	跨学科课程
130130020090	电子技术B	选修	2	32	32	0	0	不限	2	跨学科课程
130100010010	今日化学(二)	选修	0.5	10	10	0	0	不限	3	
130100130009	化学生物学讲座	选修	0.5	10	10	0	0	不限	3	
130100010125	化学科研素养与方法	选修	1	16	16	0	0	不限	1	
130100010022	生物化学C	选修	2	32	32	0	0	不限	1	
130100010132	催化导论	选修	2	32	32	0	0	不限	1	
130100010011	今日化学(三)	选修	1	32	32	0	0	不限	1	
130100010025	胶体与界面化学	选修	2	32	32	0	0	不限	1	
130100010117	诺贝尔奖史话	选修	1	16	16	0	0	不限	1	
200100010002	化学计算与模拟	选修	3	48	32	16	0	不限	2	
190100010008	仿生智能材料界面科学	选修	2	32	32	0	0	不限	2	
130100130007	蛋白质与酶化学	选修	2	32	32	0	0	不限	2	双语教学课程
130100010039	化学动力学和反应动态学	选修	2	32	32	0	0	不限	2	双语教学课程
130100010050	超分子化学	选修	2	32	32	0	0	不限	1	拔尖计划模块
130100010138	金属有机化学初论	选修	2	32	32	0	0	不限	1	
100110001	高等合成化学	选修	3	48	48	0	0	不限	1	研究生课程模块、拔尖计划模块

续表

课程号	课程名称	修读形式	学分	总学时	理论教学学时	实验教学学时	实践教学学时	开课学年	开课学期	备注
100110002	高等仪器分析Ⅰ	选修	3	48	48	0	0	不限	1	研究生课程模块、拔尖计划模块
100110003	高等仪器分析Ⅱ	选修	3	48	48	0	0	不限	1	研究生课程模块、拔尖计划模块
100110004	量子化学基础	选修	3	48	48	0	0	不限	1	研究生课程模块、拔尖计划模块
100110005	实验安全	选修	1	16	16	0	0	不限	1	研究生课程模块
100110006	科研写作与指导	选修	1	16	16	0	0	不限	1	研究生课程模块
100110005	化学研究前沿	选修	3	48	48	0	0	不限	2	研究生课程模块
100120001	高等配位化学	选修	3	48	48	0	0	不限	1	研究生课程模块、拔尖计划模块
100120002	晶体学和 X 射线晶体结构测定	选修	3	48	48	0	0	不限	2	研究生课程模块
100120003	高等有机合成	选修	3	48	48	0	0	不限	1	研究生课程模块、拔尖计划模块
100120004	物理有机与金属有机化学	选修	3	48	48	0	0	不限	2	研究生课程模块、拔尖计划模块
100120005	色谱与质谱分析	选修	3	48	48	0	0	不限	2	研究生课程模块、拔尖计划模块
100120006	光谱分析	选修	3	48	48	0	0	不限	1	研究生课程模块
100120009	化学生物学	选修	3	48	48	0	0	不限	2	研究生课程模块、拔尖计划模块
100120010	生物物理学	选修	3	48	48	0	0	不限	1	研究生课程模块
100120011	化学统计力学和反应动力学	选修	3	48	48	0	0	不限	1	研究生课程模块、拔尖计划模块
100120012	高等量子化学	选修	3	48	48	0	0	不限	2	研究生课程模块
100120013	高等催化化学	选修	3	48	48	0	0	不限	2	研究生课程模块
100130001	催化研究方法	选修	3	48	48	0	0	不限	1	研究生课程模块
100130002	电极过程动力学	选修	3	48	48	0	0	不限	1	研究生课程模块、拔尖计划模块
100130004	固体表面化学	选修	2	32	32	0	0	不限	1	研究生课程模块、拔尖计划模块

续表

课程号	课程名称	修读形式	学分	总学时	理论教学学时	实验教学学时	实践教学学时	开课学年	开课学期	备注
100130007	高等能源化学	选修	3	48	48	0	0	不限	2	研究生课程模块
100130006	分子催化	选修	2	32	32	0	0	不限	1	研究生课程模块、拔尖计划模块
100120015	群论	选修	2	32	32	0	0	不限	2	研究生课程模块
100120016	生物分析化学	选修	2	32	32	0	0	不限	1	研究生课程模块、拔尖计划模块
100130005	应用电化学	选修	2	32	32	0	0	不限	2	研究生课程模块、拔尖计划模块
U10302100359	分子材料:原理与应用	选修	2	32	32	0	0	不限	1	拔尖计划模块
140100010003	中级有机化学	选修	1	20	20	0	0	不限	2	拔尖计划模块
合计			151	2622						

七、课程与毕业要求对应关系表

课程号	课程名称	毕业要求							
		(1)	(2)	(3)	(4)	(5)	(6)	(7)	(8)
180340000002	中国近现代史纲要	L	L	L	L	L	H	M	M
210340000001	思想道德与法治	L	L	L	L	L	H	M	H
130010010054	大学语文	L	L	L	L	M	H	H	M
130020040007	大学英语	L	L	L	L	H	H	L	M
190200000015	军事技能	L	L	L	L	L	H	M	M
180340000010	形势与政策	L	L	L	L	H	H	H	M
130220000212	体育	L	L	L	L	L	H	M	M
130130060002	计算机应用基础	L	H	M	M	L	L	H	L
130130060003/130130060001	程序设计基础（C语言、VB）	L	H	M	M	L	L	H	L
U10303500002	大学生心理健康	L	L	L	L	L	H	M	H
210340000002	马克思主义基本原理	L	L	L	L	L	H	M	M
U10301600006	毛泽东思想和中国特色社会主义理论体系概论	L	L	L	L	L	H	M	H

续表

课程号	课程名称	毕业要求							
		(1)	(2)	(3)	(4)	(5)	(6)	(7)	(8)
U10301600007	习近平新时代中国特色社会主义思想概论	L	L	L	L	L	H	M	H
130200000010	军事理论	L	L	L	L	H	H	M	M
U10302100376	新生研讨课	M	L	H	L	M	L	M	M
130100010102	化学实验安全与环保	M	L	M	L	L	L	M	H
140080030001	微积分Ⅰ-1	L	H	L	L	L	L	M	L
130090010009	大学物理B(上)	L	H	L	M	L	L	M	L
140080030002	微积分Ⅰ-2	L	H	L	L	L	L	M	L
130090010055	大学物理B(下)	L	H	L	M	L	L	M	L
130090010085	大学物理实验	L	H	L	H	L	L	M	L
150100010004	无机化学(一)	H	L	H	H	H	H	M	H
130100010127	分析化学(一)	H	H	M	M	M	M	M	L
150100010006	无机化学(二)	H	L	H	H	H	H	M	H
130100010030	有机化学(一)	H	L	H	H	M	H	H	M
130100010042	结构化学	H	H	H	H	M	M	H	H
140100010001	基础化学实验(二)——无机化学实验	H	L	M	M	M	M	M	H
U10302100390	生物化学与分子生物学	H	M	H	H	M	M	H	M
130100010022	生物化学C	H	L	M	M	L	L	L	L
130100010031	有机化学(二)	H	L	H	H	M	H	H	M
130100010081	物理化学(一)	H	M	M	H	M	L	M	L
140100010002	基础化学实验(二)——有机化学实验	H	L	M	M	M	M	M	H
130100010033	高分子化学B	H	L	H	H	M	H	H	M
130100010094	基础化学实验(三)——物理化学实验	H	M	L	H	L	L	M	M
130100010032	物理化学(二)	H	H	H	H	M	M	H	H
130100010096	基础化学实验(三)——仪器分析实验	H	M	H	H	L	L	M	H
130100010129	分析化学(二)	M	L	H	H	L	L	M	M
130100010126	毕业论文	H	M	H	H	M	H	L	L
140080030011	线性代数Ⅱ	L	H	L	M	L	L	M	L
130100010095	无机化学(二)研讨课	H	L	H	H	H	H	H	H
130100010130	分析化学(一)研讨课	H	M	H	M	H	H	L	L
130100010014	今日化学(四)	H	M	M	M	H	M	H	M

续表

课程号	课程名称	毕业要求							
		(1)	(2)	(3)	(4)	(5)	(6)	(7)	(8)
130100010055	有机化学(一)研讨课	H	L	H	H	M	H	H	M
130100010074	化学信息学	H	H	H	H	L	M	H	H
130100010112	能源化学导(综)论	H	L	H	H	M	H	H	M
130100010001	生物化学实验 A	H	M	M	H	M	M	H	M
130100010045	物理化学(一)研讨课	M	M	H	H	M	M	H	L
130100010089	有机化学(二)研讨课	H	L	H	H	M	H	H	M
160050040001	全球能源市场经济	L	L	M	L	H	M	M	H
140100010009	能源材料基础	H	L	H	H	M	H	H	M
130100010058	统计热力学初步	H	M	M	H	M	L	M	L
130100010087	物理化学(二)研讨课	H	L	H	M	H	H	H	H
130100010109	能源化学工程基础	M	L	H	H	L	L	M	M
130100010066	综合化学实验(一)	H	L	M	M	M	M	H	H
130100020026	化学工程基础	M	M	M	H	L	L	M	H
130100020045	化工基础实验	M	M	M	H	L	L	M	H
130110010019	细胞生物学 B	H	M	H	M	M	M	H	M
130110010047	微生物学 B	H	M	H	H	M	M	H	M
170100010001	碳资源化学	H	M	H	H	M	H	H	M
170100130001	化学生物信息学	H	M	M	H	M	M	H	M
140100010008	能源系统工程	H	M	H	H	M	H	H	M
130100010003	中级无机化学	H	L	H	H	M	H	H	M
200100010003	综合化学实验(二)	H	M	H	H	M	M	H	H
130100010113	电化学能源	M	L	H	H	L	L	M	M
130100010104	能源化学综合实验	H	M	M	H	L	M	H	H
140100010007	高等能源化学	H	M	H	H	M	H	H	M
130100010041	谱学基础	H	M	H	H	L	L	M	L
200100010004	综合化学实验(三)	H	M	H	H	M	M	H	H
130100010111	太阳能转化	H	M	H	H	M	M	H	M
130100130004	化学生物学综合实验	H	M	H	H	M	M	H	M
130100130006	化学生物学	H	M	H	H	M	M	H	M
130100010018	计算机在化学中的应用	H	H	M	H	L	L	H	M

续表

课程号	课程名称	毕业要求							
		(1)	(2)	(3)	(4)	(5)	(6)	(7)	(8)
130100010017	化学英语	M	L	H	M	H	M	H	H
130100010007	今日化学(一)	H	L	H	M	H	L	H	M
130100010029	无机化学新兴领域简介	H	L	H	H	M	M	H	M
130100010075	无机化学课外实践	M	L	M	H	H	H	M	H
130100010125	化学科研素养与方法	M	M	H	M	L	L	M	H
130130020047	电子技术实验B(模拟电路部分、数字电路部分)	L	H	L	H	L	L	M	L
130130020090	电子技术B	L	L	L	M	L	L	M	L
130100010010	今日化学(二)	H	L	H	M	H	L	H	M
130100130009	化学生物学讲座	H	M	M	M	H	M	H	M
130100010011	今日化学(三)	H	L	H	M	H	L	H	M
130100010025	胶体与界面化学	H	M	H	H	L	M	M	L
130100010117	诺贝尔奖史话	M	M	M	M	M	L	M	M
130100010132	催化导论	H	M	M	M	M	M	M	H
200100010002	化学计算与模拟	H	H	M	M	L	M	M	H
190100010008	仿生智能材料界面科学	H	M	M	M	M	M	M	H
130100130007	蛋白质与酶化学	H	M	M	H	M	M	H	M
130100010039	化学动力学和反应动态学	H	H	L	M	L	L	L	L
130100010050	超分子化学	H	L	H	H	M	H	H	M
130100010138	金属有机化学初论	H	L	H	H	M	H	H	M
160060050004	创业基础	L	L	M	L	H	M	M	H
150100010010	创新实践	H	M	H	H	M	M	H	L
130100010103	社会实践	M	L	M	L	H	H	H	H
130100010131	生产实习	H	L	H	H	M	H	H	L
150100010009	科研训练	M	M	M	L	H	H	H	H
140100010003	中级有机化学	H	M	M	H	L	M	H	M
U10302100359	分子材料:原理与应用	H	M	M	H	L	M	M	H
U10302100372	中心科学实验I	H	L	M	H	M	H	H	H
U10302100379	中心科学实验II(B)	H	L	M	H	M	H	H	H
U10302100360	能源材料设计和工业制备	H	L	M	H	M	M	H	H

注:H代表教学环节对毕业要求高支撑,M代表教学环节对毕业要求中支撑,L代表教学环节对毕业要求低支撑。

八、修读导引图（图3-9）

课程类别（横向）： 大类共同课　大类基础课　|　专业课（化学模块、拔尖计划模块）　|　任选课（化学生物学模块、能源化学模块、模块外课程）　|　政治人文课（公共基本课程、通识教育课程、跨学科、个性模块）

公共基本课程 → 通识教育课程 → 跨学科、个性模块

年级/学期	大类共同课 / 大类基础课	专业课（化学模块 / 拔尖计划模块）	任选课（化学生物学模块 / 能源化学模块 / 模块外课程）
一年级 1	微积分I-1、线性代数II、无机化学(一)、中心科学实验I；分析化学(一)		计算机在化学中的应用（模块外课程）
一年级 2	微积分I-2、大学物理B(上)；分析化学(一)、无机化学(二)、结构化学	中心科学实验II(B)	化学英语
一年级 3	大学物理B(下)、大学物理实验	今日化学(四)、分析化学(一)研讨课	今日化学(一)、无机化学新兴领域简介、无机化学课外实践
二年级 1	有机化学(一)、基础化学实验(一)	有机化学(一)研讨课、物理化学(一)研讨课	能源化学导论、全球能源市场经济；电子技术B、电子技术实验B
二年级 2	有机化学(二)、基础化学实验(二)	有机化学(二)研讨课、物理化学(二)研讨课	能源材料基础
二年级 3	物理化学(二)、基础化学实验(三)	统计热力学初步	今日化学(二)、前沿论坛（有机、化生、能源）
三年级 1	分析化学(二)	化学信息学、高分子化学(B)、化学工程基础实验、综合化学实验(一)；基础化学实验(三)	生物化学与分子生物学、生物化学实验A、化学生物信息学；碳资源化学、能源化学工程基础、能源系统工程、能源材料设计和工业制备；诺贝尔奖史话、今日化学(三)、生物化学C、催化导论、胶体与界面化学、化学科研素养与方法（生产实习）
三年级 2	中级无机化学、综合化学实验(二)		细胞生物学B、微生物学B、化学生物学综合实验；电化学能源、能源化学综合实验；化学计算与模拟、蛋白质与酶化学、化学动力学和反应动态学
三年级 3	综合化学实验(三)、谱学基础	毕业论文（设计）	化学生物学
四年级 1			高等能源化学、太阳能转化；超分子化学、金属有机化学初论（研究生课程模块）
四年级 2			

图3-9　修读导引图

*毕业论文从本科生四年级第一学期初开始，学生可以根据自身情况和导师协商毕业论文开始时间。

─ 福州大学 ─
化学拔尖班培养方案（2022级）

一、培养目标

根据《教育部关于实施基础学科拔尖学生培养计划2.0的意见》，充分发挥我校化学一流学科的底蕴优势，全面利用国内外优质教育资源，传承卢嘉锡先生所倡导的C3H3教育理念，面向国家重大战略需求和人类未来发展需要，强化使命驱动，培养具有创新的科学思维、扎实的科研能力、卓越的科学素养、浓厚的家国情怀、宽广的国际视野，能够系统掌握数学、物理、计算机和英语等学科基础知识，扎实掌握化学基础知识、基础理论和实验技能，具有优秀的自主学习能力和坚强的核心竞争力，能够自觉跟踪化学发展趋势，主动探索研究解决化学及相关学科前沿复杂问题的领军型科学人才。

子目标1：富有家国情怀和国际视野、创新意识和科研能力，熟悉化学研究发展趋势及前沿进展，具有专业素养、专业视野和可持续发展理念，具备良好的人文科学素养、职业道德和社会责任感，能够应对职业发展挑战。（对应毕业要求1,2,8,9,10。）

子目标2：能够独立及协同工作，能够综合运用化学基础知识、基本理论和基本实验方法与技能来探索研究解决化学及相关学科前沿复杂问题，成为国家经济建设中化学及相关领域从事教学科研的领军型科学人才。（对应毕业要求3,4,5,6,7。）

二、毕业要求

根据培养目标，对学生的毕业要求分为以下10个方面：

1. 品德修养

（1）具有坚定正确的政治方向、良好的思想品德和健全的人格，热爱祖国，热爱人民，拥护中国共产党的领导。

（2）具有正确的世界观、人生观、价值观。

（3）具有科学精神、人文修养、家国情怀、职业素养、社会责任感和积极向上的人生态度，了解世情国情党情民情，践行社会主义核心价值观。

2. 基础知识及专业知识

（1）系统掌握本专业所需的数学、物理学、计算机技术和英语等基础知识，能运用上述知识多角度表达和分析有关化学问题。

（2）扎实掌握化学专业知识、熟悉化学学科的发展历程及相关领域最新动态和发展趋势。

3. 实验及实践能力

（1）熟练掌握化学实验操作技能,熟悉实验仪器工作原理、操作方法,具有使用现代实验设备进行观测、测试及分析数据的能力。

（2）具备较强的化学实验和实践能力,具有在实践中发现、认识和解决问题的能力,具备自主开展科学研究的能力。

4. 逻辑思维及批判精神

（1）具有逻辑性思维和批判性思维,能辨析与化学相关的具体现象,梳理、概括和推断信息的逻辑关系。

（2）具有发现、辨析、质疑、评价化学专业及相关领域现象和问题的能力,能够科学地阐述个人见解。

5. 综合能力/解决问题

（1）具有化学专业综合能力,能够对化学学科及交叉学科领域问题进行综合分析和研究,构建和表达科学的解决方案。

（2）熟练运用科学研究的基本方法,具有综合运用化学及相关学科的基本原理和方法、设计并实施研究方案、对实验结果进行分析和归纳、撰写中英文学术论文的能力。

6. 外语/信息获取

（1）熟悉化学专业英语词汇和化学专业英语语法特点,能够熟练阅读专业原版英文教材及科研文献。

（2）精通文献资料查询和检索的方法,具备以英语为工具获取并熟练运用所获取的化学及相关学科信息的素养。

7. 交流沟通

（1）能够针对化学专业问题,撰写报告、文稿,陈述发言,清晰表达或回应指令,与业界同行及社会公众进行有效沟通和交流。

（2）能够熟练运用中英文及图表交流专业知识、与国内外同行就化学及相关领域的问题采用书面或者口头的方式进行良好的学术沟通和交流。

8. 团队协作

（1）具有较强团队协调、分工、组织和管理能力,在团队内能通过妥善分解任务,组织多人协同且按照规范程序完成团队任务。

（2）具备良好的与人交流能力,面对复杂任务能够在本学科及多学科团队中与其他成员进行有效的沟通、协调与合作。

9. 国际视野及创新意识

（1）具有较广的国际视野,了解并辨析国际动态和全球性问题。

（2）具有批判性和创造性思维，并应用于化学相关领域国际发展趋势和研究热点。

10. 终身学习

（1）善于独立思考，能够认识到不断自主和终身学习的必要性，具有自主学习和终身学习的能力。
（2）掌握自主学习的方法，能够根据个人和职业发展的需求，自主学习，具备适应社会发展和科研动态的能力。

三、学制和授予学位

（1）标准学制：四年。
（2）授予学位：理学学士。

四、专业核心课程

无机化学（实验）、结构化学、分析化学（实验）、仪器分析（实验）、物理化学（实验）、有机化学（实验）、波谱学、生物化学、高分子化学，综合化学实验。

五、毕业最低学分要求

课程类别		学分数	学时数				各模块学分占总学分百分数
			总学时	其中			
				课内实验	课内上机	独立设课实验（上机）	
课堂教学	必修课程	通识教育必修课	35	676	0	24	0	20.8%
		学科基础必修课	17.5	280	0	0	0	10.4%
		专业必修课	45.5	728	0	0	0	27.1%
	选修课程	通识教育选修课	6	96				3.6%
		专业选修课	6	96	0	0	0	3.6%
		创新创业实践与素质拓展课	2	32			0	1.2%
		跨学科课程和本硕博课程	8	128	0	0	0	4.8%
	小计		120	2036				71.5%

集中性实践环节	学分数	周数	独立设课实验（上机）	各模块学分占总学分百分数
实践必修	37.5	19	564	22.4%
实践选修	10.5	3.5	168	6.4%
小计	48	22.5	732	28.5%
合计	168	2768 学时+22.5 周		100%

六、课程体系、课程设置和各教学环节安排

1. 必修课

（1）通识教育必修课

开课单位	课程名称	学分数	学时数			周学时	考核方式	开设学期
			总学时	其中				
				实验	上机			
马院	思想道德修养与法律基础	2	32			2	1	1
马院	中国近现代史纲要	2.5	40			3	1	2
马院	马克思主义基本原理	3	48			3	1	4
马院	习近平新时代中国特色社会主义思想概论	2.5	40			2	1	4
马院	毛泽东思想和中国特色社会主义理论体系概论	3	48			2	1	3
马院	形势与政策（一）		8			2	2	1
马院	形势与政策（二）		8			2	2	2
马院	形势与政策（三）		8			2	2	3
马院	形势与政策（四）	2	8			2	2	4
马院	形势与政策（五）		8			2	2	5
马院	形势与政策（六）		8			2	2	6
马院	形势与政策（七）		8			2	2	7
马院	形势与政策（八）		8			2	2	8
外语	大学英语（二）	2	32			2	1	1
化学	雅思英语（1）	2	32			2	1	2
化学	雅思英语（2）	2	32			2	1	3
化学	雅思英语（3）	2	32			2	1	4
计数	C语言	3	48		24	4	1	3
体育	体育（一）	1	36			2	2	1
体育	体育（二）	1	36			2	2	2
体育	体育（三）	1	36			2	2	3
体育	体育（四）	1	36			2	2	4
军事	军事理论	2	36			2	2	1
学生处	大学生就业与创业指导	0.5	8			2	2	4
学生处	大学生职业生涯规划	0.5	8			2	2	1
人文	大学生心理健康教育	1	16			2	1	1
人文	大学应用写作	1	16			2	1	4
小计		35	676	0	24			

注：考核方式中，1表示考试，2表示考查，下同。

（2）学科基础必修课

开课单位	课程名称	学分数	学时数			周学时	考核方式	开设学期
			总学时	其中				
				实验	上机			
化学	实验室安全与环保	1	16			2	2	1
化学	化学学科导论	1	16			2	2	1
数统	高等数学 B（上）	5	80			6	1	1
数统	高等数学 B（下）	5	80			6	1	2
数统	工程数学（线性代数与概率统计）	2.5	40			3	1	2
物信	大学物理 A（上）	3	48			4	1	2
化学	嘉锡化学讲坛	0	0					
	小计	17.5	280	0	0			

注：学生在学期间听满10次的"嘉锡化学讲坛"讲座报告并提供每个讲座的活动登记表即为修完该课程，由化学学院认定。

（3）专业必修课

开课单位	课程名称	学分数	学时数				周学时	考核方式	开设学期
			总学时	其中					
				实验	上机	其他			
化学	专家系列讲座	1	16				2	2	4
化学	无机化学 J（上）	3	48				4	1	1
化学	无机化学 J（下）（双语）	4.5	72				4	1	2
化学	结构化学 J（双语）	3.5	56				4	1	4
化学	晶体化学 J（双语）	2	32				2	1	5
化学	分析化学 J	3.5	56				4	1	3
化学	物理化学 J（上）（双语）	4	64				4	1	4
化学	物理化学 J（下）（双语）	4	64				4	1	5
化学	有机化学 J（上）	4	64				4	1	3
化学	有机化学 J（下）	4	64				4	1	4
化学	仪器分析 J	3.5	56				4	1	5
化学	波谱学	2.5	40				2	1	5
化学	生物化学 B	2	32				2	1	3
化学	高分子化学	2	32				2	1	5
化学	能源与环境光催化材料——研究前沿及工程应用（双语）	2	32				2	2	5
	小计	45.5	728	0	0	0			

2. 选修课

（1）专业选修课（应修6学分）

开课单位	课程名称	学分数	学时数			周学时	考核方式	开设学期
			总学时	其中				
				实验	上机			
化学	无机合成	2	32			2	1	7
化学	配位化学	2	32			2	1	6
化学	现代分离分析技术	2	32			2	1	7
化学	光催化基础与应用	2	32			2	2	6
化学	催化基本原理	2	32			2	1	5
化学	胶体与界面化学	1	16			2	1	6
化学	单晶结构分析	2	32			2	1	6
化学	有机合成设计	2	32			2	1	6
化学	物理有机化学	2	32			2	1	6
化学	化学专业英语	2	32			2	1	6
化学	化学文献检索与利用	1	16			2	1	2

（2）通识教育选修课（应修6学分）

学生在校期间应修满6学分的通识教育选修课，其中人文社会科学类2学分、文学与艺术类2学分、劳动教育类2学分。

（3）个性培养课程，应修10学分

（a）创新创业实践与素质拓展课（应修2学分）

学生在校期间应最少修满2学分的创新创业实践与素质拓展课，有以下2种渠道获得相应学分：① 学生可按照《福州大学本科生创新创业实践与素质拓展学分认定管理实施办法》中的有关规定获得学分；② 学生修读由专业专门开设的创新创业类实践课。

（b）跨学科、本硕博课程（至少8学分）

开课单位	课程名称	学分数	学时数	周学时	考核方式	开设学期
创新创业实践与素质拓展课，应修2学分						
化学	合成化学：从基础研究到工业化生产	2	32	2	2	7
跨学科课程（应修8学分）						
石化	化工原理C	3.5	56	2	1	6
石化	化工原理实验C	1	24		2	6
化学	核酸化学	2	32	2	1	6

续表

开课单位	课程名称	学分数	学时数	周学时	考核方式	开设学期
化学	化学与生物传感器	2	32	2	1	7
化学	环境化学导论	2	32	2	1	7
化学	材料化学及研究方法	2	32	2	2	6
化学	纳米材料化学	2	32	2	1	6
化学	计算机辅助分子设计	2	32	2	2	5
化学	能源化学	2	32	2	2	5
材料	材料科学与工程基础	2.5	40	3	1	5
本硕博课程						
化学	高等无机化学	3				7
化学	高等有机化学	3				7
化学	高等分析化学	3				7
化学	高等物理化学	3				7

注:跨学科、本硕博课程属于个性化培养模块之一,学生须在科研导师指导下修读,有以下四种渠道获得相应学分:(1)可以直接修选上表中课程;(2)修读本校化学学院其他研究生课程;(3)跨学科修读本校物理、数学、计算机、化工、材料、生工及环境专业课程;(4)在国内外院校及科研院所交流访学期间修读的课程。

3. 集中性实践环节

(1) 实践必修

开课单位	课程名称	学分数	学时数				周学时	考核方式	开设学期
			总学时	其中					
				实验	上机	其他			
马院	思想政治实践课	2	2周					2	4
军事	军事技能	2	2周					2	1
物信	大学物理实验 A（上）	1.5	36	36			3	1	2
化学	无机化学实验 J（上）	2.5	60	60			6	1	1
化学	无机化学实验 J（下）	2.5	60	60				1	2
化学	分析化学实验 J	3.5	84	84				1	3
化学	有机化学实验 J（上）	3	72	72			6	1	3
化学	有机化学实验 J（下）	3	72	72				1	4
化学	仪器分析实验 J	3	72	72			6	1	5

续表

开课单位	课程名称	学分数	学时数					周学时	考核方式	开设学期
			总学时	其中						
				实验	上机	其他				
化学	物理化学实验 J	4.5	108	108			6	1	5
化学	毕业设计(论文)	10	15 周					2	8
小计		37.5	564 学时+19 周						

（2）实践选修

开课单位	课程名称	学分数	学时数					周学时	考核方式	开设学期
			总学时	其中						
				实验	上机	其他				
化学	综合化学实验 J(1)	3.5	84	84				2	6
化学	综合化学实验 J(2)	3.5	84	84				2	7
化学	科研训练	3.5	3.5 周					2	7
小计		10.5	168 学时+3.5 周						

注:(1) 实践选修属于个性化培养模块之一。学生在校期间应修满 10.5 学分的实践课程,有以下 3 种渠道获得相应学分:①可修读上表中课程;②可在科研导师的课题组完成;③可由科研导师推荐到国内外高校或科研院所完成。

(2) 科研训练所做的课题内容可以作为毕业论文的一部分。

化学专业（强基计划）培养方案（2023级）

一、培养目标

培养一批具有家国情怀、勇于担当、素养优良、基础宽厚、视野开阔、学贯中外、富于创新意识和创新能力、善于开展国内外交流与合作、立志服务于国家重大战略需求、未来可推动化学及材料学、药学、基础医学等学科的发展、研究解决化学及跨学科相关领域前沿关键问题的化学创新拔尖人才。

二、毕业要求

本科阶段毕业生应具备以下方面的知识、能力和素质要求：

（1）能运用数学、物理学、生物学等方面的基础知识和计算机技术描述分析化学及相关问题。

（2）系统扎实地掌握化学基础知识、基本理论和基本实验技能，初步具备化学工程、生命、材料、能源、环境等相关领域的基础知识，掌握化学研究、开发和应用等的基本思想方法与基本技能，初步具备独立开展科研工作的能力。

（3）知晓化学及材料、生命、医药、化工和环境等跨学科相关领域的理论前沿、最新发展动态、存在的关键问题和国家重大战略需求，能熟练查阅中外文资料、进行文献检索及运用现代信息技术获取、整合和分析应用相关信息。

（4）熟知实验室安全技术，具有环保意识，秉持可持续发展的绿色化学理念开展科学研究。

（5）了解关于科学研究、知识产权、化学相关产业的政策、法律和法规；能科学理性地分析评价化学在社会、环境、健康、安全、法律以及文化发展中的作用。

（6）具备开阔的国际视野，能在不同文化背景下进行有效沟通、参与国内外学术交流、开展国内国际合作的能力。

（7）具有自主学习和终身学习的能力，能适应社会及职业发展要求，初步具有研究解决化学及跨学科相关领域前沿关键问题的科研创新能力。

三、核心课程设置

根据专业建设和认证标准开设的富有本专业特色、以本专业最核心的理论和技能为内容的课程，如化学原理、无机化学、有机化学、化学分析、仪器分析、物理化学、结构化学、高分子化学与物理、化工基础、无机及分析化学实验、有机化学实验、物理化学实验、综合化学实验等。

四、主要实践性教学环节（含主要专业实验）

无机及分析化学实验、有机化学实验、物理化学实验、仪器分析实验、综合化学实验、化工基础实验、认知实习、毕业论文等。

五、毕业学分

184 学分（专业培养计划 163 学分，重点提升计划 9 学分，创新实践计划 4 学分，拓展培养计划 8 学分，共计 184 学分）。

六、标准学制

4 年。允许最长修业年限：6 年。

七、授予学位

理学学士。

八、专业培养计划中各类课程学时、学分比例

课程性质	课程类别		学分		学时		占总学分比例	
必修课	通识教育必修课程	理论教学	24	31	384	720	14.72%	19.02%
		实验教学 课内实验课程（计算思维 32）	1		32		0.61%	
		实验教学 独立设置实验课程	0		0		0%	
		实践教学 课内实践课程（毛 1+ 近现代 1）	2		176		1.23%	
		实践教学 独立设置实践课程（体育 4）	4		128		2.45%	
	学科平台基础课程	理论教学	20	21	320	352	12.27%	12.88%
		实验教学 课内实验课程	0		0		0%	
		实验教学 独立设置实验课程	1		32		0.61%	
		实践教学 课内实践课程	0		0		0%	
		实践教学 独立设置实践课程	0		0		0%	
	专业必修课程	理论教学	47	85	752	1968	28.83%	52.15%
		实验教学 课内实验课程	0		0		0%	
		实验教学 独立设置实验课程	26		832		15.95%	
		实践教学 课内实践课程	0		0		0%	
		实践教学 独立设置实践课程	12		384		7.36%	

续表

课程性质	课程类别			学分		学时		占总学分比例	
选修课	专业选修课程	理论教学		14		224		8.59%	
		实验教学	课内实验课程		14		416		15.95%
			独立设置实验课程						
		实践教学	课内实践课程						
			独立设置实践课程						
	通识教育核心课程	理论教学		10		160		6.13%	
		实验教学	课内实验课程		10				
			独立设置实验课程						
		实践教学	课内实践课程						
			独立设置实践课程						
	通识教育选修课程			2	2	32	32	1.23%	
毕业要求总合计				163		3456		100%	

注：专业选修课程只需填写最低修业要求学分与学时数据。

九、专业课程设置及学时分配表

课程类别	课程号/课程组	课程名称	学分数	总学时	总学时分配				考核方式	开设学期	备注
					理论教学	实验教学	实践教学	实践周数			
通识教育必修课程	sd02810450	毛泽东思想和中国特色社会主义理论体系概论	5	96	64		32		考试	4	
	sd02810380	思想道德修养与法律基础	3	48	48				考试	1	
	sd02810350	马克思主义基本原理概论	3	48	48				考试	3	
	sd02810460	中国近现代史纲要	3	64	32		32		考试	1	
	sd02810390	当代世界经济与政治	2	32	32					1~4	不修读
	00070	大学英语课程组	8	240	128		112		考试	1~4	课外112学时
	sd02910630	体育(1)	1	32			32		考查	1	
	sd02910640	体育(2)	1	32			32		考查	2	
	sd02910650	体育(3)	1	32			32		考查	3	
	sd02910660	体育(4)	1	32			32		考查	4	
	sd03011670	计算思维	3	64	32	32			考试	1	
	sd06910010	军事理论	2	32	32				考试	2	
		小计	31	720	384	32	304				

续表

课程类别			课程号/课程组	课程名称	学分数	总学时	总学时分配				考核方式	开设学期	备注
							理论教学	实验教学	实践教学	实践周数			
通识教育核心课程				国学修养	2	32	32					1~6	任选2学分
				艺术审美	2	32	32					1~6	任选2学分
				人文学科	2	32	32					1~6	至少选修6学分(在人文学科、社会科学课程模块中至少修满2学分)
				社会科学	2	32	32					1~6	
				自然科学	2	32	32					1~6	
				工程技术	2	32	32					1~6	
				信息社会	2	32	32					1~6	
				小计	10	160	160						
通识教育选修课程				通识教育选修课程组	2	32	32					1~8	任选2学分
				小计	2	32	32						
学科平台基础课程			sd00920120	高等数学(1)	5	80	80				考试	1	
			sd00920130	高等数学(2)	5	80	80				考试	2	
			sd01020010	大学物理I(1)	4	64	64				考试	2	
			sd01020020	大学物理I(2)	4	64	64				考试	3	
			sd01020030	大学物理实验I	1	32		32			考查	3	
			sd00920060	线性代数	2	32	32				考试	3	
				小计	21	352	320	32					
专业教育课程	专业必修课程	专业基础课程	sd01131690	新生研讨课	2	32	32				考查	1	
			sd01131790	实验室安全与技术	1	16	16				考试	1	
			sd01131780	化学原理	4	64	64				考试	1	
			sd01131180	无机化学	4	64	64				考试	2	
			sd01121520	化学分析	4	64	64				考试	2	
			sd01131260	仪器分析	4	64	64				考试	3	
			sd01131351	有机化学(双语1)	4	64	64				考试	3	
			sd01131361	有机化学(双语2)	4	64	64				考试	4	
			sd01131150	物理化学(1)	4	64	64				考试	4	
			sd01131171	物理化学(双语2)	4	64	64				考试	5	
			sd01130890	结构化学	4	64	64				考试	5	
			sd01131950	仪器分析实验	3	96		96			考查	4	

课程类别		课程号/ 课程组	课程名称	学分数	总学时	总学时分配				考核方式	开设学期	备注
						理论教学	实验教学	实践教学	实践周数			
专业教育课程	专业必修课程 专业基础课程	sd01131800	无机及分析化学实验(1)	3	96		96			考查	1	
		sd01131190	无机及分析化学实验(2)	3	96		96			考查	2	
		sd01131940	有机化学实验(1)	3	96		96			考查	3	
		sd01132010	有机化学实验(2)	3	96		96			考查	4	
		sd01131960	物理化学实验(1)	3	96		96			考查	5	
		sd01131930	物理化学实验(2)	3	96		96			考查	6	
			小计	60	1296	624	672					
	专业核心课程	sd01130700	化学信息学	2	32	32				考试	3	
		sd01130440	化工基础	3	48	48				考试	5	
		sd01130460	化工基础实验	2	64		64			考查	5	
		sd01130310	高分子化学与物理	3	48	48				考试	6	
		sd01131570	综合化学实验(1)	1.5	48		48			考查	6	
		sd01131580	综合化学实验(2)	1.5	48		48			考查	7	
		sd01131010	实习	2	64			64		考查	7	
		sd01131770	科研创新能力培养	2	64			64		考查	7	
		sd01130010	毕业论文	8	256			256		考查	8	
			小计	25	672	128	160	384				
	专业任选课程	sd01130850	计算化学	2	32	32				考试	5	
		sd01130880	胶体化学	2	32	32				考试	5	
		sd01130290	电化学	2	32	32				考试	5	
		sd01131840	金属有机化学	2	32	32				考试	5	
		sd01131910	不对称合成	2	32	32				考试	5	
		sd01130960	配位化学	2	32	32				考试	6	
		sd01130040	催化化学	2	32	32				考试	6	
		sd01130030	表面活性剂化学	2	32	32				考查	6	
		sd01131670	分子模拟实验	2	64		64			考查	6	
		sd01130900	结晶化学	2	32	32				考试	7	
		sd01130950	纳米材料化学	2	32	32				考查	7	
		sd01130300	高分子材料学	2	32	32				考查	7	
		sd01131030	微乳液及乳状液导论	2	32	32				考查	7	

续表

课程类别			课程号/课程组	课程名称	学分数	总学时	总学时分配				考核方式	开设学期	备注
							理论教学	实验教学	实践教学	实践周数			
专业教育课程	专业必修课程	专业任选课程	sd01132080	固体物理Ⅱ	2	32	32				考试	7	
			sd01132060	晶体学	2	32	32				考试	7	
			sd01131920	药物合成化学	2	32	32				考试	7	
			sd01130990	生化分析	2	32	32				考查	7	
			sd01130690	化学生物学	2	32	32				考试	7	
			sd01132070	材料测试与表征	2	32	32				考试	7	
				小计	38	640	576	64					选修14学分
				专业选修课合计	14								
重点提升计划			sd02810580	习近平新时代中国特色社会主义思想概论	2	32	32				考查	6	
			sd02810590	"四史"教育系列专题（2021年5月新增）	1	16	16				考查	2	纳入学生毕业学分要求，不纳入绩点
			sd09010070	形势与政策(1)	0	16	16				考查	1	
			sd09010080	形势与政策(2)	0.5	16	16				考查	2	
			sd09010090	形势与政策(3)	0	16	16				考查	3	
			sd09010100	形势与政策(4)	0.5	16	16				考查	4	
			sd09010110	形势与政策(5)	0	16	16				考查	5	
			sd09010120	形势与政策(6)	1	24	8		16		考查	6	
			sd06910050	军事技能	2	96			96	3	考查	1	
			sd07810220	大学生心理健康教育	2	32	32				考查	1	
				小计	9	280	168		112	3			
创新实践计划				创新实践课程									合计修满4学分即可
				创业实践课程									
				创新创业实践成果									
				小计	4								
拓展培养计划				主题教育	1								
				社会实践	2								
				志愿服务	1								
				学术活动	1								专业自定
				身心健康									专业自定
				文化艺术	3								专业自定
				研究创新									专业自定
				就业创业									专业自定

续表

课程类别	课程号/课程组	课程名称	学分数	总学时	理论教学	实验教学	实践教学	实践周数	考核方式	开设学期	备注
拓展培养计划		社会工作	3								专业自定
		社团经历									专业自定
	小计		8								
合计			184								

表头"总学时分配"横跨"理论教学、实验教学、实践教学、实践周数"四列。

十、课程（项目）与毕业要求对应关系表

课程（项目）名称	毕业要求						
	(1)	(2)	(3)	(4)	(5)	(6)	(7)
高等数学(1)	H	M	M	L	L	L	M
高等数学(2)	H	M	M	L	L	L	M
线性代数	H	M	L	L	L	M	M
大学物理(1)	H	M	L	L	L	L	M
大学物理(2)	H	M	L	L	L	L	M
大学物理实验I	H	M	L	H	L	M	M
化学原理	H	H	H	M	L	H	H
无机化学	H	H	H	M	L	H	H
化学分析	H	H	H	M	L	M	H
仪器分析	H	H	H	M	L	M	H
有机化学(双语1)	H	H	H	M	L	H	H
有机化学(双语2)	H	H	H	M	L	H	H
物理化学(1)	H	H	H	M	L	H	H
物理化学(双语2)	H	H	H	M	L	H	H
结构化学	H	H	H	L	L	M	M
实验室安全与技术	L	H	M	H	M	L	M
仪器分析实验	H	H	H	H	H	M	M
无机及分析化学实验(1)	H	H	M	H	M	M	H

续表

课程(项目)名称	毕业要求						
	(1)	(2)	(3)	(4)	(5)	(6)	(7)
无机及分析化学实验(2)	H	H	M	H	M	M	H
有机化学实验(1)	H	H	M	H	L	M	H
有机化学实验(2)	H	H	M	H	L	M	H
物理化学实验(1)	H	H	M	M	L	M	H
物理化学实验(2)	H	H	M	M	L	M	H
化学信息学	H	H	H	L	H	M	H
化工基础	H	H	M	M	M	L	H
化工基础实验	H	H	L	H	L	M	H
高分子化学与物理	H	H	H	M	L	M	M
综合化学实验(1)	H	H	H	H	L	M	H
综合化学实验(2)	H	H	H	H	L	M	H
实习	H	H	M	M	H	H	H
毕业论文	H	H	H	H	H	H	H

十一、大学英语课程设置及学时分配表

类别	课组号	课程号	课程名称	学分数	总学时	总学时分配		开设学期	备注
						课内教学	实践教学		
大学英语课组	00070	sd03110010	大学基础英语(1)	2	88	32	56	1	新生根据入学英语分级考试结果,分别选修相应课程
		sd03110020	大学基础英语(2)	2	88	32	56	2	
		sd03110030	大学综合英语(1)	2	88	32	56	1	
		sd03110040	大学综合英语(2)	2	88	32	56	2	
		sd03110050	通用学术英语(1)	2	88	32	56	1	
		sd03110060	通用学术英语(2)	2	88	32	56	2	
			英语提高课程	4	128	128		3~4	每个学期任选2学分的提高类课程
	应修小计			8	304	192	112		自主学习112学时

化学专业（拔尖班）培养方案（2023级）

一、培养目标

培养德智体美劳全面发展，具有强烈社会责任感、良好创新精神、突出实践能力和宽广国际化视野的优秀化学领军人才。学生具有良好的科学文化素养，系统扎实掌握现代化学基础理论和基础知识，熟练掌握现代化学研究的基本方法和技能，受到系统的科学研究训练，具有在本专业领域深造和全面发展的潜质，毕业后能胜任化学及其相关领域科学研究工作，将来在化学学科领域成长为攀登科学高峰、跻身国际一流科学家行列的领军人才。

培养目标1：具有安全意识、环保意识和可持续发展理念；了解与本专业相关的法律、法规，熟悉环境保护和可持续发展等方面的方针、政策和法律、法规，能正确认识化学对于自然和社会的影响，明确个人的职责和义务；

培养目标2：掌握化学基础知识和基本理论；掌握化学研究基本技能；了解化学的发展历史、学科前沿和发展趋势；

培养目标3：具有较强的运用专业外语学习、表达、写作、交流的能力和团队合作精神；

培养目标4：掌握本专业所需的数学和物理学等相关学科的基本内容；

培养目标5：掌握化学研究的基本方法和手段，具备发现、提出、分析和解决化学及相关学科问题的能力；

培养目标6：掌握必要的信息技术，能够获取、加工和应用化学及相关专业领域信息；

培养目标7：具有突出的创新意识和实践能力；具备自主学习、自我发展的能力，能够适应科学技术和经济社会发展。

二、毕业要求

毕业要求1：具有正确的世界观、人生观、价值观及爱国主义精神；具有较好的人文社会科学素养，较强的社会责任感和良好的职业道德；

毕业要求2：具有一定的数学、物理学基础，掌握化学学科的基本理论、基础知识和基本技能，了解化学发展前沿和最新理论，具有绿色化学理念，具有一定的人文社会科学知识和较宽广的知识面。

毕业要求3：受到系统的化学科学研究方法训练，具有一定的化学专业英语交流写作能力和比较突出的科学研究潜质，具备较强的综合运用化学及相关学科的基本理论和技术方法进行研究和开发的能力。能够在化学及相关学科领域开展创新性研究工作，具备学科视野开阔、创新能力突出、工作能力强等素养。

毕业要求4：具有较强的文献阅读分析能力，具有独立构思科学实验、进行科学实践的基本能力。能够独立完成科学论文写作，规范掌握科学论文、科学报告等的表达方式和写作技巧。具有良好的实验安全意识以及处理实验突发状况的能力。

毕业要求5：掌握自然科学的基本原理，能够认识自然、理解自然；具有利用自然规律，开辟各种可能的途径，探索科学问题并得出合理证据结论的能力。

毕业要求6：具备应用基础和专业学科的基本原理，对复杂自然现象、社会或工程问题，进行识别、分析、解释或设计解决方案的能力。

毕业要求7：具备终身学习意识，具有自主学习的能力。

毕业要求8：通过学习与实践，拥有生活必不可少的健康体魄与体力，具备审美情趣和意识，形成自强不息、内心充实、诚信自律的健全人格。

毕业要求9：对于文本和交谈具备理解、运用和反思的能力；能用书面和口头的方式，清晰有效地表达观点；具有跨文化交流能力。

毕业要求10：能够在多学科背景下的团队中承担不同角色，准确表达个人观点，广泛进行信息交流，通过协商共同制订工作方案、实施工作计划、开展工作评价。

毕业要求11：树立和践行社会主义核心价值观；理解个人与社会的关系，坚持持续发展理念；具有文化底蕴、职业道德和社会责任感。

三、主干学科

化学的主干学科包括无机化学、有机化学、分析化学、物理化学、高分子化学等。

四、专业主干课程

化学是一门承上启下的中心学科。化学以数学和物理学为基础，同时在化学工程、生命科学、材料科学、能源科学、环境科学、信息科学、药学、医学等学科的发展中发挥着重要的基础和推动作用；化学与上述学科相互交叉，形成新的学科增长点。化学是这些交叉学科的基础，而这些交叉学科又为化学的发展拓展了空间，注入了活力。

化学的主干课程包括无机化学（无机化学原理、元素无机化学）、有机化学、分析化学（化学分析和仪器分析）、物理化学（含结构化学）、高分子化学、无机化学实验、分析化学实验、仪器分析实验、有机化学实验、物理化学实验（含结构化学实验）、综合化学实验等。化学的研究内容涵盖了物质的合成与反应、分离与提纯、分析与鉴定、性质与功能、结构与形态、剪裁与组装等。在科学技术高度发展的今天，在传统和经验性研究模式的基础上，化学工作者更加注重通过模拟、设计和控制合成，实现对物质功能的优化和调控，并将化学研究从原子、分子层次，逐步推进到分子聚集体层次。随着化学学科的发展，化学各主干学科之间相互交叉、融合，形成了一系列前沿交叉学科和领域。这种交叉与融合的趋势淡化了化学各传统主干学科间的界限，促使化学工作者越来越多地站在一级学科层面上形成系统、连贯的学科思维。

五、学制、修业年限（分流学期）及授予学位

本专业学制4年，弹性修业年限4~6年（从第2学期专业培养），符合郑州大学授予学士学位规定，授予理学学士学位。

六、毕业学分要求

本专业须修满培养方案中规定课程 154 学分(其中通识课 34 学分,基础课 62 学分,专业核心课 10 学分,专业拓展课 10 学分,实践课 38 学分,毕业论文 8 学分),方准毕业。

七、主要实践性教学环节

实践性教学环节主要包括:军训、专业认知实习、公修及专业基础课实验、毕业论文、科研训练。

八、学分、学时汇总表

学分、学时			课程教学						综合实践		合计
			通识课程		基础课程		专业课程		公共实践	专业实践	
			通识通修	通识课程群	公共基础	专业基础	专业核心	专业拓展			
各学期计划学分与学时	一	学分	4	1	10	5			2	2.5	24.5
		学时	64	16	160	80			48	60	428
	二	学分	0	3	12	4				2.5	21.5
		学时	0	48	192	64				60	364
	三	学分	8	3	3	8			2.5	2.5	27
		学时	128	48	48	128			60	60	472
	四	学分	6	1		8			1.5	3	19.5
		学时	96	16		128			36	72	348
	五	学分		2		12		2		3	19
		学时		32		192		32		72	328
	六	学分		6			8	4		7.5	25.5
		学时		96			128	64		180	468
	七	学分					2	4		3	9
		学时					32	64		72	168
	八	学分								8	8
		学时								192	192
合计		学分	18	16	25	37	10	10	6	32	154
		学时	288	256	400	592	160	160	144	768	2768
占总学分比例			11.69%	10.39%	16.23%	24.03%	6.49%	6.49%	3.90%	20.78%	100%
占总学时比例			10.40%	9.25%	14.45%	21.39%	5.78%	5.78%	5.20%	27.75%	100%

注:(1) 理论课以 16 学时计 1 学分;实验课(含上机)24 学时计 1 学分;集中进行的毕业论文(毕业设计)、实习、综合设计等实践环节一般 1 周记 1 学分,分散进行的满 24 学时计 1 学分;体育课 32 学时计 1 学分。通识通修 16 实践学时计 1 学分。

(2) "通识课程群"学分学时统一合计在第 7 学期,"专业拓展"课程如学生选修学期不定则学分学时统一合计在第 7 学期。

(3) 实践总学分包含综合实践 38 学分,课内实践合计 5 学分,共计 43 学分,占总学分的 27.9%。

九、化学专业(拔尖班)教学计划安排表

课程类别			课程编号	课程名称	学分	学时		各学期计划学分								备注
						理论授课	实验实践	1	2	3	4	5	6	7	8	
课程教学7	通识课程	通识通修	391011	思想道德修养与法律基础	3	32	16	3								
			391024	中国近现代史纲要	3	32	16			3						
			391026	毛泽东思想和中国特色社会主义理论体系概论	3	32	16			3						
			391027	习近平新时代中国特色社会主义思想概论	3	32	16				3					
			392052	马克思主义基本原理	3	32	16				3					
			391015	形势与政策	2	32		√	√	√	√	2				
			981001	军事理论	1	16		1								
		通识课程群	体育艺术(限选)	491001	体育(Ⅰ)	1	32		1								
				491002	体育(Ⅱ)	1	32			1							
				491003	体育(Ⅲ)	1	32				1						
				491004	体育(Ⅳ)	1	32					1					
					公共艺术	2											
			创新创业(限选)	416001	大学生职业生涯规划与就业指导	2	32				√		√		2		
				236002	创新创业基础(未来化学家创新力培养)	2									2		
				397005	"四史"教育专题(限选)	1	16				1						
					文化素质类												
			学习潜能(限选)		学习潜能类	5											
			科学前沿(限选)		科学前沿类												
		基础课程	公共基础	371013	大学英语读写(Ⅰ)	2	32		2								四类外语选其一修习
				371021	大学英语听说(Ⅰ)	1	16		1								
				371015	大学英语读写(Ⅱ)	2	32			2							
				371022	大学英语听说(Ⅱ)	1	16			1							

续表

课程类别			课程编号	课程名称	学分	学时		各学期计划学分								备注
						理论授课	实验实践	1	2	3	4	5	6	7	8	
课程教学 7	基础课程	公共基础	371028	大学俄语读写（Ⅰ）	2	32										四类外语选其一修习
			371029	大学俄语读写（Ⅱ）	2	32										
			371030	大学俄语（Ⅲ）	2	32										
			371031	大学俄语（Ⅳ）	2	32										
			371032	大学俄语听说（Ⅰ）	1	16										
			371033	大学俄语听说（Ⅱ）	1	16										
			371034	大学日语读写（Ⅰ）	2	32										四类外语选其一修习
			371035	大学日语读写（Ⅱ）	2	32										
			371036	大学日语（Ⅲ）	2	32										
			371037	大学日语（Ⅳ）	2	32										
			371038	大学日语听说（Ⅱ）	1	16										
			371039	大学日语听说（Ⅰ）	1	16										
			371040	大学德语读写（Ⅰ）	2	32										四类外语选其一修习
			371041	大学德语读写（Ⅱ）	2	32										
			371043	大学德语听说（Ⅰ）	1	16										
			371044	大学德语听说（Ⅱ）	1	16										
			371042	大学德语（Ⅲ）	2	32										
			371045	大学德语（Ⅳ）	2	32										
			211016	微积分 A（Ⅰ）	5	80		5								
			211017	微积分 A（Ⅱ）	5	80			5							
			211023	线性代数 A	2	32		2								
			221001	大学物理 A（Ⅰ）	4	64			4							
			221002	大学物理 A（Ⅱ）	3	48				3						
		专业基础	233015	无机化学原理	4	64		4								劳动教育4学时
			232038	元素无机化学（双语）	4	64			4							劳动教育4学时

续表

课程类别		课程编号	课程名称	学分	学时		各学期计划学分								备注
					理论授课	实验实践	1	2	3	4	5	6	7	8	
基础课程	专业基础	232043	分析化学(双语)	4	64				4						劳动教育4学时
		232039	有机化学(Ⅰ)(双语)	4	64				4						劳动教育4学时
		232040	有机化学(Ⅱ)(双语)	4	64					4					劳动教育4学时
		232041	物理化学(Ⅰ)(双语)	4	64					4					劳动教育4学时
		232042	物理化学(Ⅱ)(双语)	4	64						4				劳动教育4学时
		232026	化学实验安全技术	1	64		1								
		232044	仪器分析(双语)	4	64						4				劳动教育4学时
		232006	结构化学	4	64						4				
课程教学7	专业核心	234073	理论计算化学	2	32							2			
		234002	波谱分析	2	32							2			
		234033	高分子化学	2	32								2		
		234025	无机材料化学	2	32							2			
		234048	能源化学	2	32							2			
	专业课程 专业拓展(任选10学分)	234046	精细化工	2									2		
		233501	生物化学	2	32								2		
		234026	环境化学	2	32							2			
		234064	化工技术经济学	2									2		
		234074	现代无机合成	2								2			
		234075	纳米材料及应用	2										2		
		234076	化学信息学	2										2		
		234077	化工设备基础	2										2		
		234079	环境化工	2									2			
		234081	胶体与界面化学	2									2			
		233021	现代分析化学	2									2			
		233023	精细化学品化学	2									2			
		233024	应用分析技术	2									2			
		234003	高等有机化学	2										2		

续表

课程类别			课程编号	课程名称	学分	学时		各学期计划学分								备注
						理论授课	实验实践	1	2	3	4	5	6	7	8	
课程教学7	专业课程	专业拓展（任选10学分）	234008	有机合成化学	2								2			
			234027	化工制图	2								2			
			234028	药物化学	2							2				
			233022	应用催化	2							2				
			234043	今日化学（Ⅰ）								1				
			234044	今日化学（Ⅱ）								1				
			232028	化学进展	1						1					
			233020	现代配位化学	2									2		
			234080	化学生物学导论									2			
			234078	多孔材料化学	2									2		
			234059	药物分析	2									2		
			234048	能源化学	2								2			
综合实践	公共实践		985001	军事技能训练	2		48	2								
			225042	大学物理实验A（Ⅰ）	1.5		36			1.5						
			225043	大学物理实验A（Ⅱ）	1.5		36				1.5					
			235042	专业认识实习	1		16				1					
	专业实践		235048	无机化学实验Ⅰ	2.5		60	2.5								
			235049	无机化学实验Ⅱ	2.5		60		2.5							
			235052	分析化学实验	2.5		60			2.5						
			235050	有机化学实验Ⅰ	3		72				3					
			235047	有机化学实验Ⅱ	3		72					3				
			233017	综合化学实验（Ⅰ）	2		48						2			
			235011	物理化学实验	3								3			
			235051	仪器分析实验	2.5		60						2.5			
			233018	综合化学实验（Ⅱ）	3		72							3		
			235053	毕业论文	8		192								8	

注："公共艺术类"课程须修够2学分，从公共艺术类课程群中任选学习。

十、毕业要求支撑培养目标实现关系矩阵图

毕业要求	培养目标						
	培养目标1	培养目标2	培养目标3	培养目标4	培养目标5	培养目标6	培养目标7
毕业要求 1	√						
毕业要求 2	√	√		√	√		
毕业要求 3		√	√		√	√	
毕业要求 4	√		√				
毕业要求 5	√	√			√	√	
毕业要求 6		√		√	√	√	
毕业要求 7	√						√
毕业要求 8							√
毕业要求 9			√				√
毕业要求 10		√	√			√	√
毕业要求 11							√

化学专业（强基计划）培养方案（2023级）

一、培养目标

本科阶段：培养具有坚定民族精神和开阔国际视野、有强烈社会责任感和使命感，立志于服务国家重大战略需求，人格健全，身心健康，具有国际竞争力的基础学科拔尖创新人才。

研究生阶段：(1) 身心健康，具有良好的道德品质和科学素养，有志于服务国家重大战略需求。(2) 掌握宽广的基础理论和系统的专业知识，掌握熟练的实验技能和先进的研究方法；具有较强的创新意识和独立开展科学研究的能力，并在所从事的研究领域取得创新性成果。(3) 具有国际视野和国际学术交流能力。

二、阶段性考核和动态进出办法

牢牢把握强基计划"为国选才"和"三有"（有志向、有兴趣、有天赋）目标和定位，将之贯穿强基计划人才培养全过程和全方位。

(1) 本科第一期分流（本科一年级末）。

本科一年级末，学院对照"为国选才"和"三有"——有志向、有兴趣、有天赋标准，对强基计划学生进行考核，主要考察学生思想道德品格（是否以国家利益为先）、学科兴趣（对化学是否兴趣浓厚）、志向（是否有明确的为国服务志向，是否甘愿坐"冷板凳"）、学业成绩等，通过查阅学生成长档案、召开师生座谈会等方式，了解学生现实表现。不符合强基计划培养目标和定位的学生分流到化学专业普通班。

(2) 本科中期分流（本科二年级末）。

本科二年级末，学院组织专家对强基计划学生进行考核，主要考察学生思想道德品格、学科兴趣、志向、学业成绩等。不符合强基计划培养目标和定位的学生分流到化学专业普通班。

(3) 本硕博衔接培养遴选（本科三年级末）。

① 本科三年级末，学院组织专家面试，对强基计划学生实施"本硕博衔接培养"遴选，对学生的科研潜力、知识基础、心理素质、英语水平、表达能力等进行全面考核，择优选拔。入选者进入本硕博衔接培养阶段，未入选者分流到化学专业普通班。

② 入选者根据专业志向，双向选择确定博士生导师。每一位博士生导师每年最多只能招收一名本硕博衔接培养学生。

(4) 本科四年级及研究生阶段考核分流。

学院定期对学生进行考核，研究生阶段按研究生培养分流机制执行。考核内容包括思想品质、兴趣志向、课程学习、科研开展情况等，着重在研究生中期考核、学位论文开题、论文评审、论文答辩等重要环节进行。对不符合强基计划培养目标或不适宜继续攻读学位及培养过程中违反学术道德、不遵守学术规范,涉及学术不端的培养对象,视情节予以分流或淘汰。

(5) 动态进出办法。

① 学院每学年组织一次评审,对违纪或不符合强基计划培养目标和定位的学生,学院予以转出,分流至化学专业普通班。

② 强基计划学生如本人申请,经学院批准,可以退出"强基计划-星拱班",转到化学专业普通班学习,但不再享受强基计划相应政策。

③ 对学习成绩优异、表现突出的化学专业普通班学生,如符合强基计划培养目标和定位,可以"申请+考核"的方式转入"强基计划-星拱班"学习。

④ 从"强基计划-星拱班"流出至化学专业普通班的学生,按化学类普通专业培养方案进行培养,待其修满所需学分后准予毕业。

三、学习要求及学位授予

1. 本科阶段

学制 4 年。学生须完成培养方案中要求的实验和实践性课程,包括基础化学实验、综合化学实验、科研能力训练与实践、毕业论文,以及生产实习和社会调查。科研能力训练与实践成果可以用来取得创新学分;毕业论文训练时间为 16 周。

修满 155 学分,通过毕业论文答辩即可毕业,授予理学学士学位。

2. 研究生阶段

研究生阶段的培养年限一般为 5 年,最长学习年限为 8 年。

学生完成所在专业博士阶段课程学分学习(41 学分,可在本硕博衔接阶段完成),并在导师指导下完成博士培养阶段其他必修环节学习,包括学科综合考试、学术交流、学期学术报告、实习实践(担任助教、助研)、文献阅读,学位论文开题报告、过程检查、预答辩、答辩等,授理学博士学位。

四、配套保障

1. 组织保障

(1) 成立领导小组。学院党委书记、院长任组长,分管副书记、副院长担任副组长,学院相关教育、教学人员为组员。领导小组从学院层面统筹规划,保障国家、学校政策落地落实,组织阶段性考核,协调学校有关部门等。

(2) 组建专家指导委员会。委员会由相关课程责任教授、学院本科教学指导委员会成员、研究生培养指导委员会成员共同组成,学院院长任委员会主任。负责"强基计划-星拱班"各阶段培养方案的制订和修订,保证人才培养质量。

2. 经费保障

在国家、学校专项经费的支持下,学院按一定比例投入配套资金支持,专项用于"强基计划–星拱班"学生培养,包括本科生基础培养费、实习实训费用、海外交流专项经费、科研训练费用、实验室运行费等。

3. 师资保障

学院安排国字号人才和二级教授担任该班班级导师、学生学业导师暨烛光导航师,从大一进校开始进行一对一指导。

学业导师暨烛光导航师指导学生在本科阶段开展科学研究,参与大学生创新训练项目和国家重大科研攻关项目研究。

4. 政策保障

(1) 免试推荐研究生。在学校政策支持下,通过本硕博衔接培养遴选的"强基计划–星拱班"学生免试推荐攻读本校化学专业研究生,并优先选择博士生导师。

(2) 本硕博衔接培养。入选本硕博衔接培养的学生,本科四年级进入本硕博衔接阶段,边准备本科毕业论文及答辩,边学习研究生阶段课程,进入研究生阶段后,可专心从事科研,早出科研成果。

(3) 学生在本科四年级享受硕士生待遇;进入研究生阶段后,按博士生管理,享受博士生待遇。

(4) 设置"强基计划–星拱班"专项奖学金,用于奖励该班优秀学生。在学校政策支持下,提高该班奖学金名额及金额。

化学专业(强基计划)教学计划(本科阶段)

课程类别			课程名称	学分数			学时数			修读学期	备注
				总学分	理论课学分	实践课学分	总学时	理论课学时	实践课学时		
本科培养环节	通识教育课程	通识必修课程 必修6	人文社科经典导引	2	2	0	32	32	0	1–2	1. 所有学生必须修读"人文社科经典导引""自然科学经典导引""中国精神导引"; 2. 所有学生必须选修"中华文化与世界文明"和"艺术体验与审美鉴赏"模块课程,其中"艺术体验与审美鉴赏"模块课程至少选修2学分; 3. 所有学生必须至少修满12学分通识教育课程
			自然科学经典导引	2	2	0	32	32	0	1–2	
			中国精神导引	2	2	0	32	32	0	1–2	
		通识选修课程 选修6	中华文化与世界文明模块	2	2	0	32	32			
			科学精神与生命关怀模块								
			社会科学与现代社会模块								
			艺术体验与审美鉴赏模块	2	2	0	32	32	0		

续表

课程类别			课程名称	学分数			学时数			修读学期	备注
				总学分	理论课学分	实践课学分	总学时	理论课学时	实践课学时		
本科培养环节	公共基础课程	公共基础必修课程 必修 37	马克思主义基本原理	3	2.5	0.5	52	40	12	2	"四史"教育模块包括《党史》《新中国史》《改革开放史》和《社会主义发展史》，要求至少选修 1 门课程
			毛泽东思想和中国特色社会主义理论体系概论	3	2.5	0.5	52	40	12	3	
			中国近现代史纲要	3	2.5	0.5	52	40	12	2	
			思想道德与法治	3	2.5	0.5	52	40	12	1	
			习近平新时代中国特色社会主义思想概论	3	3	0	48	48	0	6	
			形势与政策	2	2	0	32	32	0	1-4	
			体育	4	0	4	128	16	112	1-6	
			大学英语	6	6	0	96	96	0	1-2	
			军事理论与技能	4	2	2	200	32	168	1	
			新时代中国特色社会主义劳动教育	2	0.5	1.5	44	8	36	3-4	
			大学生心理健康	2	2	0	32	32	0	1-2 (三)	
			国家安全教育	1	1	0	16	16	0	1	
			"四史"教育模块	1	1	0	16	16	0	1-2	
		公共基础选修课程 选修 21	高等数学 B1	4	4	0	80	80	0	1	至少修满 21 学分
			高等数学 B2	4	4	0	80	80	0	2	
			大学物理 A1	4	4	0	64	64	0	2	
			大学物理 A2	4	4	0	64	64	0	3	
			大学物理实验 A	2	0	2	48	0	48	3	
			线性代数 B	3	3	0	48	48	0	3	
			概率论与数理统计 B	3	3	0	48	48	0	3	
		跨学院公共基础课程 必修 5	程序设计（B）	3	2	1	56	32	24	1	跨学院公共基础课程为必修课程，其中程序设计（B）在 Python 语言程序设计和 C 语言程序设计中二选一
			材料科学基础	2	2	0	32	32	0	4/5	

续表

课程类别			课程名称	学分数			学时数			修读学期	备注
				总学分	理论课学分	实践课学分	总学时	理论课学时	实践课学时		
本科培养环节	专业教育课程	专业必修课程 59	无机化学 01	3	3	0	48	48	0	1	
			无机化学 02	3	3	0	48	48	0	2	
			无机化学研讨课	0	0	0	32	32	0	1/2	
			分析化学 01	3	3	0	48	48	0	2	
			物理化学 01	3	3	0	48	48	0	3	
			有机化学 01	3	3	0	48	48	0	3	
			基础化学实验 01	2	0	2	48	0	48	1	
			基础化学实验 02	2	0	2	48	0	48	2	
			基础化学实验 03	2	0	2	48	0	48	2	
			基础化学实验 04	2	0	2	48	0	48	3	
			化学实验安全技术	1	1	0	16	16	0	1	
			物理化学 02	3	3	0	48	48	0	4	
			物理化学研讨课	0	0	0	32	32	0	3/4	
			有机化学 02	3	3	0	48	48	0	4	
			有机化学研讨课	0	0	0	32	32	0	3/4	
			结构化学	3	3	0	48	48	0	4	
			结构化学研讨课	0	0	0	16	16	0	4	
			分析化学 02	3	3	0	48	48	0	5	
			分析化学研讨课	0	0	0	32	32	0	2/5	
			综合化学实验 01	2	0	2	48	0	48	3	
			综合化学实验 02	2	0	2	48	0	48	4	
			综合化学实验 03	2	0	2	48	0	48	4	
			综合化学实验 04	2	0	2	48	0	48	5	
			科研能力训练与实践①	2	0	2	48	0	48	6	
			高分子化学	2	2	0	32	32	0	5	
			高分子物理	2	2	0	32	32	0	5	
			化工基础	3	3	0	48	48	0	5	
			毕业论文	6	0	6	144	0	144	7–8	

续表

课程类别			课程名称	学分数			学时数			修读学期	备注
				总学分	理论课学分	实践课学分	总学时	理论课学时	实践课学时		
本科培养环节	专业教育课程	专业选修课程	学院内选修课程≥7	魅力化学	2	2	0	32	32	0	1	"生物化学""科技论文阅读与写作"为专业指定选修课程
				科技论文阅读与写作	2	2	0	32	32	0	6	
				生物化学	3	3	0	48	48	0	5	
				配位化学	2	2	0	32	32	0	6	
				晶体化学③	3	2	1	56	32	24		
				催化与表界面化学③	2	2	0	32	32	0		
				金属有机化学③	2	2	0	32	32	0		
				有机硅化学③	2	2	0	32	32	0		
				化学分离技术	2	2	0	32	32	0	6	
				生物无机化学	2	2	0	32	32	0	6	
				生物有机化学	2	2	0	32	32	0	6	
				电厂化学	2	2	0	32	32	0	6	
				化工制图	2	1	1	40	16	24	6	
				功能高分子	2	2	0	32	32	0	6	
				物理有机化学	2	2	0	32	32	0	6	
				高分子工程③	2	2	0	32	32	0		
				计算化学	2	2	0	32	32	0		
				应用化学实验③	2	0	2	48	0	48		
				环境监测③	2	2	0	32	32	0		
				显微与微结构分析③	2	2	0	32	32	0		
				联用技术及元素形态③	2	2	0	32	32	0		
			跨学院课程	至少选修6学分								

课程类别		课程名称	学分数			学时数			修读学期	备注
			总学分	理论课学分	实践课学分	总学时	理论课学时	实践课学时		
本研衔接环节	本研衔接课程学分≥4	现代电化学	2	2	0	32	32	0	6	
		中级有机化学	2	2	0	32	32	0	6	
		现代分析化学	2	2	0	32	32	0	6	
		材料化学	2	2	0	32	32	0	5	
		当代化学@	2	2	0	32	32	0	5	
	必修环节≥5	有机波谱分析	3	3	0	48	48	0	6	
		分子模拟实验	2	0	2	48	0	48	6	
本科毕业应取得总学分:155 分		其中,专业必修课程学分:59 学分,占总学分的 38.1% 实践教学学分:41 学分,占总学分的 26.5% 选修课程学分:38 学分,占总学分的 24.5% 本研衔接课程学分:9 学分,占总学分的 5.8%								
强基计划研究生阶段培养计划详见"武汉大学研究生培养方案"										

注:(1) 带 @ 字的课程为创新创业类课程。

(2) 带 ⊜ 字的课程为第三学期开设课程。

(3) 学时设置应与学分完全对应,按照理论课 1 学分 16 学时,实践课 1 学分 24 学时填写。

化学专业（拔尖基地班）本科培养方案
（2023级）

一、培养目标

坚持"厚基础、强实践、重创新"的育人特色,培养具有家国情怀和中华文化底蕴、身心健康、理想信念坚定、数理和化学基础扎实、创新意识与能力强、国际视野宽的未来化学家。

二、毕业要求

(1) 具有扎实的化学与数理等方面的基础理论和基本知识;

(2) 掌握化学基本实验技能,了解化学的前沿领域、应用前景和最新发展动态;

(3) 掌握中英文学术表达、科学文件写作和交流能力;

(4) 具备熟练文献检索及运用现代信息技术的能力;

(5) 具有良好人文和科学素质及社会责任感,具有高尚品德、规则意识、健康体魄、良好的艺术修养、人文气质和劳动技能;

(6) 具有较强的创新精神与实践能力;

(7) 具有较强的团队合作精神;

(8) 具有安全、法律、环保意识和可持续发展理念;

(9) 具有自主学习、自我发展的终身学习能力。

三、培养特色

依托国家级科研平台,以学科前沿项目为牵引,实行"导师制、学分制、书院制;小班化、个性化、国际化"教育,培养致力于科学研究、具有国际竞争力的高素质化学学科拔尖创新人才。

四、主干学科

化学。

五、学制与学位

学制:四年。

授予学位:理学学士学位。

六、学时与学分

完成学业最低课内学分(含课程体系与集中性实践教学环节)要求:151.5 学分。

其中,专业基础课程、专业核心课程学分不允许用其他课程学分进行冲抵和替代。

完成学业最低课外学分要求:6 学分。

1. 课程体系学时与学分

课程类别		课程性质	学时/学分	占课程体系学时比例/%
素质教育通识课程		必修	636/33	21.3
		选修	160/10	5.4
学科基础课程		必修	464/27.25	15.6
专业课程	专业核心课程	必修	920/45.25	30.9
	专业必修课程	必修	240/13.5	8.1
	专业选修课程	选修	160/10	5.3
集中性实践教学环节		必修	25 周/12.5	13.4
合计			2580+25 周/151.5	100
其中,总实验(实践)学时及占比			968	32.5

2. 集中性实践教学环节周数与学分

实践教学环节名称	课程性质	周数/学分	占实践教学环节学时比例/%
军事训练	必修	2/1	8
科学训练	必修	4/2	16
创新实践	必修	3/1.5	12
毕业设计(论文)	必修	16/8	64
合计		25/12.5	100

3. 课外学分

序号	课外活动名称	课外活动和社会实践的要求		课外学分
1	社会实践活动	提交社会调查报告，通过答辩		2
		个人被校团委或团省委评为社会实践活动积极分子，集体被校团委或团省委评为优秀社会实践队		2
2	思政课社会实践（必修）	提交调查报告，取得成绩（课外必修学分）		2
3	劳动教育（必修）	修满32学时劳动教育类课程（课外必修学分）		2
4	竞赛	校级	获一等奖	3
			获二等奖	2
			获三等奖	1
		省级	获一等奖	4
			获二等奖	3
			获三等奖	2
		全国	获一等奖	6
			获二等奖	4
			获三等奖	3
5	论文	在国内外正式期刊上发表论文	每篇论文	2~3
6	专利	正式获得专利公开号（第一、二作者）	每项专利	2~3
7	科研	在科研课题组参加科研实践，通过答辩	提交课题研究报告	1~2
8	科普	参与校内外各类科普推广活动	每次	0.5
		在国内外正式期刊上发表科普类文章	每篇论文	1
9	创新创业	完成学院大学生创新创业训练计划	每项	1
		完成校级、省级大学生创新创业训练计划	每项	2
		完成国家级大学生创新创业训练计划	每项	3
		"互联网+""创青春""挑战杯"大赛	进国赛	5
			进省赛	3
			进校赛	1
		其他视创新参与情况、成果	每项	1~3

续表

序号	课外活动名称	课外活动和社会实践的要求		课外学分
10	英语及计算机考试	参加学院跨文化交流课程	通过考核	1
		全国大学英语六级考试	获六级证书	2
		托福考试	达 90 分以上	3
		雅思考试	达 6.5 分以上	3
		GRE 考试	达 310 分以上	3
		全国计算机等级考试	获二级以上证书	2
		全国计算机软件资格、水平考试	获程序员证书	2

注：参加校体育运动会获第一名、第二名与校级一等奖等同，获第三名至第五名与校级二等奖等同，获第六至第八名与校级三等奖等同。

七、主要课程及创新（创业）课程

1. 主要课程

化学基础、物理化学、有机化学、分析化学（仪器）、高分子化学、基础化学实验（含化学基础实验、物理化学实验、有机化学实验、高分子化学实验、仪器分析实验）。

2. 创新（创业）课程

创新意识启迪类课程：学科（专业）概论、化学与社会、化学前沿研讨。

创新能力培养类课程：化学基础及实验、物理化学及实验、有机化学及实验、分析化学（仪器）、高分子化学及实验。

创新实践训练类课程：创新实践、科学训练。

八、主要实践教学环节（含专业实验）

创新实践、科学训练、毕业设计。

九、教学进程计划表

课程类别	课程性质	课程代码	课程名称	学时	学分	其中		设置学期
						实验	上机	
素质教育通识课程	必修	MAX0022	思想道德与法治	40	2.5			1
	必修	MAX0042	中国近现代史纲要	40	2.5			2
	必修	MAX0013	马克思主义基本原理	40	2.5			3
	必修	MAX0072	习近平新时代中国特色社会主义思想概论	48	3			3
	必修	MAX0063	毛泽东思想和中国特色社会主义理论体系概论	48	3			4

续表

课程类别	课程性质	课程代码	课程名称	学时	学分	其中		设置学期
						实验	上机	
素质教育通识课程	必修	MAX0032	形势与政策	48	1.5			5~7
	必修	CHI0001	中国语文	32	2			1
	必修	SFL0001	综合英语（一）	56	3.5			1
	必修	SFL0011	综合英语（二）	56	3.5			2
	必修	PHE0002	大学体育（一）	60	1.5			1~2
	必修	PHE0012	大学体育（二）	60	1.5			3~4
	必修	PHE0022	大学体育（三）	24	1			5~6
	必修	RMWZ0002	军事理论	36	2			1
	必修	NCC0001	计算机及程序设计基础（C++）	48	3		24	4
	选修		从不同的课程模块中修读若干课程，美育类、大学生心理健康课程均不低于2学分，总学分不低于10学分	160	10			2~8
学科基础课程	必修	MAT0001	高等数学（A）上	88	5.5			1
	必修	MAT0011	高等数学（A）下	88	5.5			2
	必修	PHY0511	大学物理（一）	64	4			2
	必修	PHY0521	大学物理（二）	64	4			3
	必修	PHY0551	物理实验（一）	32	1	32		2
	必修	PHY0561	物理实验（二）	24	0.75	24		3
	必修	MAT0721	线性代数	40	2.5			1
	必修	MAT0591	概率论与数理统计	40	2.5			3
	必修	CHE0641	学科（专业）概论	16	1			1
	必修	CHE0841	化学实验安全	8	0.5			1
专业核心课程	必修	CHE0051	化学基础（上）	40	2.5			1
	必修	CHE0061	化学基础（下）	32	2			2
	必修	CHE0071	化学基础实验（上）	40	1.25	40		1
	必修	CHE0081	化学基础实验（下）	32	1	32		2
	必修	CHE2211	物理化学（上）	56	3.5			2
	必修	CHE2481	物理化学（中）	32	2			3
	必修	CHE2201	物理化学（下）	24	1.5			4
	必修	CHE0921	物理化学实验（上）	32	1	32		2
	必修	CHE2491	物理化学实验（中）	48	1.5	48		3
	必修	CHE2501	物理化学实验（下）	32	1	32		4

续表

课程类别	课程性质	课程代码	课程名称	学时	学分	其中 实验	其中 上机	设置学期
专业核心课程	必修	CHE2471	无机化学(元素)	24	1.5			3
	必修	CHE2123	有机化学(上)	56	3.5			3
	必修	CHE2232	有机化学(下)	56	3.5			4
	必修	CHE0952	有机化学实验(上)	56	1.75	56		3
	必修	CHE0941	有机化学实验(下)	56	1.75	56		4
	必修	CHE2102	结构化学	56	3.5			4
	必修	CHE2331	分析化学(仪器)	56	3.5			4
	必修	CHE2142	仪器分析实验	48	1.5	48		4
	必修	CHE2021	高分子化学	48	3			5
	必修	CHE2031	高分子化学实验	32	1	32		5
	必修	CHE2371	高分子物理	48	3			6
	必修	CHE2381	高分子物理实验	16	0.5	16		6
专业必修课程	必修	CHE2461	化学信息学	32	2		24	5
	必修	CHE2072	配位化学	48	3	24		4
	必修	CHE2171	生物化学	40	2.5			5
	必修	CHE2161	生物化学实验	16	0.5	16		5
	必修	CHE2341	化学前沿研讨	24	1.5			3~6
	必修	CHE2041	化工基础	48	3			6
	必修	CHE2051	化工基础实验	32	1	32		6
专业选修课程			选修课总学分不低于10学分					
	选修	CHE5311	化学与社会	16	1			2
	选修	CHE0041	无机固体材料化学	16	1			5
	选修	CHE5271	生物无机化学	32	2			6
	选修	CHE5261	药物化学	16	1			6
	选修	CHE5131	化学生物学	16	1			6
	选修	CHE2421	有机合成设计	24	1.5			5
	选修	CHE2411	有机结构分析	24	1.5			5
	选修	CHE5022	超分子化学	8	0.5			7
	选修	CHE5551	核磁共振波谱实验技术	8	0.5	6		6
	选修	CHE5091	功能高分子	24	1.5			6
	选修	CHE5541	现代软物质科学	16	1			7
	选修	CHE5531	高分子合成技术	16	1			6

续表

课程类别	课程性质	课程代码	课程名称	学时	学分	其中		设置学期
						实验	上机	
专业选修课程	选修	CHE5211	绿色高分子	16	1			7
	选修	CHE5481	高分子表征技术	16	1			7
	选修	CHE5521	高分子组装体	16	1			6
	选修	CHE5451	生物医用高分子材料	16	1			6
	选修	CHE5561	仿生智能高分子材料	8	0.5			6
	选修	CHE5581	环境响应性高分子材料	8	0.5			6
	选修	CHE5031	催化化学	16	1			6
	选修	CHE5221	绿色化学	24	1.5			6
	选修	CHE5191	胶体与表面化学	16	1			6
	选修	CHE5591	分子光化学	16	1			6
	选修	CHE3581	电催化氢能的产生与利用	8	0.5			6
	选修	CHE2011	电化学原理及应用	32	2			5
	选修	CHE5241	能源化学	16	1			5
	选修	CHE5231	纳米材料化学	16	1			7
	选修	CHE5181	计算化学	16	1		8	6
	选修	CHE5281	现代分析化学	24	1.5			6
	选修	CHE5571	原位光谱技术及应用	8	0.5			7
实践环节	必修	RMWZ3511	军事训练	2周	1			1
	必修	CHE3521	创新实践	3周	1.5			5~7
	必修	CHE3571	科学训练	4周	2			6
	必修	CHE3512	毕业设计(论文)	16周	8			7~8

化学拔尖学生培养基地培养方案（2023 级）

一、培养目标

根据教育部实施基础学科拔尖学生培养计划 2.0 的人才培养总目标，全面贯彻全国教育大学精神，根据学校办学定位和人才培养总目标，坚持立德树人的根本任务，创新人才培养模式，强化价值塑造和使命引领，突出"厚基础，强素质，宽视野"基础拔尖学生培养理念，培养志向远大、勇攀科学高峰、具有国际竞争力的高素质新时代基础化学拔尖人才，为把我国建设成为世界主要科学中心奠定人才基础。

"化学拔尖学生培养基地"学生在毕业 15 年后成为我国化学基础科学研究的中坚力量，具体培养目标如下：

（1）具有高尚的品格和职业道德，有服务国家，服务人民的意识，自觉践行社会主义核心价值观。

（2）具有一流的专业素养，具备运用所学知识来分析和解决化学科学问题的能力。

（3）具有较高的科研素养，具备运用批判性思维分析和归纳前人的科学研究能力，具备开展化学科学研究的创新思维和实验技能。

（4）具有较强的综合素质，具备自我管理、自主学习、与他人团结合作、与他人进行有效沟通的能力，具备可持续发展的潜能。

（5）具有国际竞争力，理解百年未有之大变局，理解"人类命运共同体"，并具备在国际舞台上讲好中国故事、参与国际竞争的能力。

二、毕业要求

通过学习，"化学拔尖学生培养基地"毕业生应达到以下要求：

（1）道德修养：具有家国情怀和社会责任感，了解国情社情民情，自觉践行社会主义核心价值观。

（2）职业修养：具有科学精神、安全意识、可持续发展理念，自觉为建立人类命运共同体而奋斗。

（3）专业素养：具有扎实宽厚的专业基础知识和娴熟的实验技能，具备开展基础化学科学研究的能力。

（4）科研素养：了解本专业及相关领域最新动态及发展趋势；掌握必备的研究方法；具有应用现代信息技术手段和工具分析和解决化学科学问题的能力。

（5）思维创新：具有批判性思维和创新能力，具备辨析、质疑、评价本专业及相关领域现象和问题，并表达个人见解的能力。

(6) 沟通交流:具备通过口头和书面表达方式与同行、社会公众进行有效沟通的能力。

(7) 国际化:具有国际视野,关注全球性问题,理解和尊重世界不同文化的差异性和多样性,具备参与国际竞争的综合素质。

(8) 团队合作:与团队成员和谐相处,协作共事,并作为成员或领导者在团队活动中发挥积极作用,具有良好的团队合作能力。

(9) 终身学习:能够通过不断学习,适应社会和个人可持续发展,具备终身学习意识、自主学习能力。

(10) 自我管理:对个人的思想、心理、身体、行为以及追求的目标进行自我管理,并将自身的发展融入国家的发展之中,具备自我管理意识和能力。

"培养目标-毕业要求"矩阵表

培养目标	毕业要求									
	道德修养	职业修养	专业素养	科研素养	思维创新	沟通交流	国际化	团队合作	终身学习	自我管理
具有高尚的品格和职业道德,有服务国家,服务人民的意识,自觉践行社会主义核心价值观	●	●					●			
具有一流的专业素养,具备运用所学知识来分析和解决化学科学问题的能力		●	●	●	●	●	●			
具有较高的科研素养,具备运用批判性思维分析和归纳前人的科学研究能力,具备开展化学科学研究的创新思维和实验技能			●	●	●			●	●	
具有较强的综合素质,具备自我管理、自主学习、与他人团结合作、与他人进行有效沟通的能力,具备可持续发展的潜能						●	●	●	●	●
具有国际竞争力,理解百年未有之大变局,理解"人类命运共同体",并具备在国际舞台上讲好中国故事、参与国际竞争的能力	●	●	●		●	●	●	●		●

三、学制、毕业学分要求及学位授予

(1) 本科基本学制 4 年,按照学分制度管理。

(2) "化学拔尖学生培养基地"学生毕业最低学分数为 140 学分,其中各类别课程及环节要求学分数如下:

(3) 学生修满培养方案规定的必修课、选修课及有关环节,达到规定的最低毕业学分数,《国家学生体质健康标准》测试成绩达标,德、智、体、美、劳全面发展,即可毕业。根据《湖南大学学士学位授予工作细则》(湖大教字[2018]22 号),满足学位授予条件的,授予理学学士学位。

课程类别	通识必修	通识选修	学门核心	学类核心	专业核心	个性培养	实践环节	合计
学分数	30	8	24	32.5	19.5	8	18	140

四、课程设置及学分分布

1. 通识教育（38 学分：必修 30 学分＋选修 8 学分）

通识教育课程包括必修和选修两部分。通识选修（素质教育）课程 8 学分，按《湖南大学通识教育选修课程修读办法》实施，通识必修课程如下：

课程编码	课程名称	学分	备注
GE01150	毛泽东思想和中国特色社会主义理论体系概论	3	
GE01187	习近平新时代中国特色社会主义思想概论	3	
GE01185	思想道德与法治	3	
GE01155（−162）	形势与政策	2	
GE01153	中国近现代史纲要	3	
GE01154	马克思主义基本原理	3	
GE01188	思政实践	1	
GE01165 GE01171	高阶英语	4	
GE01163	计算与人工智能概论	4	
GE01089（−092）	体育	4	
GE01184	劳动教育与素养	0	
合计		30	

2. 学门核心（必修，理论 22 学分＋实验 2 学分）

课程编码	课程名称	学分	备注
GE03025	高等数学 A（1）	5	
GE03026	高等数学 A（2）	5	
GE03003	线性代数 A	3	
GE03004	概率论与数理统计 A	3	
GE03005	普通物理 A（1）	3	
GE03006	普通物理 A（2）	3	
GE03007	普通物理实验 A（1）	1	
GE03008	普通物理实验 A（2）	1	
合计		24	

3. 学类核心(必修,理论 21 学分+实验 11.5 学分)

课程编码	课程名称	学分	备注
CH04057	无机化学(1)	3	
CH04058	无机化学(2)	2	
CH04059	有机化学(1)	2	
CH04060	有机化学(2)	3	
CH04061	分析化学(1)	2	
CH04062	分析化学(2)	3	
CH04063	物理化学(1)	3	
CH04064	物理化学(2)	3	
CH04065	基础无机化学实验(1)	1.5	
CH04076	基础无机化学实验(2)	1	
CH04077	基础有机化学实验(1)	1.5	
CH04078	基础有机化学实验(2)	2	
CH04079	基础分析化学实验(1)	1.5	
CH04080	基础分析化学实验(2)	1	
CH04036	基础物理化学实验(1)	2	
CH04037	基础物理化学实验(2)	1	
合计		32.5	

4. 专业核心(必修,理论 12 学分+实验 7.5 学分)

课程编码	课程名称	学分	备注
CH04022	化学类专业导论	1	
CH04021	化学实验室安全技术	1	
CH06108	文献检索与英文写作	2	
CH05077	化学基础科学问题研讨	2	
CH05078	专业综合实验(1)	3	
CH05079	专业综合实验(2)	3	
CH05080	结构化学	4	
CH10034	虚拟仿真实验	0.5	
CH06050	波谱分析 *	2	
CH06051	波谱分析实验	1	
合计		19.5	

5. 个性培养(8学分)*

课程编码	课程名称	学分	备注
模块1:专业提升(共28学分)			
CH06062	化学前沿	2	
CH06107	化学中的联想与设计	2	
CH06058	计算化学	2	
CH06097	中级有机化学	2	
CH06090	高等有机化学	2	
CH06118	金属有机化学	2	
CH06105	元素有机化学	2	
CH06091	现代有机合成	2	
CH05065	高分子化学	2	
CH06100	高等无机化学	2	
CH06103	结晶化学	2	* 在专业导师的指导下,实施个性化培养,由专业导师和学生共同制定"个性培养"课程学习计划。在专业导师的指导下,学生根据自身发展的需要,在"模块1"~"模块5"或在全校范围内跨专业选修课程。毕业要求为8学分
CH06101	现代物理化学	2	
CH06059	纳米化学	2	
CH06076	绿色化学	2	
模块2:化学与药学(共6学分)			
CH06089	药物化学	2	
CH06094	药理学	2	
CH06093	药物分析	2	
模块3:化学与材料(共8学分)			
CH06102	材料化学	2	
CH06053	材料研究方法	2	
CH05067	金属学与金属材料	2	
CH06099	高分子物理与材料	2	
模块4:化学与能源(共12学分)			
CH06087	电化学测量	2	
CH06095	纳米电化学	2	
CH06079	电化学催化与合成	2	

续表

课程编码	课程名称	学分	备注
CH06113	电化学能源转化系统	2	
CH06104	锂离子电池的应用与实践	2	
CH06114	太阳能转化与利用	2	
模块 5：化学与生物（共 9 学分）			
CH06023	化学生物学	2	
CH06055	生物技术概论	2	
CH06092	生物有机化学	2	
CH05063	生物化学	2	
CH05073	生物化学实验	1	

6. 实践环节（必修，18 学分）

课程编码	课程名称	学分	备注
GE09048（-049）	军事理论与军事技能	3	
CH10044（-048）	科学研究训练实践	5	创新创业类课程
CH10049（-050）	社会劳动实践	4	4 周
CH10034	毕业设计（论文）	6	
合计		18	

五、课程体系与毕业要求的对应关系矩阵

"修读课程-毕业要求"矩阵表

课程名称	毕业要求									
	道德修养	职业修养	专业素养	科研素养	思维创新	沟通交流	国际化	团队合作	终身学习	自我管理
毛泽东思想和中国特色社会主义理论体系概论	H	H					M			
习近平新时代中国特色社会主义思想概论	H	H					H			
思想道德与法治	H	H			L	M		M		
形势与政策		H			M		H			
中国近现代史纲要	H						H			

续表

课程名称	毕业要求									
	道德修养	职业修养	专业素养	科研素养	思维创新	沟通交流	国际化	团队合作	终身学习	自我管理
马克思主义基本原理	H	H			H	H	M			L
思政实践	H	H				L		H		
高阶英语		L	M	M		H	L			
计算与人工智能概论			M	M	H					
体育		H						H		M
劳动教育与素养	M	M						M		
高等数学 A(1)			H	H	M					
高等数学 A(2)			H	H	M					
线性代数 A			H	H	M					
概率论与数理统计 A			H	H	M					
普通物理 A(1)			H	H	M					
普通物理 A(2)			H	H	M					
普通物理实验 A(1)			H	H	M					
普通物理实验 A(2)			H	H	M					
无机化学(1)		M	H	H	M	L				
无机化学(2)		M	H	H	M	L				
有机化学(1)		M	H	H	M	L				
有机化学(2)		M	H	H	M	L				
分析化学(1)		M	H	H	M	L				
分析化学(2)		M	H	H	M	L				
物理化学(1)		M	H	H	M	L				
物理化学(2)		M	H	H	M	L				
基础无机化学实验(1)		M	H	M		L				
基础无机化学实验(2)		M	H	M		L				
基础有机化学实验(1)		M	H	M		L				
基础有机化学实验(2)		M	H	M		L				
基础分析化学实验(1)		M	H	M		L				
基础分析化学实验(2)		M	H	M		L				

续表

课程名称	毕业要求									
	道德修养	职业修养	专业素养	科研素养	思维创新	沟通交流	国际化	团队合作	终身学习	自我管理
基础物理化学实验(1)		M	H	M		L				
基础物理化学实验(2)		M	H	M		L				
化学类专业导论		L	H	L			L			
化学实验室安全技术	H	H	H							
文献检索与英文写作			H	H	M	H	H		H	
化学基础科学问题研讨		H	H	H	M	M	L	L	L	L
专业综合实验(1)		L	H	H	L	L				H
专业综合实验(2)		L	H	H	L	L				H
结构化学		M	H	H	M	L				
虚拟仿真实验			M		L					
波谱分析			H	H		L				
波谱分析实验		M	H	M		L				
军事理论与军事技能	H					L		H		H
科学研究训练实践		H	H	H	H	M	L		L	M
社会劳动实践	H							M	H	
毕业设计(论文)		H	H	H	H	M	L		L	M

注:H 表示关联度高,M 表示关联度中,L 表示关联度低。

六、课程设置表

序号	课程名称	学分	总学时	授课学期
1	毛泽东思想和中国特色社会主义理论体系概论	3	48	3
2	习近平新时代中国特色社会主义思想概论	3	40+16	5
3	思想道德与法治	3	42+12	1
4	形势与政策	2	32	1~8
5	中国近现代史纲要	3	42+12	2
6	马克思主义基本原理	3	42+12	4
7	思政实践	1	32	4

续表

序号	课程名称	学分	总学时	授课学期
8	高阶英语	4	64	2、3
9	计算与人工智能概论	4	48+32	3
10	体育	4	128+16	1~4
11	劳动教育与素养	0	8+24	6
12	高等数学 A(1)	5	80+16	1
13	高等数学 A(2)	5	80+16	2
14	线性代数 A	3	40+8	3
15	概率论与数理统计 A	3	40+8	3
16	普通物理 A(1)	3	48+16	2
17	普通物理 A(2)	3	48+16	3
18	普通物理实验 A(1)	1	32	2
19	普通物理实验 A(2)	1	32	3
20	无机化学(1)	3	48	2
21	无机化学(2)	2	32	2
22	有机化学(1)	2	32	3
23	有机化学(2)	3	48	4
24	分析化学(1)	2	32	4
25	分析化学(2)	3	48	5
26	物理化学(1)	3	48	4
27	物理化学(2)	3	48	5
28	基础无机化学实验(1)	1.5	48	2
29	基础无机化学实验(2)	1	32	3
30	基础有机化学实验(1)	1.5	48	3
31	基础有机化学实验(2)	2	64	4
32	基础分析化学实验(1)	1.5	48	5
33	基础分析化学实验(2)	1	32	6
34	基础物理化学实验(1)	2	64	5
35	基础物理化学实验(2)	1	32	6
36	化学类专业导论	1	16	3
37	化学实验室安全技术	1	16	2

续表

序号	课程名称	学分	总学时	授课学期
38	文献检索与英文写作	2	32	6
39	化学基础科学问题研讨	2	32	7
40	专业综合实验(1)	3	96	6
41	专业综合实验(2)	3	96	7
42	结构化学	4	64	5
43	虚拟仿真	0.5	16	7
44	波谱分析	2	32	5
45	波谱分析实验	1	32	6
46	军事理论与军事技能	3	36+112	1,2
47	科学研究训练实践	5	160	4,5,6,短3,7
48	社会劳动实践	4	128	短1,短2
49	毕业设计(论文)	6	192	8

化学专业（强基计划）培养方案（2023级）

一、培养目标

本专业坚持社会主义办学方向，全面落实立德树人根本任务，聚焦培养能够引领未来的人，坚持以学生成长为中心，坚持通识教育与专业教育相结合，着力提升学生的学习力、思想力、行动力，培养德智体美劳全面发展的社会主义建设者和接班人，同时具备较强创新和实践能力，有志于回应国家战略需求和解决"卡脖子"问题能力的优秀人才。

二、毕业要求

1. 知识层面

毕业要求1：掌握数学、物理学等相关学科基本内容，夯实化学专业认知基础，了解化学的发展历史、学科前沿和发展趋势。

毕业要求2：系统、扎实地掌握化学专业的基础理论知识，并熟悉攻博研究方向相关理论研究知识。

毕业要求3：系统、扎实地掌握化学专业的基本实验方法及技能，掌握相关科研领域高阶实验技能。

毕业要求4：掌握化学工程、生命科学、材料科学、能源科学等相关交叉学科的基本知识，了解研究生科研方向相关知识。

2. 能力层面

毕业要求5：拥有良好的思想素质、身体素质、军事素养、劳动素质。

毕业要求6：具备一定的英语听说读写能力，能够顺利使用英语进行学术交流、阅读和写作。

毕业要求7：能熟练运用化学专业的基础理论知识分析问题，设计解决方案。

毕业要求8：能熟练运用化学专业的基本实验方法及技能解决问题，并熟悉攻博研究方向相关研究技能。

毕业要求9：能够使用现代工具及先进大型仪器，具备较好的科研创新能力，为攻读研究生奠定科研素养基础。

3. 价值层面

毕业要求10：具有健全的心理素质、健康的体魄和良好的学术修养，拥有正确的世界观、人生观和价值观。

毕业要求11：具备良好的团队协作精神和集体荣誉感，具有批判思维、创新精神和实践能力,成长为行业骨干人才。

毕业要求 12:具有正确的国家安全意识、社会责任感、家国情怀和国际视野,树立报效国家的远大理想和志向。

三、授予学位与修业年限

按要求完成学业者授予理学学士学位。

修业年限:4 年。

四、毕业总学分及课内总学时

主修毕业学分要求:

课程类别/ 课程细类	类别 学分 要求	类别 所占 比例	备注
公必	39	25.3%	
专必	83	53.9%	
专选	24	15.6%	
公选	8	5.2%	(1) 分为人文与社会、科技与未来、生命与健康、艺术与审美四个模块,最低学分要求为8学分,其中须包含2学分"艺术与审美"课程。(2)学生自主修读且未列入本方案的跨院系课程可计入公共选修课学分
毕业总学分 (实践教学学分)	154(41)		

五、课程设置及教学计划

1. 公共必修课

序号	课程 编码	课程名称	总学分	学时		开课学期
				理论 学时	实践 (含实验)	
1	FL101	大学外语(Ⅰ)	2	36	0	2023-1
2	MAR103	中国近现代史纲要	3	54	0	2023-1
3	MAR115	习近平新时代中国特色社会主义思想概论	3	54	0	2023-1
4	PE101	体育	1	0	36	2023-1
5	PUB121	军事课	4	36	2周	2023-1

续表

序号	课程编码	课程名称	总学分	学时		开课学期
				理论学时	实践（含实验）	
6	PSY199	心理健康教育	2	36	0	2023-1~2023-2
7	MAR114	形势与政策	3	18	72	2023-1~2026-2
8	PUB178	劳动教育	1	9	27	2023-1~2026-2
9	PUB199	国家安全教育	1	9	18	2023-1~2026-2
10	FL102	大学外语（Ⅱ）	2	36	0	2023-2
11	MAR109	四史（中共党史）	1	18	0	2023-2
12	MAR112	思想道德与法治	3	54	0	2023-2
13	PE102	体育	1	0	36	2023-2
14	FL201	大学外语（Ⅲ）	2	36	0	2024-1
15	MAR202	马克思主义基本原理	3	54	0	2024-1
16	PE201	体育	0.5	0	18	2024-1
17	FL202	大学外语（Ⅳ）	2	36	0	2024-2
18	MAR207	毛泽东思想和中国特色社会主义理论体系概论	3	54	0	2024-2
19	PE202	体育	0.5	0	18	2024-2
20	PE305	体育	0.5	0	18	2025-1
21	PE302	体育	0.5	0	18	2025-2
学分要求	课程门数	总学分数		理论学时数	实践（含实验）学时数	
39	21	39		540	261+2 周	

2. 公共选修课

分为人文与社会、科技与未来、生命与健康、艺术与审美四个模块，最低学分要求为 8 学分，其中须包含 2 学分"艺术与审美"课程。

3. 专业必修课

课程细类	序号	课程编码	课程名称	总学分	学时		开课学期
					理论学时	实践（含实验）	
专业实践课	1	CHM125	科研技能训练Ⅰ	1	0	36	2024-2
	2	CHM355	科研技能训练Ⅱ	1	0	36	2025-2
	3	CHM407	生产实习	2	0	28	2026-1
	4	CHM436	毕业论文	6	0	16周	2026-2
专业基础课	5	CHM103	基础化学实验（无机）Ⅰ	1.5	0	54	2023-1
	6	CHM121	无机化学Ⅰ	3	54	0	2023-1
	7	CHM104	基础化学实验（无机）Ⅱ	1	0	36	2023-2
	8	CHM108	基础化学实验（分析）	1.5	0	54	2023-2
	9	CHM110	有机化学Ⅰ	2	36	0	2023-2
	10	CHM116	分析化学Ⅰ	2	36	0	2023-2
	11	CHM214	无机化学Ⅱ	3	54	0	2023-2
	12	CHM201	有机化学Ⅱ	3	54	0	2024-1
	13	CHM203	基础化学实验（有机）Ⅰ	3	0	108	2024-1
	14	CHM206	物理化学Ⅰ	3	54	0	2024-1
	15	CHM219	分析化学Ⅱ	3	54	0	2024-1
	16	CHM204	基础化学实验（有机）Ⅱ	1	0	36	2024-2
	17	CHM208	波谱解析	2	36	0	2024-2
	18	CHM210	现代化学实验与技术（仪分）	2	0	72	2024-2
	19	CHM301	物理化学Ⅱ	2	36	0	2024-2
	20	CHM337	现代化学实验与技术（物化）Ⅰ	1.5	0	54	2024-2
	21	CHM339	结构化学	4	72	0	2024-2
	22	CHM338	现代化学实验与技术（物化）Ⅱ	1.5	0	54	2025-1
	23	CHM353	现代化学研究方法与实验Ⅰ	1	0	36	2025-1
	24	CHM342	现代化学研究方法与实验Ⅱ	1	0	36	2025-2
专业核心课	25	CHM310	环境化学	2	36	0	2025-1
	26	CHM329	能源化学	2	36	0	2025-1
	27	CHM345	物质表征的仪器分析方法	3	18	72	2025-1
	28	CHM304	金属有机化学	2	36	0	2025-2
	29	CHM388	功能配位化学	2	36	0	2025-2
	30	CHM453	综合化学实验（Ⅱ）	3	0	108	2026-1

续表

课程 细类	序号	课程编码	课程名称	总学分	理论 学时	实践 （含实验）	开课 学期
大类基础课	31	CHM157	实验室安全与学术道德	1	18	0	2023-1
	32	MA191	高等数学二（Ⅰ）	4	72	0	2023-1
	33	PHY128	大学物理（理）	4	72	0	2023-1
	34	MA192	高等数学二（Ⅱ）	4	72	0	2023-2
	35	PHY131	大学物理（理）	4	72	0	2023-2

学分要求	课程门数	总学分数	理论学时数	实践（含实验）学时数
83	35	83	954	820+16 周

4. 专业选修课

课程 细类	序号	课程编码	课程名称	总学分	理论 学时	实践 （含实验）	开课学期
专业选修课模块			强基专属模块				
	1	CHM123	化学进展	2	36	0	2023-2
	2	CHM215	化学中的数学方法	2	36	0	2024-1
	3	CHM217E	纳米技术与现代化学	2	36	0	2024-1
	4	CHM112	程序设计方法	2	36	0	2024-2
			科学素养模块				
	5	EC173	生命科学史	2	36	0	2023-1
	6	MS113	海洋科学导论	2	36	0	2023-1
	7	CHM109	画法几何与工程制图	2	36	0	2024-1
	8	CHM111	专业英语	2	36	0	2024-1
	9	CHM207	化学生物学导论	2	36	0	2024-1
	10	CHM212	学术写作与交流	1	18	0	2024-2
	11	CHM220	结构化学实践与应用	1	18	0	2024-2
	12	CHM309	化学信息学	2	36	0	2024-2
	13	CHM447	科研训练	2	0	72	2025-1

续表

课程细类	序号	课程编码	课程名称	总学分	理论学时	实践(含实验)	开课学期
					学时		
					应用化学模块		
	14	CHM305	高分子基础	2	36	0	2025-1
	15	CHM321	高分子化学	3	54	0	2025-1
	16	CHM331	有机合成化学	3	54	0	2025-1
	17	CHM333	现代分离与分析	2	36	0	2025-1
	18	CHM334	化工基础	2	36	0	2025-1
	19	CHM306	催化化学	2	36	0	2025-2
	20	CHM358	无机材料及合成化学	3	54	0	2025-2
	21	CHM431	高分子加工	2	36	0	2025-2
	22	CHM449	化学与材料实践	2	0	72	2026-1
专业选修课模块					本研贯通模块		
	23	CHM5103	高等无机化学	3	54	0	2025-1
	24	CHM5113	化学生物学	3	54	0	2025-2
	25	CHM5123	环境与能源化学	2	36	0	2025-2
	26	CHM5118	现代化学实验与技术	4	0	144	2025-2~2026-1
	27	CHM5107	高等有机化学	2	36	0	2026-1
	28	CHM5121	高等高分子化学	3	54	0	2026-1
	29	CHM5124	先进功能材料	2	36	0	2026-1
	30	CHM5104	配位化学	3	54	0	2026-2
	31	CHM5110	超分子化学与物理基础	3	54	0	2026-2
	32	CHM5120	高等有机合成	2	36	0	2026-2
	33	CHM5122	高分子凝聚态物理与复合材料	3	54	0	2026-2

学分要求	课程门数	总学分数	理论学时数	实践(含实验)学时数
24	33	75	1206	288

六、学分学时分布情况表

学年	学期	公必课		专必课		专选课			公选课		合计（公选课除外）	
		学分	学时	学分	学时	开设学分	建议修读		学分	学时	总学分	总学时
							学分	学时				
一	1	13	244	13.5	270	2	0	0	0	0	26.5	514
	2	9	180	17.5	360	4	2	36	0	0	28.5	576
二	1	5.5	108	12	270	10	4	72	0	0	21.5	450
	2	5.5	108	13.5	342	6	3	54	0	0	22	504
三	1	0.5	18	9.5	252	17	5	90	0	0	15	360
	2	0.5	18	6	144	12	5	90	0	0	11.5	252
四	1	0	0	5	136	13	5	90	0	0	10	226
	2	5	153	6	576	11	0	0	0	0	11	729
合计		39	829	83	2350	75	24	432	0	0	146	3611

七、实践教学环节（含实验）一览表

序号	课程编码	实践教学课程名称	课程类别	开课学期	课程类型	其中实践教学环节学分	其中实践教学环节学时
1	PE101	体育	公必	2023-1	其他集中性实践	1	36
2	PUB121	军事课	公必	2023-1	理论＋实践	2	2周
3	MAR114	形势与政策	公必	2023-1~2026-2	理论＋实践	2	72
4	PUB178	劳动教育	公必	2023-1~2026-2	理论＋实践	0.5	27
5	PUB199	国家安全教育	公必	2023-1~2026-2	理论＋实践	0.5	18
6	PE102	体育	公必	2023-2	其他集中性实践	1	36
7	PE201	体育	公必	2024-1	其他集中性实践	0.5	18
8	PE202	体育	公必	2024-2	其他集中性实践	0.5	18
9	PE305	体育	公必	2025-1	其他集中性实践	0.5	18
10	PE302	体育	公必	2025-2	其他集中性实践	0.5	18
11	CHM103	基础化学实验(无机)Ⅰ	专必	2023-1	实验	1.5	54

续表

序号	课程编码	实践教学课程名称	课程类别	开课学期	课程类型	其中实践教学环节学分	其中实践教学环节学时
12	CHM104	基础化学实验(无机)Ⅱ	专必	2023–2	实验	1	36
13	CHM108	基础化学实验(分析)	专必	2023–2	实验	1.5	54
14	CHM203	基础化学实验(有机)Ⅰ	专必	2024–1	实验	3	108
15	CHM125	科研技能训练Ⅰ	专必	2024–2	分散性实践	1	36
16	CHM204	基础化学实验(有机)Ⅱ	专必	2024–2	实验	1	36
17	CHM210	现代化学实验与技术(仪分)	专必	2024–2	实验	2	72
18	CHM337	现代化学实验与技术(物化)Ⅰ	专必	2024–2	实验	1.5	54
19	CHM338	现代化学实验与技术(物化)Ⅱ	专必	2025–1	实验	1.5	54
20	CHM345	物质表征的仪器分析方法	专必	2025–1	理论＋实验	2	72
21	CHM353	现代化学研究方法与实验Ⅰ	专必	2025–1	实验	1	36
22	CHM342	现代化学研究方法与实验Ⅱ	专必	2025–2	实验	1	36
23	CHM355	科研技能训练Ⅱ	专必	2025–2	分散性实践	1	36
24	CHM407	生产实习	专必	2026–1	集中性实践(含见习、实习)	2	28
25	CHM453	综合化学实验(Ⅱ)	专必	2026–1	实验	3	108
26	CHM436	毕业论文	专必	2026–2	毕业论文毕业设计	6	16 周
27	CHM449	化学与材料实践	专选	2026–1	实验	2	72
28	CHM5118	现代化学实验与技术	专选	2025–2~2026–1	实验	4	144
29	CHM447	科研训练	专选	2025–1	其他集中性实践	2	72
合计(示例)						47	1369+18 周

化学类（拔尖基地班）培养方案（2023 级）

一、培养目标

化学拔尖基地班以培养具有家国情怀、国际化视野、遵循学术与科技伦理、厚实化学基础理论和扎实的实验技能的化学人才。该基地学生在重视学科交叉和接受良好基础研究与应用研究的科学思维和科学实验训练后，具有优秀的创新思维和较强的创新能力及宽广的国际视野，能从事基础研究、应用基础研究及科技管理工作。毕业生将在化学、化工、能源、材料、环境和医药等相关领域进一步深造，预期毕业五年左右在世界范围内成为化学、化工及相关领域的一流科研或技术开发/管理人才。

具体培养目标如下：

（1）瞄准化学学科发展前沿和面向国家经济和粤港澳大湾区建设需求，培养具有家国情怀、全球视野、"三力"（思想力、学习力、行动力）核心素养的拔尖创新学术人才。

（2）培养具有厚实的基础知识和专业知识、潜心化学科学研究、勇攀世界科学高峰、引领未来的化学拔尖人才。

（3）毕业生将在化学、化工、能源、材料、环境和医药等相关领域进一步深造。

（4）毕业生预期毕业五年左右在世界范围内成为化学、化工及相关领域的一流科研或技术开发/管理人才。

二、毕业要求

（1）基础知识：掌握化学及相关工程基础知识、基本理论和实验技能，具有良好的科学思维和科研方法。

（1-1）掌握化学学科的基础知识和基本理论，通过研讨课和学科前沿讲座培养科学思维和创新意识。

（1-2）掌握化学工程的基础知识和基本理论，理解化学工程概念和培养工程创新意识。

（1-3）掌握化学及相关工程的实验方法和技能，培养并掌握化学及相关工程领域的科学研究方法。

（2）工程知识：能够将数学、自然科学、工程基础和专业知识用于解决化学相关的工程问题和促进研究成果转化。

（2-1）能够掌握并运用数学、物理科学的基本概念和知识解释和表述化学相关的工程问题。

（2-2）能够掌握并运用化学的基本概念和知识解释和表述化学相关的工程问题。

（2-3）能够掌握并运用工程基础和专业知识促进研究成果转化。

（3）分析解决问题：能够应用数学、自然科学和工程科学的基本原理，并通过文献调研分析，解决化学基础研究和技术开发等方面的复杂问题。在解决问题过程中考虑社会、健康、安全、法律、文化及环境等因素。

(3-1) 能够根据化学及相关工程问题的对象特点,基于科学原理、采用科学方法,并通过文献调研分析,制定化学相关的基础研究内容,设计实验路线,提出解决方案,体现创新意识。

(3-2) 能够应用数学、自然科学和工程科学的基本原理,并通过调研分析,制定满足特定需求的全周期、全流程的技术开发方案,考虑社会、健康、安全、法律、文化及环境等因素的影响。

(4) 研究:掌握研究化学和化学工程的基本方法和手段,具备基于科学原理并采用科学方法发现、提出、分析和解决化学、化学工程及相关学科问题的能力。

(4-1) 掌握基本的实验技能及分析测试方法,能够基于科学原理并采用科学方法选用或搭建基本实验装置,安全、合理、有效地开展实验。

(4-2) 能够基于科学原理并采用科学方法对来自科学研究的实验数据进行归纳、分析和解释,通过信息综合得到合理有效的结论。

(5) 使用现代工具:能够针对复杂的化学及相关工程问题,开发、选择与使用恰当的技术、资源、现代工程和信息技术工具,包括对复杂化学及相关工程问题的预测与模拟,并能够理解其局限性。

(5-1) 能够针对复杂化学及相关工程问题,开发、选择或使用恰当的网络信息资源和信息技术工具,获取相关信息,并能理解其局限性。

(5-2) 能够使用化学计算和化工模拟软件与现代工程工具,对复杂化学及相关工程问题进行表达、分析、预测与模拟,并能理解其局限性。

(6) 工程与社会:能够基于化学及相关工程知识进行合理分析,评价专业工程实践和复杂化学及相关工程问题解决方案对社会、健康、安全、法律及文化的影响,并理解应承担的责任。

(6-1) 了解化学和化工生产、设计、研究与开发等方面的技术标准、知识产权、法律法规和企业 HSE 管理体系。

(6-2) 能识别、量化和评价专业工程实践和复杂化学及相关工程问题解决方案对社会、健康、安全、法律及文化的影响,并能够理解从事化学及相关工程相关的科研人员和技术工作者对社会应承担的责任。

(7) 环境和可持续发展:能够理解和评价针对复杂化学及相关工程问题的专业工程实践对环境、社会可持续发展的影响。

(7-1) 能正确理解化学及相关工程技术对经济、环境及社会可持续发展的影响。

(7-2) 能够评价复杂化学及相关工程问题的专业工程实践对环境、社会可持续发展的影响,并提出改进措施。

(8) 职业规范:具有人文社会科学素养、社会责任感,能够在化学及相关工程实践中理解并遵守职业道德和规范,履行责任。

(8-1) 树立正确的人生观、世界观、价值观,具备良好的思想道德修养、人文社会科学素养及民族复兴和社会进步的责任感。

(8-2) 理解化学及相关工程的职业性质与社会责任,能够在实践中自觉遵守法律法规和职业道德规范。

(9) 个人和团队:能够在多学科背景下的团队中承担个体、团队成员及负责人的角色。

（9−1）能够在多学科背景团队中理解个人与团队的关系,明晰个人职责,完成团队分配的任务。

（9−2）能够作为团队成员与其他团队或个体进行高效交流沟通和展示,并与团队成员有效地开展工作。

（10）沟通交流:能够就复杂化学问题与业界同行及社会公众进行有效沟通和交流,包括撰写报告和设计文稿、陈述发言、清晰表达或回应指令。并具备一定的国际视野,能够在跨文化背景下进行沟通和交流。

（10−1）能够通过文字形式就复杂化学问题与业界同行及社会公众进行表达和有效沟通,能够规范撰写化学专业研究报告和设计文稿。

（10−2）能够通过语言形式就复杂化学问题与业界同行及社会公众进行有效沟通和交流,能够在跨文化背景下使用英语进行有效沟通和交流,包括陈述发言、清晰表达和回应指令。

（11）终身学习:具有自主学习和终身学习的意识,有不断学习和适应发展的能力。

（11−1）了解化学和化学工程前沿技术和发展趋势,能认识不断探索和学习的必要性,具有自主学习和终身学习的意识。

（11−2）具有自主持续学习和适应发展的素质与能力。

三、授予学位

理学学士学位。

四、核心课程

无机化学、有机化学、化学分析、仪器分析、物理化学、结构化学、综合化学实验、流体力学与传热、传质与分离工程、高分子化学与物理、化学生物学、科研培训和实践。

五、特色课程

新生研讨课:现代化学发展的现状与思考、科研活动中的逻辑思维、化学化工学科前沿。

全英文课程:文献检索与实践、化学分析、流体力学与传热Ⅲ、传质与分离工程Ⅲ。

学科前沿课:学科前沿讲座、科研培训和实践、功能分子材料前沿、绿色催化前沿技术、能源化工集成创新和可持续性分析。

本研共享课:胶体与界面化学。

创新教育课:科研实验设计与论文撰写（"三个一"课程）。

劳动教育课（必填）:生产实习。

"科教融合型"深度学习课堂:未来化工产品技术,电−化学能源转化与存储,分子合成与功能。

六、各类课程学分登记表

1. 学分统计表

课程类别	课程要求	学分	学时
公共基础课	必修	55	1068
公共基础课	通识	10	160
专业基础课	必修	62	1232
选修课	选修	9	144
合计		136	2604
集中实践教学环节	必修	30	37 周
集中实践教学环节	选修		
毕业学分要求	136 + 30 = 166		

建议每学期修读学分	1	2	3	4	5	6	7	8
	25	29	26.5	22.5	27	20	6	10

注：学生毕业时须修满专业教学计划规定学分，并取得第二课堂人文素质教育 5 学分和创新能力培养 4 学分。

2. 类别统计表

学时					学分						
总学时数	其中		其中		总学分数	其中		其中			其中
总学时数	必修学时	选修学时	理论教学学时	实验教学学时	总学分数	必修学分	选修学分	集中实践教学环节学分	理论教学学分	实验教学学分	创新创业教育学分
2764	2460	304	1990	774	166	147	19	30	119.5	16.5	4

注：(1) 通识课计入选修一项中。

(2) 实验教学包括"专业教学计划表"中的实验、实习和其他。

(3) 创新创业教育学分：培养计划中的课程，由各院系教学指导委员会认定，包括竞教结合课程、创新实践课程、创业教育课程等学分。

(4) 必修学时+选修学时=总学时数；理论教学学时+实验教学学时=总学时数；必修学分+选修学分=总学分数；集中实践教学环节学分+理论教学学分+实验教学学分=总学分数。

七、课程设置表

类别	课程代码	课程名称		是否必修	学时数					学分数	开课学期
					总学时	理论	实验	实习	其他		
公共基础课	031101661	思想道德与法治		必修课	40	36			4	2.5	1
	031101761	习近平新时代中国特色社会主义思想概论			48	36			12	3	2
	031101371	中国近现代史纲要			40	36			4	2.5	4
	031101424	毛泽东思想和中国特色社会主义理论体系概论			40	36			4	2.5	3
	031101522	马克思主义基本原理			40	36			4	2.5	3
	031101331	形势与政策			64	64				2	1~8
	044101382	学术英语（一）	英语 A 班修读		48	48				3	1
	044102453	学术英语（二）			48	48				3	2
	044103681	大学英语（一）	英语 B、C 班修读		48	48				3	1
	044103691	大学英语（二）			48	48				3	2
	045101644	大学计算机基础			32				32	0	1
	052100332	体育（一）			36				36	1	1
	052100012	体育（二）			36				36	1	2
	052100842	体育（三）			36				36	1	3
	052100062	体育（四）			36				36	1	4
	006100112	军事理论			36	18			18	2	2
	045102811	Python 语言程序设计			40	32			8	2	1
	040100591	微积分 I（一）			80	80				5	1
	040100662	微积分 I（二）			64	64				4	2
	040100401	线性代数与解析几何			48	48				3	1
	040100023	概率论与数理统计			48	48				3	2
	041100582	大学物理 I（一）			48	48				3	2
	041101391	大学物理 I（二）			48	48				3	3
	041100671	大学物理实验（一）			32		32			1	3

续表

类别	课程代码	课程名称	是否必修	学时数					学分数	开课学期
				总学时	理论	实验	实习	其他		
公共基础课	041101051	大学物理实验(二)	必修课	32		32			1	4
	074102992	工程制图		48	48				3	2
		人文科学、社会科学领域	通识课	128	128				8	
		科学技术领域		32	32				2	
	合计			1228	934	64		230	65	
专业基础课	047101771	化学实验安全教育	必	16	16				1	1
	047101751	现代化学发展的现状与思考	必	16	16				1	1
	047101661	科研活动中的逻辑思维	必	16	16				1	2
	047101641	无机化学(一)	必	48	48				3	1
	047101651	无机化学(二)	必	56	56				3.5	2
	047101162	无机化学实验(一)	必	48		48			1.5	1
	047101202	无机化学实验(二)	必	48		48			1.5	2
	037102631	化学分析	必	32	32				2	3
	047101672	化学化工学科前沿	必	32	32				2	3
	037102511	化学分析实验	必	48		48			1.5	3
	047101861	化学生物学	必	64	64				4	5
	047101921	高分子化学与物理	必	64	64				4	6
	047100572	有机化学Ⅲ(一)	必	48	48				3	3
	037102562	有机化学Ⅲ(二)	必	48	48				3	4
	037102092	有机化学实验Ⅲ(一)	必	32		32			1	3
	037102191	有机化学实验Ⅲ(二)	必	64		64			2	4
	037101982	仪器分析	必	56	56				3.5	4
	037102431	仪器分析实验	必	48		48			1.5	4
	037101521	物理化学Ⅲ(一)	必	48	48				3	4
	037102591	物理化学Ⅲ(二)	必	48	48				3	5
	037102261	物理化学实验Ⅲ(一)	必	32		32			1	5

续表

类别	课程代码	课程名称	是否必修	学时数					学分数	开课学期
				总学时	理论	实验	实习	其他		
专业基础课	047101093	物理化学实验Ⅲ（二）	必	48		48			1.5	6
	037100073	流体力学与传热Ⅲ	必	56	56				3.5	5
	037100271	传质与分离工程Ⅲ	必	48	48				3	6
	047101721	流体力学与传热实验	必	16		16			0.5	5
	047101731	传质与分离工程实验	必	16		16			0.5	6
	037101551	结构化学	必	72	56			16	4	5
	047101211	综合化学实验	必	64		64			2	6
		合计		1232	752	464		16	62	
专业选修课	037101321	学科前沿讲座	选	16	16				1	3
	037101071	能源化学工程	选	32	32				2	6
	017101881	电催化与氢电转换技术	选	32	32				2	6
	037102491	高分子材料概论	选	32	32				2	6
	037102471	胶体与界面化学	选	32	32				2	6
	047101451	功能分子材料前沿	选	32	32				2	6
	037102901	绿色催化前沿技术	选	32	32				2	7
	047101481	能源化工集成创新和可持续性分析	选	32	32				2	7
	037100121	纳米科学与技术导论	选	32	32				2	3
	037102451	高等有机化学	选	32	32				2	6
	037101761	生物有机化学	选	48	48				3	6
	037102151	谱图综合解析	选	48	48				3	5
	037102461	商品理化检验	选	32	32				2	5
	037102351	生物化学分析	选	48	32	16			2.5	6
	037102201	精细化学品概论	选	48	48				3	5
	037102441	精细化学品制备实验	选	48		48			1.5	5
	033102202	材料力学Ⅲ	选	80		80			5	5
	037100471	化工过程安全	选	32	32				2	7

续表

类别	课程代码	课程名称	是否必修	学时数					学分数	开课学期
				总学时	理论	实验	实习	其他		
专业选修课	037101121	工业催化	选	32	32				2	5
	037101271	化工设备设计基础	选	32	32				2	5
	037100612	化学工艺学	选	48	48				3	6
	037100722	化工设计	选	40		40			2.5	7
	037100251	化工专业实验	选	64		64			2	6
	047101241	分离工程	选	32	32				2	6
	047101831	化工过程智能控制	选	32	32				2	5
	047101901	化工环保与治理	选	32	32				2	5
	037101101	化工过程分析与合成	选	32	32				2	6
	037100841	精细化学工艺学	选	32	32				2	6
	037100732	化学反应工程	选	48	48				3	6
	047101821	化学工程导论	选	32	32				2	2
	037100981	化工技术经济与项目管理	选	32	32				2	3
	037100681	生化工程基础	选	32	32				2	5
	037100152	计算机辅助设计	选	40	24			16	2	4
	047101231	化妆品设计、制备及产业化	选	32	8	24			2	5
	047101811	未来化工产品技术	选	48	16	32			2	5
	047101911	电-化学能源转化与存储	选	16	8	8			1	6
	047101961	分子合成与功能	选	32	24	8			2	6
	047101871	重要有机反应及其机理	选	16	16				1	4
	020100051	创新研究训练	选	32				32	2	7
	020100041	创新研究实践Ⅰ	选	32				32	2	7
	020100031	创新研究实践Ⅱ	选	32				32	2	7
	020100061	创业实践	选	32				32	2	7
合计			选	选修课最低要求 9 学分,其中创新课程 4 学分						

注:(1) 学时中其他可以为上机和实践学时。

(2) 学生根据自己开展科研训练项目、学科竞赛、发表论文、获得专利和自主创业等情况申请折算为一定的专业选修课学分(创新研究训练、创新研究实践Ⅰ、创新研究实践Ⅱ、创业实践等创新创业课程)。每个学生累计申请专业选修课总学分不超过 4 学分。经学校批准认定为选修课学分的项目、竞赛等不再获得对应第二课堂的创新学分。

八、集中实践教学环节

课程代码	课程名称	是否必修	学时数		学分数	开课学期
			实践	授课		
006100151	军事技能	必	2 周		2	1
070102331	文献检索与实践	必	1 周		1	2
031101551	马克思主义理论与实践	必	2 周		2	3
037102851	科研培训和实践（一）	必	3 周	分散	3	3
030100702	工程训练Ⅰ	必	2 周		2	4
047101301	认识实习	必	1 周		1	3~6
037102861	科研培训和实践（二）	必	3 周	分散	3	4
037102871	科研培训和实践（三）	必	3 周	分散	3	5
037102881	科研培训和实践（四）	必	3 周	分散	3	6
037100973	毕业设计（论文）	必	17 周		10	7~8
合计			37 周		30	

九、课程体系与毕业要求关系矩阵(以下为举例，根据实际毕业要求来写)

序号	课程名称	专业毕业要求																							
		1-1	1-2	1-3	2-1	2-2	2-3	3-1	3-2	4-1	4-2	5-1	5-2	6-1	6-2	7-1	7-2	8-1	8-2	9-1	9-2	10-1	10-2	11-1	11-2
1	思想道德与法治							●										●							
2	习近平新时代中国特色社会主义思想概论																	●							
3	中国近现代史纲要																	●							
4	毛泽东思想和中国特色社会主义理论体系概论																	●							
5	马克思主义基本原理																	●							
6	形势与政策																	●							
7	学术英语(一)																						●		
8	学术英语(二)																						●		
9	大学英语(一)																						●		
10	大学英语(二)																						●		
11	大学计算机基础											●													
12	体育(一)																								●
13	体育(二)																								●
14	体育(三)																								●
15	体育(四)																								●

续表

序号	课程名称	专业毕业要求																							
		1-1	1-2	1-3	2-1	2-2	2-3	3-1	3-2	4-1	4-2	5-1	5-2	6-1	6-2	7-1	7-2	8-1	8-2	9-1	9-2	10-1	10-2	11-1	11-2
16	军事理论																			●					
17	Python 语言程序设计											●													
18	微积分 I（一）				●							●													
19	微积分 I（二）				●							●													
20	线性代数与解析几何				●							●													
21	概率论与数理统计				●							●													
22	大学物理 I（一）				●							●													
23	大学物理 I（二）				●							●													
24	大学物理实验（一）											●													
25	大学物理实验（二）											●													
26	工程制图											●													
27	化学实验安全教育											●			●		●		●						
28	现代化学发展的现状与思考	●									●					●								●	
29	科研活动中的逻辑思维				●						●	●													
30	无机化学（一）	●									●														
31	无机化学（二）	●									●														
32	无机化学实验（一）			●						●	●														
33	无机化学实验（二）			●						●	●														

续表

序号	课程名称	专业毕业要求																							
		1-1	1-2	1-3	2-1	2-2	2-3	3-1	3-2	4-1	4-2	5-1	5-2	6-1	6-2	7-1	7-2	8-1	8-2	9-1	9-2	10-1	10-2	11-1	11-2
34	化学分析	●									●														
35	化学化工学科前沿		●								●					●									
36	化学分析实验			●						●	●														
37	化学生物学	●						●			●														
38	高分子化学与物理	●									●														
39	有机化学Ⅲ（一）	●									●														
40	有机化学Ⅲ（二）	●									●														
41	有机化学实验Ⅲ（一）			●						●	●														
42	有机化学实验Ⅲ（二）			●						●	●														
43	仪器分析	●									●														
44	仪器分析实验			●						●	●														
45	物理化学Ⅲ（一）	●									●														
46	物理化学Ⅲ（二）	●									●														
47	物理化学实验Ⅲ（一）			●						●	●														
48	物理化学实验Ⅲ（二）			●						●	●														
49	流体力学与传热Ⅲ		●			●					●														
50	传质与分离工程Ⅲ		●			●					●														
51	流体力学与传热实验			●		●				●	●														
52	传质与分离工程实验			●		●				●	●														
53	结构化学		●																						

续表

序号	课程名称	专业毕业要求																							
		1-1	1-2	1-3	2-1	2-2	2-3	3-1	3-2	4-1	4-2	5-1	5-2	6-1	6-2	7-1	7-2	8-1	8-2	9-1	9-2	10-1	10-2	11-1	11-2
54	综合化学实验			●							●														
55	学科前沿讲座	●				●										●						●		●	
56	能源化学工程									●						●									
57	电催化与氢电转换技术	●						●		●															
58	高分子材料概论	●									●													●	
59	胶体与界面化学		●								●														
60	功能分子材料前沿																							●	
61	绿色催化前沿技术																							●	
62	能源化工系统集成创新和可持续性分析															●								●	
63	纳米科学与技术导论	●				●					●													●	
64	高等有机化学	●						●			●														
65	生物有机化学	●						●			●														
66	谱图综合解析	●						●																	
67	商品理化检验			●						●															
68	生物化学分析			●						●															
69	精细化学品概论	●									●			●										●	
70	精细化学品制备实验			●										●											
71	材料力学Ⅲ		●																						

续表

序号	课程名称	1-1	1-2	1-3	2-1	2-2	2-3	3-1	3-2	4-1	4-2	5-1	5-2	6-1	6-2	7-1	7-2	8-1	8-2	9-1	9-2	10-1	10-2	11-1	11-2
															专业毕业要求										
72	化工过程安全								●						●		●		●						
73	工业催化					●				●															
74	化工设备设计基础					●				●															
75	化学工艺学					●				●															
76	化工设计							●	●					●		●									
77	化工专业实验					●				●															
78	分离工程					●																			
79	化工过程智能控制					●				●															
80	化工环保与治理					●				●						●									
81	化工过程分析与合成					●				●															
82	精细化学工艺学					●				●															
83	化学反应工程			●							●														
84	化学工程导论					●					●			●											
85	化工技术经济与项目管理					●								●											
86	生化工程基础					●				●															
87	计算机辅助设计												●												
88	化妆品设计、制备及产业化						●							●		●									
89	创新研究训练						●		●		●					●									

续表

序号	课程名称	专业毕业要求																							
		1-1	1-2	1-3	2-1	2-2	2-3	3-1	3-2	4-1	4-2	5-1	5-2	6-1	6-2	7-1	7-2	8-1	8-2	9-1	9-2	10-1	10-2	11-1	11-2
90	创新研究实践 I						●		●		●														
91	创新研究实践 II						●		●		●														
92	创业实践						●		●		●														
93	未来化工产品技术					●							●											●	●
94	电-化学能源转化与存储	●		●																				●	●
95	分子合成与功能	●		●																				●	●
96	重要有机反应及其机理	●																							
97	军事技能																				●				
98	文献检索与实践						●	●																●	
99	马克思主义理论与实践																	●							
100	科研培训和实践(一)							●		●	●		●							●				●	
101	科研培训和实践(二)							●		●	●		●							●	●			●	
102	科研培训和实践(三)							●		●	●		●							●	●			●	
103	科研培训和实践(四)							●					●							●	●			●	
104	工程训练 I													●											
105	认识实习														●				●		●	●		●	●
106	毕业设计(论文)								●		●		●									●	●	●	●

466

十、课程体系拓扑图（图3-10）

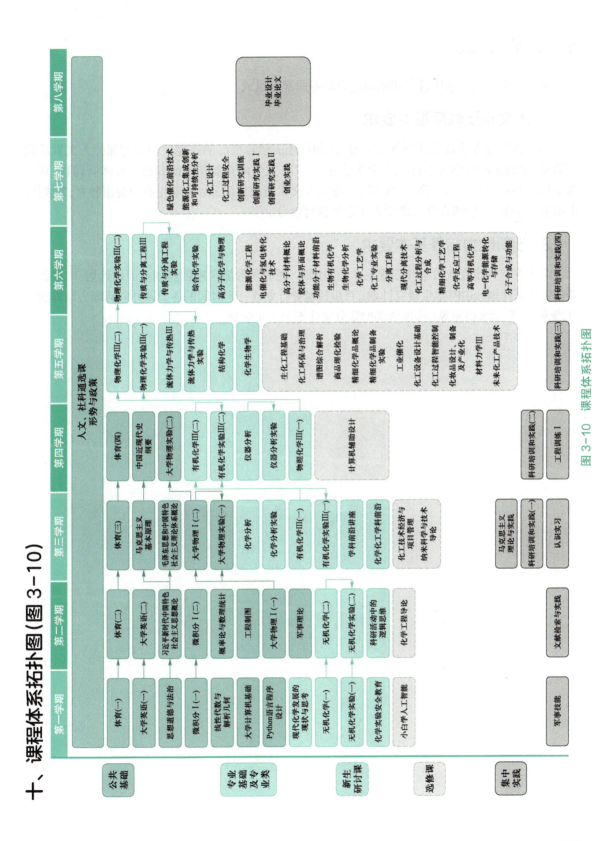

图3-10 课程体系拓扑图

十一、第二课堂

第二课堂由人文素质教育和创新能力培养两部分组成。

1. 人文素质教育基本要求

学生在取得专业教学计划规定学分的同时,还应结合自己的兴趣适当参加课外人文素质教育活动,参加活动的学分累计不少于 5 学分。其中,大学体育教学团队开设课外体育课程,高年级本科生必修,72 学时,1 学分,纳入第二课堂人文素质教育学分。大学生心理健康教育,2 学分,虚拟第三学期开设,纳入第二课堂人文素质教育学分。

2. 创新能力培养基本要求

学生在取得本专业教学计划规定学分的同时,还必须参加国家创新创业训练计划、广东省创新创业训练计划、SRP(学生研究计划)、百步梯攀登计划或一定时间的各类课外创新能力培养活动(如学科竞赛、学术讲座等),参加活动的学分累计不少于 4 学分。

— 四川大学 —

化学专业(拔尖计划)本科培养方案(2023 级)

一、培养目标

坚持以习近平新时代中国特色社会主义思想为指导,全面贯彻党的教育方针,以立德树人为根本,依托"基础学科拔尖学生培养计划",发挥高水平研究型大学优势,秉承"立足基础,面向国家需求,服务社会"的办学传统,培养服务于国家重大需求,德智体美劳全面发展具有突出的化学智慧、化学感悟、化学视野、鲜明川大烙印的未来引领学科发展的拔尖人才。

二、培养要求

本专业学生需扎实地掌握化学相关基础知识和基本理论,受到化学思想方法、创新研究和科学实验的严格训练,具有开展化学或相关交叉领域的创新研究和科学管理的能力。

毕业生应具备以下几方面的知识和能力:

(1) 具备良好的政治思想、道德品质和爱国爱校情怀;

(2) 具有高度的社会责任感、良好的科学文化素养和团队协作精神;

(3) 具备扎实的数学、物理等学科的基础理论,以及生命、环境、材料、能源等相关领域的跨学科知识体系;

(4) 掌握中外文献检索和查阅能力及应用现代信息技术获取相关信息的方法,能够追踪化学及相关领域的前沿发展;

(5) 善于综合运用化学及交叉学科思维发现、分析和解决问题,拥有在化学及相关学科领域开展科学研究素养;

(6) 具有宽广国际视野和跨文化环境下的交流、竞争与合作的能力;

(7) 具有终身学习和自我管理的能力,能够适应未来科学和社会的发展。

三、专业核心课程

无机化学、分析化学(含仪器分析)、有机化学、物理化学(含结构化学)、聚合物科学、生物化学、绿色化学、现代合成化学。

四、修业年限及学习年限

四年。

五、毕业最低总学分

165 学分。

六、授予学位

理学学士学位。

七、教学计划进度表

课程分组	课程类别	课程属性	课程号	课程名	开课单位	学分	总学时	理论学时	实验学时	上机学时	实践学时	开课学年学期	完成学分
通识教育	公共基础课	必修	603573030	思想道德与法治	马克思主义学院	3	48	32	16			1秋	35
			603061030	中国近现代史纲要	马克思主义学院	3	48	32	16			1春	
			603576030	马克思主义基本原理	马克思主义学院	3	51	34	17			2秋	
			603574030	毛泽东思想与中国特色社会主义理论体系概论	马克思主义学院	3	48	40	8			2春	
			603575030	习近平新时代中国特色社会主义思想概论	马克思主义学院	3	48	40	8			2春	
			107418020	中共党史	马克思主义学院	2	32	30			2	1秋或1春	
			107419020	社会主义发展史	马克思主义学院	2	32	27			5	1秋或1春	
			102620020	改革开放史	经济学院	2	32	32				1秋或1春	
			106812020	新中国史	历史文化学院	2	32	32				1秋或1春	
			107115000	形势与政策 -1	马克思主义学院	0	16	16				1秋	
			107116000	形势与政策 -2	马克思主义学院	0	16	16				1春	
			107117000	形势与政策 -3	马克思主义学院	0	16	16				2秋	

续表

课程分组	课程类别	课程属性	课程号	课程名	开课单位	学分	总学时	理论学时	实验学时	上机学时	实践学时	开课学年学期	完成学分
通识教育	公共基础课	必修	107118000	形势与政策-4	马克思主义学院	0	16	16				2春	35
			107119000	形势与政策-5	马克思主义学院	0	16	16				3秋	
			107120000	形势与政策-6	马克思主义学院	0	16	16				3春	
			107121000	形势与政策-7	马克思主义学院	0	16	16				4秋	
			107122020	形势与政策-8	马克思主义学院	2	16	16				4春	
			900001010	军事理论	武装部	1	36	36				1秋	
			900003000	军事技能	武装部	2	112				2周	1春S	
			888004010	体育-1	体育学院	1	32	2			30	1秋	
			888005010	体育-2	体育学院	1	32	2			30	1春	
			888006010	体育-3	体育学院	1	32	2			30	2秋	
			888007010	体育-4	体育学院	1	32	2			30	2春	
			203174010	化学创新思维与交流	化学学院	1	16	16				1秋	
			603195020	基础英语写作-1	外国语学院	2	32	32				1秋	
			603206020	基础英语写作-2	外国语学院	2	32	32				1春	
			603196020	学术英语写作-1	外国语学院	2	32	32				2秋	
			603205020	学术英语写作-2	外国语学院	2	32	32				2春	
	通识模块课程群	必修(三大先导课)	999012020	人类文明与社会演进	历史文化学院	2	32	32				1秋	
			999011020	科学进步与技术革命	数学学院	2	32	32				1春	
			999006020	中华文化(文学篇)	文学与新闻学院	2	32	32				2秋或2春	6(中华文化四选一)
			999005020	中华文化(历史篇)	历史文化学院	2	32	32				2秋或2春	
			999009020	中华文化(哲学篇)	哲学系	2	32	32				2秋或2春	
			999007020	中华文化(艺术篇)	艺术学院	2	32	32				2秋或2春	

续表

课程分组	课程类别	课程属性	课程号	课程名	开课单位	学分	总学时	理论学时	实验学时	上机学时	实践学时	开课学年学期	完成学分
通识教育	通识模块课程群	必修	912002010	大学生心理健康	心理健康中心	1	16	16				1秋	1
			909043020	计算思维与智能方法	计算机基础教学中心	2	36	28		8		1秋	2
		选修		通识教育核心课程		2							2
				实践及国际课程周课程		1							1
专业教育	学科基础课程	必修	201074030	微积分(Ⅱ)-1	数学学院	3	64	64				1秋	12
			201075030	微积分(Ⅱ)-2	数学学院	3	64	64				1春	
			202025030	大学物理(理工)Ⅱ-1	物理科学与技术学院	3	48	48				1春	
			202026030	大学物理(理工)Ⅱ-2	物理科学与技术学院	3	48	48				2秋	
			202039020	大学物理实验(理工)Ⅱ-1	物理科学与技术学院	2	32		32			1春	
			202040020	大学物理实验(理工)Ⅱ-2	物理科学与技术学院	2	32		32			2秋	
			201080030	线性代数(理工)	数学学院	3	64	64				1春	
		选修	203047010	化学实验室安全技术	化学学院	1	16	16				1春	6
			201018030	概率统计(理工)	数学学院	3	64	64				2秋	
			308098020	化工制图	化学工程学院	2	32	32				2春	
			203131020	化学前沿(专题讲座)	化学学院	2	32	32				2春	
	专业核心课程	必修	203087040	无机化学(Ⅰ)-1	化学学院	4	64	64				1秋	40
			203309030	无机化学(Ⅰ)-2	化学学院	3	48	48				1春	
			203020020	分析化学(Ⅰ)-1	化学学院	2	32	32				1春	
			203307040	分析化学(Ⅰ)-2	化学学院	4	64	64				2秋	
			203188030	有机化学(Ⅰ)-1(全英文)	化学学院	3	48	48				2秋	
			203189030	有机化学(Ⅰ)-2(全英文)	化学学院	3	48	48				2春	
			203092030	物理化学(Ⅰ)-1	化学学院	3	48	48				2春	
			203093030	物理化学(Ⅰ)-2	化学学院	3	48	48				3秋	

续表

课程分组	课程类别	课程属性	课程号	课程名	开课单位	学分	总学时	理论学时	实验学时	上机学时	实践学时	开课学年学期	完成学分
专业教育	专业核心课程	必修	203176030	结构化学（I）	化学学院	3	48	48				3秋	40
			203257020	聚合物科学（双语）	化学学院	2	32	32				3秋	
			204064050	生物化学	生命科学学院	5	80	80				3秋	
			203067020	绿色化学（I）（全英文）	化学学院	2	32	32				3春	
			203266030	现代合成化学	化学学院	3	48	48				3秋	
			308245020	化工基础	化学工程学院	2	32	32				3春	
	专业选修课	选修	203306020	化学信息学与人工智能	化学学院	2	32	32				3春	18
			203071020	谱学导论	化学学院	2	32	32				3秋	
			203234030	分析仪器与实践	化学学院	3	56	32	24			3秋	
			203127020	有机立体化学	化学学院	2	32	32				3秋	
			203265030	中级有机化学	化学学院	3	48	48				3春	
			203016030	放射化学	化学学院	3	48	48				3秋	
			203129030	专业英语	化学学院	3	48	48				3春	
			203236020	化学生物学	化学学院	2	32	32				3春	
			203237030	化学生物学实验	化学学院	3	48		48		6周	3春	
			203026020	高分子化学	化学学院	2	32	32				3春	
			203145020	高分子科学实验	化学学院	2	68	4	64			3春	
			203308030	中级物理化学	化学学院	3	48	48				3春	
			203239030	现代分析方法	化学学院	3	48	48				3春	
			203070030	配位化学进展	化学学院	3	48	48				3春	
			203126020	有机金属化学	化学学院	2	32	32				3春	
			308246010	化工基础实验	化学工程学院	1	16		16			3春	
			203243030	细胞工程实验	化学学院	3	48		48		6周	4秋	
			203255030	绿色化学设计实验	化学学院	3	48		48			4秋	
			203244030	放射分析与辐射测量实验	化学学院	3	48		48			4秋	

续表

课程分组	课程类别	课程属性	课程号	课程名	开课单位	学分	总学时	理论学时	实验学时	上机学时	实践学时	开课学年学期	完成学分
跨学科专业教育	学生自由修读的跨学科课程	必修		非本专业的其他专业课程									至少4
实践教育	实践教育	必修	908026020	无机化学实验(I)-1	化学实验中心	2	48		48			1秋	36
			908027020	无机化学实验(I)-2	化学实验中心	2	48		48			1春	
			908028020	分析化学实验(I)-1	化学实验中心	2	48		48			2秋	
			908029030	分析化学实验(I)-2	化学实验中心	3	72		72			2春	
			908042040	有机化学实验(I)-1	化学实验中心	4	96		96			2秋	
			908043020	有机化学实验(I)-2	化学实验中心	2	48		48			2春	
			908034020	化学综合实验	化学实验中心	2	48		48			2春	
			908032020	物理化学实验(I)-1	化学实验中心	2	48		48			2春	
			908033020	物理化学实验(I)-2	化学实验中心	2	48		48			3秋	
			908057020	综合实验拓展训练	化学实验中心	2	48		48			3春	
			203256010	科研训练	化学学院	1	24		24			3秋	
				创新创业教育(社会实践,学科竞赛,科研训练与科技团,志愿服务等)		4							
		选修	203310080	毕业论文(设计)	化学学院	8	192		192		18周	4秋-4春	2
			203075010	生产实习	化学学院	1	32				2周	3春S	
			203262010	生物大分子表征及成像技术	化学学院	1	16		16			4春	
			203263010	固体材料分析测试技术	化学学院	1	16		16			4秋	
			203264010	有机化合物结构鉴定技术	化学学院	1	16		16			4秋	
			203302020	荥城水文与水质调研	化学学院	2	32				32	2春S	
			203251010	有机电子学实验	化学学院	1	16		16			4秋	

小计	课程类别	通识教育	专业教育	实践环节	毕业总学分
	学分	47	80	38	学士:165
	占总学分比例	28.5%	48.5%	23.0%	

化学专业（基地）本科人才培养方案和指导性教学计划（2023 级）

一、培养目标

　　根据学校办学定位和人才培养总目标,落实立德树人根本任务,适应社会主义新时代发展的需要,培养具备深厚的化学基础知识和基本理论,具有生命学科和材料学科的知识背景,了解学科发展动态,掌握扎实的实验技能,受到科学思维和科学研究的初步训练,德智体美劳全面发展,具有正确的政治思想、良好的道德品质、健康的体魄、健全的心理素质,能在化学及相关领域从事科研、教学、技术及相关管理等工作,具有国际视野的高素质创新人才。

　　基地班以国家理科(化学)人才培养基地为依托,强调宽口径培育,注重学科交叉渗透。培养具有创新意识,掌握现代化学理论和实验技术及相关学科知识,具备挑战化学学科前沿,解决生命、材料、环境、化工领域中化学问题能力的拔尖创新高级人才。

二、培养规格

　　经过本科阶段的培养,毕业生应具备以下知识和能力:

　　(1) 培养学生的综合素质,要求学生政治合格,具备社会主义核心价值观,具有良好的思想品质和道德修养、健康的心理素质和身体素质,达到国家大学生体能测试标准。

　　(2) 具备数学、物理学、计算机技术等方面的基础知识,并能够运用这些知识、技术表述和分析化学及相关问题。

　　(3) 掌握系统扎实的化学基础知识、基本原理和基本操作,初步掌握化学研究的基本方法和手段,具备发现、提出、分析和解决化学及相关学科问题的初步能力。

　　(4) 具备高度的实验室安全与环保意识,树立可持续发展的绿色化学理念。

　　(5) 具有较强的专业综合能力、创新意识和科研创新能力,能够对本学科及交叉学科领域问题进行综合分析和研究,构建和表达科学的解决方案,初步具备独立开展科研工作的能力。

　　(6) 具有信息获取与数据分析能力,掌握文献检索及应用现代信息技术手段和工具解决实际问题的基本方法。

　　(7) 具有逻辑思维能力和批判性思维精神,能够发现、辨析、质疑、评价本专业及相关领域现象和问题,表达个人见解。

　　(8) 掌握一门外语,具有良好的听、说、读、写能力;具备一定的国际视野,具有较强的沟通和参与学术交流的能力。

　　(9) 具有良好的团队合作、组织管理和创新创业的能力。

（10）具有终身学习意识和自主学习能力，能够适应未来科学技术和经济社会的发展。

化学专业课程体系支撑培养规格达成矩阵

培养规格	指标点	对应课程
（1）培养学生的综合素质，要求学生政治合格，具备社会主义核心价值观，具有良好的思想品质和道德修养、健康的心理素质和身体素质，达到国家大学生体能测试标准	（1.1）培养学生的综合素质，要求学生政治合格，具备社会主义核心价值观，具有良好的思想品质和道德修养	中国近代史纲要 思想道德与法治 马克思主义基本原理概论 毛泽东思想和中国特色社会主义理论体系概论 习近平新时代中国特色社会主义思想概论
	（1.2）健康的心理素质和身体素质，达到国家大学生体能测试标准	大学生心理健康教育 大学体育
	（1.3）掌握一定的人文社会科学基本知识，具有实事求是的科学精神、高尚的人文素养、健全的人格和积极向上的人生态度	大学语文 通识教育选修课程 公共选修课程
（2）具备数学、物理学、计算机技术等方面的基础知识，并能够运用这些知识、技术表述和分析化学及相关问题	能够运用数学、物理学、计算机技术等方面的基础知识分析和表述化学相关问题	微积分（第一层次） 线性代数 大学物理（含实验） 大学计算机
（3）掌握系统扎实的化学基础知识、基本原理和基本操作，初步掌握化学研究的基本方法和手段，初步具备发现、提出、分析和解决化学及相关学科问题的能力	（3.1）掌握系统扎实的化学基础知识和基本原理	无机化学与化学分析 有机化学 物理化学 仪器分析 中级无机化学 结构化学
	（3.2）掌握化学专业的基本实验技能，能够正确运用化学基础理论知识，针对所研究问题进行方案的设计	无机化学与化学分析实验 有机化学实验 仪器分析实验 物理化学实验 化学综合实验 材料化学实验 化学生物学实验
	（3.3）初步掌握化学研究的基本方法和手段，具备发现、提出、分析和解决化学及相关学科问题的初步能力	材料化学导论 生物化学 化学生物学导论 理论有机化学 高分子化学 无机材料合成 高分子物理 波谱原理及应用 催化原理 量子化学 新生专业导读课程 专业实习

续表

培养规格	指标点	对应课程
(4) 具备高度的实验室安全与环保意识,树立可持续发展的绿色化学理念	具有高度的实验室安全意识与环保意识,树立可持续发展的绿色化学理念	化学实验室安全技术 绿色化学 环境化学导论 化学与碳中和
(5) 具有较强的专业综合能力、创新意识和科研创新能力,能够对本学科及交叉学科领域问题进行综合分析和研究,构建和表达科学的解决方案	(5.1) 能够针对本学科及交叉学科领域的复杂问题进行综合分析,提出合理可行的解决方案	有机合成化学 金属有机化学 无机材料合成 现代无机化学 生物无机化学 蛋白质与酶化学 细胞生物学 药物分子合成设计 超分子化学 高分子材料学 高分子物理 化工基础及实验 环境化学导论
	(5.2) 利用所学的科学原理设计实验开展研究,具有较强的专业综合能力、创新意识和科研创新能力	化学生物学导论 现代分离科学 色谱分析 化学计量学 配位化学 精细化学品化学 超分子化学 化学与碳中和 功能材料学 单晶结构分析基础 化学与文物保护 劳动与创新创业教育 学年论文 毕业设计
(6) 具有信息获取与数据分析能力,掌握文献检索及应用现代信息技术手段和工具解决实际问题的基本方法	(6.1) 能够使用专业化学软件和其他信息技术手段等对实验结果进行处理和分析	化学计量学 计算化学 计算化学实验 虚拟仿真化学实验
	(6.2) 掌握文献检索以及应用现代信息技术手段和工具解决实际问题的基本方法	大学计算机 化学信息学
(7) 具有逻辑思维能力和批判性思维精神,能够发现、辨析、质疑、评价本专业及相关领域现象和问题,表达个人见解	具有比较、分析、综合、抽象、概括的能力,能够发现、辨析、质疑、评价化学及相关领域的现象和问题	高等无机化学 化学与碳中和 精细化学品化学 现代电化学分析及应用 分子发射光谱分析 现代分离科学 高分子物理 配位化学

续表

培养规格	指标点	对应课程
(8) 掌握一门外语,具有良好的听、说、读、写能力;具备一定的国际视野,具有较强的沟通和参与学术交流的能力	(8.1) 掌握一门外语,具有一定的外语应用能力	大学英语
	(8.2) 具备一定的国际视野,具有较强的沟通和参与学术交流的能力	大学英语 通识教育选修课程 公共选修课程
(9) 具有良好的团队合作、组织管理和创新创业的能力	在多学科背景下具备团队组织、合作、沟通与协调能力,与团队成员和谐相处、协作共事	劳动与创新创业教育 军事理论与技能训练 学年论文 专业实习 毕业设计
(10) 具有终身学习意识和自主学习能力,能够适应未来科学技术和经济社会的发展	具有终身学习意识和自主学习能力,能够通过不断学习,适应未来社会进步	大学生职业发展与就业指导 劳动与创新创业教育

三、培养路径及要求

1. 专业分流

西北大学本科人才培养分为大类培养、专业培养和多元培养三个阶段,通过专业分流,实现学生从大类培养进入专业培养。

分流原则:

(1) 公开、公平、公正。成立专业分流工作领导小组,由分管教学的副院长或分管学生工作的副书记任组长,各专业负责人、专业教研室主任及有关教师任成员。该领导小组主要负责制定学院各专业分流办法,审核申请专业分流者的资格和条件,组织专业分流考核等工作。所有工作流程应当遵循公开透明、公平竞争、公正审核的原则。

(2) 尊重学生志愿,加强分流指导。充分尊重学生的意愿,在符合专业特殊要求的条件下,首先考虑学生的志愿次序。因专业规模限制等原因没能满足第一志愿的,考虑第二志愿。如该生第二志愿所报专业的第一志愿生的名额已满,则考虑第三志愿,以此类推。各专业首先考虑第一志愿的学生,其次再考虑第二志愿的学生,以此类推。

(3) 学习成绩优先原则。在同一次序志愿下,根据学习成绩(按照两学年必修课成绩),由高分到低分确定录取顺序,录满为止。充分尊重学生的自主选择,结合学生的兴趣和志向实施分类指导。

名额分配:

院内各专业分流名额原则上化学、应用化学、材料化学和化学生物学各专业人数为 30 人左右,可根据学生志愿和实际需求适当调整,专业人数不少于 15 人。

分流时间:

我院本科生各专业分流时间统一为大学第 4 学期期末。

分流程序:

(1) 学院公布全体学生的成绩排名,不及格科目按照第一次考试成绩计算。

(2) 学生填报专业志愿时,必须填满四个专业。

(3) 在全院范围内公示学生填报志愿情况。

(4) 公示无误后,在"先报志愿优先,在同一志愿次序下,学习成绩优先"的原则确定初步录取建议名单。

(5) 初步录取的名单报院分专业领导小组审批,审批后确定各专业学生名单。

2. 专业准入和准出机制

通过制定"专业准入准出标准"和建立"人才培养分流机制",为学生提供自主选择专业、课程模块及发展机会。根据多样化人才培养需求,科学设计多元化课程体系,因材施教,加强对本科生学业规划的引导。

(1) 专业准入标准:申请参加专业准入的学生必须完整修完本院大类培养过程中(第一和第二学期)开设的相关课程并取得相应学分,具体包括:

① 通修课程:必修的思想政治理论、微积分(第一层次)、大学物理、大学英语、大学计算机等。

② 学科平台课程:无机化学与化学分析、化学实验室安全技术。

③ 专业核心课程:无机化学与化学分析实验。

(2) 专业准出标准:学院向全校开放专业课程资源,在满足本专业准出标准的前提下,鼓励学生跨专业或跨院系选修课程、参加科研训练、完成学位论文,通过学科交叉,拓展人才的适用口径。化学相关专业准出要求修满158个学分,同时修完以下课程并取得相应学分。

① 通识通修课程模块:包括通识教育课程(11学分)、思想政治理论课程(17学分)、综合素质教育课程(7学分)、分层次通修课程(34学分),总学分为69学分。

分层次通修课程包括:大学英语(8学分)、微积分(第一层次)(8学分)、大学计算机(4学分)、大学体育(4学分)、大学语文(2学分)、大学物理(含实验)(8学分)。

② 学科专业课程模块:包括学科平台课程(22学分)、专业核心课程(20学分),总学分为42学分。

③ 开放课程模块:包括专业选修课程(20学分)、跨专业选修课程(8学分)、公共选修课程(5学分),总学分为33学分。

④ 其他类别:包括劳动与创新创业教育(4学分)、学年论文(2学分)、毕业论文(8学分),总学分为14学分。

3. 多元培养分流机制

在达到"专业准出标准"前提下,学生可根据个人的职业生涯规划自主确定培养目标,选择多元化培养模式和个性化课程,在完成所有应修学分并满足其他毕业条件后准予毕业。其中:

(1) 本专业学术类人才需完成学科平台课,专业核心课,专业选修课,并选修跨专业选修课程中与学术类人才相关的课程。

(2) 跨专业学术类人才需完成学科平台课,专业核心课,并选修跨专业选修课程中与跨专业学术类人才相关的课程。

(3) 就业创业类人才需完成学科平台课,专业核心课,并选修跨专业选修课程中与就业创业类人才相关的课程。

4. 学分置换机制

为满足多元培养需要,开放选修课程模块实行灵活多样的学分认定方式,学生参加世界各地交流项目、实习实践项目、创新创业实践均可计入相应学分,如参加世界各地及企事业单位开展的相应培训,可计为公共选修课程学分。

四、课程模块设置与学分学时分配

化学(基地)专业教学计划学时学分结构表

课程模块	学时数	占比	学分数	占比
通识教育课程	198	5.67%	11	6.96%
通修课程	1116	31.96%	58	36.71%
学科专业课程	1026	29.38%	42	26.58%
开放选修课程	666	19.07%	33	20.89%
其他	486	13.92%	14	8.86%
合计	3492	100%	158	100%
毕业需要达到的最低学分数			158	

化学(基地)专业各教学环节时间(周数)分配表

学年和学期		理论	实践	考试	学年论文	毕业论文或设计	总计
一	第一学期	18	18*	2			20
	第二学期	18	18*	2	1*		20
二	第三学期	18	18*	2			20
	第四学期	18	18*	2	1*		20
三	第五学期	18	18*	2			20
	第六学期	18	18*	2	1*		20
四	第七学期	18	1*	2		18*	20
	第八学期					18	18
合计		126	109	14	3	36	158

注:实践包含实验、实习、社会实践等。

＊表示教学环节与理论课教学在时间上穿插进行。

五、修业年限、学分要求与授予学位

修业年限:3~6 年;　学分要求:最少 158 学分;　授予学位:理学学士学位。

六、指导性教学计划

化学专业指导性教学计划

课程模块	课程类别	课程编号	课程名称	先修课程	课程性质	总学分	课堂教学	课程实验	课程实习	一	二	暑期	三	四	暑期	五	六	暑期	七	八
通识通修模块	通识教育课程		通识教育选修课程		选修	10	10			1~8学期贯通										
		U26C1001	新生专业导读课程		必修	1	1			1										
	思想政治理论课程	U21G1001	中国近代史纲要		必修	3	3			3		3								
		U21G1005	思想道德与法治		必修	3	3					3								
		U21G1002	马克思主义基本原理概论		必修	3	3						3							
		U21G1003	毛泽东思想和中国特色社会主义思想概论		必修	5	5								5					
		U21G1007	习近平新时代中国特色社会主义思想概论		必修	3	3						3							
		U26G1002	形势与政策		必修	2	2			1~8学期贯通										
	综合素质教育课程	U26G1001	军事理论与技能训练（安全教育）		必修	4	2		2	2		2周								
		U26C1002	大学生心理健康教育		必修	2	2			1~4学期贯通	2									
		U26G1006	大学生职业发展与就业指导		必修	1	1			1~4学期贯通										
	分层次通修课程	U05G1101	大学英语Ⅰ		必修	2	2			2										
		U05G1201	大学英语Ⅱ		必修	2	2				2									
		U05G1301–U05G1323	大学英语Ⅲ		必修	2	2			3~6学期贯通			2							
		U05G1401–U05G1423	大学英语Ⅳ		必修	2	2			3~6学期贯通				2						

续表

课程模块	课程类别	课程编号	课程名称	课程性质	先修课程	总学分	课堂教学	课程实验	课程实习	一	二	暑期	三	四	五	六	暑期	七	八
通识通修模块	分层次通修课程	140011–140012	微积分（第一层次）	必修		8	8			4	4								
	通修课程	U17G1091	大学计算机	必修		4	3	1		3+2									
		U22G1TY1	大学体育	必修		4	4			2	2		2	2					
		U01G1001	大学语文	必修		2	2						2						
		U12G1001–U12G1002 U12G2003	大学物理（含实验）	必修		8	7	1			3		4+2						
			通识通修课程共计20门，须从中必修59学分课程，选修10学分课程																
专业教育模块	学科专业课程（大类平台课程）	U11M1012	无机化学与化学分析	必修		6	6			2	2+2								
		U11M1004	有机化学	必修	无机化学与化学分析	6	6						3	3					
		U11M1006	物理化学	必修	有机化学	6	6						3	3					
		U11M1008	仪器分析	必修	物理化学	3	3								3				
		U11M1015	化学实验室安全技术	必修		1	1			1									
	学科专业课程（专业核心课程）	U11M2007	无机化学与化学分析实验	必修	无机化学与化学分析	4		4		4	4								
		U11M2003	有机化学实验	必修	有机化学	4		4					4	4					
		U11M2005	物理化学实验	必修	物理化学	3		3					4	6					
		U11M2006	仪器分析实验	必修	仪器分析	2		2							3				
		U11M1010	结构化学	必修	无机化学与化学分析	3	3								4				
		U11M1011	中级无机化学	必修	无机化学与化学分析	2	2								3	2			
	专业实习	U11M4001	专业实习	必修	无机化学与化学分析	2			2								1周		

学科专业课程共计12门，均为必修课程

续表

课程模块	课程类别	课程编号	课程名称	课程性质	先修课程	总学分	课堂教学	课程实验	课程实习	一	二	暑期	三	四	暑期	五	六	暑期	七	八
专业教育模块	专业选修课程	U11E1001	波谱原理及应用	选修	有机化学	2	2									2				
		U11E1004	高分子化学	选修	有机化学	2	2									2				
		U11E1003	生物化学	选修	有机化学	2	2									2				
		U11E1002	材料化学导论	选修	无机化学与化学分析	2	2										2			
		U11E1005	理论有机化学	限修	有机化学	2	2										2			
		U11E1042	无机材料合成	限修	无机化学与化学分析	2	2									2				
		U11E1023	高分子物理	限修	物理化学	2	2										2			
		U11E1040	化学生物学	限修	有机化学	2	2										2			
		U11M2009	化学综合实验	选修	有机化学	2		2									4			
		U11E2003	材料化学实验	选修	材料化学导论	2		2									4			
	开放选修课程	U11E2004	化学生物学实验	选修	生物化学	2		2									4			
		U11E1015	色谱分析	选修	仪器分析	2	2										2			
		U11E1020	催化原理	选修	物理化学	2	2										2			
		U11E1024	高分子材料学	选修	高分子化学	2	2												2	
		U11E1006	量子化学	选修	大学物理	2	2												2	
		U11E1011	金属有机化学	选修	有机化学	2	2										2			
		U11E1010	有机合成化学	选修	有机化学	2	2										2			
		U11E1043	现代电化学分析及应用	选修	仪器分析	2	2												2	
		U11E1044	分子发射光谱分析	选修	仪器分析	2	2												2	
		U11E1045	配位化学	选修	无机化学与化学分析	2	2												2	
		U11E1041	生物无机化学	选修	生物化学	2	2										2			

续表

课程模块	课程类别	课程编号	课程名称	课程性质	先修课程	课程学分				各学期周学时分配									
						总学分	课堂教学	课程实验	课程实习	一	二	暑期	三	四	五	六	暑期	七	八
专业教育模块	跨专业选修课程	U11E1012	药物分子合成设计	选修	有机化学	2	2									2			
		U11E1013	精细化学品化学	选修	有机化学	2	2									2			
		U11E1007	功能材料学	选修	材料化学导论	2	2									2			
		U11E1036	现代无机化学	选修	无机化学与化学分析	2	2											2	
		U11E1046	超分子化学	选修	有机化学	2	2									2			
		U11E1018	环境化学导论	选修	无机化学与化学分析	2	2									2			
		U11E1032	化学计量学	选修	微积分（第一层次）	2	2											2	
	开放选修课程	U11E1031	现代分离科学	选修	仪器分析	2	2											2	
		U11E1026	蛋白质与酶化学	选修	生物化学	2	2									2			
		U11E1029	细胞生物学	选修	生物化学	2	2									2			
		U11E1039	分子生物学实验	选修	有机化学	2		2								4			
		U11E1047	化工基础及实验	选修	物理化学	3	2	1								2+2			
		U11E1021	计算化学	选修	物理化学	2	2									2			
		U11E1019	化学信息学	选修	大学计算机	1	1						1						
		U11E1048	化学与碳中和	选修	无机化学与化学分析	2	2									2			
		U11E3002	虚拟仿真化学实验	选修	大学计算机	2		2										4	
		U11E3001	计算化学实验	选修	计算化学	2		2										4	

课程模块	课程类别	课程编号	课程名称	课程性质	先修课程	课程学分				各学期周学时分配										
						总学分	课堂教学	课程实验	课程实习	一	二	暑期	三	四	暑期	五	六	暑期	七	八
专业教育模块	跨专业选修课程	U11E1022	单晶结构分析基础	选修	无机化学与化学分析	2	2												2	
		U11E1014	绿色化学	选修	有机化学	2	2										2			
		U11E1049	化学与文物保护	选修	无机化学与化学分析	2	2										2			
	公共选修课程		在全校范围内非化学选修	选修		5	5			1~4学期贯通										
	开放选修课程分课程	U14C1401	线性代数	选修		3	3						3							

开放选修课程共计43门,化学(基地)方向须从专业选修课程中修读20学分课程,从跨专业选修课程中修读8学分课程,从公共选修课程中修读5学分课程。

课程模块	课程名称	课程性质		总学分	课堂教学		课程实习			各学期周学时分配								
其他	劳动与创新创业教育	必修		4	1		3						1~8学期贯通					
	学年论文	必修		2			2				1周		1周		1周			
	毕业论文/毕业设计	必修		8			8										18周	
	学分总计									158								
	实践学分总计									45								

七、实践教学基本要求

1. 必修和选修的实验课程

化学是一门实验性学科,学院根据学生培养需要,开设的必修实验课程有:无机化学与化学分析实验、有机化学实验、物理化学实验和仪器分析实验;选修的实验课程有:化学综合实验、化学生物学实验、分子生物学实验、材料化学实验、化工基础实验、计算化学实验和虚拟仿真化学实验。必修和选修的实验课程总学分为 26 学分。

2. 课程实习与专业实习

本专业的学科平台课"无机化学与化学分析""有机化学""仪器分析"和"物理化学"四门课程都有课程实习,实习与课堂理论教学穿插进行。1~3 年级本科生每级每年至少参加 1 次课程实习,实习地点选择与课程内容相关的企事业单位,实习利用周末或实践教学周进行,时间为 1 天。

四年级本科生利用暑期实践教学周或开学初进行专业实习,提高解决实际问题的能力,实现从选题到实践,再进行系统的总结、提高、理论化的完整科研训练,使学生具备从事科学研究和生产的基本能力。考核形式:实习报告。

3. 创新实验

为发挥教师在学生培养中的引导作用和学生的主体作用,鼓励更多责任心强的教师参与本科生指导工作,建立新型师生关系,提高学生培养质量,学院在 1~3 年级本科生中实行导师制。本科生可利用课余时间、寒暑假等在导师课题组开展创新实验,探索未知世界,提升实验技能,开拓学术视野。

4. 创新创业教育

本专业的创新创业教育实践包括以下几方面的内容:

(1) 创新创业课程分为线上和线下课程两部分,计 1 个学分。

线上课程:在国家智慧教育公共服务平台选修两门课程,并完成这两门课程的线上考核。

线下课程:参加 4~5 场就业相关专题讲座。

(2) 申请国家级、省级、校级和学院大学生创新基金项目、创新创业项目。

(3) 参加全国及省级大学生化学实验邀请赛、大学生化学实验创新设计大赛、互联网＋、挑战杯、创青春及学科竞赛推动计划所涉及竞赛项目。

(4) 参加学校和学院组织的社会实践项目(暑期"三下乡"、暑期社会调查),以及世界各地社会实践及创新创业项目。

(5) 参加国内国际学术会议、专业会展或创新创业培训。

(6) 参加世界各地高校短期交流项目。

(7) 自主创业。

5. 学年论文

撰写学年论文是本科教学过程中的重要环节。为巩固学生所学知识,培养其分析问题、解决问题能力,规范论文写作格式,为进一步深化专业学习和做好大学毕业论文奠定基础,学院要求1~3年级本科生每学期须完成1篇学年论文,并进行成绩评定,全部通过者计2个学分。学年论文应体现基础性和前沿性,反映运用所学的学科基础理论与知识解决实际问题和分析问题的能力。学年论文选题须符合本科专业培养目标要求,选题原则上要求一人一题,具体选题方式可采用以下几种:(1)由指导教师指定题目,翻译本年度最新发表的研究论文;(2)学生根据兴趣自主选题,翻译本年度最新发表的研究论文;(3)学生开展自主创新实验的成果总结。

6. 毕业论文

毕业论文选题由指导教师和学生共同研究确定,应难易适当、工作量适中,以保证按期完成。要求学生在教师指导下,通过一段时间的实验研究,综合所学基本理论、基础知识和前人研究成果,进行既严谨求实、科学合理,又有创新性的理论分析和可行性论证,最后以正式发表论文的格式和要求撰写毕业论文。有关毕业论文答辩、考核及学术不端行为处理依照学校规定执行。

八、辅修该专业基本要求

1. 培养规格

(1) 掌握化学的基本知识、基本原理和基本操作;

(2) 熟悉化学研究的基本方法和手段;

(3) 初步具备发现、提出、分析和解决化学领域相关问题的能力;

(4) 具备实验室安全与环保意识,树立可持续发展的绿色化学理念;

(5) 了解化学学科的研究前沿和发展动态;

(6) 能够运用专业设备和软件开展化学问题的研究。

2. 修业年限

修业年限原则上为三年,最高不超过其主修专业修业年限,不再单独延长学制。

3. 专业指导教学计划

(1) 学科平台课程:共35学分,包括无机化学与化学分析、有机化学、物理化学、仪器分析、化学实验室安全技术、无机化学与化学分析实验、有机化学实验、物理化学实验、仪器分析实验。

(2) 专业核心课程:共8学分,包括理论有机化学、无机材料合成、高分子物理、化学生物学。

4. 学分要求

修满以上专业指导教学计划中43学分的专业课程,方可申请西北大学辅修证书。

化学专业(化学萃英班)本科培养方案(2023级)

一、培养目标

"化学专业拔尖学生"培养的办学宗旨是因材施教,强化精英意识,营造良好的育人和学习环境,激发学生学习潜能,激励学生努力向上,为具有良好潜力的优秀学生提供特殊的学习和成长条件,培养学生具备扎实的化学专业理论知识、基础知识和实验技能,为学生接触化学专业领域前沿研究成果和参与化学前沿研究搭建平台,努力培养和造就一批化学专业的领军人才。

二、基本要求

入选本培养计划的学生,应对化学学科和科学研究具有浓厚的兴趣、基础知识扎实、创新愿望强烈、心理素质良好、培养潜能突出,有望成长为化学学科研究领域的领军人物,并逐步跻身国际一流科学家行列。通过个性化培养,积极开展教学理念、模式、内容和方法的改革,让学生有自由探索的时间和空间,鼓励学生自主学习,参加科学研究项目训练,培养科研兴趣,从而培养出具有扎实的学科理论基础、开阔的视野、毕业后能够跻身国际一流科学领域的科研队伍,并成长为化学专业领域的领军人才。

三、学制与学分要求

1. 学制:4 年
2. 学分:141 学分

完成本专业学业,并符合学校有关学位授予规定者,授予兰州大学理学学士学位。此外,若要获得萃英学院荣誉学生证书,还需修读 12 学分的荣誉课程和 4 学分的综合素质课程。

四、课程体系结构与学时、学分分配

课程体系结构与学时、学分分配总表

课程类别	课程性质	学分	占总学分比例	学时
公共基础课程	必修	28	19.9%	486
专业核心课程	必修	61.5	43.6%	1422
专业必修课程	必修	21.5	15.2%	252

续表

课程类别	课程性质	学分	占总学分比例	学时
专业选修课程	选修	20	14.2%	360
通识课程	选修	10	7.1%	180
合计		141		
荣誉课程	选修	12		
	选修	4		

公共基础课程学时、学分分配表

序号	课程性质	课程名称	学分	学时	开课学期
1	必修课	军事训练与军事理论	4	三周	1
2		思想道德修养与法律基础	3	54	1
3		中国近代史纲要	3	54	2
4		马克思主义基本原理概论	3	54	3
		毛泽东思想和中国特色社会主义理论体系概论	4	72	4
5		形势与政策	1		1~4
6		高级英语	4	72	3~4
7		体育	4	144	1~4
		职业生涯规划	2	36	1 或 2
合计			28	486	

专业核心课程学时、学分分配表

序号	课程名称	学分	学时	开课学期
1	高等数学	8	144	1,2
2	普通物理	6	108	2,3
3	普通物理实验	2	72	3
4	无机化学	6	108	1,2
5	无机及分析化学实验（一）	3	108	1
6	分析化学（一）	3	54	1
7	无机及分析化学实验（二）	3	108	2
8	有机化学	6	108	2,3
9	有机化学实验	3.5	126	3
10	物理化学	6	108	3,4
11	物理化学实验	3	108	4,5

续表

序号	课程名称	学分	学时	开课学期
12	分析化学(二)	3	54	4
13	仪器分析实验	2	72	5
14	高分子化学与物理	3	54	4
15	高分子基础实验	1	36	5
16	结构化学	3	54	5
合计		61.5	1422	

专业必修课程学时、学分分配表

序号	课程名称	学分	学时	开课学期
1	化学安全	0.5	18	1
2	线性代数	3	54	3
3	科技论文写作与交流	2	36	3
4	化学信息学	2	36	4
5	化学生物学	2	36	5
6	近代化学前沿	1	36	5
7	化学研讨课	2	36	6
8	科研训练	2		7
9	创新实践	1		7
10	毕业论文	6		7,8
合计		21.5	252	

科研训练和创新实践学分计算办法:

1. 科研训练

作为项目负责人完成国家级大学生创新创业行动计划项目、箐政基金项目计 3 学分,作为项目负责人完成兰州大学萃英学生创新基金项目、兰州大学大学生创新创业行动计划项目计 2 学分。

2. 创新实践

(1) 获得国家级大学生专业大赛特等奖每人计 4 学分、一等奖每人计 3 学分、二等奖每人计 2 学分(若大赛未设特等奖,一等奖每人计 4 学分、二等奖每人计 3 学分,三等奖每人计 2 学分)。获得甘肃省大学生化学类专业大赛特等奖每人计 3 学分、一等奖每人计 2 学分,二等奖每人计 1 学分。获得兰州大学化学类专业大赛一等奖计 1 学分。获得国际大学生专业性比赛奖项的学分转换参照本办法认定。

(2) 参加中国"互联网+"大学生创新创业大赛、中国创新创业大赛、"创青春"全国大学生创业大赛、"挑战杯"全国大学生课外学术科技作品竞赛等大赛,获国家级金奖每人计6学分,银奖每人计5学分,铜奖每人计4学分;在以上大赛中获省级金奖每人计4学分,银奖每人计3学分,铜奖每人计2学分。获得兰州大学大学生创新创业大赛金奖每人计3学分,银奖每人计2学分,铜奖每人计1学分。

(3) 发表SCI科研论文,第一作者计4学分,第二作者计3学分,第三作者计2学分,第四作者计1学分。科研导师为第一作者,学生为第二作者视为第一作者,第一完成单位署名"兰州大学"。

专业选修课程学时、学分分配表

序号	课程名称	学分	学时总数	开课学期	序号	课程名称	学分	学时总数	开课学期
1	高等有机化学	2	36	5	13	无机合成	2	36	6
2	有机合成设计	2	36	5	14	纳米化学	2	36	6
3	现代光谱分析	2	36	5	15	多酸化学	2	36	6
4	分子模拟与药物分子设计	2	36	5	16	胶体与表面化学	2	36	6
5	高聚物结构与性能	2	36	5	17	波谱分析	2	36	6
6	配位化学	2	36	5	18	催化与动力学	2	36	6
7	超分子化学	2	36	5	19	高分子研究方法	2	36	6
8	药物化学	2	36	5	20	新能源化学	2	36	6
9	金属有机化学	2	36	5	21	量子化学	2	36	6
10	基本有机反应	2	36	6	22	研究生相关基础课程			
11	高分子材料	2	36	6	23	其他化学相关专业的核心课程和选修课程			
12	高等分析化学	2	36	6					

说明:(1) 最少选修10门专业选修课程。

(2) 研究生相关基础课程必须是必修通开课且是课堂讲授课程。

通识选修课程学时、学分分配表

序号	课程名称	学分	学时总数	开课学期
1	人文艺术类特色课程	4	72	1~6
2	社会科学类	4	72	1~6
3	理工农医类	2	36	1~6
	合计	10	180	

说明:(1) 通识课程学生必须选修等于或大于10学分。任选学校相关通识课程,由萃英学院来认定。

(2) 第1类课程,学生需从人文艺术类院系开设的特色课程中选修4学分。

(3) 第2类课程,学生需从社会科学类院系开设的特色课程中选修4学分。

(4) 第3类课程,学生需从理工农医类院系开设的特色课程中选修2学分。

荣誉课程学时、学分分配表

序号	课程名称	学分	学时	开课学期	备注
1	材料类课程	3	54	5	
2	分析仪器设计基础	3	54	6	
3	有机合成	3	54	7	硕士研究生课程
4	波谱解析	3	54	7	硕士研究生课程
合计		12	216		

综合素质课程学时、学分分配表

序号	课程名称	学分	开课学期
1	智育	1	3、4、5、6、7
2	体育	1	3、4、5、6、7
3	美育	1	3、4、5、6、7
4	劳育	1	3、4、5、6、7
合计		4	

说明:具体见《萃英学院"综合素质课程"成绩单实施细则(试行)》。

— 中国科学院大学 —

化学专业（主修）本科培养方案（2023级）

一、培养目标与要求

本专业致力于培养德才兼备、基础扎实、视野开阔、全面发展、引领未来的化学科技人才。学生本科毕业后，具备在化学及相关领域从事科学研究、教育教学或管理工作的科学和技术素养，有志趣和能力成功地进行研究生阶段的学习。

注重学生数理基础学习和人文素养训练的同时，强调学生掌握扎实的化学专业知识和现代实验技能，坚持走高水平科技创新带动高层次创新人才培养的道路，经过四年学习，使学生拥有开展前沿化学研究所需的宽广的知识基础、完整的知识结构；具备活跃的创新思维、扎实的实践能力、良好的语言应用能力和自主学习的能力，能够在未知的领域提出问题、分析问题和解决问题；具有胸怀天下、服务国家的使命意识和责任担当，同时具有丰富的人文素养和高远的国际视野，有创新创业潜力，德智体美劳全面发展。

二、授予学位

理学学士学位。

三、学分要求及课程设置

化学专业学士学位总学分要求是 160 学分，其中公共必修课程 77~81 学分，公共选修课程 14 学分，社会实践 4 学分，科研实践 8 学分，毕业论文（设计）12 学分，专业课 41 学分。

41 学分的专业课中必修课为 29 学分，选修课 12 学分。

（1）专业必修课

序号	课程名称	学时	学分	开课学期	序号	课程名称	学时	学分	开课学期
1	化学原理	64	3	1春	5	物理化学（I~II）	76	4	2春、3秋
2	无机化学	60	3	2秋	6	结构化学	38	2	3秋
3	分析化学（I~II）	88	4	2秋、2春	7	基础化学实验（I~IV）	262	7	2秋、2春、3秋、3春
4	有机化学（I~II）	76	4	2春、3秋	8	前沿化学实验	100	2	3春

（2）专业选修课

序号	课程名称	学时	学分	建议预修课程	序号	课程名称	学时	学分	建议预修课程
1	化学与社会	30	1.5	无	10	功能高分子材料	38	2	有机化学、高分子科学导论
2	计算化学概论	20	1	物理化学	11	高分子加工科学	38	2	高分子科学导论
3	纳米功能材料	38	2	化学原理	12	高等有机化学导论	38	2	有机化学
4	有机波谱解析	38	2	有机化学、分析化学	13	生物化学	38	2	有机化学
5	高分子科学导论	60	3	化学原理	14	化学反应工程	38	2	物理化学
6	化工原理	38	2	物理化学	15	药物化学	60	3	有机化学
7	高等无机化学导论	38	2	无机化学	16	药物剂型工程	40	2	化工原理
8	化学生物学基础	30	1.5	有机化学、分析化学	17	多尺度离散模拟基础与实践：从反应到反应器	40	2	化工原理
9	胶体与界面化学	38	2	物理化学	18	化工反应器的计算流体力学模拟	40	2	化工原理

（3）科研实践

序号	名称	内容	学时	学分	拟安排时间
1	科研实践训练	课题组内实践	160	4	第二学年暑期
2	研讨课	专题研讨	40	2	第三学年春季学期
3	实习实践	课题组内实践	80	2	第三学年春季学期至第四学年秋季学期

四、化学专业本科阶段指导性教学计划（实际教学计划以每学期公布的为准）

第 一 学 年

秋季学期			春季学期			暑期		
课程名称	学时	学分	课程名称	学时	学分	课程名称	学时	学分
中国近现代史纲要	48	3	思想道德与法治	48	3	社会实践		4
习近平新时代中国特色社会主义思想概论	48	3	科学前沿进展名家系列讲座Ⅱ	18	1			
科学前沿进展名家系列讲座Ⅰ	18	1	微积分Ⅱ	80	4			
艺术与人文修养系列讲座	30	1	线性代数Ⅱ	80	4			

续表

秋季学期			春季学期			暑期		
课程名称	学时	学分	课程名称	学时	学分	课程名称	学时	学分
微积分Ⅰ	80	4	热学	60	3	社会实践		4
线性代数Ⅰ	80	4	电磁学	60	3			
力学	60	3	大学写作 *	40	2			
大学英语Ⅰ	32	2	大学英语Ⅱ	32	2			
体育Ⅰ	32	1	体育Ⅱ	32	1			
军事理论与技能	148	4	计算机科学导论 *	60	3			
外语提高类选修课	32	2	化学原理	64	3			
人文社科类选修课		2	人文社科类选修课		2			
大学生心理健康	32	2	艺术类选修课		1			
化学与社会 **	30	1.5	形势与政策	8	0.25			
形势与政策	8	0.25	科学素养类选修课		2			
小计：14 门 +		32.25+	小计：15 门		34.25			4

* "大学写作"在第一学年的春、秋季两个学期均开设，学生修读一个学期即可。

** 该课程为科学素养类公共选修课。

第 二 学 年

秋季学期			春季学期			暑期		
课程名称	学时	学分	课程名称	学时	学分	课程名称	学时	学分
马克思主义基本原理	48	3	毛泽东思想和中国特色社会主义理论体系概论	48	3	科研实践训练	160	4
形势与政策	8	0.25	形势与政策	8	0.25			
大学英语Ⅲ	32	2	科学前沿进展名家系列讲座Ⅲ	18	1			
体育Ⅲ	32	1	大学英语Ⅳ	32	2			
光学	60	3	体育Ⅳ	32	1			
基础物理实验	64	2	原子物理学	60	3			
计算机科学导论/程序设计基础与实验 *	60	3	创新创业类选修课	20	1			
数学物理方法/概率论与数理统计 **	80	4	人文社科类选修课		2			
人文社科类选修课		2	分析化学Ⅱ	50	2			
分析化学Ⅰ	38	2	有机化学Ⅰ	38	2			
无机化学	60	3	物理化学Ⅰ	38	2			
基础化学实验Ⅰ（无机化学实验）	48	1.5	基础化学实验Ⅱ（分析化学实验–仪器分析）	48	1.5			
基础化学实验Ⅱ（分析化学实验–化学分析）	24	0.5						
小计：12 门 +		24.25+	小计：12 门		20.75			4

* "计算机科学导论"与"程序设计基础与实验"选修一门即可。

** "数学物理方法"与"概率论与数理统计"选修一门即可。

第 三 学 年

秋季学期			春季学期			暑期		
课程名称	学时	学分	课程名称	学时	学分	课程名称	学时	学分
形势与政策	8	0.25	形势与政策	8	0.25			
有机化学Ⅱ	38	2	前沿化学实验	100	2			
物理化学Ⅱ	38	2	专题研讨课(科研实践)	20	1			
结构化学	38	2	专题研讨课(科研实践)	20	1			
基础化学实验Ⅲ(有机化学实验)	84	2	基础化学实验Ⅳ(物理化学实验)	58	1.5			
计算化学概论*	20	1	实习实践	80	2			
纳米功能材料*	38	2	高等无机化学导论*	38	2			
有机波谱解析*	38	2	化学生物学基础*	30	1.5			
高分子科学导论*	60	3	胶体与界面化学*	38	2			
化工原理*	38	2	功能高分子材料*	38	2			
			高分子加工科学*	38	2			
			高等有机化学导论*	38	2			
			生物化学*	38	2			
			境外访学					
小计:5 门 +	8.25+		小计:6 门 +	7.75+				

*表示该课程为专业选修课,未计入课程门数及学分小计。

第 四 学 年

秋季学期			春季学期			暑期		
课程名称	学时	学分	课程名称	学时	学分	课程名称	学时	学分
形势与政策	8	0.25	形势与政策	8	0.25			
实验室工作与论文准备			毕业论文(设计)		12			
境外访学								
小计:1 门 +	0.25		小计:2 门	12.25				

注:(1) 根据三段式培养模式,学生可选择于大三下学期或大四上学期通过访学计划前往境外高校学习一个学期。

(2) "形势与政策"分布在四个学年,每学期 8 学时,共计 2 学分。

(3) 外语提高类选修课春、秋季两个学期均开设,学生根据自身需求及兴趣修读不少于 2 学分。

(4) 人文社科类选修课中,需修读 1 学分"四史类"课程。